江苏农业节水政策及灌溉水有效利用系数测算方法

杨 星　蔡开玺　董阿忠　侯 苗　张雯叶◎编著

河海大学出版社
HOHAI UNIVERSITY PRESS
·南京·

图书在版编目(CIP)数据

江苏农业节水政策及灌溉水有效利用系数测算方法 /
杨星等编著. -- 南京：河海大学出版社，2023.10
　　ISBN 978-7-5630-8390-9

Ⅰ. ①江… Ⅱ. ①杨… Ⅲ. ①农田灌溉－节约用水－
政策－江苏②灌溉水－水资源利用－利用系数－测算
Ⅳ. ①TU991.64②S274.3

中国国家版本馆 CIP 数据核字(2023)第 196312 号

书　　名	江苏农业节水政策及灌溉水有效利用系数测算方法	
书　　号	ISBN 978-7-5630-8390-9	
责任编辑	彭志诚	
特约校对	薛艳萍	
文字编辑	史　婷	
封面设计	徐娟娟	
出版发行	河海大学出版社	
地　　址	南京市西康路 1 号(邮编：210098)	
电　　话	(025)83737852(总编室)　　(025)83722833(营销部)	
经　　销	江苏省新华发行集团有限公司	
排　　版	南京布克文化发展有限公司	
印　　刷	广东虎彩云印刷有限公司	
开　　本	718 毫米×1000 毫米　1/16	
印　　张	21.75	
字　　数	520 千字	
版　　次	2023 年 10 月第 1 版	
印　　次	2023 年 10 月第 1 次印刷	
定　　价	98.00 元	

前言

习近平总书记提出"节水优先、空间均衡、系统治理、两手发力"的治水思路，把节水优先放在第一位。农业是用水大户，也是节水潜力所在。农业粗放用水会影响"农业用水供给有效保障""粮食安全根基""十八亿亩耕地红线""中国人的饭碗牢牢端在自己手中"等国家粮食安全的战略部署，影响"十四五"及今后一段时期我国水利高质量发展、乡村全面振兴以及农业现代化的实现。因此，本书梳理节水政策、灌溉水有效利用系数测算方法（评估农业用水成效的重要指标），具有重要的现实意义。

本书由江苏省水利科学研究院、江苏科兴项目管理有限公司的杨星、蔡开玺、董阿忠、侯苗、张雯叶编著完成。全书分为6章，包括：概述、近年来江苏省农业节水政策及措施、农业水价改革政策相关的专题讨论、农田灌溉水有效利用系数测算方法、县区农田灌溉水有效利用系数案例、南京市农田灌溉水有效利用系数案例。本书内容契合国家对农业节水的最新要求，可用于引导供水者、用水者和政府等的农业节水行为。通过对本书的阅读，读者可以较为深入地了解农业节水知识。

本书的出版得到以下项目的资助，主要包括：高邮灌区仿真模拟技术研究及应用（2022006）；江苏省农业灌溉用水计量设施建设与管理研究（2019043）。

由于编者水平有限，书中难免有不当之处，敬请各位读者批评指正。

杨　星

2023 年 4 月

目录

1

概述

1.1 农业基本情况

1.1.1 自然地理情况

（1）地理位置。江苏位于我国大陆东部沿海的中心，东濒黄海，西连安徽，北接山东，东南与浙江和上海毗邻，南北长 440 km，东西宽 360 km，全省土地面积为 10.72 万 km²，占全国总面积的 1.1%；分属长江、淮河两大流域，其中长江流域面积占全省流域面积的 36.4%，淮河流域面积占 63.6%。江苏省各市位置分布情况详见图 1.1-1。

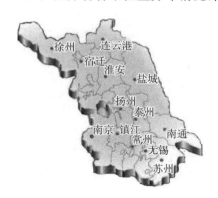

图 1.1-1 江苏省各市位置图

（2）地形地貌［图 1.1-2(c)］。江苏地势平坦，平原辽阔。平原和圩区约占全省总面积的 69%，丘陵山区约占 14%。丘陵山地主要分布在北部边缘、西南边缘。自北而南为黄淮平原、江淮平原、滨海平原、长江三角洲平原。全省地势南北高、中间低，地面高程一般在 2~50 m（废黄河高程，下同），西北部最高达 50 m 左右，东南沿海及里下河腹部最低地面高程仅 1~2 m。平原洼地地面高程大部分在 5~10 m，丘陵山地高程一般在 200 m 以下。

（3）土地资源。江苏土地资源齐全，形成了以耕地为主，林地、草地、水地等多种资源为辅的土地利用类型,如图 1.1-2(b)所示。全省平原大多土层深厚,肥力中上,适宜开垦,耕地面积约占土地总面积的 45%。此外,江苏土壤种类繁多,根据其理化性质,可分为碱土、盐土、强酸土等。根据土壤组合和农业利用措施的区域差异,江苏全省共分为 3 个土带、10 个土区、49 个土片,如图 1.1-2(a)所示。

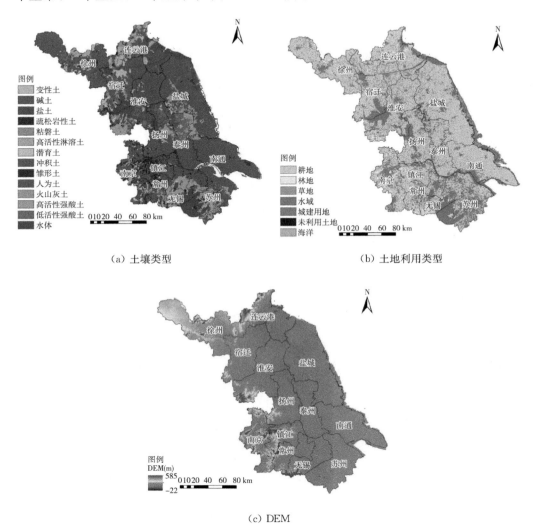

（a）土壤类型　　　　　　　　　　　　　（b）土地利用类型

（c）DEM

图 1.1-2　江苏省土壤类型、土地利用类型和 DEM

（4）水文气象。全省具有明显的季风特征,处于亚热带向暖温带过渡地带,大致以"淮河—灌溉总渠"一线为界,以南属亚热带湿润季风气候,以北属暖温带湿润季风气候。全省气候温和,雨量适中,四季分明。全省年日照时数为 1 816～2 503 h,年平均气温为 13.5～16.0℃,全年无霜期为 200～250 d。全省年降水量一般为 700～1 250 mm,南多北少。降水主要集中在 6—9 月汛期,年径流深一般为 150～400 mm;多年平均水面蒸发量为 950～1 100 mm,由西南向北递增,多年平均陆地蒸发量为 600～800 mm。

（5）河流水系。江苏素有"水乡"之称，境内河川交错，水网密布，河湖水域占其国土面积的 17%。境内长江横穿东西 425 km，大运河纵贯南北 718 km，西南部有秦淮河，北部有苏北灌溉总渠、淮河入海水道、新沂河、新沭河、通扬运河等。江苏有太湖、洪泽湖、骆马湖、高邮湖、邵伯湖、微山湖等大小湖泊 200 多个，其中太湖和洪泽湖位列全国五大淡水湖第三和第四，像两面明镜，分别镶嵌在水乡江南和苏北平原。

1.1.2　社会经济情况

根据《江苏统计年鉴 2020》，截至 2019 年底，全省设 13 个省辖市，下辖 96 个县（市、区），其中 19 个县、22 个县级市、55 个市辖区，718 个镇、39 个乡、503 个街道，14 202 个村民委员会、7 318 个居民委员会。江苏人口众多，2019 年底全省常住人口为 8 070.00 万人，人口密度为 753 人/km²。江苏土地面积居全国第 24 位，而人口则居全国的第 5 位（第六次全国人口普查），人多地少，人均占有耕地面积仅 0.84 亩。

全省经济保持在合理区间和中高速增长。2019 年实现地区生产总值 99 631.52 亿元，比上年增长 7.6%。全省人均地区生产总值 123 607 元，比上年增长 7.3%。城乡居民收入稳步增长，居民人均可支配收入达 41 400 元，比上年增长 8.7%，其中，城镇常住居民人均可支配收入达 51 056 元，比上年增长 8.2%，农村常住居民人均可支配收入达 22 675 元，比上年增长 8.8%。

1.1.3　作物种植现状

江苏为农业大省，总耕地面积约 6 148.39 万亩（据《江苏省第三次国土调查主要数据公报》），主要农作物包括粮食作物、经济作物和其他作物，由表 1.1-1 可知，2016 年、2019 年江苏农作物种植结构并无显著变化，只是受经济快速发展和城镇化进程加快影响，作物播种面积整体上略有降低，具体情况如下：

表 1.1-1　江苏作物种植情况表

作物种植结构及作物名称	播种面积（万亩）			占比（占农作物总播种面积比例）		
	2016 年	2019 年	变幅	2016 年	2019 年	变幅
（一）粮食作物	8 374.92	8 072.22	−3.61%	73.08%	72.31%	−0.77%
小麦	3 655.22	3 520.40	−3.69%	31.90%	31.53%	−0.37%
稻谷	3 384.39	3 276.44	−3.19%	29.53%	29.35%	−0.18%
薯类	40.10	53.97	34.59%	0.35%	0.48%	0.13%
玉米	810.26	756.36	−6.65%	7.07%	6.78%	−0.29%
大豆	295.34	287.69	−2.59%	2.58%	2.58%	0.00%
其他粮食作物	189.61	177.36	−6.46%	1.65%	1.59%	−0.06%
（二）经济作物	496.86	473.42	−4.72%	4.34%	4.24%	−0.10%

续表

作物种植结构 及作物名称	播种面积（万亩）			占比（占农作物总播种面积比例）		
	2016 年	2019 年	变幅	2016 年	2019 年	变幅
油菜籽	283.26	260.31	−8.10%	2.47%	2.33%	−0.14%
棉花	47.55	17.40	−63.41%	0.41%	0.16%	−0.25%
花生	135.21	155.30	14.86%	1.18%	1.39%	0.21%
其他经济作物	30.84	40.41	31.03%	0.27%	0.36%	0.09%
（三）其他作物	2 588.10	2 618.31	1.17%	22.58%	23.45%	0.87%
合计	11 459.88	11 163.95	−2.58%			

（1）粮食作物

江苏省粮食作物以小麦、稻谷、薯类、玉米、大豆为主，2019 年江苏省粮食作物播种面积共 8 072.22 万亩，占江苏省作物总播种面积的 72.31%（图 1.1-3），其中：小麦和稻谷的播种面积最多，分别占江苏省作物总播种面积的 31.53% 和 29.35%；玉米和大豆的播种面积次之，分别占江苏省作物总播种面积的 6.78% 和 2.58%；薯类及其他粮食作物播种面积最少，共占江苏省农作物总播种面积的 2.07%。

（2）经济作物

江苏省经济作物以油菜籽、棉花和花生为主，2019 年江苏省经济作物播种面积共 473.42 万亩，占江苏省作物总播种面积的 4.24%（图 1.1-3），其中：油菜籽和花生的播种面积较多，分别占江苏省作物总播种面积的 2.33% 和 1.39%；棉花及其他经济作物播种面积较少，共占江苏省农作物总播种面积的 0.52%。

（3）其他作物

2019 年其他作物播种面积约 2 618.31 万亩（图 1.1-3），与 2016 年相比，其播种面积有小幅上升，升高了 1.17%。

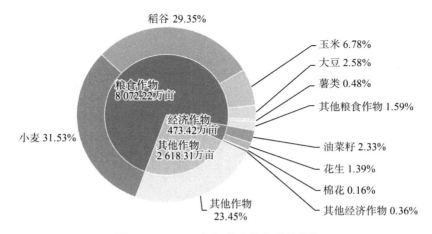

图 1.1-3　2019 年江苏省作物种植结构

1.2 农业用水需求

1.2.1 水资源的总量

全省多年平均降水量为 998.2 mm,平均径流深 290.8 mm,地下水资源量(矿化度≤2 g/L)118.9 亿 m³,多年平均本地水资源总量 326.95 亿 m³。表 1.2-1 所示为 2014—2019 年我省水资源基本情况:我省平均降雨量为 1 100.9 mm,比多年平均多 10.3%;平均本地水资源总量为 454.4 亿 m³,比多年平均多 39.0%。

表 1.2-1 2014—2019 年江苏省水资源基本情况

年份	降水量 (亿 m³)	折合 降水总量 (亿 m³)	本地水资源量(亿 m³)				过境水资源量(亿 m³)	
			总量	地表水	地下水	重复 计算	长江 干流	其他
2014	1 044.5	1 064.7	399.3	296.4	118.9	16.0	8 919	298.2
2015	1 257.1	1 281.5	582.1	462.9	142.4	23.2	9 110	422.7
2016	1 410.5	1 437.9	741.8	605.8	164	28.0	10 470	476.0
2017	1 006.8	1 026.4	392.9	295.4	114.5	17.0	9 378	547.1
2018	1 088.1	1 109.2	378.4	274.9	119.6	16.1	8 028	491.5
2019	798.5	814.0	231.7	163.0	77.7	9.0	9 334	216.7
平均值	1 100.9	1 122.3	454.4	349.7	122.9	18.2	9 206.5	408.7

我省多年平均过境水量为 10 254 亿 m³,是本地水资源量的 31.4 倍。2014—2019 年我省年平均过境水量约为 9 615 亿 m³,比多年平均少 6.2%;入境水量(不含长江干流)均值为 408.7 亿 m³,仅占全省总过境水量均值的 4.3%,长江干流(大通站)入境水量均值占总过境水量均值的百分比高达 95.7%。总体而言,我省过境水十分丰富,但过境水利用成本大,利用率不高,2014—2019 年的平均利用量约为 452 亿 m³(长江干流 350 亿 m³,其他 102 亿 m³):

1) 正常年景入境水量(不含长江干流)利用率仅能达到 20%～30%,干旱年景淮河、沂沭泗等部分过境水还会断流,这部分水资源"可用不可靠"。2019 年,从省外流入我省境内的水量(不含长江干流)为 216.7 亿 m³,从我省流出省境的水量就达 218.4 亿 m³。因调蓄性湖泊、水库较少而导致水资源调蓄能力不足,大量径流不能"截""蓄"利用而白白流失;

2) 长江流域水资源总量丰沛,但时空分布不均、跨流域调水成本大,江水资源利用率不高。每年 5—9 月,长江干流汛期水量约占年径流总量的 71%,且年际变化较大,丰枯比值高,最大洪峰流量为 92 600 m³/s,最小流量仅为 4 620 m³/s。我省江水利用主要依靠南(江)水北调、江水东引、引江济太等水资源调度工程,其中,2018—2019 年度累计向山东调水 8.44 亿 m³,2019 全年江水北调累计翻水 251 亿 m³,江水东引累计引水量 121 亿 m³,引江济太调水累计引水 13.5 亿 m³,以上合计年度江水利用量为 393.9 亿 m³,高于当年本地水资源总量,但利用率仅为 4.2%。

1.2.2　农田灌溉需水

　　江苏省于 2015 年首次颁布了《江苏省灌溉用水定额》,将其作为全省灌区灌溉用水分配的依据。我省灌溉作物以水稻为主,一般年份降水量可满足旱作物的需水量。2019 年,对灌溉定额进行了修订,由省政府颁布了《江苏省农业灌溉用水定额(2019)》。该修订版将江苏全境划分为 15 个农业用水分区(丰沛平原区、淮北丘陵区、黄淮平原区、故黄河平原沙土区、洪泽湖及周边岗地平原区、里下河平原区、沿海沙土区、盱仪六丘陵区、沿江高沙土区、通南沿江平原区、宁镇宜溧丘陵区、太湖湖西平原区、武澄锡虞平原区、太湖丘陵区、阳澄淀泖平原区,如图 1.2-1 所示),对 10 种主要作物(即水稻、玉米、小麦、棉花、番茄、辣椒等)的灌溉定额进行了详细说明。

　　根据《江苏省农业灌溉用水定额(2019 年)》:平水年水稻灌溉用水定额(含附加用水定额)为 495~640 m³/亩,设计年水稻灌溉用水定额为 560~695 m³/亩,平均增加 20~70 m³/亩;丰沛平原区、淮北丘陵区、黄淮平原区枯水年的小麦、玉米、棉花等旱作物基本用水定额为 60~90 m³/亩(平水年为 0~50 m³/亩),里下河平原区等其余片区为 50~95 m³/亩(平水年均为 0,不灌溉);经济作物(油料等)及其他作物基本用水定额为 30~165 m³/亩,较平水年增加 50 m³/亩左右。

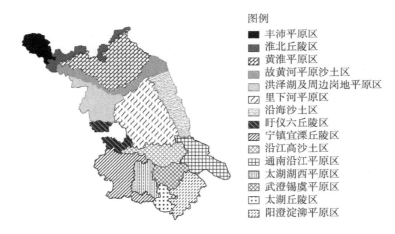

图例
■ 丰沛平原区
▨ 淮北丘陵区
▨ 黄淮平原区
▨ 故黄河平原沙土区
□ 洪泽湖及周边岗地平原区
▨ 里下河平原区
▨ 沿海沙土区
▨ 盱仪六丘陵区
▨ 宁镇宜溧丘陵区
▨ 沿江高沙土区
▦ 通南沿江平原区
▥ 太湖湖西平原区
▨ 武澄锡虞平原区
▨ 太湖丘陵区
▨ 阳澄淀泖平原区

图 1.2-1　江苏农业灌溉分区图

　　以 2019 年为例,分析江苏省农田灌溉需水量。2019 年江苏耕地面积为 6 894 万亩,有效灌溉面积达 6 308.16 万亩,农作物总播种面积为 11 163.95 万亩。其中,粮食作物播种面积为 8 072.22 万亩(小麦 3 520.40 万亩、稻谷 3 276.44 万亩、薯类 53.97 万亩、玉米 756.36 万亩、大豆 287.69 万亩,其他 177.36 万亩),经济作物播种面积为 473.42 万亩(油菜籽 260.31 万亩、棉花 17.4 万亩、花生 155.30 万亩,其他 40.41 万亩),其他作物播种面积为 2 618.31 万亩。根据以上种植结构和定额,平水年农田灌溉需水量约为 207.8~255.3 亿 m³,枯水年农田灌溉需水量约为 244.5~288.7 亿 m³。2019 年为枯水年,统计的大中小型灌区实际毛灌溉用水总量为 268.1 亿 m³,落在本次测算区间需水量内,其中大型(32 个)、中型(226 个)、小型(16 262 个)灌区毛灌溉用水总量分别为 54.1、99.5、114.5 亿 m³。

1.2.3　供给能力分析

表 1.2-2 所示为统计的 2014—2019 年江苏省水资源利用情况:总用水量为 453.2 亿 m³(丰水年)~493.4 亿 m³(枯水年),平均用水量为 469.0 亿 m³;农林牧渔等第一产业用水量为 270.1 亿 m³(丰水年)~303.1 亿 m³(枯水年),平均用水量为 284.0 亿 m³,其中农业灌溉平均用水量为 248.1 亿 m³,占总用水量的 52.9%;第二产业和第三产业平均用水量为 126.9 亿 m³、17.4 亿 m³;居民生活用水和城镇环境用水平均用水量分别为 38.1 亿 m³、2.5 亿 m³。图 1.2-2 所示为 2014—2019 年江苏省不同类型用水占比情况。

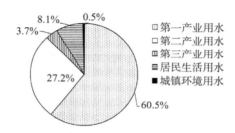

图 1.2-2　2014—2019 年江苏省不同类型用水占比

表 1.2-2　2014—2019 年江苏省水资源利用情况(单位:亿 m³)

年份	总用水量	第一产业用水			第二产业用水	第三产业用水	居民生活用水	城镇环境用水
		用水量	农业灌溉	农业灌溉占总用水量(%)	用水量	用水量	用水量	用水量
2014	480.7	297.8	259.5	54.0	129.5	14.9	35.8	2.7
2015	460.6	279.1	242.8	52.7	127.3	15.6	36.6	2
2016	453.2	270.1	237.2	52.3	126.6	16.3	37.5	2
2017	465.9	280.6	247.8	53.2	127	17.5	38.7	2.1
2018	460.2	273.4	233.2	50.7	125.3	19.3	39.2	2.5
2019	493.4	303.1	268.1	54.3	125.4	20.5	40.6	3.8
平均	469.0	284.0	248.1	52.9	126.9	17.4	38.1	2.5

以上用水需求,不论是第一产业(含农业灌溉用水),还是其他产业等,都是满足需水量前提下的实际用水量,所以可以把表 1.2-2 中的用水量作为近似的实际需求量进行江苏水资源供给能力分析。按照 1.2.1 节和 1.2.2 节分析,2014—2019 年我省平均本地水资源总量为 454.4 亿 m³,过境水平均利用量约为 452 亿 m³,合计 906.4 亿 m³,以下分两个方面进行论述:

1）本地水资源量的保障能力不足

根据表 1.2-1 中的本地水资源总量和表 1.2-2 中的用水总量（另外扩展了 2010—2013 年的基础数据），计算两者的差值，作为年度用水短缺，绘制成图 1.2-3。总体而言，江苏省本地水资源紧缺，统计年份中，80% 年份出现了用水短缺问题。最大年度缺口出现在 2019 年，达到 261.7 亿 m^3，缺口最小年份为 2011 年，用水缺口也达到了 63.8 亿 m^3。

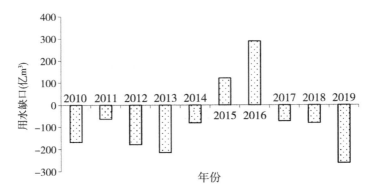

图 1.2-3 江苏省年度用水量缺口（相对本地水资源量）

2）调度过境水可保障用水需求

如果算上可保障的过境水 452 亿 m^3，则可满足现状江苏社会用水总需求，如图 1.2-4 所示。根据 1.2.2 节的农田灌溉需水量分析结果，测算的江苏平水年农田灌溉需水量约为 207.8～255.3 亿 m^3，枯水年农田灌溉需水量约为 244.5～288.7 亿 m^3，本地水资源加上过境水资源，除供给其他用水（用水占比约为 47.1%），可充分保障农田灌溉需要。2019 年江苏大旱，江水东引累计引水超百亿方，全面启动里下河水源调度工程，有效应对了苏北地区 60 年一遇干旱，说明过境水对于江苏农田用水保障有重大意义。

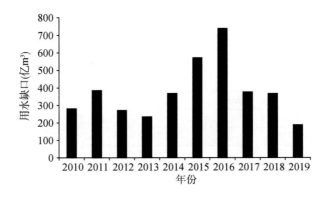

图 1.2-4 江苏省年度用水量缺口（相对总资源量）

1.3 农水工程情况

1.3.1 灌区基本情况

2014 年统计数据显示:江苏省共有大中小型及纯井灌区 40 538 个,有效灌溉面积为 5 835.80 万亩。其中,大型灌区 29 个,有效灌溉面积 1 069 万亩;中型灌区 175 个,有效 灌溉面积 1 276 万亩;小型灌区 26 615 个,有效灌溉面积 3 100 万亩;纯井灌区 13 719 个。随着地区经济社会条件发展,部分小型灌区发展为中型灌区,截止到 2022 年 底,全省共建有大中小型灌区 5 879 处,其中大型灌区(30 万亩及以上)有 34 处(图 1.3- 1),设计灌溉面积为 1 762 万亩,耕地面积为 1 556 万亩,占全省耕地面积的 23%;中型灌 区(1 万~30 万亩)有 279 处(图 1.3-2),设计灌溉面积为 3 203 万亩,耕地面积为 2 756 万 亩,占全省耕地面积的 40%;小型灌区(300 亩~1 万亩)有 5 566 处,耕地面积为 1 503 万亩。

江苏省是全国粮食主产区之一,大中型灌区是产粮核心区,每年粮食产量占全省总 产量的 80%以上。因此,确保我省粮食安全,大中型灌区是重要基础。但我省灌区长期 投入资金偏少,总体上工程标准偏低,配套程度不足,管理粗放。加快灌区现代化节水配 套改造,补齐灌区灌排工程短板,是迫切需要的。为做好"十四五"时期乃至今后 15 年灌 区建设工作,江苏省于 2020 年底编制完成了《江苏省"十四五"大型灌区续建配套与现代 化改造规划》《江苏省"十四五"中型灌区续建配套与节水改造规划》《江苏省中型灌区续 建配套与现代化改造规划(2021—2035)》。

根据上述规划:灌溉设计保证率达到 85%以上;骨干渠系建筑物配套率、完好率达到 90%以上;灌溉水有效利用系数,大型灌区不低于 0.6、中型灌区不低于 0.63。2014 年的 调研数据显示:全省灌区建筑物配套率小于 81%,完好率为 50%~66%,全省 7 万多座农 村小型泵站中带病运行的有 4.8 万多座;有 18.5%的农田灌溉没有固定灌溉设施,灌溉 效率低,水量浪费大,其中,农田灌溉水有效利用系数,大型灌区仅为 0.539、中型灌区仅 为 0.547;全省节水灌溉工程控制面积占耕地面积的 36%,其中高效节水灌溉工程控制 面积占节水灌溉面积的比例仅为 8.1%,远未达到当时全国 13%的发展水平。因此,我 省灌区节水潜力很大,工程配套率、完好率以及建设标准仍有待提高。

1.3.2 工程建设情况

2014 年,全省建成大中型灌区 204 处;建成圩区 5 405 处,修筑圩堤 3.36 万 km,修 建圩口闸 2.17 万座;建成小型泵站 8.28 万座,配有渠道 34.34 万 km,其中防渗渠道长 9.42 万 km。2019 年,全省建成各类农村水利工程 182.6 万处,包括大中型灌区 258 处; 建成圩区 4 641 处,面积 4 294 万亩,修筑圩堤 3.37 万 km,修建圩口闸 1.99 万座;建成 小型泵站 10.6 万座,配有渠道 27.1 万 km,其中防渗渠道长 11.6 万 km。布局合理、功 能完善、运转有效的"挡、排、引、蓄、控"农村水利工程体系初步建成,并逐步向现代化灌 区、高标准农田建设方向发展。

江苏省大型灌区分布图

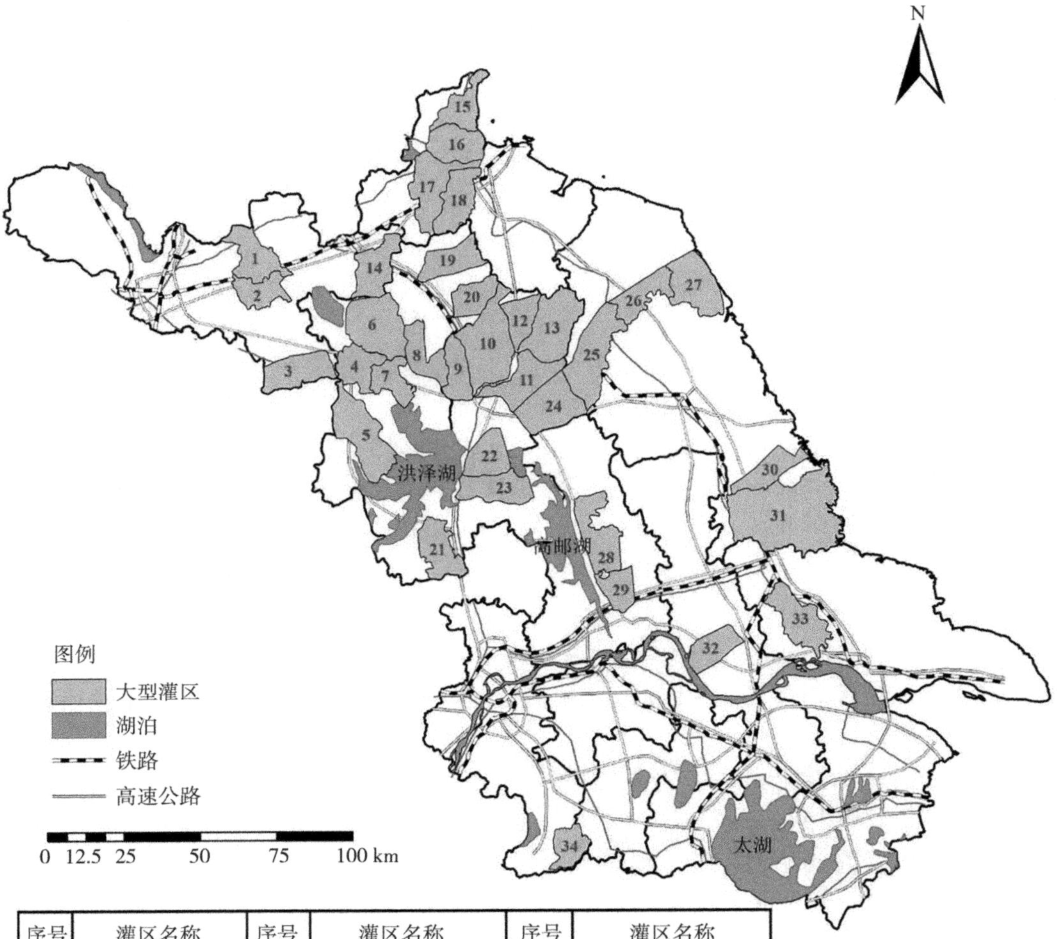

序号	灌区名称	序号	灌区名称	序号	灌区名称
1	运西灌区	13	涟东灌区	24	淮安县渠南灌区
2	刘集灌区	14	新沂市沂北灌区	25	阜宁渠灌区
3	凌城灌区	15	小塔山水库灌区	26	三层灌区
4	船行灌区	16	石梁河灌区	27	五岸灌区
5	潍汴河灌区	17	沭南灌区	28	高邮灌区
6	来龙灌区	18	沭新渠灌区	29	沿运灌区
7	运南提水灌区	19	沭阳县沂北灌区	30	江界河灌区
8	众程灌区	20	柴塘灌区	31	堤东灌区
9	竹络坝灌区	21	清水坝灌区	32	城黄灌区
10	淮涟灌区	22	周桥灌区	33	如海灌区
11	渠北灌区	23	洪金灌区	34	淳东灌区
12	涟西灌区				

图 1.3-1　江苏省大型灌区分布图

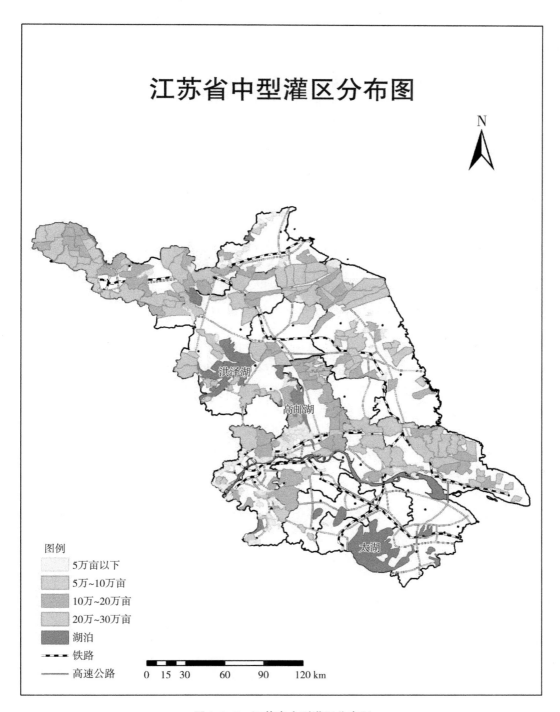

图 1.3-2 江苏省中型灌区分布图

截止到 2022 年底,全省共有县乡河道 19 075 条、7.73 万 km,其中县级河道 1 812 条、2.03 万 km,乡级河道 17 263 条、5.70 万 km,构成了我省农村水系的骨干网络。2003 年我省启动县乡河道疏浚整治工作,到 2012 年县乡河道基本疏浚一遍,2013 年起开展农村河道轮浚,先后编制了 2003—2007、2008—2012、2013—2015、2016—2020 共 4 轮河道疏(轮)浚规划,累计完成投资 360 多亿元,疏浚土方 50 亿 m³。2018 年,在建立完善农村河道轮浚机制的基础上,制定了农村生态河道建设标准,全面开展农村生态河道建设,至 2022 年底,全省已建成农村生态河道 7 503 条、2.92 万公里,全省农村生态河道覆盖率已达 37.7%。

1.3.3　工程管理情况

2014 年统计数据显示:全省有基层水利站(所)1 035 个,其中乡镇水利站有 1 002 个,并入农业综合服务中心站 33 个;在现有水利站中,明确县水利局派出机构数量为 927 个,占总数的 90%,明确全额拨款事业单位数量为 678 个,占总数的 65%;全省已建成用水户协会 755 个,参与农户数为 143.17 万户,协会管理灌溉面积 949 万亩;全省行政村有 15 589 个,其中配备村级水管员的行政村数为 13 638 个,配备比例为 87%,配备水管员人数为 39 544 人。

工程重建轻管现象突出,小型农田水利工程管理体制机制仍不健全。只有 80% 左右的地方配有村级水管员,30% 左右的地方落实了每亩 15 元标准的管护经费,严重影响了工程效益的发挥。小型农田工程长效管理经费投入不足,面广量大的田间沟渠维护和治理缺失保障,导致"最后一公里"灌排不畅;管护组织数量不足,管理面积占全省有效灌溉面积低于 30%;基层水利人才队伍结构性矛盾仍未从根本上解决,部分基层水利服务体系存在机构不完善、编制不到位、经费不落实、队伍不稳定问题,影响了农田水利建设管理和效益的发挥。

1.4　灌区灌溉水有效利用系数变化情况

农田灌溉水有效利用系数是我国评估农业用水成效和国家实行最严格水资源管理制度的重要指标。自 2006 年全国各省开展灌溉水有效利用系数测算工作以来,农田灌溉水有效利用系数测算对推进水资源双控行动、节水型社会建设发挥了重要作用。近年来,通过大中型灌区续建配套节水改造、高标准农田建设、新增千亿斤粮食田间工程等政府项目建设,以及农业水价综合改革制度建设,江苏省灌溉水有效利用系数一直处于全国前列,农业节水效益显著。

图 1.4-1 统计了全国及江苏省 2011—2022 年的灌溉水有效利用系数。从图中可以看出,自 2011 年最严格水资源管理制度实施以来,全国及江苏省灌溉水有效系数呈逐年增加的趋势,其中全国系数自 0.510 增长到 0.572,增幅为 12.16%,江苏省系数自 0.567 增加到 0.620,增幅为 9.35%。而灌溉水有效利用系数与当地经济发展水平有一定关系,江苏省作为经济相对发达地区,逐年的系数均高于全国平均水平的 8.4%～

11.6％左右,但 2016 年后与全国差距在逐步减小。

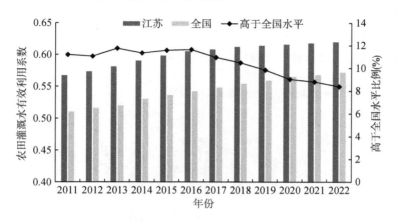

图 1.4-1　全国及江苏省灌溉水有效利用系数变化情况及对比

从增幅变化来看,2011—2014 年,江苏灌溉水有效利用系数增幅呈逐年增长趋势,自 2016 年开始(图 1.4-2),系数增幅在逐渐减小,前期系数增长率高于中后期。由于前期阶段,全省大力推广控制灌溉等节水灌溉模式,加之农业水价综合改革的逐步推进,减少了农业用水的浪费,大大提升了灌溉水使用效率,系数提升较快;中后期随着农业水价改革基本完成,农业灌溉用水计量设施建设不断完善和管护水平不断提升,节水灌溉水平进一步提高,系数增长稳定。

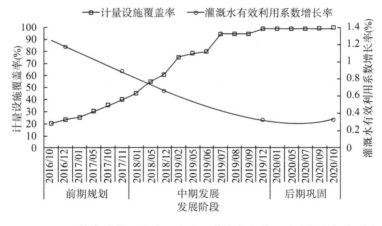

图 1.4-2　江苏省计量设施建设进度及灌溉水有效利用系数增长率对比

从不同规模灌区灌溉水有效利用系数(图 1.4-3)分析可知,2014—2022 年同一规模与类型灌区的系数呈稳步增长趋势,系数(η)与灌区规模呈负相关关系,即 $\eta_{大} < \eta_{中} < \eta_{小}$,且 $\eta_{中型15\sim30} < \eta_{中型5\sim15} < \eta_{中型1\sim5}$。相较于中小型灌区,大型灌区的渠系的级数越多,输水距离越长,单位面积的渠道渗漏量越大,同时,大型灌区的灌溉周期较长,河道滞留水量偏多,实际渗漏时间较长,沿程耗水损失量偏多,系数相对偏小。从逐年增加趋势来

看,中小型灌区的系数增长趋势高于大型灌区,由于中小型灌区面积较小,灌区管理难度较小,且中小型灌区的亩均节水投入较多,2022 年江苏省中、小型灌区亩均投入分别为186 元/亩和 210 元/亩,高于大型灌区的 178 元/亩,节水工程完善率较高,节水效益发挥较快,使得系数增长趋势与灌区规模也呈负相关关系。

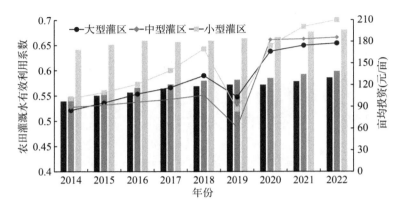

图 1.4-3   2014—2022 年江苏省不同规模灌区灌溉水有效利用系数及亩均投资

全省灌区按照水源类型分为提水灌区和自流灌区,图 1.4-4 为不同水源类型灌区的灌溉水有效利用系数箱型图,中间黑色实线代表中值 q_2,菱形为平均值。大型提水灌区的系数差异性较小,变幅最小;中型自流灌区的系数变幅最大。一般提水灌区灌溉水有效利用系数高于自流灌区,提水灌区一般采用泵站抽水方式进行灌溉,成本较高,灌溉管理措施相对完善,在一定程度上避免了过度灌溉的情况;而全省大部分自流灌区水源条件相对较好,来自京杭运河和苏北灌溉总渠的水资源丰富且取水方便,造成农户节水意识不强,用水效率相对较低,同时,自流灌区一般在无连续降水情况下才实行灌溉,此时渠道水位较低,灌溉前需要抬高水位,灌溉结束后渠道中的滞留水较多,调查研究表明,滞留在干、支渠的耗水损失量占总灌溉用水量的 12% 左右,干旱年份比例更高,因而造成自流灌区的灌溉水有效利用系数较小。

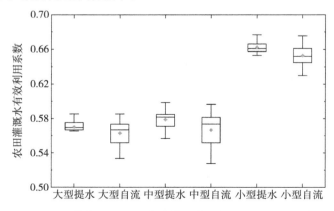

图 1.4-4   江苏省不同水源类型灌区灌溉水有效利用系数箱型图

如图 1.4-5 所示，相同水源类型灌区灌溉水有效利用系数总体呈增长趋势，但 2017 年小型提水灌区和 2020 年大型提水灌区的系数呈负增长，由于近年来新增了 4 处大型提水灌区，前期未实施相应的节水配套改造工程，基础条件较差，节水效益发挥较慢。中型自流灌区投资力度相对较大，且逐步实行农业用水许可管理，对灌区的用水总量进行严格控制，灌溉水利用效率提高较快。

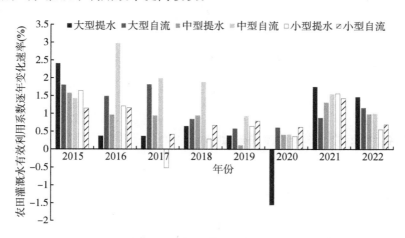

图 1.4-5 江苏省不同水源类型灌区灌溉水有效利用系数逐年变化速率

近年来江苏省农业节水政策及措施

2.1　江苏省主要农业节水政策和规划

2.1.1　明确的节水政策和规划

2012 年,国务院办公厅印发了《国家农业节水纲要(2012—2020 年)》(以下简称《纲要》),这是第一个关于农业节水的国家纲要。《纲要》明确了今后中国农业节水的目标和任务,主要包括以下的一些关键任务:

①制定有关农业节水的计划;②改进农业节水政策和条例;③严格控制农业用水总量和灌溉定额;④促进农业水价改革,以便用水价来调节水的消耗;⑤全面推广农田高效节水灌溉技术,特别是在大中型灌区推广;⑥配备农业用水计量设施;⑦提高水费收费率,提高水费支出效率;⑧促进建立以农民为基础的用水合作组织,用于协助政府灌溉系统的操作和维护;⑨推进农村水利法制化。

表 2.1-1 为中央政府根据上述节水要求制定的政策和规划,以及配套的水价改革政策和技术标准。节水政策的具体落实在地方政府。地方各级政府要结合地方实际和中央及上级政府的政策、规划和标准,重点突出中央和省、市、县政府之间的政策协调,制定本地区的节水措施。表 2.1-2 为近 10 年来江苏省政府为支持中央节水工作而制定的各项节水政策、规划和标准。江苏省政府通过政策引导、奖励补贴、技术引导、制度约束、信息服务等方式,调动了农民节水积极性,江苏农业从传统模式向高效现代节水模式发展。

表 2.1-1　中央制定的有关农业节水的重要政策

序号	年份	政策(标准)名称	文件(标准)号
1	2012	全国灌溉发展总体规划技术大纲	
2		取水计量技术导则	(GB/T 28714—2012)
3	2013	全国高标准农田建设总体规划	
4	2014	全国现代灌溉发展规划	
5		高标准农田建设 通则	GB/T 30600—2014
6	2015	全国农业可持续发展规划(2015—2030 年)	

序号	年份	政策(标准)名称	文件(标准)号
7	2016	全国农业现代化规划(2016—2020年)	
8		关于推进农业水价综合改革的意见	
9	2017	关于印发全国大中型灌区续建配套节水改造实施方案(2016—2020年)的通知	发改农经〔2017〕889号
10		"十三五"新增1亿亩高效节水灌溉面积实施方案	
11		关于扎实推进农业水价综合改革的通知	发改价格〔2017〕1080号
12	2018	关于印发《农业绿色发展技术导则(2018—2030年)》的通知	农科教发〔2018〕3号
13		关于加大力度推进农业水价综合改革工作的通知	发改价格〔2018〕916号
14		灌溉与排水工程设计标准	GB 50288—2018
15		节水灌溉工程技术标准	GB/T 50363—2018
16	2019	关于加快推进农业水价综合改革的通知	发改价格〔2019〕855号
17		关于印发大中型灌区、灌排泵站标准化规范化管理指导意见(试行)的通知	办农水〔2019〕125号
18	2020	关于持续推进大中型灌区农业水价综合改革工作的通知	办农水函〔2020〕659号
19		大型灌区续建配套与现代化改造实施方案编制技术指南	
20		中型灌区续建配套与节水改造方案编制技术指南	
21		灌区改造技术标准	GB/T 50599—2020
22		关于印发小麦等十项用水定额的通知	

表2.1-2 江苏制定的有关农业节水的重要政策

序号	年份	政策(标准)名称	文件(标准)号
1	2013	关于大力推广节水灌溉技术着力推进农业节水工作的意见	苏政办发〔2013〕114号
2	2014	江苏省农业综合开发高标准农田建设实施规划(2013—2020年)	
3	2015	江苏省高标准农田建设总体规划(2014—2020年)	
4		江苏省灌溉用水定额	
5	2016	江苏省计划用水管理办法	
6		关于推进农业水价综合改革的实施意见	苏政办发〔2016〕56号
7		农田水利高效节水监控系统技术规范	DB32/T 2949—2016
8		水稻节水灌溉技术规范	DB32/T 2950—2016
9	2017	关于印发江苏省农业水价综合改革工作绩效评价办法(试行)的通知	苏水农〔2017〕26号
10	2018	关于进一步深入推进全省农业水价综合改革工作的通知	苏水农〔2018〕30号
11		一体化泵站应用技术规范	DB32/T 3390—2018
12		灌溉水系数应用技术规范	DB32/T 3392—2018
13	2019	关于深入推进农业水价综合改革的通知	苏水农〔2019〕22号
14		关于印发《江苏省节水行动实施方案》的通知	
15		江苏省农业灌溉用水定额(2019)	苏水节〔2019〕17号
16	2020	江苏省农村水利条例	
17		现代灌区建设规范	DB32/T 3815—2020
18		农田管道输水灌溉工程技术规范	DB32/T 3816—2020
19	2021	关于印发江苏省高标准农田建设标准的通知	苏政办发〔2021〕21号

2.1.2　有效的农业节水评价机制

近年来，全国积极践行"节水优先、空间均衡、系统治理、两手发力"的治水新思路，围绕"补短板、强监管、提质效"的总基调，各地紧扣各项节水建设目标任务，进一步推进水资源"三条红线"管理，着力强化水生态文明建设、城乡水环境保护、节水型社会建设、水污染防治等关键措施，积极推进各项节水灌溉措施。在中国，节水灌溉技术的推广工作由全国各级政府主导，因此，开展节水工作成效的评估是很有必要的。主要通过"粮食安全省长责任制（PGRS-GS）"和"最严格水资源管理绩效考核制度（PAS-SWRM）"来评估节水效果。其中，粮食安全省长责任制评估中国粮食供需平衡和粮食价格稳定性，最严格水资源管理绩效考核制度评估中国水资源的可持续开发、利用和保护。

PGRS-GS 和 PAS-SWRM 制度的考核对象是省级政府及其主要领导，在这两项制度中，省级政府对市级政府及其主要官员实行类似的考核办法，市级政府对县级政府实行类似的考核办法。均采用计分制进行考核，满分为 100 分。考核结果分为优秀、良好、合格、不合格四个等级。得分在 90 分以上、80～90 分、60～80 分和 60 分以下分别为优秀、良好、合格和不合格。如图 2.1-1 所示，在 PGRS-GS 中，与节水直接相关的指标包括"高标准农田建设（4～5 分）""农田水利基础设施建设；农田骨干节水工程建设（4～5 分）"。在 PAS-SWRM 中，与节水直接相关的指标包括"总用水量（10 分）""农田灌溉水有效利用系数（3～4 分）""用水定额和计划用水管理（2 分）""农业水价改革与水资源费征收（2 分）"等。

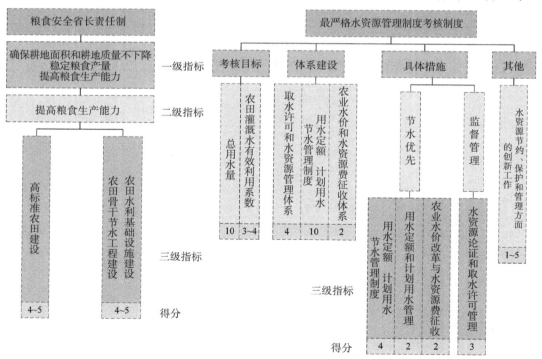

图 2.1-1　中国主要的农业节水工作评估考核制度

为满足 PGRS-GS 和 PAS-SWRM 的节水要求,江苏省政府积极开展灌区节水工作效果专项评价。江苏省节水灌溉早期评价规则采用了《江苏省节水型灌区评价标准》(DB32/T 1368—2009)。中央于 2021 年颁布了节水灌溉评价标准,江苏省政府正在以此为基础,开展制定新的《江苏省灌区节水灌溉效果评价标准》(图 2.1-2)。

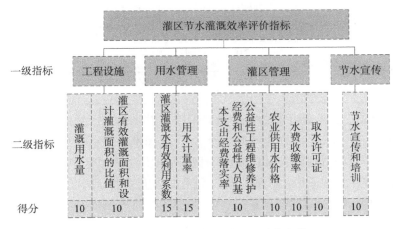

图 2.1-2　江苏省灌区节水灌溉评价指标体系

2.2　江苏省农业节水主要措施

2.2.1　制定农业灌溉用水定额

当前农业灌溉用水利用效率低是制约江苏农业节水效率的主要因素,仍需要进一步推广节水灌溉措施(包括工程措施、农艺措施和管理措施),以满足国家或地方节水政策和计划的要求。为此,江苏制定了多项促进农业节水的措施,主要包括提高灌溉作物的用水效率、减少农业用水总量,以及通过增加工程运行维护资金和工程管护组织来提高灌溉系统的用水效率,具体见表 2.2-1。

表 2.2-1　江苏省政府制定的主要节水灌溉措施

目标	序号	主要改革措施
通过提高灌溉作物的用水效率和减少农业用水总量来促进农业节水	1	江苏省颁布了《江苏省农业灌溉用水定额(2019)》,根据作物类型和地理区域灌溉、种植特点制定灌区用水定额
	2	以灌溉用水定额为标准,统计灌溉用水量,奖励节约用水行为,对超定额用水部分实行用水加价
	3	江苏省正在以宿迁市为改革试点,探索水权市场交易。2020 年,宿迁市政府批准了《宿迁市关于加快推进地下水水权交易改革试点工作实施方案》
	4	江苏省政府利用财政资金,开展大中型灌区续建配套与节水改造项目

续表

目标	序号	主要改革措施
通过增加运行维护资金和运行维护组织,提高灌溉系统的效率,促进农业节水	1	2016年以来,江苏省根据不同的灌溉面积和作物类型,开展了农业用水运行维护成本测算工作。在江苏,政府提供农业用水的成本在0.080～0.171元/m³之间
	2	截止到2020年底,江苏省各个灌区共配备了137 235套计量设施,计量设施包括:电磁流量计、超声波流量计、"以电折水"、"以时折水"、便携式流量计、水表、流量积算仪、水工建筑物量测设备等
	3	针对不同类型工程特点,江苏省成立了5 675个多元化管护组织,具体有农民用水合作社、农民用水户协会、农民用水灌溉服务队等8种形式,其中包括专业化服务组织和村级灌排服务队1 125个,占比19.8%,农民用水合作社和农民用水户协会4 357个,占比76.8%,主要用于灌溉系统的运行和维护、收取水费等
	4	江苏省制定了权衡农民用水户承受能力和地方财力的水费征收规则,重点解决两个问题,即农业用水补贴资金和灌溉工程运行维护资金

　　根据《江苏省农业灌溉用水定额(2019)》,全省共有15个农业用水分区(丰沛平原区、淮北丘陵区、黄淮平原区、故黄河平原沙土区、洪泽湖及周边岗地平原区、里下河平原区、沿海沙土区、盱仪六丘陵区、沿江高沙土区、通南沿江平原区、宁镇宜溧丘陵区、太湖湖西平原区、武澄锡虞平原区、太湖丘陵区、阳澄淀泖平原区),图2.2-1显示了部分分区的水稻和玉米的灌溉用水定额。

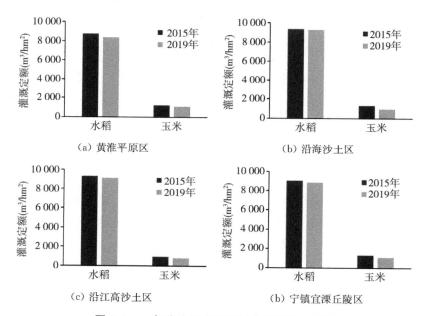

图2.2-1　部分分区水稻和玉米灌溉用水定额

2.2.2　基于计量的用水监督制度

　　计量用水是监督灌溉用水合理分配和使用的重要手段。2014年起,江苏大力推进计量设施的安装,到2020年,全省灌区共配备电磁流量计、超声波流量计、水槽、孔口、堰等计量设备,"以电折水"(water volume - electricity consumption conversion method,WECM)、"以时折水"(water volume - time conversion method,WTCM)等计量设施

137 235 台套。其中,"以电折水"和"以时折水"设施因其成本低、安装和使用方便而最受农民欢迎,占比达 71.8%,其次是电磁流量计和超声波流量计,占比达 16%。

"以电折水"(WECM)计量方式下,水泵的出水量可以根据率定得到的"水量-耗电量"转换系数(T_C)推算出来。T_C 一般定义为一台泵的总出水量与一个时期内的总耗电量之比,其公式如下:

$$T_C = \frac{A_w}{A_E} \tag{2.1-1}$$

其中,A_w 为总出水量(m³);A_E 为总用电量(kW·h);T_C 为水电转换系数[m³/(kW·h)]。

"以时折水"(WTCM)计量方式下,水泵的出水量可以根据率定得到的"水量-时间"转换系数(T_T)来推算。T_T 是指一个时期内的流量与时间之比,其公式如下:

$$T_T = \frac{A_w}{A_H \times Q_r} \tag{2.1-2}$$

其中,T_T 为水时转换系数;A_H 为时间(h);Q_r 为水泵的额定流量(m³/h)。

"以电折水"和"以时折水"原理如图 2.2-2 所示。A_w 取决于原地测量的方法或工具(如水文方法、超声波流量计等)。A_E 通过电表获得,A_H 通过泵房的定时器获得。T_C 和 T_T 分别由公式(2.1-1)和公式(2.1-2)计算。T_C 和 T_T 主要受泵的类型(如轴流泵、混流泵和离心泵)、安装参数(如排放扬程、电机功率)、使用寿命等影响。

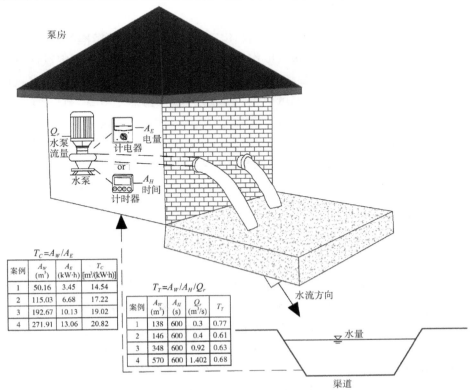

图 2.2-2 "以电折水"和"以时折水"原理图

2.2.3 推广节水灌溉技术

自 2016 年来,为指导推广节水灌溉技术,江苏省政府相继发布了《农田水利高效节水监控系统技术规范》(DB32/T 2949—2016)、《一体化智能泵站应用技术规范》(DB32/T 3390—2018)、《现代灌区建设规范》(DB32/T 3815—2020)等。目前,江苏各级政府正在积极推广高效节水灌溉技术,主要有粮食作物管灌、蔬菜喷灌、果树及幼苗微灌等。截至 2019 年,江苏省节水灌溉面积达 284.8 万公顷,占全省耕地面积的 67.8%,预计到 2025 年,这一比例将达到 95% 以上。

2.2.4 提高农业用水价格

一直以来,全省向农民收取的水费很低,只达到工程运行维护成本(不包括固定资产折旧费用)的 30% 左右。农民普遍认为水是便宜的,甚至是免费的。因此,农民没有节约用水的动力。按照国务院的统一部署,全国 22 个省(包括江苏、广东、山东等)、5 个自治区(包括内蒙古、新疆、西藏等)和 4 个直辖市(即北京、上海、天津、重庆),于 2016 年开始在各自辖区内开展农业水价综合改革。2019 年 12 月,江苏提前完成了改革的基本任务。据统计,目前江苏的农业供用水价格在 0.080 元/m³ 至 0.171 元/m³ 之间,35% 以上的部分主要由政府承担,改革根本上不增加农民的负担。

2.2.5 建立农业用水奖惩机制

全省 79 个涉农县(市、区)均建立包括超定额累进加价制度和精准补贴、节水奖励制度在内的农业用水奖惩机制。该机制以作物灌溉用水定额为基准,对超定额部分实行累进加价,对节约用水部分由当地县政府给予奖励。这进一步提高了农民的节水意识和积极性。以南京市江宁区为例,江宁区政府的节水奖励分为四个等级,即当节水量小于 5%,等于 5%~10%,等于 10%~20%,或大于 20% 时,相应的奖励分别为节水量乘以正常水价的 0.5、1、2 或 3 倍。反之,对超定额用水的惩罚分为三个等级,即当超额用水量低于分配用水量的 20%,等于分配用水量的 20%~30%,或超过 30% 时,超额用水量分别按 1、2、3 倍的正常水价收费。

2.2.6 节水型灌区评价

节水型灌区是指根据作物需水规律和当地水资源条件,高效利用降水和灌溉水,工程设施、用水管理、灌区管理、宣传培训等满足技术要求,并经水行政主管部门考评确认的灌区。其评价程序分为县(市、区)自评、设区市初评、省级评定 3 个环节。灌区管理单位自愿向所在县(市、区)水行政主管部门申报,开展自评。设区市水行政主管部门组织对各县(市、区)自评结果进行初评,并向省水行政主管部门推荐。省级水行政主管部门成立专家评审小组,对设区市初评结果进行评定。评定实行动态管理,省水行政主管部门不定期对已通过评定的节水型灌区进行抽检,对成果不能巩固的,取消评定结果。

江苏省节水型灌区申报的基本条件包括:设计灌溉面积≥1 万亩;有明确的管理机

构;依法依规办理取水手续;近 3 年内未发生工程安全、水质安全或重大水事纠纷;灌区满足所在地区(或片区)的灌溉设计保证率要求;制定节水型灌区建设方案和灌区标准化规范化建设方案;建立切合灌区所在地区(或片区)特点的节水灌溉制度。参考表 2.2-2,评价指标分为基础指标和附加指标:基础指标含工程设施、用水管理、灌区管理、宣传培训等 4 项一级指标、21 项二级指标;附加指标含创新引领、社会评价、荣誉称号等 3 项二级指标。

表 2.2-2　节水型灌区评价指标体系

序号	一级指标	二级指标	赋分说明	标准分	评价得分
1	工程设施(35 分)	灌溉供水保障率	灌溉供水保障率达 100%的得 3 分;每减少 1%扣 0.2 分。证明材料齐全的得 0.5 分;有计算过程的得 0.5 分	4	
2		有效灌溉面积占比	有效灌溉面积占比达 100%的得 3 分;每减少 1%扣 0.15 分;占比低于 80%的该项不得分。证明材料齐全的得 1 分;有计算过程的得 1 分	5	
3		灌溉设计保证率	沿江平原区和太湖平原区不低于 95%,里下河平原区和沿海平原区不低于 85%,徐淮平原区和宁镇扬及宜溧丘陵区不低于 80%,满足得 3 分。证明材料齐全的得 1 分	4	
4		高标准农田面积占比	高标准农田面积占比不低于 85%的得 3 分;每减少 1%扣 0.2 分;占比低于 70%的该项不得分。证明材料齐全的得 1 分;有计算过程的得 0.5 分;有代表性照片的得 0.5 分	5	
5		节水灌溉面积占比	节水灌溉面积占比不低于 80%的得 3 分;每减少 1%扣 0.3 分;占比低于 70%的不得分。证明材料齐全的得 1 分;有计算过程的得 1 分	5	
6		骨干工程配套率	骨干工程配套率不低于 95%的得 4 分;每减少 1%扣 0.2 分;配套率低于 75%的该项不得分。证明材料齐全的得 1 分;有计算过程的得 1 分	6	
7		骨干工程完好率	骨干工程完好率不低于 95%的得 4 分;每减少 1%扣 0.2 分;完好率低于 75%的该项不得分。证明材料齐全的得 1 分;有计算过程的得 0.5 分;有代表性照片的得 0.5 分	6	
8	用水管理(25 分)	灌溉制度	灌溉制度正式文件或当年灌溉方案的证明材料齐全的得 2 分;提供有效推进和执行情况说明的得 2 分	4	
9		农田灌溉水有效利用系数	大型灌区不低于 0.600 的得 4 分;每减少 0.001 扣 0.04 分。中型灌区不低于 0.630 的得 4 分;每减少 0.001 扣 0.05 分。证明材料齐全的得 2 分。低于当年本省同规模同类型灌区平均值的该项不得分	6	
10		灌溉用水定额	满足 DB32/T 3817—2020 规定的得 4 分;超定额 30%以内的按比例扣分,超过 30%以上的该项不得分。证明材料齐全的得 1 分	5	
11		干支渠用水计量率	干支渠用水计量率达 100%的得 3 分;每减少 1%,扣 0.15 分;计量率低于 80%的该项不得分。证明材料齐全的得 1 分;有计算过程的得 0.5 分;有计量设施和计量台账代表性照片的得 0.5 分	5	
12		渠首用水计量在线监测率	提供渠首用水计量在线监测设施配备情况、运行情况说明的得 2 分;提供接入省级用水管理信息系统情况说明的得 2 分,尚未完全接入的按未接入比例扣分。有在线监测设施现场照片的得 0.5 分;有接入省级用水管理信息系统截图照片的得 0.5 分	5	

序号	一级指标	二级指标	赋分说明	标准分	评价得分
13	灌区管理（30分）	制度建设	节水型灌区建设方案证明材料齐全的得1分，提供其有效推进和执行情况说明的得1分；灌区标准化规范化建设方案证明材料齐全的得1分，提供其有效推进和执行情况说明的得1分	4	
14		管理机制	农业水价形成机制、精准补贴和节水奖励机制、工程管护机制、用水管理机制证明材料齐全的得4分；每单项机制不健全或缺失的扣1分	4	
15		两费落实率	人员基本支出经费落实率达100%的得2分；每减少1%扣0.1分；低于80%的不得分。工程维养护经费落实率达100%的得2分；每减少1%扣0.05分，低于60%的不得分。证明材料齐全的得1.5分；有计算过程的得0.5分	6	
16		执行水价	执行水价达到运行维护成本，或未达到运行维护成本但已落实财政补贴且工程维护经费有稳定保障，满足得3分。证明材料齐全的得1分。低于成本水价且未落实财政补贴的该项不得分	4	
17		水费收缴率	水费收缴率不低于98%的得2.5分；每减少1%扣0.3分；收缴率低于90%的该项不得分。证明材料齐全的得1分；有计算过程的得0.5分。实行财政转移支付收费的灌区，视同实收水费，计算方法同上	4	
18		取水许可	灌区多水源（主要水源）取得取水许可证，或已完成灌区用水指标，满足得4分，否则该项不得分	4	
19		灌溉用水量	近3年灌溉用水量均不超过取水许可或分配用水量指标，满足得3分；超用水量5%的扣1分，超10%的扣2分，超15%及以上的该项不得分。证明材料齐全的得1分	4	
20	宣传培训（10分）	节水宣传	年度开展不少于5次节水宣传且各次活动证明材料齐全的得5分；单次活动缺少文字说明的扣0.5分；单次活动现场照片少于2张的扣0.5分	5	
21		节水培训	年度开展不少于5次节水培训或讲座且各次活动证明材料齐全的得5分；单次活动缺少文字说明的扣0.5分；单次活动现场照片少于2张的扣0.5分	5	
基础指标小计				100	
22	附加指标（5分）	创新引领	取得与灌区节水相关的创新性成果，每取得1项得1分，满分2分	2	
23		社会评价	受到与灌区节水相关的良好报道或评价，省级及以上的得2分，市级每取得1项得1分，满分2分	2	
24		荣誉称号	获得与灌区节水相关的荣誉称号，省级及以上的得1分、市级每取得1项得0.5分，满分1分	1	
附加指标小计				5	
评价综合分数				105	

2.2.7　大中型灌区标准化管理评价

灌区标准化规范化管理是灌区发展的必然结果，是现代农业发展的重要标志。开展灌区标准化规范化建设，对提高灌区管理水平、维护灌区运行安全、保障灌区设施效益有着重要意义。根据《水利部办公厅关于做好大中型灌区、灌排泵站标准化管理评价工作的通知》（办农水〔2022〕331号）文件精神，2022年底前，省级水行政主管部门建立健全制度体系，全面开展标准化管理工作；2025年底前，"十二五"以来建成和实施过改造项目的大中型灌区、灌排泵站实现标准化管理；2030年底前，大中型灌区、灌排泵站全面实现标准化管理。

其评价对象为已建成运行且纳入灌区名录的大中型灌区，评价流程包括申报、评价、

复评。评价标准见表 2.2-3,评价流程如下所示:

(1)申报。省级水行政主管部门负责本行政区域内所管辖大中型灌区申报水利部评价的初评、申报工作。通过省级初评的大中型灌区可申报水利部评价。

申报水利部评价的大中型灌区,需具备以下条件:①已通过省级标准化管理评价;②新建工程通过竣工验收或完工验收并投入运行,改造工程完成上一轮规划任务且完成完工验收,工程运行正常;③灌区设有明确的管理单位;④经评估或安全鉴定,工程主要建筑物和设备基本达到设计标准或安全类别达到二类及以上。

(2)评价。水利部委托中国灌溉排水发展中心组织流域管理机构和相关技术支撑单位,通过材料审核、专家打分、现场抽查等方式开展水利部评价工作。

(3)复评。通过水利部评价的大中型灌区,由水利部委托中国灌溉排水发展中心每五年组织一次复评。

表 2.2-3 大中型灌区标准化管理评价标准中需要说明的是:

(1)本标准中"标准化基本要求"为省级制定标准化评价标准的基本要求,"水利部评价标准"为申报水利部标准化评价的标准。

(2)部级标准化评价,根据标准化评价内容及要求采用千分制,总分达到 920 分及以上,且组织管理、安全管理、工程管理、农业节水与供用水管理、经济管理、信息化管理6 个类别评价得分均不低于该类别总分 85% 的为合格。评价中若出现合理缺项,合理缺项评价得分计算方法为"合理缺项得分=[项目所在类别评价得分/(项目所在类别标准分-合理缺项标准分)]×合理缺项标准分"。

(3)表中扣分值为评分要点的最高扣分值,评分时可依据具体情况在该分值范围内酌情扣分。

表 2.2-3　大中型灌区标准化管理评价标准

类别	项目	标准化基本要求	评价内容及要求	标准分	评价指标及赋分
组织管理（140分）	管理体制	①管理主体明确，责任落实。②岗位设置和人员满足运行管理需要	管理体制顺畅、权责明晰，责任落实；管养机制健全、岗位设置合理，人员满足工程管理需要	35	①未做到统一管理、分级负责，基层用水组织参与管理，管理体制不顺畅，扣10分。②管理机构不明确，岗位设置与职责不清晰，扣10分。③管理人员不明确，扣5分。④运行管护机制不健全，未实现事企分开、管养分离，扣7分。⑤未引入社会资本开展灌区运行管护，扣3分。
	标准、制度体系建设	①编制管理标准体系（管理工作手册），满足运行管理需要。②管理制度满足需要，明确关键制度和规程	①编制标准化管理标准体系（管理工作手册），细化到管理事项、管理程序和管理岗位，针对性和可行性强。②建立全并不断完善各项管理制度、内容完整、要求明确，巩固定明示关键制度和规程（如工程巡视检查和安全监测制度，工程调度运用制度，闸门启闭机操作规程，工程维修养护制度等）	40	①未编制标准化管理标准体系（管理工作手册），扣15分。管理工作手册缺相关标准及文件要求或与实际，扣5分；标准化管理工作手册针对性和可操作性不强，扣5分；按标准化管理工作执行不力，扣5分。最高扣15分。②管理制度不完善、不健全，修订不及时，扣5分。③管理制度针对性和操作性不强，执行效果差，扣10分。④关键制度和规程未明示，扣10分
	人才队伍建设	①关键岗位配备专业技术人员。②有职工定期培训	人员结构合理，人员专业技能满足要求，管理单位有职工培训计划并按计划落实	25	①灌区人员结构不合理，扣10分。②未定期开展业务培训，扣10分。③人员专业技能不满足需求，扣5分
	精神文明	①基层党建工作扎实、领导班子团结。②管理单位秩序良好，职工爱岗敬业	重视党建工作，注重精神文明和水文化建设，管理单位内部秩序良好，领导班子团结，职工爱岗敬业，文体活动丰富	20	①领导班子成员受到党纪政纪处分，且在影响期内，此项不得分。②上级主管部门对单位领导班子的年度考核结果不合格，扣10分。③单位秩序一般，精神文明和水文化建设成效不佳，扣10分
	标准化实施	①有标准化工作实施措施	标准化工作有计划，有人财物等资源保障，有督促检查、考核等措施	20	①标准化实施无计划、实施的管理机构不明确，无相应的人力、物力、财力等资源保障，扣5分。②沟通机制不健全。跟踪评估标准体系运行与实际工作状况不一致，扣5分。③无督促检查、考核等工作计划，扣10分；有计划但计划不合理或不按计划执行，每次检查、考核无记录，扣5分。最高扣10分

续表

类别	项目	标准化基本要求	评价内容及要求	水利部评价标准	
				标准分	评价指标及赋分
安全管理（170分）	安全生产	①落实安全生产责任制。②开展安全生产隐患排查治理，建立台账记录。③编制安全生产应急预案并开展演练。④1年内无较大及以上生产安全事故	建立健全并落实安全生产责任制；定期开展安全隐患排查治理，排查治理规范，开展安全生产宣传和培训，安全设施配备齐全并定期检验，安全警示牌等设置规范，危险辨识安全生产应急预案编制规范并完成报备，开展演练；1年内无较大及以上生产安全事故	50	①安全生产责任制落实不到位，"六项机制"不健全，扣10分。②安全生产隐患排查不及时，隐患整改治理不彻底，台账记录不规范，扣10分。③安全设施及器具不齐全，未定期检验或不能正常使用，安全警示标识，危险辨识安全设置不规范，扣5分。④安全生产宣传，危险辨识安全生产应急预案编制，未报备，扣5分。⑤未按要求开展安全生产宣传，培训和演练，扣5分。⑥1年内发生一般性事故，根据事故损失大小，次数或影响程度扣分，最高扣15分。注：1年内发生较大及以上生产安全事故，此项不得分
	防汛抗旱管理	①有防汛抗旱抢险应急预案并演练。②有必要防汛防抗旱物资。③预警、预报信息畅通	防汛抗旱组织体系健全；防汛抗旱责任制，防汛抗旱抢险，重要险工险段按规定开展演练；按规定开展防汛前、灌溉前检查，配备必要的抢险工具、器材设备，明确大宗防汛抗旱物资存放方式和调运线路，物资管理资料完备；预警、预报，预报信息畅通	40	①防汛抗旱组织体系不健全，防汛责任制落实不到实，扣10分。②无防汛抗旱抢险、重要险工险段应急预案，扣10分；防汛抗旱抢险队伍组织、人员、任务不落实，可操作性差，未开展演练，扣5分。③未开展汛前、灌溉前检查，扣10分。④抢险工具及器材配备不完备，大宗防汛抗旱物资存放方式或调运线路不明确，扣3分；物管理资料不完善，扣2分。⑤预警、报汛、测度体系不完善，扣5分
	保护管理	①开展水事巡查工作，处置发现问题，做好巡查记录。②工程管理范围内无违规建设行为，工程保护范围内无危害工程运行安全的活动	依法开展工程管理范围和保护范围巡查，发现水事违法行为予以制止，并及时上报，做好或配合相关部门做好调查取证，查处工作，工程管理范围内无违规建设行为，工程保护范围内无危害工程安全活动	25	①未开展水事巡查等工作，扣10分；开展巡查工作但存在不到位，记录不规范等问题，扣5分。最高扣10分。②发现问题未及时制止，报告投诉，配合调查取证，处置不得力，扣5分。③工程管理范围内存在违规建设行为或危害工程安全活动，扣5分。④工程保护范围内存在危害工程安全活动，扣5分。
	安全鉴定	①按规定开展安全鉴定、评估。②鉴定、评估发现问题落实处理措施	按有关安全鉴定管理办法、安全评价导则开展大坝、渡槽、水闸、水闸、泵站（险工险段）等工程安全鉴定、评估；鉴定成果用于指导工程的安全运行管理和除险加固，更新改造	35	①未在规定期限内开展安全鉴定、评估，此项不得分。②鉴定、评估承担单位、工作程序、内容、成果不符合规定，扣15分。③鉴定、评估成果未用于指导安全运行，更新改造和除险加固等，扣10分。④安全鉴定中存在的问题，整改不到位，有遗留问题或整改未落实整改措施，扣10分。

类别	项目	标准化基本要求	评价内容及要求	水利部评价标准	
				标准分	评价指标及赋分
安全管理(170分)	安全标识标牌	①设置有重要工程简介、责任人公示牌。②设置有"安全警示标牌"	重要工程设施、重要保护地段、危险区域(含险工险段)等部位设置必要的工程简介牌(含险工险段)、责任人公示牌、安全警示等标识标牌，内容准确清晰，设置合理	20	①主要工程设施、保护要求、宣传标识缺乏、损坏模糊，扣5分。②责任人公示牌内容不实、损坏模糊，扣5分。③安全标识标牌布局不合理、建设不牢固，扣10分
工程管理(260分)	工程面貌与环境	①工程整体面貌较好。②工程管理范围整洁有序。③工程管理范围绿化、水土保持良好	工程整体面貌较好、外观整洁，工程管理范围整洁有序；工程管理范围绿化程度较高、水土保持良好、水质和水生态环境良好	25	①工程形象面貌较差，扣10分。②工程管理范围脏乱、存在垃圾杂物堆放问题，扣5分。③工程管理范围宜绿化率60%～80%扣2分，低于60%扣5分。④管理范围存在水土流失现象、水生态环境差，扣5分
	骨干工程状况	①骨干工程无重大安全隐患，能满足基本运行要求	骨干工程无重大安全隐患，过流能力不低于设计值的90%，工程基础稳定、结构变形、破损不影响工程正常运行	30	①工程存在重大安全隐患或不能正常运行，此项不得分。②渠(沟)道完好率在90%以下，每低2个百分点扣1分，最高扣15分。③渠系建筑物完好率90%以下，每低2个百分点扣1分，最高扣15分
	管理设施	①管理设施基本满足运行管理和防汛抗旱抢险要求	雨水旱情测报、安全监测、视频监视、警报设施，防汛道路，通信条件、电力供应，防汛抗旱抢险管理用房满足运行管理和防汛抗旱抢险需要	20	①雨水旱情测报、安全监测设施的稳定性、可靠性存在缺陷，扣5分。②视频监视、警报设施设置不足、稳定性、可靠性存在缺陷，扣5分。③防汛抗旱道路状况差、通信条件不可靠、电力供应不稳定，扣5分。④管理用房不能满足管理需要，扣5分
	登记造册	①按规定完成工程设施设备登记造册	按有关规定完成工程设施设备登记造册；登记信息完整准确，更新及时	20	①未按规定登记造册，此项不得分。②登记造册信息不完整、不准确，扣5分。③登记造册信息变更不及时，信息与工程实际存在差异，扣5分。④险工险段信息未及时上报更新，扣10分
	工程划界	①工程管理范围完成划定、完成公告并设有界桩。②工程保护范围和保护要求明确	依法依规划定工程管理范围和保护范围，管理范围有界桩(实地桩或电子桩)和公告牌，保护范围和保护要求明确；管理范围内土地使用权属明确	20	①未完成工程管理范围划定、完成公告并设置合理、此项不得分。②工程管理范围界桩设置不合理、不齐全，扣5分。③工程保护范围划定不足50%扣5分，未划定扣10分。④工程不动产登记证书(含土地使用证)领取率低于60%，每低10%扣1分，最高扣5分

类别	项目	标准化基本要求	水利部评价标准		
			评价内容及要求	标准分	评价指标及赋分
工程管理 (260分)	工程巡查	①按规定开展工程巡查。②做好巡查记录,发现问题及时处理	按照相关技术管理规程开展项目日常检查,定期检查和专项检查,巡查路线、频次和内容符合要求,记录规范,发现问题及时到位	30	①未开展工程巡查,此项不得分。②巡查路线、频次和内容不符合规定,扣10分。③巡查记录不规范,不准确,扣10分。④巡查发现问题处理不及时,不到位,扣10分。
	安全监测	①按规定开展关键工程安全监测。②做好监测数据记录、分析工作	按照相关安全监测技术规范要求开展工程安全监测,监测项目、频次符合要求,记录完整、资料整编分析有效,定期开展监测设备校验和比测	30	①未开展安全监测,此项不得分。②监测项目、频次等不规范,扣10分。③数据可靠性差,整编分析不可靠,扣10分。④监测设施考证资料缺失或不可靠,未定期开展监测项目进行人工比测,扣10分。
	维修养护	①按规定开展工程维修养护。②有维修养护记录	按照相关规定开展规范,维修养护计划、实施过程及工作记录完整;加强项目日常管理和验收,项目资料齐全	35	①未开展工程维修养护,此项不得分。②维修养护不及时,不到位,扣10分。③未制定工程维修养护计划,实施过程不规范,未按计划完成,扣10分。④维修养护工作验收标准不明确,扣5分。⑤大修项目无设计、无审批、验收不及时,扣5分。⑥维修养护记录缺失或混乱,扣5分。
	操作运行	①有引(提)水、输水、配水设施设备操作规程,并明示。②操作流程规范,有操作记录	按照规定编制引(提)水、输水、配水设施设备操作规程,并明示;内容应包括实际,编制详细的操作手册;严格按规程和调度指令操作运行,流程等;操作人员定期培训,操作人员固定规范	30	①无设施设备操作规程,此项不得分。②操作规程不规范进行操作,扣5分;操作人员不固定,不能定期培训,扣5分。③有记录不规范,扣5分。操作完成后,验收不及时,扣5分。④操作过程设计,无审批,每发现一次加1分,最高扣5分。⑤未编制详细操作手册,扣5分。
	档案管理	①档案有集中存放场所,档案管理人员落实,档案设施完好。②档案资料规范齐全,存放管理有序	档案管理制度健全,配备档案管理人员;各档案存放设施满足存放要求;档案分类清楚,存放有序,管理规范;档案管理信息化程度高	20	①档案管理制度不健全、管理不规范、设施不足或满足不存放要求,扣5分。②档案管理人员不明确,扣5分。③档案内容不完整,资料缺失,扣5分。④工程档案信息化程度低,扣5分。
农业节水与供用水管理 (220分)	取水许可	①办理取水许可。②实行总量控制,定额管理	取水许可手续规范完善,推行总量控制与定额管理,按取水许可用途配水	35	①未办理取水许可手续,此项不得分。②多取水(主要水源)取取水许可证量不足的每吨处5分,最高15分。③未推行总量控制与定额管理,扣15分。④未按取水许可用途配水,扣5分。

续表

类别	项目	标准化基本要求	评价内容及要求	水利部评价标准	
				标准分	评价指标及赋分
农业节水供用水管理（220分）	用水计划管理	①实行计划供水。②供用水行为规范	编制并实施灌区水量调度方案及年度（取）供用水计划。供水、用水等行为规范	30	①未编制灌区水量调度方案及年度（取）供水及年度（取）供水量调度方案未按批准的灌区水量调度方案（取）供水计划，扣10分；未按批准的灌区水量调度方案及年度（取）供水计划，扣5分；最高扣10分。②水费收缴不公开透明，扣10分。③年度供水结束后，未统计分析灌溉面积、作物种植结构、灌溉用水量等，扣10分
	控制运用	①大中型灌排工程有按规定地批复或备案的取水、输水、配水控制运用方案。②大中型灌排工程调度运行计划和指令有到位。③大中型灌排工程有调度运用记录	大中型灌排工程有取水、输水、配水控制运用方案并按规定申请批复或备案；按控制运用计划或指令或主管部门的指令组织实施，并做好记录	30	①无取水、输水、配水控制运用方案或调度运用计划，此项不得分。②控制运用计划或调度方案未按规定报批或备案，扣10分；控制运用计划或调度方案编制质量差、调度原则、调度权限不清晰，扣5分；修订不及时，调度指标和节点主管部门的指令程序，扣5分。③未按计划或指令实施取水、输水、配水控制运用，扣5分；调度过程记录不完整、不规范等，扣5分
	水量计量管理	①取水、分水、配水等重要节点有计量。②定期检测和率定计量设施设备	取水、分水、配水等重要节点计量设施设备完善，配备专/兼职人员定期测水、计量测水点分析率定	35	①主要水源取水口未进行水量计量，此项不得分。②重要节点水量计量设备缺1处，扣1分；最高扣15分。③水点、配水等重要节点计量设施设备不完善，扣10分。④未配备专/兼职人员，扣5分。⑤计量精度不达标、未定期检测和率定，扣5分
	节水措施	①采取工程、管理、宣传等措施推进灌区节约用水。②开展灌溉用水效率测算分析	采取工程、管理、宣传等措施推进灌区节约用水。开展灌溉用水效率测算分析	30	①未采取工程节水措施，扣10分。②未开展节水宣传工作，加强节水管理，扣10分。③未开展灌溉用水效率测算分析，扣10分
	农业水价综合改革	①有农业水价综合改革措施	配合当地政府推进农业水价综合改革措施	40	①农业水价综合改革工作推进不力，扣15分。②执行节水价未到运行成本水价，扣10分。③未落地精准补贴机制和节水奖励机制，扣10分。④水费收缴率未达到80%，扣5分
	灌溉试验和技术推广	①试验站开展灌溉试验，应用灌溉试验成果指导灌溉。②推广节水灌溉技术	按要求持续开展作物需水和灌溉制度试验，进行用水管理、工程管理等相关研究。推广应用节水灌溉技术	20	①建立灌溉试验站的灌区未进行灌试验，扣10分；未完成下达的灌溉试验任务，扣5分。（没有试验站的灌溉站不此项为合理缺项）②未应用灌溉试验成果指导灌溉，扣5分。③未推广应用先进节水灌溉技术

续表

类别	项目	标准化基本要求	评价内容及要求	水利部评价标准	
				标准分	评价指标及赋分
信息化管理（110分）	信息化平台建设与应用	①应用管理信息平台。②实现工程动态管理	应用省部级管理信息平台并对接灌区相关平台，实现工程在线监管和自动化控制；工程信息及时动态更新，与省部相关平台实现信息共享，互通互联	40	①未建立灌区工程管理信息化平台，扣5分。②未实现在线监管或自动化控制，扣10分。③未推动使用水工程监管控制、调度、计量、水费收缴等方面的信息化管理，扣15分。④工程信息不全面，不准确，或未得到更新，扣5分；信息未与省部相关信息平台信息共享，扣5分。注：未应用省部级管理信息平台①②可作为合理缺项没有信息化投资的灌区①②可作为合理缺项
	自动化监测预警	①监测监控信息录入相关平台。②监测监控出现异常时及时处理	雨水情、墒情、安全监测、视频监控等关键信息录入信息化平台，实现动态管理；监控数据出现异常时，能够自动识别并及时预报预警	30	①雨水情、墒情、安全监测、视频监控等关键信息未入信息化平台，扣15分。②数据异常时，无法自动识别险情，扣5分。③出现险情时，无法及时预警预报，扣10分。
	网络安全管理	①制定并落实网络安全管理制度	网络安全管理制度体系健全，网络安全防护措施完善	20	①网络安全管理制度体系不健全，扣10分。②网络安全防护措施存在漏洞，扣10分。
	数字孪生建设	①结合信息化建设，推动数字孪生灌区建设	将数字化技术广泛应用灌区运行管理，推动管理模式优化	20	①未开展数据底板、模型库和知识库建设的，扣10分。②未开展灌区管理业务智能化应用的，扣10分。
经济管理（100分）	财务与资产管理	①财务管理规范。②有国有资产管理措施	合理编制并严格执行单位预算，依法组织收入，努力节约支出；严格经济核算，加强经济管理，合理使用国有资产，提高资金使用效益；对单位经济活动进行控制和监督，防止流失	25	①未建立健全财务和资产管理制度，扣5分。②单位预算编制不合理。③收入未到位，支出超预算。④财务制度不健全，资金使用效率不高，扣5分。⑤国有资产管理，使用不合理，未建立资产管理台账，存在流失现象，扣5分。⑥对单位经济活动未进行控制和监督，扣5分。
	经费保障	①工程运行管理经费和维修养护工程经费足额兑现。②人员工资足额兑现	管理单位运行管理经费和工程维修养护经费及时足额保障，满足工程管护需要；筹额渠道畅通稳定，财务管理规范；人员工资稳定，福利待遇不低于当地平均水平，医疗等各种社会保险	35	①工程维修养护、人员经费不能及时按预算足额到位，扣20分。②运行管理、维修养护经费使用不规范，扣5分。③人员工资不能按有关规定或发放、福利待遇低于管理所属地平均水平，扣5分。④未按规定缴纳职工养老、失业、医疗等各种社会保险，每少缴1项扣2分，最高扣5分。注：政策规定免缴、缓交的社会保险项不扣分

续表

类别	项目	标准化基本要求	评价内容及要求	水利部评价标准	
				标准分	评价指标及赋分
经济管理（100分）	基层用水组织经费管理	①指导基层用水组织规范管理经费	督促基层用水组织按规定标准收取水费，指导用于田间工程维修养护和人员费用支出；协调落实相关补助经费	20	①未督促基层用水组织制定水费收取、公开等管理办法，未按规定标准收取水费或采用未完成转移支付等方式完成水费收缴，扣10分。②未指导水费合理用于田间工程维修养护和人员费用支出，扣10分
	国土资源利用	①合理利用管理范围内的国有资源，提高利用率	在确保防洪安全和生态安全的前提下，合理利用管理范围内的国有资源（水土资源、资产等），保障国有资源保值增值	20	①管理范围内的国有资源利用对工程防洪安全、运行安全和生态安全造成一定影响，扣10分。②管理范围内的国有资源未得到有效利用或未能保值增值，扣10分

3

农业水价改革政策相关的专题讨论

3.1　丰水地区江苏农业水价综合改革必要性探讨

许多世纪以前，水就被认为是一种有价物品，但是直到 1992 年，在都柏林召开的水和环境国际联合会议上，《都柏林水准则》(Dublin Water Principles)才第一次提出："水是一种经济商品。"作为商品就必然存在价格，价格由商品的价值决定。水的价值受市场供求关系的影响，在全球经济社会大力发展的今天，水资源短缺、水环境恶化和供需矛盾在不断加剧，水的价值也在不断攀升。充分认识水的价值属性，调动经济、行政、法律等多种管理手段，发挥水价杠杆作用，是破解现代水问题的关键，是促进水资源合理利用和可持续发展最简单、最直接的方法。因此，不论是发达国家还是发展中国家，水价问题，包括水价核定、政策落实、杠杆影响、水权交易等，一直都是研究的热点和重点。

进入 21 世纪，我国的治水思路发生了重大转变。习近平总书记提出"节水优先、空间均衡、系统治理、两手发力"的治水思路，把节水优先放在第一位。在我国，农业是用水大户，也是节水潜力所在。但是，价格杠杆对农业水资源配置、水需求调节、水污染防治、水工程运维等方面的作用未得到充分发挥，用水方式粗放、用水管理不到位、运行维护经费不足现象还比较普遍，水资源稀缺程度和生态环境成本不能在水价中得到有效反映，已是普遍认识。推进农业水价综合改革，建立健全水价形成机制、完善工程建设和管护机制、建立精准补贴和节水奖励机制、强化用水管理机制，落实主体责任、建立绩效评价机制、营造良好改革氛围，对于缓解我国用水紧张的态势、保障国家水安全具有战略意义。

江苏是农业大省，改革先行省份。2014 年，江苏宿迁市宿豫区和高邮市被列为全国改革试点县，在改革试点的基础上，2016 年，江苏按照国家相关部委要求，全面部署推进农业水价改革。对标 2020 年在全国率先完成改革任务的要求，江苏以促进农业节水、保障工程良性运行为目标，加强组织领导，着力探索创新，至 2020 年 12 月 11 日，完成应改面积 5 437 万亩，取得了明显的改革成效。作为丰水地区，如何推进农业水价改革，是江苏此项改革的难点，也是特点。江苏不仅经济体量走在全国前列，水资源也十分丰沛，特别是苏南、苏中地区，经济发达，河网密布，不仅农业用水能有效保障，有些街镇农业水费也全部由财政、村集体经济承担,导致基层干群节水意识不强,参与水价改革的积极性不高。综上,考虑到江苏作为全国水价改革先行者的特殊地位,本章节从节水潜力、管护水平、惠及农民群众等方面,多角度讨论了江苏作为丰水地区开展水价改革的必要性。

3.1.1 江苏省水价改革基础

3.1.1.1 江苏水资源量

根据 1.2 节江苏水资源总量分析可知,江苏过境水十分丰富,但过境水利用成本大,利用率不高:正常年景入境水量(不含长江干流)利用率仅能达到 20%～30%,干旱年景淮河、沂沭泗等部分过境水还会断流,这部分水资源"可用不可靠"。2019 年,从省外流入全省境内的水量(不含长江干流)为 216.7 亿 m^3,流出省境的水量就达 218.4 亿 m^3。因调蓄性湖泊、水库较少而导致水资源调蓄能力不足,大量径流不能"截""蓄"利用而白白流失;长江流域水资源总量丰沛,但跨流域调水成本大,江水资源利用率不高。全省江水利用主要依靠南(江)水北调、江水东引、引江济太等水资源调度工程,其中,2018—2019 年度累计向山东调水 8.44 亿 m^3,2019 全年江水北调累计翻水 251 亿 m^3,江水东引累计引水量 121 亿 m^3,引江济太工程累计引水 13.5 亿 m^3,以上合计年度江水利用量为 393.9 亿 m^3,超出了当年本地水资源总量,但江水利用率仅为 4.2%。

3.1.1.2 农业种植结构

江苏粮食作物以小麦、稻谷、薯类、玉米、大豆为主,经济作物以棉花、油料为主。2019 年统计数据显示,江苏总耕地面积约为 6 808.5 万亩,农作物总播种面积为 11 163.95 万亩,复种指数为 1.7。其中,粮食作物播种面积为 8 072.22 万亩(小麦 3 520.40 万亩、稻谷 3 276.44 万亩、薯类 53.97 万亩、玉米 756.36 万亩、大豆 287.69 万亩、其他 177.36 万亩),经济作物播种面积为 473.42 万亩(油菜籽 260.31 万亩、棉花 17.4 万亩、花生 155.30 万亩、其他 40.41 万亩),其他作物 2 618.31 万亩。如图 3.1-1 所示,相较于改革初期的 2016 年,2019 年江苏作物种植结构并无显著变化,作物播种面积整体上变化不大。

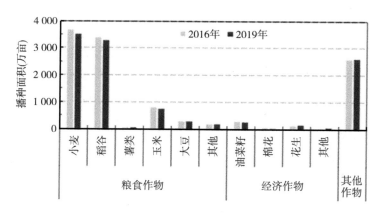

图 3.1-1 江苏省作物种植结构

3.1.1.3 灌区发展建设

灌区是农业、农村经济发展的重要基础设施,是乡村振兴的重要支撑,也是国家粮食安全的重要保障。江苏省是全国粮食主产区之一,大中型灌区是其产粮核心区,每年粮食产量占全省总产量的 70% 以上。因此,确保江苏粮食安全,大中型灌区是重要基础。根据1.3.1 节描述,截止到 2022 年底,江苏建有大中小型灌区 5 879 处,其中大型灌区(30 万亩及以上)有 34 处、中型灌区(1 万～30 万亩)有 279 处、小型灌区(300 亩～1 万亩)有 5 566 处。

根据《江苏省"十四五"大型灌区续建配套与现代化改造规划》,"十四五"末全省灌溉设计保证率达到 85% 以上;骨干渠系建筑物配套率、完好率达到 90% 以上;灌溉水有效利用系数,大型灌区不低于 0.6、中型灌区不低于 0.63。而 2014 年,全省灌区农田灌溉水有效利用系数平均为 0.590,距离现代化灌区建设目标仍有一定的距离。我省灌区节水潜力很大,工程配套率、完好率以及建设标准仍有待提高。

3.1.2 江苏水价改革必要性

3.1.2.1 农业节水潜力很大

丰水地区如何推进农业节水是江苏省农业水价综合改革的难点。深挖节水潜力,提升干群节水意识,是关键。实际上,作为丰水地区的江苏,人均本地水资源量仅为 455 m³,不足全国人均占有量的 20%,极度缺水。全省本地水资源保障能力不足,2014—2019 年间,80% 的年份需要引用过境水,调水任务繁重,用水成本高。灌区节水改造发展慢,对节水灌溉特别是高效节水灌溉的总体投入尚显不足,工程标准偏低,配套程度不足,管理粗放。各类节水制约因素影响下,2014 年,全省灌区农田灌溉水有效利用系数,大型仅为 0.539、中型仅为 0.547、小型为 0.641,平均为 0.590,与江苏"十四五""骨干渠系建筑物配套率、完好率达到 90% 以上;农田灌溉水有效利用系数大型灌区不低于 0.6、中型灌区不低于 0.63"的灌区现代化建设目标存在明显的差距,节水潜力很大,加快灌区现代化节水配套和改造,迫在眉睫。

3.1.2.2 工程管护能力不足

从管护投入来看,要确保农田水利工程管护到位,经测算亩均耕地管护年投入至少需达到 15 元(不含农村河道管护)。2016 年,全省只有苏南地区、苏中部分经济发达地区满足要求,其余地区工程管护亩均投入不足 5.4 元,缺口较大。同时,管护组织数量不足,管理面积偏低,2014 年全省仅有 755 个用水户协会,管理灌溉面积 949 万亩,占有效灌溉面积的比例仅为 17.2%。部分管护组织人员文化水平低、管理能力弱、运作不规范等问题也很突出。各地农田水利工程产权制度改革完成后,各部门新建的工程普遍都是移交给村组集体管理,由于村级治理能力不高、集体经济基础薄弱、农户管护意识淡薄等因素制约,大部分村组集体根本没有足够的能力承担管护职责或者仅仅停留在"看护"的水平上。因此,加快建立与现代农业农村相适应、功能齐全、长效管护的现代农田水利工程运管体系,意义重大而深远。

3.1.2.3 惠及民生、造福群众

充分发挥政府、社会、市场等各方面作用,形成改革合力。加快建立管理科学、精简

高效、服务到位、有资金保障的农田水利运维体系,提升基层干群满意度。要把重点放在农业用水价格方面,通过农业水价综合改革,建立完善精准补贴和节水奖励机制,精准补贴水费,实现农民减负的目标;同时,要以水价改革为契机,切实改变一些地区农田水利设施标准低、配套差、老化失修的状况,尤其是要加大灌区节水改造、小型农田水利工程建设力度,建立功能齐全、长效管护的农田水利工程体系,促进农业增产增效,让农村水利又好又快发展,更好地惠及民生,造福民众,为全面建成小康社会、率先实现现代化保驾护航。

3.1.3　成效佐证改革的意义

江苏省通过农业水价综合改革,健全完善了农业水价形成机制、精准补贴和节水奖励机制、工程建设和管护机制以及用水管理机制,实现了"改革面积、计量措施、工程产权、管护组织"四个全覆盖,取得了明显成效。

3.1.3.1　农业节水成效较为显著

坚持计划用水、定额管理。省水利厅全面复核灌区灌溉面积、定额,对各类灌区实行用水总量控制,严格核定取水许可水量,发放大中型灌区取水许可证202个,覆盖了所有大型灌区和99个重点中型灌区。以灌溉泵站和自流灌区斗口为重点,多元化配备计量设施137 235台套(图3.1-2),实现了应改面积计量设施全覆盖,其中"以电折水"设施57 411处、"以时折水"设施41 112处,分别占比41.8%和30.0%,在确保有效计量的前提下,显著降低了计量设施购置和维护成本。此外,泰州市还对里下河湖网地区独有的"流动机船"打水模式,开展专项率定,形成流动机船计量方式。全省灌溉水有效利用系数从2014年的0.590提升至2019年的0.614,2019年实现农业节水20.03亿m³,其中,南京、无锡、常州、苏州、镇江等苏南五市丰水地区实现农业节水4.49亿m³,平均节水率达8.7%。

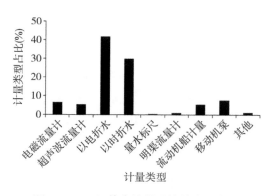

图3.1-2　江苏省计量设施种类及占比

3.1.3.2　工程运维有效保障

工程运维资金保障一是靠财政投入,二是靠水费收取,资金落实到位,助力工程良性运行。省、市、县各级改革资金常态化落实机制初步建立,改革以来累计落实水价改革资金 9.24 亿元,加上各级财政工程管护资金投入 32.3 亿,测算亩均改革面积财政年投入 18.2 元,约是 2014 年的 3.4 倍。图 3.1-3 显示:管护资金逐年递增,即便是 2020 年受新冠疫情影响,江苏投入管护经费也达到了 3.32 亿元。改革完成后,全省中沟以上建筑物配套率达 85%,中沟以下建筑物配套率达 80%,田间工程配套率在 70% 左右,农村灌排泵站完好率达 69.2%,圩口闸完好率达 75.3%,配套率和完好率均有小幅提升。

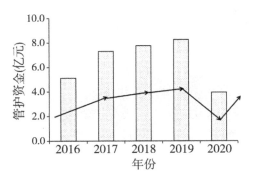

图 3.1-3 江苏省管护资金投入

规范供用水双方定价机制,确保农业水价达到运行维护成本。改革后,苏北地区农业水价为 0.080～0.171 元/m³,折合每亩 43.20～92.67 元;苏中地区农业水价为 0.086～0.157 元/m³,折合每亩 49.69～86.29 元;苏南地区农业水价为 0.087～0.104 元/m³,折合每亩 50.0～80.0 元。全省水费实收率在 95% 以上,水费中,用水户、村集体经济承担不足部分,由财政精准补贴(图 3.1-4)。苏南经济实力较强,财政补贴比例较高,无锡不直接向农民收取水费,村集体经济基本兜底。

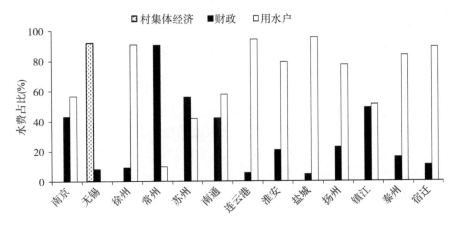

图 3.1-4 各市水费构成情况

将农田水利建设与管护、农业用水管理、工程管护投入以及基层水利服务体系等作为重要内容纳入了《江苏省农村水利条例》(以下简称《条例》),依法规范农田水利工程管护队伍建设、管护责任落实、管护资金安排等事项,以法治引领和推动工程良性运行、长期发挥效益。《条例》已于 2020 年 11 月 27 日经江苏省第十三届人民代表大会常务委员会第十九次会议通过,于 2021 年 2 月 1 日起正式施行。以 978 个乡镇水利站为纽带,5 675 个农田水利工程管护组织(农民用水合作社、用水户协会、灌溉服务队、专业化管护公司合计占比 96.6%)以及村级水管员队伍为主体的基层水利管理服务网络基本建立,基层水利服务能力和水平持续提升。

3.1.3.3 农民减负较为明显

通过节水减排降费减轻了群众经济压力,以阜宁为例,大中型灌区采用政府定价,经群众满意度测评确认,其余采取泵站使用权公开招标的方式,实收农民水费从过去的 50~80 元/亩下降到现在的 33~44 元/亩,降低了 34%~45%,群众得到了实惠,水费缴纳意愿高。通过强化工程管护,保障了群众灌排需求。通过提升基层服务能力,降低了群众劳力负担。通过问卷调查,农民群众对农业水价综合改革的支持度和满意度达 95% 以上,近年来,各地 12345 热线未见灌排纠纷投诉事件。

3.1.4 结论

丰水地区农业水价综合改革应从节水潜力挖掘、从工程管护强化入手,通过宣传,树立干群"农业节水就是减排节能"的理念;应坚持"为民惠民"的原则推进改革措施落实,把"人民群众认不认"作为衡量改革成败的重要标尺,有效促进农业节水、强化工程管护、提升服务能力;通过节水减排降费,减轻群众经济压力,通过强化工程管护,保障群众灌排需求,通过提升基层服务能力,降低群众劳力负担。江苏在改革过程中,有效解决了丰水地区如何推进农业节水、不直接向农民收取水费如何落实改革措施、采用电磁流量计等计量成本过高以及部分地区流动机船打水如何计量等难点。江苏作为丰水地区的典型和改革先行者,改革经验和好的改革做法值得借鉴。

3.2 江苏省农业计量用水驱动力和计量设施探讨

建设农业灌溉计量设施,实行用水计量收费,是提升节水成效的发展趋势。本章节基于用水政策、问题导向和用水成效三个方面的驱动力对江苏地区农业计量用水进行了深度剖析。同时,就目前江苏地区使用的量水设施精度、可操作性、稳定耐久性、成本等方面进行简单对比,开展了江苏地区计量方式适宜性研究。结论可以为其他地区开展农业计量用水、选择合适的计量方式提供借鉴。

农业用水短缺是当前制约我国农业稳定发展和国家粮食安全的短板,节水是纾解水资源困境的重要手段,习近平总书记提出"节水优先、空间均衡、系统治理、两手发力"的治水思路,把节水优先放在第一位。促进节水,既要强化供水管理,健全运行机制,提高供水服务效率,也要把需求管理摆在突出位置,全面提高农业用水精细化管理水平,推动农业用水方式转变。建设农业灌溉计量设施,实行农业用水计量收费,是提升节水成效的重要途径。其中,量水尤显重要,量水是实行计划用水、定额分配、合理使用灌溉水的重要手段,是实现计量收费的重要保证。

但我国现状农业用水计量设施覆盖率不高、计量设施装配欠规范、计量设备精度干扰因素多、重建轻管且维护经费不足等问题比较突出。2015 年中央一号文件《关于加大改革创新力度加快农业现代化建设的若干意见》部署"建立农业灌溉用水总量控制和定额管理制度,加强农业用水计量"以来,诸多学者针对上述问题进一步加强了农业用水计量研究,凸显了农业计量用水的重要性、必要性和迫切性。2016 年以来,江苏省按照国务院以及有关部委要求,理清思路、明确目标、强化措施、压实责任,统筹推进农业水价综合改革各项工作,取得了较好的成效。

但就丰水地区而言,本身不缺水,同时江苏部分地区经济基础较好,不收水费或者水费收缴额度不高的现象比较普遍,因此,用水计量的意义是部分基层干群的困惑之处。此外,早期一些量水设备,成本高、易折损、精度受水质影响大、难维护等突出问题,也是部分地区用水计量难以推广的原因。为推进江苏地区农业水价改革又好又快地发展,充分发挥水价杠杆作用,确保农田水利工程良性运行,本章节对江苏地区计量用水的驱动力进行深入剖析(见图 3.2-1),同时,就现使用的量水仪器精度、可操作性、稳定耐久性、成本进行简单对比。

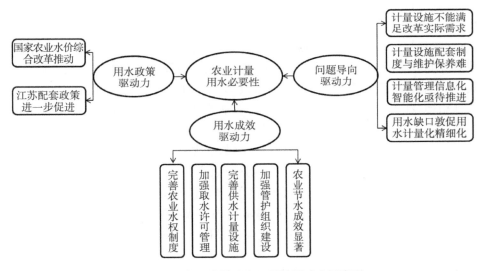

图 3.2-1　农业计量用水必要性驱动力因素图

3.2.1　基于用水政策的驱动力

3.2.1.1　国家农业水价综合改革推动

推进农业水价综合改革,其根本目的是以综合手段提升农业用水效率,减少农业用水总量和强度,缓解我国用水紧张的态势,保障国家水安全,提升农民节水意识,不主动增加农民的负担。习近平总书记强调:治水要良治,良治的内涵之一是要善用系统思维统筹水的全过程治理;要抓住资源利用这个源头,推进资源总量管理、科学配置、全面节约、循环利用,全面提高资源利用效率;坚决抑制不合理用水需求,推动用水方式由粗放低效向节约集约转变。

习近平总书记提出治水思路后，2014年10月，国家四部委联合在全国27个省（自治区、直辖市）80个县（市、区）启动农业水价综合改革试点工作，2016年1月由国务院办公厅正式印发《关于推进农业水价综合改革的意见》，为今后一个时期农业水价综合改革工作提供了基本遵循。2016年，国务院还颁布了《农田水利条例》，第27条明确要求农业灌溉用水实行总量控制和定额管理相结合的制度。农业水价改革，是党中央、国务院着力推进水利发展方式转变而做出的重大决策部署，是促进农业节水、建设节约型社会的重要手段和有力杠杆。

计量供水是农业水价改革的基础，通过完善用水计量设施、细化计量单元，逐步实现计量到户，以此促进农业水价改革。《关于推进农业水价综合改革的意见》明确提出：加快供水计量设施建设，新建、改扩建工程要同步建设计量设施。后续2017、2018、2019、2020年出台的一系列文件，包括《关于扎实推进农业水价综合改革的通知》（发改价格〔2017〕1080号）、《关于持续推进农业水价综合改革工作的通知》（发改价格〔2020〕1262号）等，进一步明确以工程和计量设施建设为硬件基础，以"总量控制、定额管理"为制度基础，统筹推进农业水价综合改革。

3.2.1.2　江苏配套政策进一步促进

"水利工程补短板、水利行业强监管、系统治水提质效"是江苏省水利厅根据水利部有关政策导向制定的治水新思路。计量设施的建设与管理，作为农田水利工程建设的重要组成，也是监管的重要内容，是提高用水效率、节约用水的重要手段。为此，根据国家相关文件精神，江苏先后出台了《关于推进农业水价综合改革的实施意见》（苏政办发〔2016〕56号）、《关于印发2019年度全省农村水利工作意见的通知》（苏水农〔2019〕1号）、《关于印发江苏省2019年农业水价综合改革工作要点的通知》（苏水农〔2019〕5号）和《关于深入推进农业水价综合改革的通知》（苏水农〔2019〕22号）等文件（见图3.2-2），进一步推动水价改革事业，特别是计量设施建设、用水计量的快步向前。

根据上述文件，江苏省计划2016年起，3年内完成小型提水灌溉泵站计量设施建设；"十三五"末大中型灌区骨干工程全部实现斗口及以下计量供水；一般中型灌区和重点小型灌区基本实现取水计量有效监测。2020年11月27日江苏省第十三届人民代表大会常务委员会第十九次会议通过了《江苏省农村水利条例》（以下简称《条例》），第二十九条明确水行政主管部门应当开展灌区节水配套设施改造，配套用水计量和智能控制技术，提高灌溉用水效率。《条例》已于2021年2月1日起正式施行，《条例》的出台，以法治引领和推动江苏农业用水计量的设施建设、良性运行、长期发挥效益。

3.2.2　基于问题导向的驱动力

坚决贯彻、落实农业水价综合改革工作，江苏走到了全国前列。但一些地区运行维护经费不足、用水管理不到位、用水方式粗放等问题依然突出，这也是激发江苏省用水计量改革的强劲驱动力。有学者针对江苏农业水价综合改革面临的困难和问题，指出要加快构建供水计量体系。

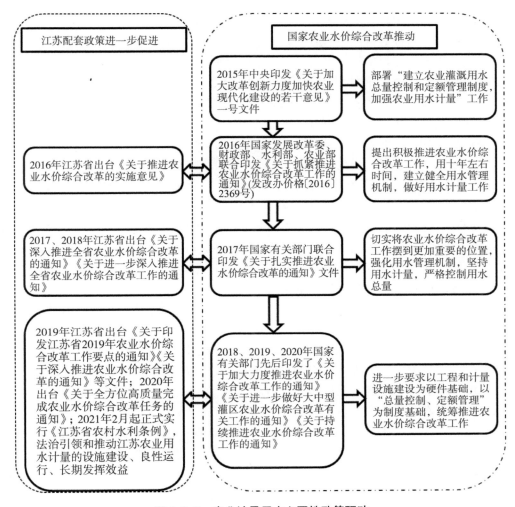

图 3.2-2　农业计量用水必要性政策驱动

3.2.2.1　计量设施不能满足改革实际需求

部分省市县农业用水计量设施底数不明、建设不平衡是我国农业用水计量现状。江苏省农业水价综合改革计量设施建设不平衡，大水漫灌的粗放灌溉模式仍然存在，计量设施的建设已经远滞后于改革发展的迫切需求。以泾河灌区为例，其实现计量的灌溉面积占灌区灌溉面积比例仅为 28.8%。此外，受造价、施工、管护、稳定性、精度等因素的影响，江苏过去常用的流量计、计量仪表、量水槽等都存在一定的局限性，推广的"以电折水、以时折水"计量方式经济实用，便于日常管护，适应不同作物灌溉计量的要求，但现场率定工作仍是亟待解决的难点问题。按照党中央、国务院提出的目标和要求，江苏农田水利计量任务依然繁重。

3.2.2.2　计量设施配套制度与维护保养难

农业用水计量设施配套管理制度研究成果相对不足。长期以来，管理部门和用水户主观上对水资源的重要性认识不够，使得"总量控制、定额管理"等一系列水资源管理措施未能有效落实，甚至部分地区未征收水费，无法体现水的经济价值，阻碍了水资源有偿使用制度的建立。管理人员专业素质良莠不齐，缺少专业量水技术人员，尤其缺少掌握自动化、计算机等先进技术的量测人员，这一问题逐步凸显，急需具有一定专业水平的管理人员，以保证高质量完成计量设施的建设、管理与维护工作，并确保所收集数据的准确、可靠。计量设施安装之后，如果管理欠规范，维修养护不到位，计量数据不及时整理利用，计量设施也不能充分发挥应有效用。

针对上述问题，江苏在相关制度建设方面进行了较大幅度的调整和改革，按照"政府引导、农民自愿、依法登记、规范运作"的原则，全省范围内均成立了农民用水合作组织，将直接关系灌区群众利益的斗渠维护管理权力交由各个地方的农民用水合作组织，推进农民用水合作组织良性运行，积极发挥其在工程管护、用水管理、水费计收等方面的作用。但受有关部门建管协作困难、基层水利服务力量薄弱、维修养护经费不足等的影响，部分地区农民用水合作组织参与计量工作的热度不够，积极性不高，计量设施维护保养困难，影响了农业水价综合改革的效果。

3.2.2.3 计量管理信息化智能化亟待推进

我国从20世纪50年代开始着手量水技术的研究，受当时科学技术等因素的影响，量配水的工作长期以来都是依靠人工观测、定时传递的方式来解决，时效性差、稳定性弱、灵活性不足等问题突出，计量工作信息化、智能化建设因此任重而道远。在线监控设施建设滞后，已成为用水量统计工作的最大制约。改进传统的水量统计方法，强化取用水计量和监控，规范统计制度和技术要求，提高统计的科学性、准确性和时效性，兼顾可操作性，对江苏农业计量用水具有重大意义。

以常州市为例，其在灌区信息化建设方面成绩卓越：每个泵站现场安装水量监测采集装置，采集数据并将数据实时传输到乡镇水利站，分乡镇传输到县级水利局监控中心，实现水量采集、传输、处理、监测和综合管理的信息化。通过PC端及手机APP，各区水利局及乡镇水利站管理人员可以实时查看各泵站状态和灌溉用水量，实现了灌区农业用水量的动态跟踪和精准监管，为农业计划用水安排和调度提供支撑。但江苏灌区信息化程度总体水平不高，信息化意识和技术水平亟待加强。

3.2.2.4 用水缺口敦促用水计量化精细化

江苏过境水丰富，但利用成本高，本地水资源利用成本低，但总量不足，缺口明显，且年季分布不均。表3.2-1所示：2005年—2019年本地水资源总量为231.7亿（枯水年）～741.8亿 m³（丰水年），平均值为427.1亿 m³，本地水资源总量包括地表水资源量和地下水资源量，前者占比约为70%～80%，后者约占20%～30%；总用水量为453.2亿～556.2亿 m³，平均值为511.7亿 m³，总用水量包含农林牧渔等第一产业用水量，第二产业、第三产业用水，居民生活用水和城镇环境用水；用水缺口较大，15年间，仅2015、2016年本地水资源量有富足，有富足年份占比仅为13.3%，缺水年缺口量为46.9亿 m³～261.7亿 m³，平均缺口为129.1亿 m³。另据统计，农业灌溉平均用水量248亿 m³，占总用水量的48%，农业是当之无愧的用水大户，同时，也是耗水大户，全省总耗水量约为总用水量的51%，其中农业平均耗水量占总耗水量比例高达75%左右。用水缺口问题突出，成为江苏农业用水计量与精细化管理的重要原因和推手。

表 3.2-1　历年江苏本地水资源缺口情况

年份	本地水资源总量(亿 m^3)	总用水量(亿 m^3)	用水缺口(亿 m^3)
2005	467.0	517.7	−50.7
2006	404.4	540.2	−135.8
2007	498.4	545.3	−46.9
2008	378.0	549.3	−171.3
2009	400.3	549.2	−148.9
2010	383.5	552.2	−168.7
2011	492.4	556.2	−63.8
2012	373.3	552.2	−178.9
2013	283.5	498.9	−215.4
2014	399.3	480.7	−81.4
2015	582.1	460.6	121.5
2016	741.8	453.2	288.6
2017	392.9	465.9	−73
2018	378.4	460.2	−81.8
2019	231.7	493.4	−261.7

3.2.3　基于用水成效的驱动力

江苏逐步建立并完善了农业灌溉用水总量控制和定额管理制度,提高了农业用水效率,显著成就的背后,供水计量体系作为"量水尺"功不可没。

3.2.3.1　完善农业水权制度

江苏以县级行政区域用水总量控制指标为基础,按照灌溉用水定额,逐步把指标细化分解到农村集体经济组织、农民用水合作组织、农户等用水主体,落实到具体水源,明确水权,实行总量控制、定额管理,定期修订发布农业灌溉用水定额。鼓励用水户转让节水量,政府或其授权的水行政主管部门、灌区管理单位可予以回购;在满足区域内农业用水的前提下,推行节水量跨区域、跨行业转让。

3.2.3.2　加强取水许可管理

江苏严格实行农业取水许可管理审批制度,明确审批主体和对象,规范取水许可证发放,加强农业取水许可日常监督管理。"十三五"末,全省农业取水许可基本实现全覆盖,农业取水许可日常监督管理明显加强,取水许可制度在农业用水中得到有效落实。其中,2017 年,基本完成供水水源集中的大型和重点中型灌区取水许可证发放工作;2018 年,全面完成供水水源分散的大中型灌区取水许可工作;2019 年,基本完成重点小型灌区取水许可管理。

3.2.3.3　完善供水计量设施

江苏各地以大中型灌区续建配套和节水改造、重点中型灌区节水配套改造等项目为抓手,将供水计量设施建设作为工程验收的必备条件。截至2020年底,各地配备的计量措施,包括电磁流量计、超声波流量计、"以电折水"、"以时折水"、便携式流量计、水表、水工建筑物量测等,共137 235处,计量设施覆盖全省大、中、小灌区,其中大中型灌区骨干工程与田间工程分界断面全部实现计量,小型灌区以泵站为单位实现计量。泰州市姜堰区、兴化市、海陵区还对独有的"流动机船"打水模式开展专项率定,共配备流动机船计量设备7 579台套。

3.2.3.4 加强管护组织建设

江苏省水利厅等部门联合印发《关于加快推进农民用水合作组织创新发展的指导意见》(苏水农〔2014〕68号),要求规范工程管护组织功能定位、服务范围、管理机制,抓好人才培训、提升服务能力。积极探索镇、村党组织领办合作社模式,将党组织的政治引领、合作社的抱团发展、群众的能动作用等要素有效融合。加强水价综合改革区域管护组织建设,确保完成改革区域同步实现管护组织全覆盖。截至2020年底,成立农民用水合作社、农民用水户协会、农民用水灌溉服务队等不同类型管护组织,共计5 675个。

3.2.3.5 农业节水成效显著

2019年、2020年全省农业用水节水量分别为20.03亿m³、22.34亿m³,全省农田灌溉水有效利用系数也从2014年的0.590提升到2019年的0.614,节水效果明显。另外,2014年,全省节水灌溉面积为3 284.3万亩,仅占耕地面积的36%。随着改革的持续推进,节水灌溉工程控制面积年均递增速度为5.4%,改革任务完成后,节水灌溉工程控制面积已达4 271.6万亩,占有效灌溉面积的62.1%。

3.2.4 江苏计量方式的适宜性

江苏计量设施多采用电磁流量计、超声波流量计、量水槽、"以电折水"、"以时折水"等形式。参考表3.2-2,综合设备成本、施工难度、管护成本、稳定性、精度、自动化程度、欢迎度等因素,"以电折水"和"以时折水"(参考2.2.2节),是值得推荐的计量方法。图3.2-3显示江苏省现状计量类型占比:从全省来看,以电、时折水占比最高,比例达到73%,电磁、超声波流量计占比为11%;苏中、苏南、苏北各地情况大致和全省总体情况相近,以经济基础较好的无锡为例,其也倾向于以电、时折水,占比高达91%,电磁、超声波流量计仅配比9%。

表 3.2-2 不同计量类型对比

计量类型	设备成本	施工难度	管护成本	稳定性	精度	自动化程度	欢迎度
"以电折水"	低	低	低	高	较高,需要定期率定	无人值守	高
"以时折水"	低	低	低	高			高
电磁流量计	高	高,安装严格	较高	较高	较高,受水杂质影响大		较高
超声波流量计	高		较高	较高			较高
水尺	低	低	低	高	低	一般需要人工读取	一般
量水槽(配备量水传感器)	高	高	较高	较高,要求加工精度高,使用时限制条件较多		无人值守	一般

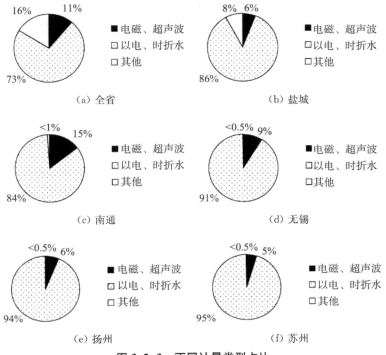

图 3.2-3　不同计量类型占比

3.2.5　结论

灌区量水,是实现计量收费的重要保证,是推动农业水价综合改革发展的基础性工作。随着各地水价改革任务的持续大力推进,灌区量水任务更加繁重,对灌区的量水建筑物和量水仪器提出了更高的要求:一方面,量水建筑物及仪器必须满足量水精度高、操作方便、稳定耐久的要求,另一方面,还必须满足造价低廉、经济适用、便于维护的要求,且应具有全面推广的价值。"以电折水""以时折水"作为江苏地区主要推行的量水方式,积累的大量使用经验和成效,可供其他地区比选计量方式时使用。

农业水价综合改革对计量设施建设和监管提出了高标准要求,围绕计量设施建设、计量精度校核、管护工作评价、统计制度规范化、计量设施智能化等方向,后续建议:进一步调研计量设施现状,了解其建设和管理情况;开展典型计量设施的校核工作,提高计量设施精度;调研计量设施管理制度,建立计量设施管护工作评价方法,提升其管护水平;研究计量设施智能化建设技术要求,规范计量统计制度,提升计量工作的科学、有效性,以此动态把握江苏计量设施的现状及问题、形成高水平的用水计量应用研究成果,推动水价综合改革及相关节水工作。

3.3　江苏省农业水价综合改革历程及成效分析

农业水价综合改革是落实新时代"十六字"治水思路的一项重大战略要求,为保障我国粮食安全和国计民生发挥着重要作用。为统筹农业用水效率,江苏从 2016 年开始,以促进农业节水、保障工程良性运行为总目标,开启了为期 5 年的改革工作,并取得了一定成效。但当前改革也面临着改革成效难巩固、改革资金难落实等诸多风险。本章节从改革目标、重点任务、组织体系和机制建设四个方面,系统梳理了江苏改革思路、改革保障机制,基于主成分分析方法探究了改革主要影响因素,并从加大资金投入、优化工程管护、加强用水宣传、推进水权交易等角度提出风险化解措施,可助力全国推进改革,也为相似改革条件地区提供参考借鉴。

3.3.1 江苏改革思路

江苏作为全国改革工作先行者,2016 年起在全省范围推开改革,紧紧围绕国家各项改革任务,结合地区实际,有序开展改革工作,并于 2020 年底率先完成省级验收工作。以下将从改革目标、重点任务、组织体系、机制建设等方面,系统梳理江苏改革思路。

3.3.1.1 改革目标

农业水价综合改革的根本目的是,从工程管护、用水计量、定额管理等多方面,以综合手段提升农业用水效率,缓解我国用水紧张。江苏围绕促进农业节水、保障工程良性运行的改革目标,从 2016 年起,计划用 5 年左右时间,建立健全合理反映供水成本、有利于节水的农业水价形成机制。通过逐步提高农业用水价格,达到工程运维成本水平;农业用水实行总量控制和定额管理;精准补贴和节水奖励达到可持续水平;应用先进的节水技术措施;优化调整地区农业种植结构,促进全省农业用水方式向集约式转变,实现改革目标。

3.3.1.2 重点任务

根据国家推进改革的工作部署和具体要求,江苏结合本省实际,编制了省级改革总体方案和年度实施计划,明确了八项改革重点任务,包括"配备供水计量设施"、"完善农业水权制度"、"加强取水许可管理"、"推进工程产权改革"、"加强管护组织建设"、"完善用水价格管理"、"建立精准补贴办法"和"建立节水奖励办法"等。图 3.3-1 详细展示了各项重点任务的具体内容,以"完善农业水权制度"为例,通过以县为单位,实行用水总量控制、定额管理,将用水指标细化到农村集体经济组织、农民用水合作组织、农户等用水主体;定期修订农业灌溉用水定额;鼓励用水户转让节水量,推行节水量跨区域、跨行业转让。

3.3.1.3 组织体系

2017 年 5 月,水利部下达《关于成立农业水价综合改革工作领导小组的通知》(水人事〔2017〕194 号),部委层面成立国家改革工作领导小组,由水利部副部长担任组长和副组长,农村水利司、规划计划司、政策法规司、水资源司、财务司、中国水利水电科学研究院、发展研究中心、中国灌溉排水发展中心主要负责人担任成员。领导小组下设办公室,承担领导小组的日常工作,办公室设在农村水利司,具体工作由灌溉节水处负责。

江苏自上而下,多部门同轴共转,凝聚改革合力。图 3.3-2 所示为江苏省农业水价综合改革组织体系,其中,发展改革部门负责健全农业水价形成机制;财政部门负责会同有关部门落实精准补贴和节水奖励政策;水利部门负责牵头组织实施农业水价综合改革工作,包括落实农业用水总量控制和定额管理,加强农田水利工程运行维护监管,指导用水合作组织组建;农业农村部门负责高标准农田建设管理,指导调整优化种植结构和节水农业发展等。

3.3.1.4 机制建设

江苏紧紧围绕各项改革重点任务,建立"农业水价形成机制""精准补贴和节水奖励机制""工程管护机制""用水管理机制"等四项改革机制(图 3.3-3),出台一系列改革政策(改革办法),细化各项改革措施。以"精准补贴和节水奖励机制"为例,围绕"建立精准补贴办法"和"建立节水奖励办法"两项重点任务,各地细化出台精准补贴办法、出台节水奖励办法、落实改革资金、规范资金使用管理等具体措施。其中,南京市江宁区明确对采取节水措施、调整种植结构节水且取得节水成效的工程管护组织,在"节水量 < 定额用水量的 5%"、"定额用水量的 5% ≤ 节水量 < 定额用水量的 10%"、"定额用水量的 1% ≤ 节水量 < 定额用水量的 20%"和"节水量 ≥ 定额用水量的 20%"四种标准下,分别按照 1/2 倍、1 倍、2 倍、3 倍的执行水价标准乘以节水量进行奖补。

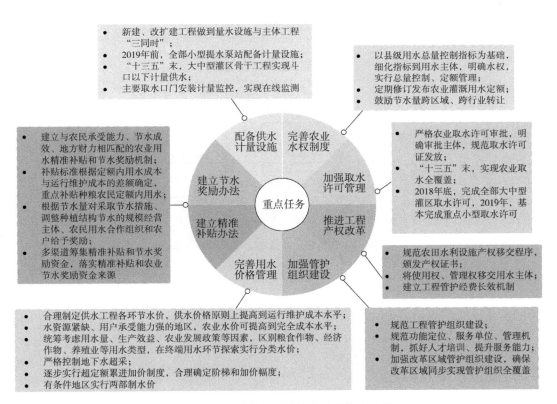

图 3.3-1 江苏农业水价综合改革重点任务

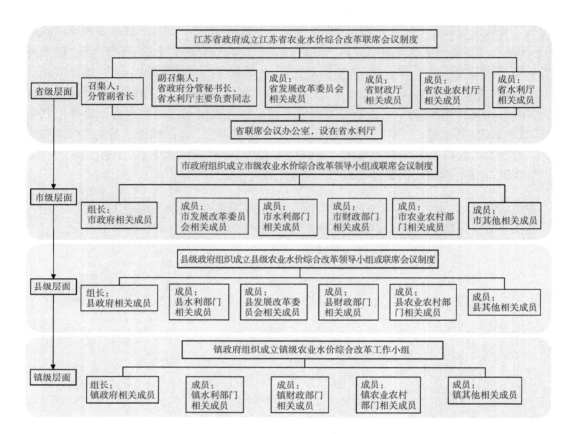

图 3.3-2　江苏农业水价综合改革组织体系图

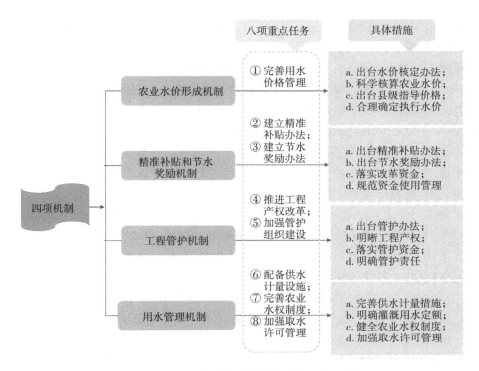

图 3.3-3　江苏农业水价综合改革四项机制

3.3.2　江苏改革保障

　　农业水价综合改革促进农业节水和农业可持续发展,是一项具有较强基础性、长期性和持续性的系统工程,是我国新时期"节水优先"治水思路的一项重大战略举措。为实现这一战略任务,确保改革落地见效,党中央国务院和各地政府采取了一系列政策措施,通过建立考核督导评价体系,不断加大资金投入,探索多元改革宣传方式,持续深化重要领域和关键环节改革,其中,政策推进保障了改革总体思路的实现,考核督导保障了改革各项任务的推进落实,资金投入积极引导带动改革工作的开展,宣传引导增强了改革影响力。图 3.3-4 所示为各项措施保障改革成效,从中可以看出,政策推进和考核督导两者相辅相成,互相促进,通过宣传引导促进政策推进,也可以更好地展现改革成果,而资金投入保障以上三项措施的实现。

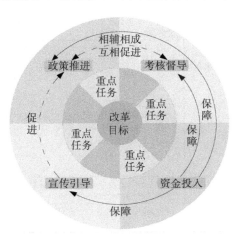

3.3.2.1　政策推进

　　政策对改革具有导向、管制、调控、分配的作用。作为推进改革的宏观调控举措,政策的有效

图 3.3-4　江苏改革成效保障措施

实施保障了改革成效的发挥。通过政策制定，我国农业水价综合改革遵循"总体设计、统筹协调、整体推进、督促落实"的工作机制，有序推进改革各项措施开展，有力地促进农业节水和保障工程良性运行这一改革目标的实现。表 3.3-1 统计了中央政府和江苏政府在 2016 年—2022 年推进改革的主要政策文件。从表 3.3-1 中可以看出，2016 年起，以国务院办公厅印发的《关于推进农业水价综合改革的意见》（国办发〔2016〕2 号）政策文件为标志，改革正式在全国范围推开，此后，中央政府每年均会印发 1~2 项改革政策文件，指导全国改革工作开展。江苏紧随其后，围绕中央各项政策精神，结合地区实际情况，每年同样印发 1~2 项重点政策文件明确各时期的改革重点任务，其中，2019 年作为江苏改革的关键一年，更是印发了 4 项重点政策文件。

制定和实行什么样的政策，关系到改革的目标和任务能否实现。图 3.3-5 为在改革推进过程中，各项政策提出的改革要点。从图中可以看出，自 2016 年正式在全国范围开展改革以来，中央政府每年通过改革政策文件，明确了改革总体目标、任务时间节点，依次推进配套机制、改革绩效评价制度建设，有序开展改革先行地区的验收工作，积极谋划"十四五"期间改革工作，提出做好典型引领地区的"回头看"工作。江苏紧紧围绕中央改革要点，2015 年在完成改革试点地区的既定改革任务后，探索出适合江苏的"省-市-县（市、区）-镇（街道）"四级改革组织架构模式，2016 年也正式在全省范围内有序开展改革工作。2017—2019 年间，完成了改革重点任务，并于 2020 年底完成全省合计 5 437 万亩改革面积的省级验收工作。当前正通过改革"回头看"和"专项提升行动"相关政策，巩固和深化改革成果。

表 3.3-1　推进农业水价综合改革的主要政策文件

年份	主要政策文件	
	中央政府	江苏省政府
2016	《关于推进农业水价综合改革的意见》（国办发〔2016〕2 号）	《关于推进农业水价综合改革的实施意见》（苏政办发〔2016〕56 号）
		《关于印发江苏省农业用水价格核定管理试行办法的通知》（苏价规〔2016〕25 号）
2017	《关于扎实推进农业水价综合改革的通知》（发改价格〔2017〕1080 号）	《关于深入推进全省农业水价综合改革的通知》（苏政办发〔2017〕21 号）
2018	《关于加大力度推进农业水价综合改革工作的通知》（发改价格〔2018〕916 号）	《关于进一步深入推进全省农业水价综合改革工作的通知》（苏水农〔2018〕30 号）
2019	《关于加快推进农业水价综合改革的通知》（发改价格〔2019〕855 号）	《关于深入推进农业水价综合改革的通知》（苏水农〔2019〕22 号）
		《关于印发〈江苏省农业水价综合改革工作验收办法〉的通知》（苏水农〔2019〕27 号）
		《关于明确农业用水价格管理规定的通知》（苏发改价格发〔2019〕1151 号）
		《关于颁布实施〈江苏省农业灌溉用水定额（2019 年）〉的通知》（苏水节〔2019〕17 号）
2020	《关于持续推进农业水价综合改革工作的通知》（发改价格〔2020〕1262 号）	《关于全方位高质量完成农业水价综合改革任务的通知》（苏水农〔2020〕18 号）
2021	《关于深入推进农业水价综合改革的通知》（发改价格〔2021〕1017 号）	《关于巩固深化农业水价综合改革成果的通知》（苏水农〔2021〕2 号）
2022	……	《关于印发 2022 年全省农村水利专项行动方案的通知》（苏水农〔2022〕6 号）

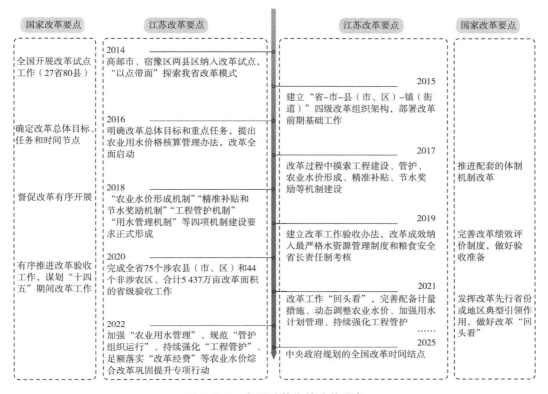

图 3.3-5　各项政策中的改革要点

3.3.2.2　考核督导

考核评价是开展改革的有力保障,建立改革考核评价体系是衡量改革成效的主要手段,在改革工作开展中有较大的导引作用。江苏建立了组织领导、水价核定、工程管护、用水管理、资金落实、绩效考核"六个到位"改革考核评价体系,将改革工作纳入粮食安全省长责任制考核和最严格水资源管理制度考核体系,并实行"一票否决"。其在粮食安全省长责任制考核中占1.4分,在最严格水资源管理制度考核中占比也由2019年的1.5分提高到2021年的6分。

工作绩效评价与省财政资金分配挂钩。2017年,省级部门制定了《农业水价综合改革工作绩效评价办法(试行)》(苏水农〔2017〕26号),将工作绩效考核结果纳入省财政水利发展资金绩效因素,与财政资金分配挂钩;在测算省财政水利发展资金用于水利工程维修养护补助支出时,重点向开展改革的县(市、区)倾斜;省安排的大中型灌区续建配套节水改造、高标准农田建设、新增千亿斤粮食产能规划田间工程、农业综合开发等其他涉及农田水利建设的资金也与各县(市、区)改革成效挂钩。

江苏各市和县(市、区)也根据实际情况,建立和完善监督检查和绩效评价机制。以南京市和江宁区改革绩效考核办法为例,市级和县级的办法中均明确了考核对象、考核内容与指标、考核激励办法和程序、奖励标准、惩罚措施等,据此开展跟踪问效,协同解决问题。各级政府均围绕改革进度、改革成效等重要内容,强化督导检查结果运用,定期通报考核结果,加强推进和培训,此外,也积极组织开展经验做法调研学习活动,通过经验交流,提高改革成果。

3.3.2.3 资金投入

资金投入保障改革高质量完成,对深入实现和巩固改革成果起到重要的推进作用。农业水价综合改革是针对农业用水和工程管护两方面的一项系统工作,涉及水利、发展改革委员会、财政、物价等多部门,改革资金投入具有投资面广、资金量大的特点。中央和省级政府通过整合多部门投入农业农村的项目资金,将农业水价综合改革与高效节水灌溉、大中型灌区节水改造、高标准农田建设、农业综合开发等多项目同步推进。除了中央和省级资金投入外,各地市、县(市、区)加大本级投入,大力引入社会资本参与,通过多渠道、多途径、多来源联合筹措改革资金,保障改革成果见到实效。

江苏农业水价综合改革资金来源包括中央、省级和县级水利发展资金,统计各项改革资金投入,结果如图 3.3-6 所示。截止到 2021 年底,中央共下达水价改革专项资金

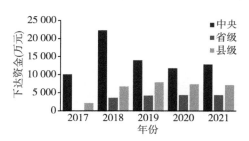

图 3.3-6 江苏改革资金投入情况

7.1 亿元,省级配套下达改革资金 1.6 亿元,各市、县累计安排农业水价综合改革经费 3.1 亿,合计 11.8 亿,加上各级财政工程管护资金投入 32.3 亿,测算得亩均改革面积年投入达 18.3 元,超过 15 元标准的亩均管护经费,资金落实到位,助力工程运维。从图上可以看出,即便是 2020 年,受新冠疫情影响,省级和县级改革资金也未大幅减少,相较于 2018 年,省级和县级投入也分别增长了 20% 和 10%。

3.3.2.4 宣传引导

宣传引导是改革的一项重要内容,媒体的正向传播可以为改革创造一个积极的社会环境,改革离不开宣传,做好改革宣传十分必要。改革需要社会公众的认同和支持,尤其农业水价综合改革作为涉及我国最广大农民集体利益的一项系统性改革,农民的满意程度直接决定了改革是否成功。作为有效推动改革落地的重要抓手,"以宣传促改革",通过加强对改革政策的解释宣传,对改革已取得成绩的宣传和对改革试点地区典型经验的宣传,营造良好的改革氛围;越是深化改革越要加强宣传,多渠道、多形式、多平台开展宣传,更好地开展改革工作,发挥改革成效。

江苏始终坚持"为民惠民"推进改革措施落实,把"人民群众认不认"作为衡量改革成败的重要标尺,注重加强农业水价综合改革的宣传引导,强化水情教育,引导农民树立节水观念,提高有偿用水意识,调动农民节水灌溉、应用节水技术的积极性和增强节约用水的自觉性。如图 3.3-7 所示,江苏主要采取宣讲会、座谈会、发放传单、走访入户等多种形式开展改革宣传。通过发放 42 000 余份调查问卷,调查农民满意程度,结果显示农民群众对改革的支持和满意程度高达 95%,且近年来各地 12345 热线未有灌排纠纷投诉事件。

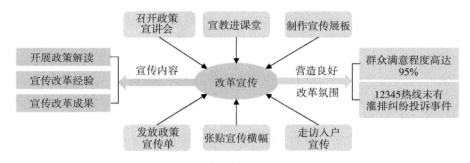

图 3.3-7　江苏水价改革宣传方式

3.3.3　改革计划及成效

在总体设计、统筹协调、整体推进、督促落实的改革思路下,江苏紧紧围绕改革目标、重点任务、四项机制建设,在政策推进、考核督导等措施保障下,有序推进改革。以"改革面积""计量设施""管护组织""工程产权"等四个方面的改革成效为例,说明江苏改革任务年度执行情况,如图 3.3-8 所示。从图中可以看出:①"改革面积""计量设施""管护组织""工程产权"等改革任务均按照计划完成年度改革任务,其中 2017 年和 2018 年,"改革面积""计量设施""管护组织"均超计划完成,加快了改革完成进度;②截止到 2020 年底,实现"改革面积"全覆盖,完成全部应改面积 5 437 万亩;③各地配备多元化计量设施、建设多元化管护组织,实现"计量设施"和"管护组织"全覆盖,经统计,全省计量设施共 13.6 万处,管护组织共 5 675 个;④虽然 2017 年底前的工程产权明晰比例尚不足 90%,但随着改革步入验收阶段,到 2020 年底,全省 182.6 万处农村水利工程也全部明晰了工程产权,确立了管护主体和责任,实现了"工程产权"全覆盖。

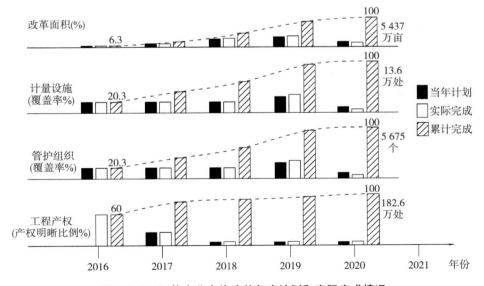

图 3.3-8　江苏农业水价改革年度计划和实际完成情况

除了按照既定的改革计划完成改革任务外,还通过强化供水计划管理和调度,采取计量收费、节水灌溉等措施,提高了农业灌溉用水效率,增强了农户节水意识。经统计,2019 年、2020 年全省农业用水节水量分别为 20.03 亿 m³、22.34 亿 m³,分别占年度农业总用水量的 6.6%、8.4% 左右;全省农田灌溉水有效利用系数也从 2016 年的 0.605 提升到 2020 年的 0.616,节水效果明显。另外,2016 年,全省节水灌溉面积 2 422.6 万亩,仅占有效灌溉面积的 38%。随着改革的持续推进,节水灌溉工程控制面积年均递增速度为 5.8%,改革任务完成后,节水灌溉工程控制面积已达 4 271.6 万亩,占有效灌溉面积的 67.4%。此外,改革农民群众减负显著,通过开展灌区供水成本核算,各地都按照补偿运行维护成本出台了县级农业用水指导价格,全省水费实收率在 95% 以上,部分地区水费由财政、村集体经济兜底,不直接向农民收取水费,总体上不增加农民负担,群众满意程度高。

3.3.4 矛盾与风险分析

3.3.4.1 改革矛盾与风险

根据《关于深入推进农业水价综合改革的通知》(发改价格〔2021〕1017 号)文件,随着改革进程过半,"十四五"期间,深入推进我国改革任务仍然艰巨繁重,主要是全国改革进展不平衡,一是个别地区改革进度整体滞后,一些耕地零散的地区改革推进难度大;二是部分地区的奖补资金仍然存在缺口、价格调整相对滞后;三是一些地区还存在"雨过地皮湿"的问题,未建立巩固改革成果长效机制。虽然江苏于 2020 年底率先完成改革任务,但其在"促进农业节水"和"保障工程良性运行"方面也存在诸多矛盾和难题,如图 3.3-9 所示,水权交易程度低、改革资金落实难、工程管护机制不够完善等问题仍亟待解决。

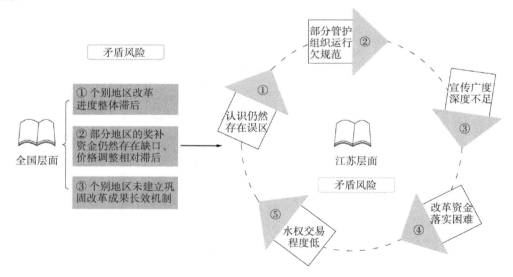

图 3.3-9 改革矛盾与风险

（1）认识仍然存在误区。江苏改革虽然取得一定成效，但是经实地调查走访发现，少数干部对改革理解存在误区和偏差，部分农民群众不了解改革政策甚至产生抵触情绪。以改革过程中提高用水价格为例：农业水价综合改革旨在通过发挥水作为商品的经济价值，通过工程、管理等综合手段提升农业用水效率，减少农业用水总量和强度，其中一项重要内容是对水价进行成本核算。成本核算后，农业用水价格有所提升，虽然提高了水价，但是通过精准补贴和节水奖励政策等，对水价进行补贴，总体上是不增加农民群众负担的。由于部分干群对其理解和认识不到位，导致存在改革阻力。

（2）部分管护组织运行欠规范。保障工程良性运行离不开工程管护组织运行机制。改革通过创建工程管护组织，投入工程管护资金，健全工程管护机制，有效解决了水费收缴难，工程无人管、无法管和无钱管等改革难题。全省多元化创建包括农民用水合作组织、农村集体经济组织等在内的管护组织 5 675 个，构建了工程管理服务网络，但实地走访、调研发现，有的地方虽然按规定要求组建了农民用水合作组织，健全了管护章程和制度体系，但实际运行效果不好，有的甚至处于空转状态，没有真正参与到用水服务、水费计收、工程管护等工作中去，影响了改革的效果。

（3）改革宣传广度和深度不足。通过广泛的宣传发动，绝大部分群众对开展农业水价综合改革的重要性和必要性有了充分的认识，但在部分基层，特别是个别用水户当中，仍然存在着一些根深蒂固的老观点、老想法，对改革的目的还缺乏更深一步的认识。以苏南、苏中等部分经济发达、河网密布丰水地区为例，因为农业用水得到有效保障，有些街道的水费也全部由财政、村集体经济承担，导致基层干群节水意识不强。

（4）改革资金落实难。按照总体上不增加农民负担的改革原则，地方财政需要对水价提价部分进行精准补贴，而当前大部分改革地区的精准补贴资金主要依靠中央和省级财政资金补助，江苏地区也是。当前虽然已经完成改革任务，但仍需要财政资金持续投入保障工程良性长效运行。如何落实后续的奖补资金和工程管护资金成了需要考虑的关键问题，这对推进后续改革"回头看"、维持改革成果、发挥改革成效至关重要。

（5）水权交易程度低。水权交易是用水户希望提高水资源的利用率，追求水资源的剩余率，通过交易取得实际利益的行为。发展水权交易市场是建设节水型社会，利用市场手段在水资源管理与配置中发挥作用的新手段。但是实施水权交易要求多、难度大，水权交易活动复杂，需要科学的法律体系作保障，同时，水权交易过程也需要市场监督体系来支持。当前江苏农业水权交易程度低，截止到 2021 年底，只在南京溧水区完成首例农业水权交易。

3.3.4.2 改革影响因素分析

主成分分析是一种常用的多元统计分析方法，广泛应用于社会学、经济学和管理学的评价中。其核心思想是通过对众多具有相关性的指标重新组合成新的互相无关的综合指标来替代，实现各指标数据的降维处理。改革受自然因素、经济因素、种植结构、工程因素、管理因素等多因素影响，为探究其主要影响因素，本节采用主成分分析方法，构建了水价改革影响因素主成分分析指标体系，如表 3.3-2 所示。

表 3.3-2　水价改革影响因素主成分分析指标体系

主要类型	影响因素	指标	单位
自然因素	年可供水量	X_1	万 m^3
	年度灌溉用水量	X_2	万 m^3
	地区年平均降雨量	X_3	mm
经济因素	地区年度农业 GDP	X_4	万元
	改革资金投入	X_5	亿元
种植结构	水稻种植面积占比	X_6	％
	土地流转程度	X_7	％
工程因素	骨干工程配套率	X_8	％
	工程投资	X_9	万元
管理因素	改革面积	X_{10}	hm^2
	管护组织数量	X_{11}	处
	水费财政补贴比例	X_{12}	％

对各指标进行 KMO 和 Bartlett 球形检验,其中 KMO 表示各指标间相关程度,Bartlett 表示各原始变量之间相关性。根据检验结果,KMO 值>0.5,Bartlett 检验对应 $P<0.05$,说明各指标数据可进行主成分分析。对各指标进行标准化处理后,按照方差贡献率大于 85％、特征值大于 1 的原则选取主成分,其特征值和贡献率结果如表 3.3-3 所示,共选取三个主成分,其特征值分别为 5.38、3.91、1.06,相应的方差贡献率分别为 44.80％、32.62％、8.82％,总体方差贡献率为 86.23％,各主成分载荷如表 3.3-4 所示。

表 3.3-3　主成分分析指标特征值和贡献率

指标	初始特征值			提取载荷平方和		
	总计	方差百分比	累积 ％	总计	方差百分比	累积 ％
X_1	5.38	44.80	44.80	5.38	44.80	44.80
X_2	3.91	32.62	77.42	3.91	32.62	77.42
X_3	1.06	8.82	86.23	1.06	8.82	86.23
X_4	0.54	4.50	90.74			
X_5	0.48	3.97	94.71			
X_6	0.26	2.14	96.84			
X_7	0.22	1.82	98.67			
X_8	0.07	0.59	99.25			
X_9	0.05	0.45	99.71			
X_{10}	0.03	0.26	99.97			
X_{11}	0.00	0.03	100.00			
X_{12}	0.00	0.00	100.00			

表 3.3-4　主成分载荷

指标	指标名称	主成分载荷		
		1	2	3
X_1	年可供水量	−0.001	0.728	−0.635
X_2	年度灌溉用水量	0.092	0.862	−0.255
X_3	地区年平均降雨量	−0.509	0.799	0.057
X_4	地区年度农业 GDP	0.973	0.093	0.186
X_5	改革资金投入	0.922	0.075	0.042
X_6	水稻种植面积占比	−0.239	0.822	0.141
X_7	土地流转程度	−0.709	0.333	0.505
X_8	骨干工程配套率	−0.676	0.588	0.271
X_9	工程投资	0.973	0.105	0.178
X_{10}	改革面积	0.468	0.708	−0.088
X_{11}	管护组织数量	0.627	0.517	0.401
X_{12}	水费财政补贴比例	0.858	0.279	0.029

主成分因子 1 中，地区年度农业 GDP（X_4）、改革资金投入（X_5）、工程投资（X_9）和水费财政补贴比例（X_{12}）等指标荷载量均超过 0.8，且有着较大的正贡献率，表明主成分因子 1 由这 4 个指标反映，主要体现改革地区改革资金投入对改革的影响。资金投入是推动改革稳步推进、取得改革成效的决定性因素，自 2016 年以来，江苏地区共投入中央、省级、地方政府配套资金合计 11.8 亿元，鼓励社会资金参与改革工作中，多渠道、多方式强化保障改革资金投入，加快改革任务完成。同时，改革以来全省投入 32.3 亿工程建设和维修养护资金（亩均约 18.3 元），极大地助力了工程运行维护，保障改革成效的发挥。

主成分因子 2 中，年度灌溉用水量（X_2）、水稻种植面积占比（X_6）、地区年平均降雨量（X_3）、年可供水量（X_1）、改革面积（X_{10}）等指标荷载量均超过 0.7，且有着较大正贡献，表明主成分因子 2 主要由这 5 个指标反映，体现了自然条件、种植结构和改革面积对改革的影响。研究显示，降水变化对农业灌溉需水影响显著，水稻是江苏主要的耗水作物，计入降雨因素后，全省实际年度灌溉用水量会显著减少，这促进了农业节水目标的实现；同时种植结构对推进改革任务完成也有较大影响，优化种植结构，使土地资源利用达到最大化。用水户作为改革利益涉及者，通过种植结构调整，直接参与到农业建设中来，可以为用水户增收提供新路径，减轻了用水户用水负担。

主成分因子 3 中，土地流转程度（X_7）、管护组织数量（X_{11}）和骨干工程配套率（X_8）等 3 个指标荷载量较大，主要反映了改革地区种植结构和工程建设管护情况对改革的影响。江苏围绕保障工程良性运行这一目标开展改革，除了需要保证工程投资外，建立管护组织、健全工程管护制度也很关键，这对完成改革任务，发挥改革成效有着直接影响。

3.3.5 纾解问题的政策建议

农业水价综合改革是我国农业节水工作的"牛鼻子",事关农业可持续发展和国家水安全,推进农业水价综合改革已写入《中华人民共和国国民经济和社会发展第十四个五年规划和 2035 年远景目标纲要》以及京津冀协调发展、长江经济带发展、黄河流域生态保护和高质量发展等重大战略有关文件中。当前我国改革进入半程,改革面临的矛盾更多、困难更大。本章节以江苏为例,研究了改革思路、政策保障,分析了影响改革的主要因素,针对前述江苏改革存在的主要问题,本小节提出以下几点建议:

(1)建立和完善资金常态化落实机制。主成分分析结果显示,资金是影响改革推进和成效发挥的主要因素。为了解决"改革资金落实难"的问题,后续省、市、县各级政府要建立并完善改革资金常态化落实机制,统筹预算改革资金安排,省级层面依据年度工作目标任务和绩效考评结果安排专项资金,对各地改革工作进行以奖代补,充分发挥财政资金的引导和激励作用;市、县层面做好改革资金配套,多渠道落实精准补贴和节水奖励机制,细化后续改革工作内容,进一步提高改革资金使用效率。

(2)持续优化工程建设和管护机制。主成分分析结果显示改革地区工程建设管护情况对改革有着较大影响,为了巩固当前江苏水价改革成果,解决"部分管护组织运行欠规范"的难题,各地要统筹推进水库灌区改造与高标准农田建设,优先将大中型灌区建成高标准农田,健全输配水工程体系;积极构建以乡镇水利站为纽带,农民用水合作组织、专业化服务公司以及村级水管员队伍为主体的服务网络,确保农村水利工程良性运行;同时加强农田水利工程运行维护监管,因地制宜创新工程设施管护模式,压实管护责任、降低管护成本、提升管护水平。

(3)加强农业用水宣传,完善用水奖补机制。为了解决"认识仍然存在误区""改革宣传广度和深度不足"的问题,丰水地区改革应从节水潜力挖掘、工程管护强化入手,通过深入宣传,树立干群"农业节水就是减排节能"的理念。对节约用水意识不强、水费支付意愿不高的地区,通过定期开展改革和节水主题的培训,向农户传达农业用水的"商品性"概念,完善用水奖补机制,对定额内用水提价部分向用水户发放补贴,同时,对节水部分以资金奖励、节水设施购置奖补等多形式给予奖补,激发用水户参与改革的积极性,营造全社会共同支持、参与农业节水的浓厚氛围。

(4)强化农业用水管理机制,多形式推进水权交易。持续加强农业用水管理,将农业水权分配到位,严格落实农业灌溉用水总量控制和定额管理,科学核定用水定额,逐步把指标分解到用水主体,推广节水灌溉措施和节水灌溉技术,实现设施节水、技术节水、管理节水的有机协调。同时针对当前江苏"水权交易程度低"的难题,建立健全水权确权、交易、平台监管等制度,实现市场和政府调控水资源相结合,推动水资源依据市场规则、价格、竞争规范合理流转,推进区域水权交易、取水权交易和灌溉用水户水权交易等多形式的水权市场化交易。

3.3.6 结论

本章节开展了江苏改革思路和保障措施的研究,分析了改革工作中存在的风险矛盾,提出了纾解问题的政策建议,得到的主要结论如下:

(1)江苏围绕明确改革目标、细化重点任务、构建组织体系、建立改革机制的总体改革思路,明确"促进农业节水、保障工程良性运行"的改革目标,细化"配备供水计量设施"、"完善农业水权制度"、"加强取水许可管理"、"推进工程产权改革"、"加强管护组织建设"、"完善用水价格管理"、"建立精准补贴办法"和"建立节水奖励办法"等八项改革重点任务,自上而下构建"省-市-县-镇"四级改革组织体系,建立了"农业水价形成机制""精准补贴和节水奖励机制""工程管护机制""用水管理机制"等四项改革机制,有序推进改革任务完成。

(2)江苏通过政策推进、考核督导、资金投入和宣传引导等四项措施,保障改革各项任务推进、节水和工程运维成效落实。其中,政策推进和考核督导两者相辅相成,互相促进,通过宣传引导促进政策推进,也可以更好地展现改革成果,而资金投入保障了政策推进、考核督导和宣传引导等三项保障措施的落地落实。

(3)为探究改革主要影响因素,本章节构建水价改革影响因素指标体系,采用主成分分析方法,开展改革主要影响因素分析。结果显示,改革资金投入、工程投资、水费财政补贴等指标对改革有着较大的正影响,资金投入是推动改革有序开展、发挥改革成效的决定性因素;地区年平均降雨量、年度灌溉用水量、水稻种植面积占比等自然因素和种植结构对节水和减轻用水户负担的改革目标实现有较大影响;同时地区工程建设和管护情况对改革任务的完成和改革成效的发挥也有着直接的影响。

(4)江苏当前已经完成了改革既定的任务,但仍存在干群认识不足、管护组织运行不规范、改革宣传广度深度不足、改革资金落实难和水权交易程度低的问题,这影响了改革成效发挥。为了巩固改革成效,本章节结合江苏改革思路、改革保障措施和改革主要影响因素,提出"建立和完善资金常态化落实机制""持续优化工程建设和管护机制""加强农业用水宣传,完善用水奖补机制""强化农业用水管理机制,多形式推进水权交易"等四点政策建议,可供全国其他地区改革发展借鉴,助力全国改革高效高质完成。

3.4 江苏农业水价综合改革验收办法评价与改革"回头看"指标构建

水资源短缺、旱涝灾害频发、生态环境突出等水资源问题,已成为中国社会经济发展最重要的制约因素。中国是农业大国,农业用水量占全社会用水量比重大,达到62.1%。因此,农业节水是缓解当前水资源困境的重要手段。农业水价综合改革作为我国深化资源性产品价格改革的重要内容,是当前我国优化水资源配置、促进农业高效节水的战略举措、顶层设计和重要的经济手段,也是贯彻习近平总书记"节水优先"治水思路的中国农业可持续发展新思路。2014年10月,国家发改委、财政部、水利部、农业部联合在全国

27 个省(自治区、直辖市)80 个县(市、区)启动了农业水价综合改革试点工作,包括江苏省的高邮市和宿豫区。2015 年,中央一号文件对农业水价综合改革做出具体部署。2016 年 1 月,国务院办公厅颁布了《关于推进农业水价综合改革的意见》,农业水价综合改革由此在全国范围内推开。

江苏是经济强省,也是农业大省,和全国许多地方类似,长期存在灌溉用水浪费、农业水利工程管护不到位等问题,亟待通过农业水价综合改革,以价格杠杆促进农业节水,同时切实有效提升农业水利工程的管护水平。2016 年,江苏按照国家总体部署要求,围绕改革核心目标,即"促进农业节水、保障工程良性运行",重点从建立健全农业水价形成机制、精准补贴和节水奖励机制、工程建设和管护机制以及用水管理机制四个方面,有条不紊地开展水价改革工作。2019 年 12 月,江苏省水利厅、发展改革委、财政厅、农业农村厅在全国率先出台了《江苏省农业水价综合改革工作验收办法》(以下简称《办法》)。《办法》立足国家政策,体现江苏农业水价改革工作实际,具有指导性和针对性,其既是江苏改革成效的检验标准,也是规范地方有效开展农业水价综合改革的行动指南。《办法》的出台,不仅加快了江苏改革的步伐,也切实推动了其改革质量的提高。截止到 2020 年底,江苏仅用 5 年左右的时间,就完成了既定的改革任务。

迄今,国家还未出台相关改革验收办法,因此江苏制定的《办法》,没有可借鉴的先例,必然会存在不完善或值得商榷的地方,例如,一些量化考核指标,改革成效、节水效果等,评判标准较为模糊,实际操作时难以权衡其优劣。此外,江苏全面完成改革任务后的改革成效巩固,需要有适宜的、更易于操作的"回头看"工作评价办法,现行《办法》有必要进行科学的简化,优化后可作为成果巩固阶段即"回头看"阶段改革工作评价系统。综上,本章节在讨论《办法》形成机制的基础上,根据其在验收工作中的实战表现,综合评价其考核指标,并建立"回头看"改革工作评价指标体系,以此为持续有效发展江苏农业水价综合改革后续工作提供技术支撑,也为其他省份的改革提供重要参考。

3.4.1 国家重要改革文件解读

农业水价综合改革是党中央、国务院着力推进我国农田水利可持续发展而做出的重大决策部署,是当前及今后很长一段时期我国农业节水、建设节约型社会的主要手段,其进程可分为"开展试点、改革推进、改革持续与验收"三个阶段(图 3.4-1)。图 3.4-1 列出了各个阶段的主要改革文件,本小节对其进行解读,并将解读后的改革要点以表格形式分层次汇集到表 3.4-1。

(1) 2014 年—2016 年是改革开展试点阶段。通过全国 27 个省 80 个县的试点摸索,国家陆续出台了《关于推进农业水价综合改革的意见》(国办发〔2016〕2 号)、《关于贯彻落实〈国务院办公厅关于推进农业水价综合改革的意见〉的通知》(发改价格〔2016〕1143 号)、《关于抓紧推进农业水价综合改革工作的通知》(发改办价格〔2016〕2369 号)等重要文

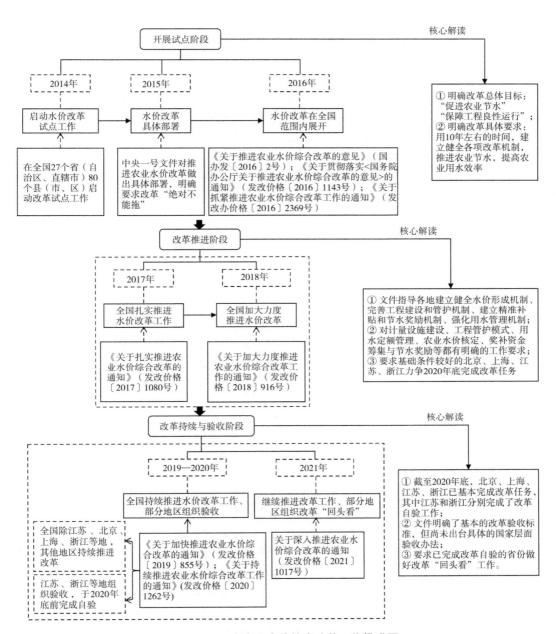

图 3.4-1　国家农业水价综合改革工作推进图

表 3.4-1　农业水价综合改革要点解读

改革要点	关键指标	指标要求
完善改革保障措施 A	落实地方政府责任 A1	地方政府对改革工作负总责;制定改革实施方案;确定改革实施范围;做好改革信息报送
	加强改革督促检查 A2	建立督查检查和绩效评价机制;定期开展改革督查检查
	建立资金分配挂钩激励机制 A3	中央财政水利发展资金用于水利工程维修养护补助支出时,向改革地区倾斜;省级安排中央和省级相关资金时,加大对改革地区的支持力度
	营造良好改革氛围 A4	开展改革政策解读;做好节水、有偿用水宣传;及时总结改革经验
建立农业水价形成机制 B	分级制定农业水价 B1	明确农业水价成本核定、价格制定原则与方法;及时核定骨干工程、末级渠系水价
	探索实行分类水价 B2	区别作物类型,合理确定各类作物水价
	逐步推行分档水价 B3	实行超定额累进加价制度;因地制宜实行两部制水价制度
	达到运行维护成本 B4	供水成本、补贴机制、用水户承受力统筹考虑,水价达到运行维护成本水平;加强用水成本监审,不具备成本监审条件的可暂时以项目投资概算或科研报告为基础核定
完善工程建设和管护机制 C	完善供水计量设施 C1	新建、改扩建工程同步配备计量设施;已建工程改造配备计量设施;严重缺水和地下水超采区要配套完善计量设施;因地制宜采用多种方式计量;有条件地区可运用信息化管理手段,实现精确计量
	提升工程运行效率 C2	建立财政农田水利资金投入机制;推进小型水利工程管理体制改革
	落实工程管护责任 C3	明晰农田水利设施产权;建立多元化管护组织
	多元筹措建管资金 C4	采取多种方式吸引社会资本参与工程建设和管护
建立精准补贴和节水奖励机制 D	建立精准补贴机制 D1	制定农业用水补贴标准;明确补贴对象、方式、环节、标准、程序
	建立节水奖励机制 D2	根据节水量制定奖励标准;明确奖励对象、方式、环节、标准、程序;可选择现金返还、水权回购、节水设施购置奖补、优先用水等形式
	落实奖补资金来源 D3	多渠道筹集落实奖补资金,统筹整合相关涉农涉水项目资金,确保奖补资金可持续
	加强资金绩效管理 D4	明确补贴、奖励资金使用管理
强化用水管理机制 E	建立农业水权制度 E1	合理分配水权,用水指标分解到具体用水主体;加强取水许可管理
	加强用水需求管理 E2	实行用水总量控制,及时修订用水定额
	加强农业水费征收 E3	实现取水计量,按量收费
	提升农业用水效率 E4	推广先进的节水技术;开展节水农业试验示范和技术培训;优化农业种植结构和种植制度;鼓励水权交易
改革验收基本标准 F	完备工程管护机制 F1	农田水利工程状况良好,工程所有权和使用权明晰,工程良性管护机制总体完备
	健全水价形成机制 F2	农业水价由相关部门按权限制定或由供用水双方通过协商后确定,农业用水价格总体达到运行维护成本水平
	实行用水管理机制 F3	农业用水总量控制和定额管理普遍实行,粮食等重要农作物合理用水需求有保障;大中型灌区和井灌区全面实施取水许可
	建立用水奖补机制 F4	精准补贴和节水奖励机制建立,总体不增加农民负担

件,明确了改革的总体目标,即"促进农业节水"和"保障工程良性运行",围绕这两大目标,提出了改革具体要求,重点包括:用 10 年左右时间,建立健全合理的农业水价形成机制;建立精准补贴和节水奖励机制;逐步建立农业灌溉用水量控制和定额管理制度;推动工程良性运行;推进农业节水技术、提高农业用水效率等。

　　(2) 2017 年—2018 年是改革推进阶段。国家又陆续出台了《关于扎实推进农业水价综合改革的通知》(发改价格〔2017〕1080 号)、《关于加大力度推进农业水价综合改革工作的通知》(发改价格〔2018〕916 号)等重要文件,指导地方政府四项机制建设(即建立健全水价形成机制、完善工程建设和管护机制、建立精准补贴和节水奖励机制、强化用水管理机制)和改革实施保障落实(落实主体责任、建立绩效评价机制、建立资金分配挂钩激励机制、营造良好改革氛围),其中对计量设施建设、工程管护模式、用水定额管理、农业水价核定、奖补资金筹集与节水奖励都有明确的要求,同时要求基础条件较好的北京、上海、江苏、浙江,力争2020年底完成改革任务。

(3) 2019年至今是改革持续与验收阶段。因地区发展差异,各地改革进度不一,截至2020年底,北京、上海、江苏、浙江等四个省(市)已基本完成改革任务,其中江苏和浙江分别组织实施了改革自验工作。此阶段,国家陆续出台了《关于加快推进农业水价综合改革的通知》(发改价格〔2019〕855号)、《关于持续推进农业水价综合改革工作的通知》(发改价格〔2020〕1262号)、《关于深入推进农业水价综合改革的通知》(发改价格〔2021〕1017号)等重要文件,明确了改革验收的基本标准,重点包括:农田水利工程状况良好,工程所有权和使用权明晰,工程良性管护机制总体完备;实现取水计量、按量收费;农业用水总量控制和定额管理普遍实行,粮食等重要农作物合理用水需求有保障;大中型灌区和井灌区全面实施取水许可;农业水价由相关部门按权限制定或由供用水双方通过协商确定,农业用水价格总体达到运行维护成本水平;精准补贴和节水奖励机制建立,总体不增加农民负担等。

3.4.2　江苏《办法》的制定机制

3.4.2.1　江苏改革目标和改革任务

在国家农业水价综合改革工作引导下,江苏围绕促进农业节水、保障工程良性运行的改革目标,紧扣国家改革要点(见表3.4-1),计划用5年左右的时间,重点是要健全水价形成机制、建立资金奖补机制、完善农业水权制度、加强取水许可管理、配备供水计量设施和加强管护组织建设等。图3.4-2所示为江苏主要改革任务,每项改革任务明确对应了国家改革要点(表3.4-1),例如江苏省政府成立了江苏省农业水价综合改革联席会议,就是积极响应了表3.4-1中"A1"的改革要求。

3.4.2.2　江苏《办法》的层次结构

严格按照第3.4.1节所述国家改革的总体要求,江苏政府根据其制定的重点改革任务(见图3.4-2),于2019年出台了《江苏省农业水价综合改革工作验收办法》。《办法》共分六章十六条,包括总则、验收依据、验收条件、验收组织、验收评定和附则,如图3.4-3所示。其中的改革验收赋分对照表有二级指标,一级指标为"组织领导有力"、"运行机制健全"、"改革成效明显"和"加分项目",其中,"运行机制健全"分"农业水价""精准补贴与节水奖励""工程管护""用水管理"等4个方面。对应一级指标,分设有5、16、5、3个二级指标,合计29个,均有相应的得分标准。各一级指标分值分别为20、60、20及3分,总分103分,90分及以上为合格。

3.4.3　江苏《办法》整体评价

参考3.4.1、3.4.2节内容,江苏出台的《办法》,严格遵循了国家农业水价综合改革的要求,规范了江苏改革验收流程,使得其改革成效有具体的检验标准,在验收工作开展

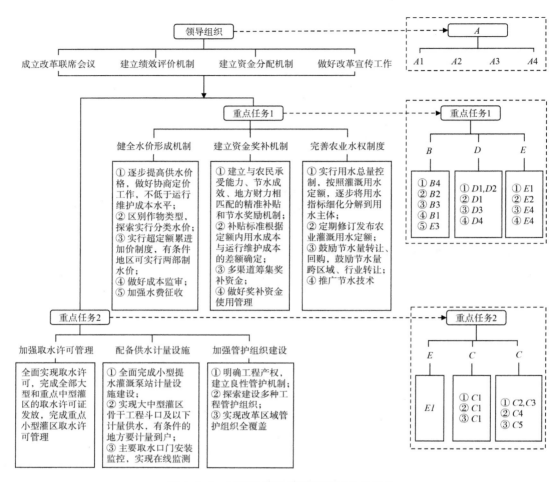

图 3.4-2 江苏改革的组织领导和重点任务

过程中,也得到了广大干群的充分肯定。总体而言,其具有以下三大特征:

1)《办法》中的指标全面覆盖了国家改革要求。各项指标均与国家改革要点相对应,以"组织领导有力"指标为例,其细分指标对应表 3.4-1 中国家改革要点"完善改革保障措施 A",重点包括"落实地方政府责任 A1"和"加强改革督促检查 A2",详见图 3.4-4。

2)部分量化考核指标得分标准制定严格。江苏水利工作一直走在全国前列,此次农业水价综合改革工作中一些量化考核的指标得分标准也制定得十分严格,重点例如:第 15 项"明晰工程产权"指标,得分标准是"小型农田水利工程设施全部明晰产权得 4 分,90%～100% 按比例得分,低于 90% 不得分",第 16 项"落实管护资金"指标,得分标准是"县级财政落实农田水利工程管护资金得 2 分,资金按时拨付到位得 2 分";第 25 项"水费收取到位"指标,得分标准是"改革实施区域水费实收率不低于 95% 得 3 分,85%～95% 按比例得分,低于 85% 不得分";第 26 项"农民负担合理"指标,得分标准是"群众对农业水价改革满意度不低于 75% 得 3 分,低于 60% 不得分,60%～75% 按比例得分"。

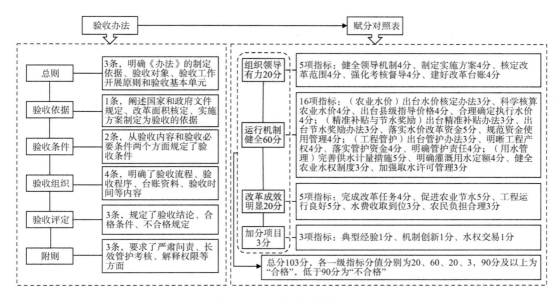

图 3.4-3　《办法》结构图

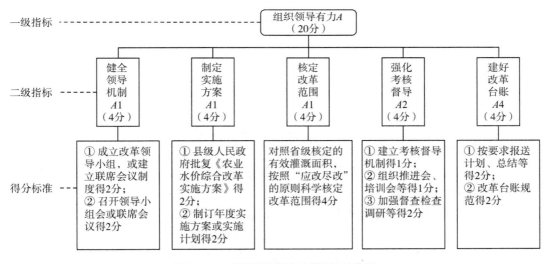

图 3.4-4　"组织领导有力"指标结构图

3）"加分项目"充分体现江苏地区改革工作的特色,例如:第 27 项"典型经验"指标,阜宁县是江苏改革先进县,改革成绩突出,多次在全国相关的改革专题会议上交流改革经验。2020 年 9 月 24 日,国家部委还在阜宁县召开了全国农业水价综合改革工作推进会议,这是对阜宁县改革工作的充分肯定,因此,其在典型经验这一项中拿到了 1 分;第 28 项"机制创新",江宁区首创的"水票制度",水票即水权的凭证,也作为农业水费结算的凭证,也是节水奖励的依据,属于省级改革工作机制创新,满足得分要求;水权交易是通过市场机制优化配置水资源的主要手段,是我国当前水资源管理改革的重要方向,虽然目前江苏未普遍实行,但此次将"水权交易"列入赋分标准的第 29 项指标,对后续开展水权交易工作、促进全省水资源的高效集约利用具有重要意义。

尽管《办法》中的指标全面覆盖了国家改革要求,结合地区改革特色增加了"加分项目"指标,充分体现了江苏改革工作的创新性,但由于部分指标的赋分标准未进行量化或者不够明确,也出现了主观因素过大,扰动赋分的情况,对这部分指标的评价见表3.4-2。

表 3.4-2 《办法》指标赋分标准评价

序号	一级指标	二级指标	赋分标准	评价
1	组织领导有力	第4项 强化考核督导	建立考核督导机制得1分;组织推进会、培训会等得1分;加强督查检查调研等得2分	对督查检查、调研工作开展的频次、形式等没有具体的要求,建议重点明确督查的内容、工作频次等
2	组织领导有力	第5项 建好改革台账	按要求报送计划、总结等得2分;改革台账规范得2分	各地改革成效存在差异,参与改革台账档案整理的工作人员也不一样,建议对台账的主要目录、目录内容进行明确
3	运行机制健全	第9项 合理确定执行水价	按照县级农业用水指导价确定执行水价,协商定价程序规范得4分	标准中没有说明协商定价的具体程序,建议明确协商定价程序,可包括民主协商、镇级监管、价格公示、价格备案等四个方面
4	改革成效明显	第23项 促进农业节水	农业节水宣传有力得2分,节水效果显现得3分	缺乏对佐证材料的说明,建议明确农业节水宣传的频次、形式,并要求提供年度节水量、节水率或者灌溉水有效利用系数提升等节水有效的佐证材料
5	改革成效明显	第24项 工程运行良好	农田水利工程满足灌排需求得5分	此项评判标准模糊,在验收过程中难以把握,建议要求提供工程完好率(超过80%)、工程运行投诉事件的数量、"两费"落实率(超过90%)等材料

3.4.4 "回头看"评价体系构建

国家发改委《关于深入推进农业水价综合改革的通知》(发改价格〔2021〕1017号)文件指出,已完成改革任务的省份要巩固拓展改革成果,建立"回头看"机制。动态调整农业水价、持续强化工程管护、建立促进农业节水长效机制,是"回头看"的重点。为此,本小节基于现有《办法》,初步构建了江苏改革"回头看"评价指标体系。

3.4.4.1 指标选取原则

"回头看"评价体系指标的选取可遵循以下原则:

(1)政策延续性。"回头看"评价体系的指标应承接现有《办法》的核心考核要求,并能切实指导后续江苏各地改革工作的持续、长效、有效开展。

(2)重点性突出。制定"回头看"评价体系的目标是促进江苏用水长效管理和保障其工程长效管护,查看改革验收工作中问题的整改落实情况,因此指标的遴选依然是要重点关注工程管护、用水管理等重点领域和环节。

(3)简单易操作。后续改革相对于改革任务完成前的目标已经改变,其评价指标在现有《办法》基础上应该简化,且应方便使用。

(4)保持系统性。"回头看"评价体系尽管是一个简化版本的《办法》,但其指标体系仍应保持系统性原则,同时避免指标重复和指标间的冲突。

3.4.4.2 "回头看"评价体系

基于3.4.4.1节的指标选取原则,结合《办法》,本节构建的"回头看"评价体系含

3 个一级和 16 个二级指标,详见表 3.4-3。其中的一级指标包括"组织领导""机制运行""改革成效"等。现《办法》"加分项目"一级指标被删除,其中的典型经验、机制创新、水权交易相关内容,被建议纳入回头看"改革成效"的"改革宣传有力"指标,即将其作为重点内容进行宣传。对于现《办法》中的许多二级指标进行了删减,例如"健全领导机制",这类指标在改革过程中主要用于改革的总体推动,并在改革验收前已经建立健全,后续改革成效巩固阶段,应不将其作为重点进行考核。一些二级指标进一步优化,例如"农民负担合理"凝练为"农民满意程度",是因为改革的任何阶段,群众满不满意,才是检验改革好不好的根本标准。

表 3.4-3 "回头看"评价体系指标

一级指标	二级指标		二级指标说明
组织领导		考核督导持续	按照相关改革考核督导机制办法继续开展改革"回头看"阶段的考核督导工作,需提供相关材料(文件、影像资料等)
		改革台账维护	参照《办法》持续更新台账资料,重点是改革考核督导情况、四项机制巩固情况以及改革成效体现情况,需提供相应材料(台账资料)
机制运行	农业水价机制	水价动态调整	定期做好水价动态核算和调整工作,水价变更需按照规范执行,需提供相应材料(水价核算、水价变更文件等)
		水价达到成本	水价必须要达到运行维护成本水平,提供相应材料(水价达到运维成本水平的证明材料)
	精准补贴和节水奖励机制	精准补贴资金落实	按照改革过程中建立的精准补贴和节水奖励办法,切实落实工作任务,需提供相应材料(奖励和补贴资金的年度安排计划表、用水组织或用水户的结算凭证等)
		节水奖励资金落实	
	工程管护机制	管护资金落实	年度管护资金投入满足工程管护实际需要,需提供相应材料(管护资金年度安排计划,下达的文件,以及镇、街道管护资金的使用台账等)
		工程管护组织	前期改革过程中建立的工程管护组织正常运行,有变更的不应影响原辖区的工程管护,需提供相应材料(变更管护组织材料、工程日常管护记录等)
		工程产权明晰	新建工程需要明晰产权,其余产权有变化的应做好相关记录,需提供相应材料(新建工程产权登记材料等)
	用水管理机制	计量设施正常使用	计量设施完好率需要达到 100%,用水计量记录完整,需要提供相应材料(计量设施完好情况统计表、现场照片和泵房内的用水记录台账等)
		用水定额管理	每年度明确灌溉用水定额、制定用水总量并分解到用水主体、灌溉前下达用水计划、灌溉结束核定用水总量,提供相应材料(相应的下达文件、核定用水量统计表等)
改革成效		农业节水促进	农业节水工作定期宣传,每年度宣传次数不少于 4 次,需提供相应材料(宣传计划、照片等);年度用水量在灌溉定额范围内,年度节水量统计台账完整,提供相应材料(参照灌溉定额提供节水量统计表等)
		工程良好运行	未发生投诉情况,提供相应材料(证明文件等);工程完好率有提升,提供相应材料(完好情况统计表、现场照片等)
		水费收取到位	改革实施区域水费收缴率达 100%,提供相应材料(收缴情况统计表和收缴凭证等)
		农民满意程度	群众对农业水价改革满意度达到 85%,提供相应材料(调查问卷、调查情况统计说明、现场调查照片等)
		改革宣传有力	持续开展改革宣传,包括改革典型经验、机制创新和水权交易等,提供相应材料(改革典型经验、机制创新、水权交易等工作的宣传资料、相关论文、报道等)

3.4.5 结论

在对国家农业水价综合改革工作要点的解析以及江苏改革目标和改革任务的上位符合性分析的基础上,结合改革验收指标的可操作性问题,本章节综合评价了《江苏省农业水价综合改革工作验收办法》的适宜性,并在该《办法》的基础上,初步构建了江苏改革

"回头看"评价体系,得到的主要结论如下:

(1)中国农业水价综合改革的主要目标是"促进农业节水"和"保障工程良性运行",围绕这两项目标,重点是建设四项机制,即建立健全水价形成机制、完善工程建设和管护机制、建立精准补贴和节水奖励机制、强化用水管理机制,这些改革思想或思路贯穿2016年之后所有重要的改革文件。

(2)针对国家的总体改革目标和任务,江苏明确了其改革目标,细化了其改革的重点任务,包括健全水价形成机制、建立资金奖补机制、完善农业水权制度、加强取水许可管理、配备供水计量设施和加强管护组织建设等。江苏的改革符合国家农业水价综合改革的总体要求,同时类似"阜宁经验""水票制"也体现了一定的地方特色。

(3)率先全国出台的《江苏省农业水价综合改革工作验收办法》,具有重要的现实意义。本节剖析了江苏的改革目标、任务及验收办法的层次结构,分析了该《办法》的制定机制,结合验收工作中遇到的实际问题,对《办法》进行了整体评价,并提出了一些有针对性的建议,为尚未出台改革验收办法的其他省份提供参考。

(4)本章节基于《办法》初步构建的"回头看"评价体系,对进一步深化和巩固改革成果具有重要意义。通过"回头看",反观改革发展,以评导建、以评促建,可以全方位提升改革后续工作的质量。建议各地持续投入水价改革资金,加强工程管护组织建设,保证工程良性运行,发挥节水效益,降低农民负担,提升农民满意度。

3.5 各省农业水价综合改革验收体系的异同对比

为探索我国自2016年在全国范围内启动的农业水价综合改革评价标准,本章节对上海、浙江、江苏等农业水价综合改革工作开展较好的地区,进行其上位政策符合性和异同点的对比分析,为国家部委农业水价综合改革验收机制建设提供参考。从验收组织和验收指标两方面,在剖析国家改革要点的基础上,对三地改革验收组织、验收指标体系的完整性和差异性进行系统的对比分析,同时,对国家验收流程和标准的制定提供建议。

3.5.1 国家改革工作要点分解

2004年,国务院办公厅印发了《关于推进水价改革促进节约用水保护水资源的通知》(国办发〔2004〕36号),提出了要实施水价改革;2012年,国务院印发了《国家农业节水纲要(2012—2020年)》(国办发〔2012〕55号),指出国家发展节水农业的重要环节就是实行农业水价综合改革;2014年,国家选取80个改革试点县,开展农业水价改革工作经验探索;2016年,国务院办公厅印发了《关于推进农业水价综合改革的意见》(国办发〔2016〕2号),提出了农业水价综合改革目标,农业水价综合改革由此在全国范围内全面推开。随后,国家每年都会发布农业水价综合改革重要政策文件,指导各地改革工作(见图3.5-1)。

参考图3.5-1,将国家改革要点进行分解,用于后续检验三地改革验收指标体系的完

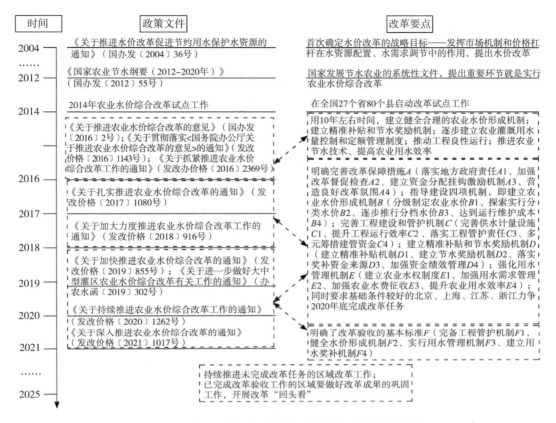

图 3.5-1　农业水价综合改革主要的政策文件及改革要点

整性。分解后的国家改革要点包括 6 个一级要点和 24 个二级要点(每个一级要点下含 4 个二级要点),它们是:

(1) 完善改革保障措施 A(落实地方政府责任 $A1$、加强改革督促检查 $A2$、建立资金分配挂钩激励机制 $A3$、营造良好改革氛围 $A4$);

(2) 建立农业水价形成机制 B(分级制定农业水价 $B1$、探索实行分类水价 $B2$、逐步推行分档水价 $B3$、达到运行维护成本 $B4$);

(3) 完善工程建设和管护机制 C(完善供水计量设施 $C1$、提升工程运行效率 $C2$、落实工程管护责任 $C3$、多元筹措建管资金 $C4$);

(4) 建立精准补贴和节水奖励机制 D(建立精准补贴机制 $D1$、建立节水奖励机制 $D2$、落实奖补资金来源 $D3$、加强资金绩效管理 $D4$);

(5) 强化用水管理机制 E(建立农业水权制度 $E1$、加强用水需求管理 $E2$、加强农业水费征收 $E3$、提升农业用水效率 $E4$);

(6) 改革验收基本标准 F(完备工程管护机制 $F1$、健全水价形成机制 $F2$、实行用水管理机制 $F3$、建立用水奖补机制 $F4$)。

3.5.2　三地改革验收指标体系的完整性

图 3.5-2 所示,2019 年 12 月,江苏率先全国出台了验收办法,浙江、上海紧随其后。三地改革验收办法中,均建立了各自的验收指标体系。例如,浙江的体系包括验收组织推进情况、四项机制建立运行情况、"八个一"村级改革完成情况、改革成效等 4 个一级指标,以及 32 个二级指标。逐一将这 32 个二级指标及其验收要求与国家改革要点(A～F)进行对照,可检验该体系的完整性,其他两地类似。检验结果显示:三地均明确了改革验收流程,验收要求也与国家改革要点契合。因此,三地的验收指标体系完整。具体如图 3.5-3 所示,可以看出三地改革验收指标全部满足国家改革要点。

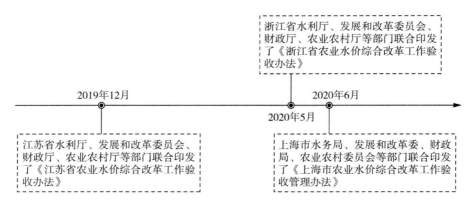

图 3.5-2　三地改革验收相关文件印发时间历程图

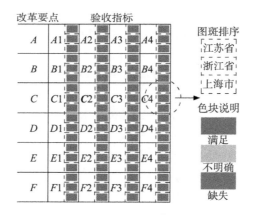

图 3.5-3　三地改革验收指标与国家改革要点对应图

3.5.3　三地改革验收组织的异同

三地的改革验收组织存在共同点:①验收办法制定思路一致,均采用量化项目验收指标、对各项验收指标进行具体赋分的思路:结构均为验收办法＋验收赋分表,其中验收办法包括验收目的、验收依据、验收条件、验收组织、验收流程、验收评定、验收相关责任和附则等内容,验收赋分表则是与改革任务——对应;②验收工作组织原则一致:均为自下而上、分级组织、分批实施;③验收工作组成立单位一致:均由同级水利、发展改革、财政、农业农村等四部门联合组织成立;④验收重点内容一致:对照国家改革要点,均包括了组织领导构建、四项机制建设、改革成效(例如提升农业用水效率等)重点内容的验收;⑤三地的验收流程也大体一致(图 3.5-4),只是各阶段的称谓不同。

三地的改革验收组织差异仅体现在一些验收细节上,以江、浙两省为例,包括:①市级验收结论审定主体不同,江苏是市级验收工作组给出所辖县(市、区)的验收结论,浙江则是由市农业水价综合改革领导小组根据市验收工作组的验收意见,审定县(市、区)改革是否合格;②是否开展灌区专项验收,江苏未开展灌区专项验收,而浙江由市级开展了灌区专项验收;③省级验收形式不同,江苏委托第三方机构进行市、县级改革验收复核后,省级验收工作组在第三方机构复核基础上进行全省抽验检查,而浙江则是政府机构或委托第三方同步开展省级复审工作。

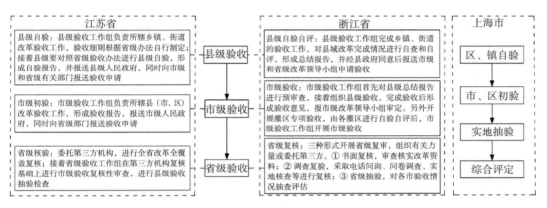

图 3.5-4　三地改革验收组织和流程对比图

3.5.4　三地验收指标体系的对比分析

3.5.4.1　总体差异性评价

从分值、验收结论、合格分数线、验收一级指标及分值、验收二级指标数量、是否存在"一票否决"项等 6 个方面,对三地验收指标体系的总体差异性进行评价,结果如表 3.5-1 所示:

(1)分值情况:江苏总分 103 分,其中加分项 3 分;浙江总分为 105 分,其中加分项 5 分,另外,灌区专项验收总分 100 分,无加分项;上海总分为 100 分,无加分项;

(2)验收结论:三地验收结论均为"合格"与"不合格";

(3)验收合格分数线:江苏和浙江灌区专项验收合格分数线均为"90 分(含)以上",浙江的县(市、区)验收合格分数线为"85 分(含)以上",上海在验收管理办法中没有明确及格分数线,而是由各级验收责任主体根据综合验收情况确定;

(4)验收一级指标及分值:三地验收的一级指标均涵盖了改革组织领导、四项机制建

设等大类,但指标称谓不同,指标分值权重也不一样(下一节详细介绍);

(5)验收二级指标数量:江苏 29 项,浙江的县(市、区)32 项、浙江的灌区专项验收 12 项,上海(市对区)23 项、上海(区对镇)27 项;

(6)"一票否决"项:江苏和上海均有"一票否决"项,例如江苏的①改革区域未覆盖全部改革范围,②农业用水价格未达到运行维护成本水平,③市县未安排农业水价改革资金;上海的①农业水价改革后水价标准增加农民负担,②农业水价形成过程无协商,③农田水利工程管护责任未落实。

表 3.5-1 三地验收指标总体差异性

地区 项目	江苏	浙江		上海	
		县(市、区)	灌区专项	市对区	区对镇
1 总分值	103 分 (含 3 分加分)	105 分 (含 5 分加分)	100 分	100 分	100 分
2 验收结论	"合格"与"不合格"				
3 验收合格分数线	≥90 分	≥85 分	≥90 分	由各级验收责任主体确定	
4 验收一级指标及分值	①组织领导(20 分);②运行机制(60 分);③改革成效(20 分)	①改革组织推进情况(10 分);②"四项机制"建立运行情况(40 分);③"八个一"村级改革完成情况(30 分);④改革成效(20 分)	①改革组织推进情况(20 分);②"四项机制"建立运行情况(60 分);③改革成效(20 分)	①制度建设(20 分);②重点工作(40 分);③资金使用管理(10 分);④验收考核(30 分)	①制度建设(18 分);②重点工作(60 分);③资金使用管理(10 分);④验收考核(12 分)
5 验收二级指标数量	29 项(含 3 加分项)	32 项(含 5 项加分项)	12 项	23 项	27 项
6 "一票否决"项	三种情况	无		三种情况	

3.5.4.2 指标分值权重差异性评价

以三地二级指标为对象,对照国家改革要点,从完善改革保障措施 A、建立农业水价形成机制 B、完善工程建设和管护机制 C、建立精准补贴和节水奖励机制 D、强化用水管理机制 E 等 5 个方面,对比分析三地改革验收指标体系分值的权重偏向。因为一些指标存在对应多项国家改革要点的情况,例如江苏验收办法中"出台水价核定办法"指标,对应了国家改革要点 $B1$、$B2$ 和 $B3$;浙江办法中"建立奖补长效机制"指标对应了国家改革要点 $D1$ 和 $D2$,在难以区分指标偏向的情况下,将其分值进行平均拆分,例如"出台水价核定办法"为 3 分,对应国家改革要点 $B1$、$B2$ 和 $B3$ 各为 1 分;"建立奖补长效机制"为 2 分,对应国家改革要点 $D1$ 和 $D2$ 也各为 1 分。另外,本次对比不考虑各地加分项,有关加分项的对比分析见 3.5.4.3 节。

对比结果如表 3.5-2~表 3.5-6 以及图 3.5-5 所示:①按照 A 至 E 的顺序,江苏的分值占比分别为 28%、15%、29%、12.5%、15.5%,浙江的为 22%、7%、43%、8%、20%,上海的为 50%、13%、14%、10%、13%;②三地指标分值权重结构均有侧重,浙江偏向于完善工程建设和管护机制,上海更偏向于完善改革保障措施,江苏采用的是折中方案,既强调了政治引领的保驾护航,又强调了改革任务的落实落地,因此其兼顾了完善改革保障措施和完善工程建设和管护机制;③对比国家改革要点,三地的验收指标体系完整,但是国家改革要点并无轻重之分,因此三地指标分值权重虽然存在较大差异,关键还是要看各自的验收指标体系是否能起到检验"促进农业节水"和"保障工程良性运行"改革目标的作用。

表 3.5-2　三地完善改革保障措施(A)对照

关键指标	江苏省		浙江省		上海市(市对区)	
	指标(分值)	总分	指标(分值)	总分	指标(分值)	总分
落实地方政府责任 A1	健全领导机制(4);制定实施方案(4);核定改革范围(4);建好改革台账(2);完成改革任务(4)	28	组织领导(2)方案计划(2)建立台账(2)	22	领导小组(3);实施方案(3);各年度改革工作计划(2018—2020 年)(3);对乡镇上报面积进行核定,区级正式行文上报(6);累计完成改革任务的有效灌溉面积(已完成验收)占完成面积的比例(4);区级工作推进(5)	50
加强改革督促检查 A2	强化考核督导(2)		评价考核(2)		区级完成对镇改革工作的验收(10);每年度对各镇的检查考核(5);每年度考核结果通报(5)	
建立资金分配挂钩激励机制 A3	落实水价改革资金(2.5)		制定年度奖补计划(1);资金使用合规合理(1)		奖励标准按照规定与年度农田灌溉设施养护管理及农业节水考核结果挂钩(5)	
营造良好改革氛围 A4	促进农业节水(2.5)农民负担合理(3)		宣传推广(2);群众满意度(5);综合效益(5)		区内各镇域范围内农业水价合理性(1)	

表 3.5-3　三地建立农业水价形成机制(B)对照

关键指标	江苏省		浙江省		上海市(市对区)	
	指标(分值)	总分	指标(分值)	总分	指标(分值)	总分
分级制定农业水价 B1	出台水价核定办法(1);科学核算农业水价(1);合理确定执行水价(1)		加强供水价格管理(2)		价格核定办法(2)	
探索实行分类水价 B2	出台水价核定办法(1);科学核算农业水价(1);合理确定执行水价(1)	15	明确分类分档水价(1.5)	7	区内各镇域范围内农业水价合理性(1);超定额累进加价制度(1);改革实施区域落实超定额累进加价制度执行情况(2)	13
逐步推行分档水价 B3	出台水价核定办法(1);科学核算农业水价(1);合理确定执行水价(1)		明确分类分档水价(1.5)		区内各镇域范围内农业水价合理性(1);超定额累进加价制度(1);改革实施区域落实超定额累进加价制度执行情况(2)	
达到运行维护成本 B4	科学核算农业水价(1);出台县级指导价格(4);合理确定执行水价(1)		农业水价总体到位(2)		区内各镇域范围内农业水价合理性(3)	

表 3.5-4　三地完善工程建设和管护机制(C)对照

关键指标	江苏省		浙江省		上海市(市对区)	
	指标(分值)	总分	指标(分值)	总分	指标(分值)	总分
完善供水计量设施 C1	完善供水计量措施(5)	29	基本落实计量措施(3);一种计量方法(3)	43	各镇汇总情况表(设施情况、运行管理、年度收费情况等)(2)(含计量)	14
提升工程运行效率 C2	落实管护资金(2);工程运行良好(5);强化考核监督(2)		一笔管护经费(2);管护成效(5)		各镇汇总情况表(设施情况、运行管理、年度收费情况等)(2);年度维修养护计划(2)	

续表

关键指标	江苏省		浙江省		上海市(市对区)	
	指标(分值)	总分	指标(分值)	总分	指标(分值)	总分
落实工程管护责任 C3	出台管护办法(3);明晰工程产权(4);明确管护责任(4);建好改革台账(2)	29	建立健全管护组织(4);明晰工程产权归属(3);落实管护主体责任(3);一个用水组织(6);一本产权证书(4);一套规章制度(4);一册管护台账(4)	43	区级农田灌溉设施长效管护工作意见(2);区级灌溉设施长效管护和农业节水考核办法(1);年度维修养护计划(2)	14
多元筹措建管资金 C4	落实管护资金(2)		一笔管护经费(2)		年度区级资金计划及区级管护资金落实凭证(2);年度镇级资金计划及镇级管护资金落实凭证(1)	

表 3.5-5　三地建立精准补贴和节水奖励机制(D)对照

关键指标	江苏省		浙江省		上海市(市对区)	
	指标(分值)	总分	指标(分值)	总分	指标(分值)	总分
建立精准补贴机制 D1	出台精准补贴办法(3)		建立奖补长效机制(1);制定年度奖补计划(1)		精准补贴和节水奖励办法(1.5)	
建立节水奖励机制 D2	出台节水奖励办法(3)		建立奖补长效机制(1);制定年度奖补计划(1)		精准补贴和节水奖励办法(1.5)	
落实奖补资金来源 D3	落实水价改革资金(2.5)	12.5	及时兑现奖补资金(3)	8	年度区级资金计划及区级管护资金落实凭证(3);年度镇级资金计划及镇级管护资金落实凭证(2)	10
加强资金绩效管理 D4	规范资金使用管理(4)		资金使用合规合理(1)		年度镇级资金计划及镇级管护资金落实凭证(2)(含镇级资金落实和放发与农业节水考核结果挂钩材料)	

表 3.5-6　三地强化用水管理机制(E)对照

关键指标	江苏省		浙江省		上海市(市对区)	
	指标(分值)	总分	指标(分值)	总分	指标(分值)	总分
建立农业水权制度 E1	健全农业水权制度(3);加强取水许可管理(3)		实行用水总量控制(1)		区到镇水权分配(4)	
加强用水需求管理 E2	明确灌溉用水定额(4)	15.5	基本落实计量措施(3);实行用水总量控制(1);加强用水定额管理(2);一条节水杠子(2);一把锄头放水(3)	20	各村、各镇、各年度用水(用电)情况,实行农业用水总量控制(6)	13
加强农业水费征收 E3	水费收取到位(3)		明确灌区农业水价(3)		各镇汇总情况表(设施情况、运行管理、年度收费情况等)(2)	
提升农业用水效率 E4	促进农业节水(2.5)		节水成效(5)		区级灌溉设施长效管护和农业节水考核办法(1)	

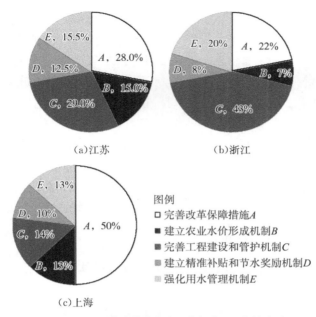

（a）江苏　　　　　　　　（b）浙江

（c）上海

图例
□ 完善改革保障措施A
■ 建立农业水价形成机制B
■ 完善工程建设和管护机制C
▨ 建立精准补贴和节水奖励机制D
▨ 强化用水管理机制E

图 3.5-5　三地验收指标（不含加分项）分值占比

3.5.4.3　加分项指标的差异

对比有加分项的江苏和浙江,江苏加分项有 3 项,分别为"典型经验"、"机制创新"和"水权交易",各 1 分,共 3 分,其考核标准分别是"省级以上转发、刊发或交流经验做法""改革机制创新""对农业节水已实施了水权交易"。浙江加分项只有 1 项,共 5 分,为"示范创新",其考核标准包括:①省级农业水价综合改革示范县,得 1 分;②改革经验在省级以上刊发或交流,省级得 0.5 分,省级以上得 1 分;③农民用水合作组织在工商、民政部门登记的,得 1 分;④已颁发农田水利工程所有证的,得 1 分;⑤县域计量设施全覆盖(含"以电折水"方式)、实现农业用水全面计量的,或建立"县级农业水价综合改革信息管理系统"的,得 1 分。

两地都注重试点先行、以点带面的做法,因此将典型经验、示范县等指标纳入加分项里。江苏政府偏重于改革机制的创新,改革初期即出现了南京江宁区的"水票"制度,方便了农业用水的管理。同时,积极探索水权交易,力求把节水效益转变为经济效益,例如,江苏常州溧阳市水利局编制了《溧阳市水权交易实施方案》,并于 2021 年,促成了常州市 1 500 万 m³ 灌区农业节约用水的水权交易,是常州市首例,也是省内迄今为止水量最大的一笔水权交易。此外,江苏将浙江的其他加分标准,例如农民用水合作组织的规范化、工程产权明晰、计量设施全覆盖等,纳入了非加分考核项里,合计 6 分,但其未对"县级农业水价综合改革信息管理系统"做具体考核要求。

3.5.4.4　典型地区验收得分情况分析

改革验收工作是改革工作中的重要环节,是改革成效的检验石。三地基本完成了改革任务和省级验收工作,以江苏为例,图 3.5-6 所示为江苏苏中、苏北、苏南三个片区省级验收得分情况,其分值范围分别为 93.7～97.0、92.9～97.8、92.8～97.2 分,平均分分

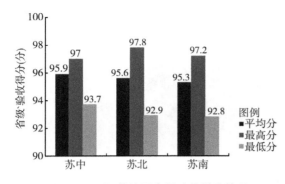

图 3.5-6 江苏地区省级验收得分情况

别为 95.9、95.6 和 95.3 分,虽然县区之间存在一定差异,但整体改革成效均衡。分析可知,常规扣分点主要是改革台账资料不齐全、部分计量设施未及时启用、部分地区水费收缴率未达 95% 等。赋分情况是江苏改革成效的总体反映,经过 5 年的改革,其农业用水价格管理趋于规范,工程管护能力有效提升,农业节水成效显著,全省农田灌溉水有效利用系数由 2016 年的 0.605 提升到 2020 年的 0.616。

3.5.5　国家改革验收的几点建议

通过对国家改革要点的剖析,以及对三地验收指标体系的对比分析,结合当前各省的改革难点和改革进展差距,对国家改革验收工作提出以下几点建议:

(1) 指标分值权重结构不同,必然会导致各省在接受国家级验收时,发生验收指标尺度差异性的问题,建议国家发展改革委、财政部、水利部、农业部四部委紧密协助,紧扣国家改革要点,尽快制定出台一个以"促进农业节水"和"保障工程良性运行"为目标的、较为统一的、简单且便于操作的国家级验收评价标准;

(2) 各地经济社会发展水平不一,具体量化考核指标必然有所差异,例如江苏在一些指标上制定严格,其中"明晰工程产权"指标要求工程产权明晰比低于 90% 不得分,"水费收取到位"指标要求改革实施区域水费实收率低于 85% 不得分,这是和地区当前的经济社会和农田水利发展水平相匹配的,而这些量化考核指标是否能被其他水利发展相对落后的地区借鉴,依然存在疑问。另外,丰水地区是否可侧重工程管护的改革目标,枯水地区是否可侧重农业节水的改革目标,建议出台的国家级验收评价标准在一些量化指标上根据地区差异化对待;

(3) 农业水价综合改革是一项长期、系统、复杂的工作,体制机制是基石,国家在改革验收过程中,应首先重点考察各改革省份"农业水价形成机制、精准补贴和节水奖励机制、工程建设和管护机制以及用水管理机制"等四项机制的建立健全情况,其发挥的作用和成效可作为重点赋分项。同时,在推进大中型灌区续建配套节水改造、高标准农田建设、重点中型灌区节水改造项目、新增千亿斤粮食产能规划田间工程、农业综合开发、高效节水灌溉等政府涉农项目时,可将农业水价综合改革机制建设实施方案作为项目的重要立项依据;

(4) 资金是保障改革成效的基础。以江苏为例,开展改革的 5 年间,除了国家下达的改革资金,省、市、县各级共配套落实改革资金 9.2 亿元,在 2020 年省级财政资金普遍压减的情况下,省级补助资金不减反增,这是江苏顺利推进农业水价改革工作、走在全国改革前列的关键和保障。但是对于经济基础较为落后的地区,支撑改革的财政负担巨大,如何在不增加农民负担的前提下提升农业水价,如何协调中央资金和地方资金配套,如何持续有效落实落后地区改革资金，依然是改革的巨大难题。因此，在涉及资金的国家验收考核项目中，需要根据地区差异化分析和对待；

（5）通过上位改革政策符合性分析，三地验收办法契合国家改革要点，但因为各地验收侧重点有一定的不同，导致验收指标分值权重存在差异，另外，即便是同样的验收内容，各地的赋分尺度也难以统一，因此验收得分情况各省必然不一样，仅靠分值大小不能直接说明各省的改革差距，重点还是要看其出台的验收办法是否覆盖国家改革要点；同时，国家四部委开展省级改革验收时，可遵循国家改革要点对应的改革任务完成情况即合格的基本条件，区别对待改革区域验收办法和验收考评情况，才能更有效地推动国家整体改革工作按既定的时间和路线有序推进；

（6）此外，改革完成的省份，后续如何巩固改革成果，依然面临巨大的挑战，这也是国家在后续考核验收中需要注意的。坚持全国改革一盘棋，落后地区农业水价综合改革，一方面要加大培训学习的力度，另一方面，应加强灌区配套升级改造、"千亿斤粮食"产能建设工程、农业节水技术改造等国家农业项目的支撑力度，以促进其改革的有效推进，并建议对其验收标准，特别是在一些量化考核上，应与经济发达地区区别对待。农业水价综合改革绩效评价结果纳入粮食安全省长责任制和最严格水资源管理制度考核时，建议国家相关部委出台明确的考核标准。

3.5.6 结论

本章节得到主要的结论包括：对比分析 6 个一级、24 个二级国家改革要点，三地验收指标均覆盖了全部的改革要求，体系完整；三地改革验收组织，包括验收办法行文结构、工作组织原则、验收工作组架构、验收重点内容、验收流程等，总体相似；三地验收指标分值权重结构大不同，浙江偏向完善工程建设和管护机制，上海偏向完善改革保障措施，江苏同时兼顾上述两项机制；江浙两地均将典型经验、示范县等指标纳入了加分项里，但其他加分项存在明显的差异。

考虑到上述省级验收办法的差异性可能会影响到后续的国家改革验收，为此，本章在三地验收指标异同分析成果的基础上，进一步建议国家相关部委尽快构建一套简单易行的国家级验收评价标准，同时，应根据改革区域经济社会发展的水平，分区域制定验收指标的量化考核要求，特别是在部分改革资金落实困难、人员机制不足的经济不发达、欠发达区域。改革有快有慢，改革先行省份在完成国家级验收之后，如何巩固后续改革成果，也是国家在改革过程中需要持续研究的问题，可分改革的不同发展阶段，制定不同的量化考核要求。在将改革成效纳入粮食安全省长责任制和最严格水资源管理制度考核时，也建议国家有明确的标准。

4

农田灌溉水有效利用系数测算方法

4.1 概述

农田灌溉水有效利用系数是《中华人民共和国国民经济和社会发展第十三个五年规划纲要》和水资源管理"三条红线"控制目标相关的一项主要指标，是推进水资源消耗总量和强度双控行动、全面建设节水型社会的重要内容。切实做好农田灌溉水有效利用系数测算分析工作，是贯彻新时期治水思路和落实水利改革发展总基调的重要内容，对于客观反映农田水利工程状况、用水管理能力、灌溉技术水平，有效指导农田水利工程规划设计，合理评估农业节水，促进区域水资源优化配置等具有重要意义。灌溉水有效利用系数是在某次或某一时间内被农作物利用的净灌溉水量与水源渠首处总灌溉引水量的比值，它与灌区自然条件、工程状况、用水管理水平、灌水技术等因素有关。其测算分析采用点与面相结合、实地观测与调查研究分析相结合、微观研究与宏观分析评价相结合的方法进行。

我国灌溉水有效利用系数测算分析工作主要流程包括以下五个步骤。第一，分析评价全省样点灌区的代表性，确定各规模与类型样点灌区；第二，测算分析样点灌区灌溉水有效利用系数，进而分析推算省级区域不同规模与类型灌区的灌溉水有效利用系数；第三，各省根据不同规模与类型灌区灌溉水有效利用系数，计算本省级区域灌溉水有效利用系数；第四，由各省水行政主管部门组织专家对测算分析成果进行评审后，上报水利部农村水利水电司；第五，水利部农村水利水电司委托测算分析专题组组织专家对各省上报成果进行分析复核，各省根据复核意见进行修改完善。测算分析专题组根据各省最终上报测算分析成果，计算全国灌溉水有效利用系数；之后，测算分析专题组组织专家对全国测算分析成果进行咨询，经进一步完善后形成年度全国灌溉水有效利用系数测算分析评价报告。

4.2 样点灌区的选择方法

4.2.1 样点灌区的选择原则与依据

样点灌区的选择主要依据水利部《全国农田灌溉水有效利用系数测算分析技术指导

细则》(下称《指导细则》)相关要求,满足代表性、可行性和稳定性等原则。在选择过程中,要考虑区域内灌溉面积的分布、灌区节水改造等情况,尽量使所选的样点灌区能基本反映测算地区灌区整体特点。

(1) 代表性

综合考虑灌区的地形地貌、土壤类型、工程设施、管理水平、水源条件(提水、自流引水)、作物种植结构等因素,所选样点灌区应能代表区域内同规模、同类型灌区。根据灌溉水有效利用系数的影响因素分析,样点灌区的选择主要考虑以下因素:

① 空间代表性。区域的差异性主要体现在灌区降雨量、土壤类型、地形地貌等自然因素上,进而影响作物的种植比例、灌水习惯。样点灌区选择时,根据灌区主要分布特点,结合水利普查的调查统计,注意样点在各区域中分布的均匀性及代表性。

② 灌区面积的代表性。灌溉水有效利用系数具有明显的尺度效应,灌区面积影响分析尺度,而且从实际管理来看,灌区面积影响灌区管理组织的完善程度,在一定程度上反映了管理水平的高低。

③ 灌溉水源的代表性。灌溉水源的差异性,主要影响取水的难易程度和农民灌水习惯,这在某种程度上也影响了灌溉水有效利用系数的高低。对于自流取水灌区,由于目前尚未实施按量计费,灌水定额和灌溉定额普遍偏高,对节水灌溉的投入相对较少,灌溉水有效利用系数一般偏低。相反,对于提水灌区,由于成本较高,衬砌和其他节水灌溉的投入较大,使得灌溉水有效利用系数较高。因此,在按照面积分类的基础上,实际测算还按照自流灌区、提水灌区进行了分类。

④ 灌区软硬件水平的代表性。本章研究主要考虑了以下因素:硬件的建设水平,包括输水形式、渠系建筑物配套率、节水灌溉工程覆盖率;组织管理机构,包括灌区管理人员的配备、技术人员数量、规章制度、基层用水协会组织数量等;节水灌溉技术推广状况。

(2) 可行性

样点灌区应配备量水设施,具有能开展测算分析工作的技术力量及必要经费支持,保证及时方便、可靠地获取测算分析基本数据。

灌区必须具备良好的量测条件,以保证较高的量测精度。灌溉水有效利用系数测算需要消耗大量人力,而且组织协调任务繁重,单独依靠科研院所力量难以完成,必须利用灌区管理单位、地方水利科研站所和水利站的技术力量。灌溉水有效利用系数测算具有较强的技术性,对人员素质要求较高,所选择的灌区、试验站(所)必须有较高技术水平的专业人员,才能完成相关指标和参数的测算。同时,参研站(所)需具备一定的试验场地和试验设施。流速和流量的准确测定,需要封闭的沟渠、一定数量的控制建筑物或具备适合安装量水设施的条件保证量水过程的准确。因此,对灌区的硬件条件也有一定要求。

对于灌溉水有效利用系数量测的组织管理,主要是按照区域,在考虑代表性的前提下,选择具备一定技术力量和量测条件的灌区实施。

(3) 稳定性

样点灌区要保持相对稳定,使测算分析工作连续进行,获取的数据具有年际可比性。所有大型灌区均作为样点灌区纳入测算分析范围,中型灌区样点灌区应基本保持稳定,小型和纯井灌区样点灌区可根据测算条件变化做必要调整,但调整数量不能大于其样点灌区总数的 5%。

4.2.2　主要影响因素

灌溉水有效利用系数是指某一时期灌入田间可被作物利用的水量与水源地灌溉取水总量的比值。二者之间的差值,包括输水损失和田间灌水损失(主要是灌溉技术不佳造成的田间深层渗漏和超量灌溉导致的无效腾发等)。影响水量损失的因素,在自然条件方面,主要受土壤类型、地下水埋深、作物类型等因素影响;在技术和管理层面上,主要与渠道衬砌状况、建筑物配套、灌区运行管理水平和灌溉实施者的灌水习惯有关,而管理水平的高低,往往与经济发展水平和水价的高低有关。因此,灌溉水有效利用系数受到不同地区自然条件、经济水平和管理因素的多重影响。在选择样点灌区时,应考虑上述因素。选取的样点,应能够代表不同条件的灌区。

4.2.3　数量要求

(1)样点灌区的选择应符合以下基本要求:样点灌区应按照大型(≥30 万亩)、中型(1～30 万亩)、小型(<1 万亩)灌区和纯井灌区四种不同规模与类型进行分类选取。在选择样点灌区时,应综合考虑工程设施状况、管理水平、灌溉水源条件(提水、自流引水)、作物种类和种植结构、地形地貌等因素。同类型样点灌区重点兼顾不同工程设施状况和管理水平等,使选择的样点灌区综合后能代表该类型灌区的平均情况。

(2)样点灌区个数具体要求如下:

①大型灌区:根据水利部的工作要求,所有大型灌区均纳入样点灌区测算分析范围,即大型灌区的总个数即为样点灌区个数。

②中型灌区:按有效灌溉面积(A中型)大小分为 3 个档次,即 1 万亩 ≤ A中型 < 5 万亩、5 万亩≤ A中型 <15 万亩、15 万亩 ≤ A中型 <30 万亩,每个档次的样点灌区个数不应少于全区相应档次灌区总数的 5%。同时,样点灌区中应包括提水和自流引水两种水源类型,样点灌区有效灌溉面积总和应不少于中型灌区总有效灌溉面积的 10%。

③小型灌区:样点灌区个数控制在小型灌区总数的 0.5%左右,并分区选择,同时,样点灌区应包括提水和自流引水两种水源类型。

(3)样点灌区一般应具有一定的观测条件和灌溉用水管理资料等,并具备相应的技术力量。

4.3　样点灌区农田灌溉水有效利用系数测算方法

按照《指导细则》和《灌溉水系数应用技术规范》(DB32/T 3392—2018)等文件的测算要求,农田灌溉水有效利用系数测算一般采用首尾测算分析法进行测算。

首尾测算法是从定义出发,抓住"首""尾"两个关键点。"首"即渠首的引水总量,亦称毛灌溉用水量;"尾"即流入农田内被作物吸收利用的水量,亦称净灌溉用水量。通过

计算净灌溉用水总量占毛灌溉用水总量的比值,得出农田灌溉水有效利用系数。计算公式如下:

$$\eta_{样} = \frac{W_{样净}}{W_{样毛}}$$

式中:$\eta_{样}$——样点灌区灌溉水有效利用系数;

$W_{样净}$——样点灌区净灌溉用水量,m^3;

$W_{样毛}$——样点灌区毛灌溉用水量,m^3。

4.3.1 样点灌区典型田块的选择

(1)田块要求

典型田块应面积适中、边界清楚、形状规则,同时综合考虑田间平整度、土质类型、地下水埋深、降雨气候条件、灌溉习惯和灌溉方式等方面的代表性。对于播种面积超过灌区总播种面积10%以上的作物种类,须分别选择典型田块。

(2)数量要求

大型灌区应至少在上、中、下游有代表性的斗渠控制范围内分别选取,每种需观测的作物至少选取3个典型田块。

中型灌区样点灌区应至少在上、下游有代表性的农渠控制范围内分别选取,每种需观测的作物至少选取3个典型田块。

小型灌区样点灌区应按照作物种类、耕作和灌溉制度与方法、田面平整程度等因素选取典型田块,每种需观测的作物至少选取2个典型田块。

纯井样点灌区应按照土质渠道地面灌、防渗渠道地面灌、管道输水地面灌、喷灌、微灌等5种类型进行选取,在同种灌溉类型下每种需观测的作物至少选择2个典型田块。

4.3.2 样点灌区毛灌溉用水量的测算

灌区毛灌溉用水总量$W_{毛}$是指灌区全年从水源(一个或多个)取用的用于农田灌溉的总水量,该水量应通过实测确定。样点灌区年毛灌溉用水总量的计算公式如下:

$$W_{样毛} = \sum_{i=1}^{n} W_{样毛i}$$

式中:$W_{样毛}$——样点灌区毛灌溉用水总量,m^3;

$W_{样毛i}$——样点灌区第i次毛灌溉用水量,m^3;

n——年内灌水次数,次。

根据各个样点灌区的特点,灌区毛灌溉用水量测算主要采用利用仪器量水、利用涵闸量水、利用水泵用电量估算等方法。

4.3.2.1 利用仪器量水

灌区水源均为泵站提水或涵闸引水,不存在其他灌溉水源,故单个泵站的单次提水量或涵闸的单次引水量即为样点灌区第i个水源取水量。一个泵站/涵闸一次灌水的取

水量 $W_{样毛i}$ 可通过计算求得：

$$W_{样毛i} = q \cdot t$$

式中：q——单位时间过水断面平均流量，m^3/s；

　　　t——单个泵站/涵闸一次灌溉的抽水/引水时间，s。

根据上述公式，测算出单位时间过水断面平均流量 q，并记录每次灌水时水泵运行时间或涵闸放水时间，即可得出样点灌区单个水源的单次取水量 $W_{样毛i}$。将 $W_{样毛i}$ 进行累加即可得出灌区的毛灌溉用水总量 $W_{样毛}$。

过水断面平均流量通过便携式旋桨流速仪测算，测算过程严格按照《灌溉渠道系统量水规范》（GB/T 21303—2017）实施。

（1）测算规定

①垂线分布

在布设测线时，测流断面上测深、测速垂线的数目和位置，应满足过水断面和平均流速测量精度的要求。垂线可按等距离或不等距离布设。若过水断面和水流对称，则垂线应对称布设。平整断面上测速垂线布设间距应符合表 4.3-1 的规定。

表 4.3-1　平整断面上不同水面宽的测速垂线布设间距

水面宽/m	测线间距/m	测线数目
20～50	2.0～5.0	10～20
5～20	1.0～2.5	5～8
1.5～5	0.25～0.6	3～7

②流速测点的分布

流速测点的分布应符合下列规定：

测量水面流速时，流速仪转子应置于水面以下 5 cm 左右，以仪器的旋转部件不露出水面为准；

测量渠底流速时，流速仪旋转部件边缘应离渠底 2～5 cm，以不发生剐蹭为准；

垂线上相邻两测点的间距，不宜小于流速仪旋桨或旋杯的直径。

③垂线测点布置方法

流速测量方法有一点法、二点法、三点法和五点法。测点位置应符合表 4.3-2 的规定。

表 4.3-2　垂线流速测点的分布位置

测点数	相对水深（m）
一点法	0.6
二点法	0.2、0.8
三点法	0.2、0.6、0.8
五点法	0.0、0.2、0.6、0.8、1.0

测速方法应根据垂线水深来确定，不同垂线水深的测速方法应符合表 4.3-3 的规定。

表 4.3-3　不同水深的测速方法

总干、干、分干渠	垂线水深/m	>3.0	1.0~3.0	0.8~1.0	<0.8
	测速方法	五点法	三点法	二点法	一点法
支、斗、农渠	垂线水深/m	>1.5	0.5~1.5	0.3~0.5	<0.3
	测速方法	五点法	三点法	二点法	一点法

（2）测算方法

①测时水位。假定测流渠台高程后,测时水位为假定渠台高程至水面距离差值。

②计算垂线平均流速。垂线平均流速采用上述方法测算。

③岸边流速系数(a)确定。根据渠道岸边情况选用参考值:梯形断面混凝土衬砌渠段,$a=0.8\sim0.85$,在计算时采用 0.85;光滑的陡岸边,$a=0.9$。

④断面面积计算。根据测速垂线及岸边高程、测时水位,计算面积。

⑤断面流量。断面部分流量汇总后得到。

4.3.2.2　利用涵闸量水

首先要保证涵闸系统本身具备以下条件:

（1）建筑物本身完整无损,无变形、剥蚀或渗水;

（2）调节设备良好,启闭设备完整、灵活,闸门无歪斜、不漏水,无扭曲变形,无损坏现象;

（3）建筑物前、后,闸孔或闸槽中无泥沙淤积及杂物阻水。

涵闸量水主要用于自流灌区,通过测定引水闸（涵）的进、出口水位,根据建筑物尺寸和形式,选择适当的参数测定流量,然后定时测定水位变化,最后确定引水量。

计算公式如表 4.3-4 所示,如有其他涵闸类型,参照《灌溉渠道系统量水规范》（GB/T 21303—2017）。

表 4.3-4　涵闸量水计算方法

涵闸类型		水流形态	
		闸门全开自由流	闸门全开淹没流
第一类 明渠矩形直立式单孔平板闸	第一组	$Q=mbh\sqrt{2gH}$	$Q=\varphi bh_H\sqrt{2g(H-h_H)}$
	第二组	$Q=mbh\sqrt{2gH}$	$Q=\varphi b\sigma_H\sqrt{2gH}$

4.3.2.3　利用水泵用电量估算

该方法主要用于提水灌区。其基本原理是,在外河或井动水位不变的情况下,短历时内水泵的机械效率近似不变。若能测定单位时间内的用电量、出水量之间的关系,则可利用耗电量推算出水量。

测试过程中,根据实际运行情况,选择不同进水位进行测定,绘制不同进水池水位下单位用电量的出水量。使用时,根据测试时段前后的电表度数、进水池水位,即可测定各时段的提水量和累计提水量。考虑泵站效率的老化,每年均对泵站的上述曲线进行一次率定。

4.3.3　样点灌区净灌溉用水量的测算

4.3.3.1　典型田块净灌溉用水量的测定方法

（1）灌溉前有水田块的测定方法

采用水位变化法（简易水位观测井法）测定，在选定的样点田块的适当的测量位置，制作水位观测井如图 4.3-1，具体做法为：灌水前记录观测井水位，灌水结束 20 分钟后观测观测井的水位，两次水位差便是该次灌水深度。如果进入田间的水量有农门控制，也可在农门处用流量计和流速仪进行准确性校核。

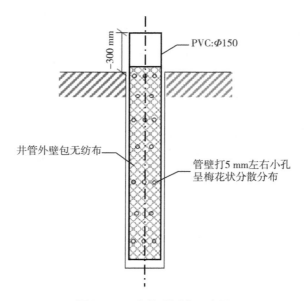

图 4.3-1　水位观测井示意图

计算公式如下：

$$w_{田净i} = 0.667(h_e - h_s)$$

式中：$w_{田净i}$——典型田块某次亩均净灌溉用水量，m^3/亩；

　　　h_e——灌水前观测井内水面至观测井口的距离，mm；

　　　h_s——灌水后观测井内水面至观测井口的距离，mm。

（2）灌溉前无水田块的测定方法

灌水前无水层田块，净灌溉水量 $w_{田净}$ 分两部分进行测算，一部分是在土壤达到饱和之前的灌溉水量 $w_{田净1}$，另一部分是土壤达到饱和之后的灌溉水量 $w_{田净2}$。$w_{田净2}$ 的测算方法同有水层田块的测算方法。$w_{田净1}$ 的测算方法为：首先测定灌溉前土壤的体积含水率 θ_{v1}，灌水至土壤达到饱和时再测算土壤的体积含水率 θ_{v2}，通过体积法计算得到 $w_{田净1}$。计算公式如下：

$$w_{田净1} = 0.667 \times H(\theta_{v2} - \theta_{v1})$$

式中：$w_{田净1}$——灌水前田面无水层田块灌溉至土壤达到饱和时的净灌溉水量，m^3；

H——计划湿润层，mm；

θ_{v2}——土壤饱和时的体积含水率，%；

θ_{v1}——灌水开始时土壤体积含水率，%。

在各次亩均净灌溉用水量 $w_{田净i}$ 的基础上，推算该作物年亩均净灌溉用水量 $w_{田净}$，即：

$$w_{田净} = \sum_{i=1}^{n} w_{田净i}$$

式中：$w_{田净}$——某典型田块某作物年亩均净灌溉用水量，$m^3/$亩；

n——典型田块年内灌水次数，次。

4.3.3.2 样点灌区净灌溉用水量的推求方法

根据观测与分析得出的典型田块的年亩均净灌溉用水量 $w_{田净}$，计算某灌区同区域或同种灌溉类型的年净灌溉用水量，计算公式如下：

$$W_{样净} = \frac{\sum_{i=1}^{n} w_{田净i} \times A_{田i}}{\sum_{i=1}^{n} A_{田i}} \times A_{样}$$

式中：$W_{样净}$——样点灌区年净灌溉用水总量，m^3；

$w_{田净i}$——样点灌区第 i 个典型田块年亩均净灌溉用水量，$m^3/$亩；

$A_{田i}$——同片区或同灌溉类型第 i 个典型田块灌溉面积，亩；

$A_{样}$——样点灌区总灌溉面积，亩。

4.4 区域农田灌溉水有效利用系数计算方法

4.4.1 区域大型灌区平均灌溉水有效利用系数

区域大型灌区平均灌溉水有效利用系数计算公式：

$$\eta_{大} = \frac{\sum_{i=1}^{N_{大}} \eta_{大i} W_{大i}}{\sum_{i=1}^{N_{大}} W_{大i}}$$

式中：$\eta_{大}$——区域大型灌区平均灌溉水有效利用系数；

$\eta_{大i}$——第 i 个大型灌区灌溉水有效利用系数；

$W_{大i}$——第 i 个大型灌区毛灌溉水量，万 m^3；

$N_{大}$——区域大型灌区数量。

4.4.2 区域中型灌区平均灌溉水有效利用系数

应以样点灌区测算值为基础,采用算术平均法分别计算不同面积规模下灌区灌溉水有效利用系数,计算公式如下:

$$\eta_{中} = \frac{\sum\limits_{i=1}^{n} \eta_{中i} W_{中i}}{\sum\limits_{i=1}^{n} W_{中i}}$$

式中:$\eta_{中}$——区域中型灌区平均灌溉水有效利用系数;

$\eta_{中i}$——区域第 i 个中型灌区灌溉面积规模的灌溉水有效利用系数(i 为 1、2、3,分别表示有效灌溉面积为 $A_{中型} < 3\ 333\ hm^2$、$3\ 333\ hm^2 \leqslant A_{中型} < 1 \times 10^4\ hm^2$、$1 \times 10^4\ hm^2 \leqslant A_{中型} < 2 \times 10^4\ hm^2$);

$W_{中i}$——区域第 i 个中型灌区灌溉面积规模的毛灌溉水量,万 m^3。

4.4.3 区域小型灌区平均灌溉水有效利用系数

应以小型灌区中的样点灌区的灌溉水有效利用系数为基础,采用算术平均法计算,计算公式如下:

$$\eta_{小} = \frac{\sum\limits_{i=1}^{N_{小}} \eta_{小i}}{N_{小}}$$

式中:$\eta_{小}$——区域小型灌区平均灌溉水有效利用系数;

$\eta_{小i}$——区域小型第 i 个样点灌区灌溉水有效利用系数;

$N_{小}$——区域小型灌区数量。

4.4.4 区域纯井灌区平均灌溉水有效利用系数

以观测分析得出的各纯井灌区样点灌区灌溉水有效利用系数为基础,采用算术平均法分别计算土质渠道输水地面灌、防渗渠道输水地面灌、管道输水地面灌、喷灌、微灌等5 种类型灌区的灌溉水有效利用系数,计算公式如下:

$$\eta_{井} = \frac{\eta_{土} W_{土} + \eta_{防} W_{防} + \eta_{管} W_{管} + \eta_{喷} W_{喷} + \eta_{微} W_{微}}{W_{土} + W_{防} + W_{管} + W_{喷} + W_{微}}$$

式中:$\eta_{井}$——区域纯井灌区平均灌溉水有效利用系数;

$\eta_{土}$、$\eta_{防}$、$\eta_{管}$、$\eta_{喷}$、$\eta_{微}$——区域土质渠道输水地面灌、防渗渠道输水地面灌、管道输水地面灌、喷灌、微灌等5 种类型灌区的灌溉水有效利用系数;

$W_{土}$、$W_{防}$、$W_{管}$、$W_{喷}$、$W_{微}$——区域土质渠道输水地面灌、防渗渠道输水地面灌、管道输水地面灌、喷灌、微灌等5 种类型纯井灌区的毛灌溉水量,万 m^3;

4.4.5 区域平均灌溉水有效利用系数

区级灌溉水有效利用系数 $\eta_区$ 是区域年净灌溉用水量 $W_{区净}$ 与年毛灌溉用水量 $W_{区毛}$ 的比值。在已知各规模与类型灌区灌溉水有效利用系数和年毛灌溉用水量的情况下，区级灌溉水有效利用系数按下式计算：

$$\eta_区 = \frac{\eta_大 W_大 + \eta_中 W_中 + \eta_小 W_小 + \eta_井 W_井}{W_大 + W_中 + W_小 + W_井}$$

式中：$\eta_区$——区域平均灌溉水有效利用系数；

$W_大$、$W_中$、$W_小$、$W_井$——区域大、中、小型样点灌区和纯井样点灌区的年毛灌溉用水量，万 m^3；

$\eta_大$、$\eta_中$、$\eta_小$、$\eta_井$——区域大、中、小型样点灌区和纯井样点灌区的灌溉用水有效利用系数。

5

县区农田灌溉水有效利用系数案例

5.1 江宁区

5.1.1 农田灌溉及用水情况

5.1.1.1 农田灌溉总体情况

1) 自然环境

(1) 地理位置与地形地貌

南京市江宁区地处长江下游南岸、江苏省西南部苏皖交界地带。区域总面积为 1 561 km²,其中水域面积为 186 km²。到 2021 年底,全区共有 10 个街道,128 个社区,73 个村;全区常住人口为 195.43 万人,占全市比重为 20.74%。

江宁区地貌区域为宁镇扬丘陵山地的一部分,结构复杂(图 5.1-1)。东北部是宁镇山脉西段,西南部为宁芜断陷盆地的北缘,中部为对东北和西南低山丘陵有明显倾斜的黄土岗地及一个由秦淮河冲积而成的秦淮河平原,西部为滨江平原。地势南北高、中间低,形同"马鞍"。按地貌形态分类,大体可分为低山、丘陵、岗地和平原,其中丘陵岗地面积最大,素有"六山一水三平原"之称。低山丘陵和黄土岗地约占总面积的 2/3,沿河沿江平原约占 1/3。境内有大小山丘 400 个,主要山峰有东北部的青龙山、黄龙山、汤山、孔山等,海拔约 300 米,是宁镇山脉主体;西南部的横山、云台山、天马山、莺子山等,海拔多在 250 米~350 米,多系茅山余脉;中部的牛首山、方山等,海拔为 200 米~243 米。

(2) 水文气象

江宁区属亚热带季风气候区,气候温和,雨热同期,降雨量季节之间差异较大。2021 年年平均气温为 17.6℃,较常年同期(15.9℃)偏高 1.7℃;年总降水量为 1 267.1 mm,比常年同期(1 090.6 mm)偏多 16%;年总日照时数为 1 955.5 h,比常年同期(1 927.7 h)偏多 27.8 h,全年日照条件总体较好。

江宁区境内河道主要有秦淮河和长江两大水系。秦淮河为区境最长的河流,位于境内中部,纵贯南北,经南京市雨花台区入江,支流密布,灌溉江宁区一半以上的农田。境

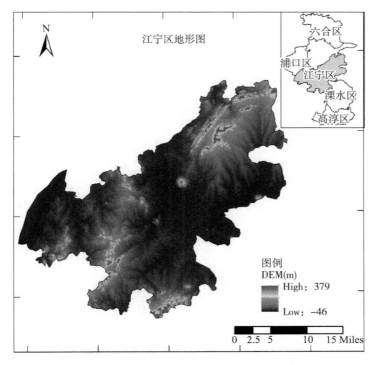

图 5.1-1　江宁区地理位置与地形地貌示意图

内西部濒临长江,江岸线长 22.5 公里,水面面积为 3 667 公顷。流入长江的主要干流有便民河、九乡河、七乡河、江宁河、牧龙河、铜井河等。境内主要湖泊有百家湖、杨柳湖、西湖、白鹭湖、南山湖、甘泉湖等。

　　2) 社会经济

　　2021 年,江宁区上下坚决贯彻落实国家省市决策部署,坚持稳中求进工作总基调,科学统筹经济社会发展,经济运行总体稳定,经济增长的结构性潜力和新动能优势不断释放,恢复加快、韧性增强,实现"十四五"高质量发展良好开局。2021 年全区地区生产总值为 2 810.47 亿元,同比增长 7.5%。第一产业增加值为 71.69 亿元,同比下降 0.3%;第二产业增加值为 1 519 亿元,同比增长 7.8%;第三产业增加值为 1 219.78 亿元,同比增长 7.6%。综合竞争力位列"全国百强新城区"榜单第三,完成全省社会主义现代化建设试点各项任务,营商环境位居江苏第一。位居全国工业百强区第 10 位。智能电网、高端智能装备、新一代信息技术等主导产业呈两位数增长,新产业发展壮大。服务业增加值保持正增长,南瑞集团、国电南自、金智集团入选中国软件业务收入百强。汤山旅游休闲集聚区、农副产品物流中心等 4 家单位被评为全市现代服务业集聚区先进单位。农业实力显著增强,获评全国县域数字农业农村发展先进县、国家现代农业科技示范展示基地。

3）农田灌溉

（1）种植结构

《江宁区 2021 年统计年鉴》显示，2021 年江宁区农作物总耕地面积为 99.39 万亩，其中粮食作物面积为 42.08 万亩，经济作物面积为 54.25 万亩，其他作物面积为 3.06 万亩。

①粮食作物

粮食作物分夏收作物和秋收作物，耕地面积为 42.08 万亩，占总耕地面积的 42.33%。夏收作物以小麦为主，种植面积为 10.50 万亩，产量为 3.42 万吨，占总耕地面积的 10.56%。秋收作物以水稻为主，兼有玉米、大豆、薯类。秋收作物种植面积为 31.58 万亩，产量为 18.51 万吨，其中，水稻种植面积为 28.86 万亩，占秋收作物面积的 91.39%，占总耕地面积的 29.04%，产量为 17.50 万吨。

②经济作物

经济作物包括油料、蔬菜、棉花、糖料、瓜果等，耕地面积为 54.25 万亩，占总耕地面积的 54.58%。其中，蔬菜以番茄、小白菜为主，种植面积为 41.89 万亩，占总耕地面积的 42.15%；油料以油菜为主，种植面积为 6.21 万亩，占总耕地面积的 6.25%；瓜果种植面积为 5.87 万亩，占总耕地面积的 5.91%；棉花和糖料种植面积共 2 861 亩，占总耕地面积的 0.29%。

③其他作物

其他农作物种植面积为 3.06 万亩，占总耕地面积的 3.08%。

（2）灌水定额

从种植结构看，江宁区以稻麦轮作为主，主要种植作物为水稻、小麦、蔬菜、油料等。水稻为夏季作物，需水量大，灌溉定额为 640 m³/亩。小麦和油料为冬季作物，需水量较小，灌溉定额分别为 65 m³/亩和 75 m³/亩。蔬菜按生长习性分季节播种，小白菜生长周期较短，通常在 8 月上旬至 10 月上旬陆续播种，1 月左右收获，灌溉定额为 40 m³/亩；番茄以秋栽为主，8 月下旬—9 月初播种，于 11 月至翌年 3 月采收，灌溉定额为 145 m³/亩；其他叶菜灌溉定额为 70 m³/亩。江宁区主要农作物灌溉定额（灌溉设计保证率为 90%）见图 5.1-2。

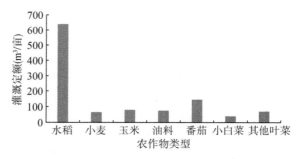

图 5.1-2　江宁区主要农作物灌溉定额

南京降水较丰富、地下水位高，可以满足小麦、油料、蔬菜等作物需水量，在小麦、油料、蔬菜生长期间灌溉较少，一般平水年不需要灌溉，因此南京市的灌溉水有效利用系数分析测算工作以水稻为主。江宁区水稻通常从 5 月开始泡田，生育期从 6 月开始一直持续到 10 月中旬，因此灌溉水有效利用系数测算分析主要集中在 5—10 月。南京市江宁区水稻灌溉模式多以浅湿节水灌溉为主，浅湿灌溉模式下水稻各生育期田间水分控制指标见表5.1-1。

表5.1-1　江宁区浅湿灌溉模式下水稻各生育期田间水分控制指标

项目＼生育	返青	分蘖		拔节	孕穗	抽穗	乳熟	黄熟
		前中期	末期					
灌水上限(mm)	30～40	20～30	烤田	30～30	30～40	20～30	20～30	干湿
土壤水分下限(%)	100	80～90	70	70～90	100	90～100	80	75
蓄水深度(mm)	80	100	—	140	140	140	80	0
灌溉周期(天)	4～5	4～5	6～8	4～6	3～4	4～6	4～6	—

5.1.1.2　不同规模与水源类型灌区情况

南京市江宁区共有灌区24个(表5.1-2),设计灌溉面积为48.09万亩,有效灌溉面积为44.98万亩,耕地灌溉面积为30.11万亩。其中,无大型灌区;中型灌区共8个,耕地灌溉面积为29.11万亩;小型灌区共16个,耕地灌溉面积为1.00万亩。中型灌区和小型灌区灌溉水有效利用系数的高低,基本代表了南京市江宁区灌溉用水技术与管理的总体水平。因此测算南京市江宁区灌溉水有效利用系数的重点也就是测算中型灌区和小型灌区的灌溉水有效利用系数。

表5.1-2　南京市江宁区不同规模与水源类型灌区情况表

灌区规模与类型			个数	设计灌溉面积(万亩)	有效灌溉面积(万亩)	耕地灌溉面积(万亩)
全区总计			24	48.09	44.98	30.11
大型	合计		—	—	—	—
	提水		—	—	—	—
	自流引水		—	—	—	—
中型	合计	小计	8	47.09	43.98	29.11
		提水	5	33.51	30.67	18.43
		自流引水	3	13.58	13.31	10.68
	1～5万亩	小计	4	14.35	12.44	9.53
		提水	2	6.11	4.44	3.36
		自流引水	2	8.24	8	6.17
	5～15万亩	小计	4	32.74	31.54	19.58
		提水	3	27.4	26.23	15.07
		自流引水	1	5.34	5.31	4.51
	15～30万亩	小计	—	—	—	—
		提水	—	—	—	—
		自流引水	—	—	—	—
小型	合计		16	1.00	1.00	1.00
	提水		1	0.05	0.05	0.05
	自流引水		15	0.95	0.95	0.95

5.1.1.3　农田水利工程建设情况

近年来,江宁区在节水灌溉和灌溉改造上投入了大量的资金和技术力量,开展了多项农田水利工程建设。

（1）高标准农田建设项目

项目涉及江宁街道1个和淳化街道1个，共2个高标准农田建设项目，计划建设面积为0.26万亩。

（2）重点泵站更新改造工程

①西湖泵站更新改造工程：该泵站位于淳化街道，管头水库溢洪河下游约2千米处，拆除原病险泵站，原址新建灌溉泵站。泵站设计流量为3.0 m³/s，选用600ZQ-85型潜水轴流泵配用75千瓦电机3台套；进水侧溢洪河底板拆除重建，斜坡段左侧浆砌石侧墙维修，水平段左侧侧墙拆建，消力池下游38 m左岸及底板采用素砼防护，右岸新建4节钢筋砼挡墙；新建进水池、泵室、出水管、出水口等；新建必要的管理设施。

②周古庄泵站更新改造工程：该泵站位于湖熟街道周岗圩，二干河右岸，拆除原病险泵站，原址新建排涝泵站。泵站设计流量为4.0 m³/s，选用700ZQ-50D型潜水轴流泵配用110千瓦电机4台套；新建进水前池、泵室、高池水位、穿堤箱涵、出水池等；新建必要的管理设施。

（3）农村重点塘坝综合治理工程

①新民水库塘坝综合治理工程：对该塘进行综合治理，包括清淤、坝体加固、新建涵洞、溢洪道拆建等。

②山北当家塘坝综合治理工程：对该塘进行综合治理，包括清淤、坝体加固、输水涵洞、溢洪道拆建等。

③邓家塘坝综合治理工程：对该塘进行综合治理，包括坝体加固、拆建溢洪道等。

（4）百村千塘项目

①横溪街道许高社区11座大塘清淤整治，平均清淤深度为0.5 m至1.2 m，6座大塘新建1 060 m仿木桩护岸，其余5座大塘均采用草皮防护，新建滚水坝2座，新建必要的管护设施。

②秣陵街道吉山社区13座塘清淤整治，平均清淤深度为0.5 m至0.95 m，6座大塘新建1 095 m仿木桩护岸，其余7座大塘均采用草皮防护，拆建涵洞1座，新建必要的管护设施。

③湖熟街道尚桥社区27座大塘清淤整治，平均清淤深度为0.6 m至1.0 m，18号大塘新建945 m仿木桩护岸，其余26座塘均采用草皮防护，新建渠道900 m，新建必要的管护设施。

（5）翻水线更新改造工程

主要建设内容为：拆建矩形钢筋砼渠道，总长约2 320 m；新建放水口11座，配备机闸一体化闸门11套；新建分水闸一座，配备1套铸铁闸门。

（6）小流域综合治理工程

江宁区龙泉小流域总面积为15.64 km²，本次综合治理区域位于汤山街道，综合治理面积为12.00 km²，措施面积为4.48 km²。具体建设内容包括：

①护岸工程：龙尚大塘岸坡修整3.89 km，新建桩径为0.2 m、长3.5 m仿木桩护岸

0.11 km,生态护岸 3.78 km;治理塘坝 8 座,岸坡护砌 2.317 km;入塘撇洪沟新建生态护岸 0.4 km。龙尚大塘周边沟塘清淤疏浚,清淤深度为 0.3～1.2 m。

②小型拦蓄引排水工程:新建跌水堰 1 座,堰高 3.25 m,净宽 22 m,堰顶高程为 83.16 m。

③林草工程:8 座塘坝及支沟岸坡绿化 1.33 公顷,栽植乔木 664 棵,地被 0.9 公顷,水生植物 0.43 公顷。

④保土耕作:秸秆还田(覆盖还田)1.10 km²。

⑤封育治理措施:3.3 km² 林地封禁保护,设立标牌 21 个,补种乔木 0.57 万棵等。

⑥其他工程:新建龙尚大塘巡查便道 2.4 km、水土保持治理科普节点 4 处、农桥 1 座等。

(7) 水库消险工程

主要工程内容如下:

①秣陵街道溧水河消险工程:对秣陵街道溧水河左岸双河口至友谊桥段 2 085 m 堤防进行消险加固。

②湖熟街道溧水河消险工程:对湖熟街道溧水河右岸堤防桩号 K0＋015～K0＋480、KB0＋000～KB0＋585、KC0＋010～KC2＋822 段共 3 862 m 堤防进行消险加固。

③大岘水库消险工程:拆建水库涵洞涵首及其配套设施,新建预制板结构人行桥,拆建涵洞出水池;在大坝桩号 AK0＋030 处新建虹吸管 1 座;出水口处配套建造控制阀和消力池各 1 座。在大坝迎水坡新建素砼护坡,坝顶道路加铺彩色沥青混凝土,西侧上坝道路加铺彩色沥青混凝土;新建钢筋砼溢洪道,河道边坡及岸顶进行清杂。新建坝体东侧横向排水沟;维修溢洪道;恢复背水坡踏步、戗台排水沟;新建巡查便道。新建渗流监测设施,布置 6 个监测断面,共埋设测压管 13 个。

④战备水库消险工程:对水库大坝桩号 K0＋076～K0＋140 段 64 m 坝身采用高喷防渗墙进行防渗处理;涵首改造。恢复坝顶沥青道路,重新铺设草皮;维修溢洪道泄槽段底板 100 m²;拆建坝后渠道 100 m。布设变形观测断面 3 个、渗流压力监测断面 2 处。新建溢洪河毛石砼挡墙 1 140 m、钢筋砼 U 型渠 130 m;对沿线 4 个大塘进行清淤;溢洪河左岸道路加铺沥青面层;维修右岸挡墙。分洪闸原址原规模拆建;新建钢筋砼 U 型渠 140 m;两岸迎水坡新建联锁块护砌 1 350 m;迎水坡坡脚新建素砼挡墙 566 m。

⑤泗陇水库消险工程:对水库大坝进行培土加宽加固至 6 m;对坝后 30 m 范围内的水塘进行填塘固基。拆建溢洪道进水口、控制段及泄槽段。拆除输水涵洞原进水口,新建闸门井;维修变形缝。拆建坝顶道路 82 m,净宽 6.0 m;拓宽坝顶道路 154 m,拓宽宽度 2 m;新建戗台巡查道路 160 m,净宽 2 m。新建戗台及坡脚纵向排水沟 2 条共 197 m,新建横向排水沟 6 条共 290 m;对管理房外裸露地面进行修复;在桩号 K0＋050、K0＋170 处分别布置 1 个渗流检测断面,设 7 个监测点,在坝肩、坝脚等处共布置位移监测点 10 个;白蚁防治等。

5.1.2　样点灌区的选择和代表性分析

5.1.2.1　样点灌区选择

1）选择结果

按照以上选择原则，根据 2022 年江宁区实际情况，样点灌区选择情况如下。

（1）大型灌区：江宁区无大型灌区。

（2）中型灌区：江宁中型灌区共 8 个，耕地灌溉面积为 29.11 万亩，其中重点中型灌区有 5 个，耕地灌溉面积为 23.69 万亩；一般中型灌区有 3 个，耕地灌溉面积为 5.42 万亩。本次测算选择 4 个中型灌区作为样点灌区，分别为汤水河灌区、江宁河灌区、下坝灌区和周岗圩灌区。

（3）小型灌区：江宁区小型灌区共 16 个，灌溉面积为 1.00 万亩。本次测算选择 1 个小型灌区作为样点灌区，为邵处水库灌区。

（4）纯井灌区：江宁区无纯井灌区。

综合以上样点灌区选择情况，2022 年南京市江宁区灌溉水有效利用系数分析测算共选择样点灌区 5 个：4 个中型灌区（汤水河灌区、江宁河灌区、下坝灌区、周岗圩灌区）和 1 个小型灌区（邵处水库灌区）。

2）调整情况说明

样点灌区选择要符合代表性、可行性和稳定性原则，无特殊情况，样点灌区选择与上一年度保持一致。江宁区水务局相关人员在调查收集江宁区境内灌区相关资料的基础上，依据样点灌区确定的原则和方法，从灌区的面积、管理水平、灌溉工程现状、地形地貌、空间分布等多方面进行实地勘察，对灌区做出调整。调整情况见表 5.1-3。

（1）小型灌区合并为中型灌区

根据《水利部办公厅 财政部办公厅关于开展中型灌区续建配套与节水改造方案编制工作的通知》（办农水〔2020〕87 号）相关要求，江苏省充分掌握各地"十四五"中型灌区建设需求，汇总完成《江苏省"十四五"中型灌区续建配套与节水改造规划》和《江苏省中型灌区续建配套与现代化改造规划（2021—2035）》，将部分小型灌区合并成为中型灌区，并从名录中删除。江宁区原有小型灌区 62 个，调整后仅剩 16 个。为保持样点灌区的相对稳定，使获取的数据具有年际可比性，南京市对原 2021 年小型样点灌区所在的中型灌区进行系数测算，并将所涉及的 2021 年小型样点灌区作为中型样点灌区测点。江宁区的郑家边水库灌区并入汤水河灌区，张毗灌区并入下坝灌区，因此，将汤水河灌区和下坝灌区列为样点灌区，并将郑家边水库灌区和张毗灌区分别作为汤水河灌区和下坝灌区的测点之一。

（2）新增中型灌区

汤水河灌区、下坝灌区、江宁河灌区均为丘陵地区，为综合考察灌区地形对灌溉水有效利用系数的影响，此次系数测算工作新增圩垸地区中型灌区 1 个。新增灌区为周岗圩灌区，灌区设计灌溉面积为 7.61 万亩，有效灌溉面积为 6.87 万亩，属重点中型灌区。在灌区地形上，为圩垸灌区；在水源类型上，为自流灌区；在种植条件上，以稻油轮作和稻麦轮作为主，有良好的种植结构，因此，将周岗圩灌区纳入新增的中型样点灌区。

（3）调整小型灌区

2021 年,江宁区选取郑家边水库灌区、张毗灌区和谷里高效节水示范基地作为小型样点灌区。此次农田灌溉水有效利用系数测算工作中,郑家边水库灌区和张毗灌区均被作为中型灌区的测点进行测算。谷里高效节水示范基地设计灌溉面积为 77 亩,不满足小型灌区样点选择标准,在此次测算工作中被删除。为保障小型样点灌区数量要求,此次测算工作新增小型样点灌区 1 个,为邵处水库灌区。在灌区地形上,为丘陵灌区;在水源类型上,为自流灌区;在种植条件上,以稻油轮作和稻麦轮作为主,均有良好的种植结构;在灌溉面积上,均超过小型样点灌区规定的最低面积（100 亩）。因此,将邵处水库灌区纳入新增的小型样点灌区。

5.1.2.2 样点灌区的数量与分布

根据江宁区气候、土壤、作物和管理水平,选取江宁区 5 个样点灌区（4 个中型灌区、1 个小型灌区）进行灌溉水有效利用系数测算,分别为汤水河灌区、江宁河灌区、周岗圩灌区、下坝灌区和邵处水库灌区,灌区水源类型为 3 个提水灌区、2 个自流灌区,样点灌区分布合理。样点灌区作物类型主要为水稻（夏季）,小麦、油菜（冬季）。

江宁区样点灌区基本情况见表 5.1-3,样点灌区分布图见附图 5.1-1。

表 5.1-3　2022 年南京市江宁区农田灌溉水有效利用系数样点灌区基本信息汇总表

序号	灌区名称		灌区地形	灌区规模与类型	水源类型	设计灌溉面积（亩）	有效灌溉面积（亩）	耕地灌溉面积（亩）	工程管理水平	作物种类		备注
										夏季	冬季	
1	江宁河灌区	上湖灌区测点	丘陵	中型	提水	80 500	76 000	47 300	中	水稻	小麦、油菜	保留
		高山水库测点										保留
2	汤水河灌区	郑家边水库测点	丘陵	中型	提水	94 500	90 200	57 800	中	水稻	小麦、油菜	保留
		周子村测点										新增
3	周岗圩灌区	八一桥测点	圩垸	中型	自流	53 400	53 100	45 100	中	水稻	小麦、油菜	新增
		马铺村测点										新增
4	下坝灌区	张毗灌区测点	丘陵	中型	提水	31 100	24 000	16 200	好	水稻	小麦、油菜	保留
		亲见村测点										新增
5	邵处水库灌区		丘陵	小型	自流	650	650	650		水稻	小麦、油菜	新增

5.1.2.3 样点灌区基本情况与代表性分析

江宁区位于南京市中南部,地形呈马鞍状,两头高,中间低,地势开阔,山川秀丽,山体高度都在海拔 400 米以下,属典型的丘陵、平原地貌。常态地形有低山丘陵、岗地、平原等,众多河流、水库散布其间。全区共有灌区 24 个,耕地灌溉面积为 30.11 万亩。中型灌区有 8 个,耕地灌溉面积为 29.11 万亩;小型灌区有 16 个,耕地灌溉面积为 1.00 万亩。

灌区的选择按照树状分层选择,保证树干各分支的代表性。按照灌区灌溉规模,选择了中、小型灌区作为样点灌区;在样点灌区的选择上,充分考虑了区域、规模、取水方式、管理水平等因素,保证了样点灌区在总体中的均匀分布,具有较好的代表性。

依据样点灌区的选择原则及江宁区的灌区情况,选择了 5 个灌区作为样点灌区,分别是 4 个中型灌区（江宁河灌区、汤水河灌区、周岗圩灌区、下坝灌区）和 1 个小型灌区

（邵处水库灌区），样点灌区基本信息见表5.1-3，样点灌区位置见附图5.1-1。

（1）江宁河灌区

江宁河灌区位于南京市江宁区南部，属于长藤结瓜式中型灌区，灌区东边是砚下水库、牌坊水库、朝阳水库、高庄水库等，西边是沿江线南段、建西线及Y456，南边与安徽省马鞍山市接壤，北边是江宁河及新洲中心河一支，灌区总面积为14.43万亩，主要涉及江宁区谷里街道亲见社区，江宁街道盛江、司家、陆郎、朱门、河西、荷花、清修、西宁、牌坊、花塘、庙庄社区，共12个社区。灌区设计灌溉面积为8.05万亩，实际灌溉面积为7.6万亩，耕地面积为5.18万亩，耕地灌溉面积为4.73万亩。灌区经过多年的建设，已基本形成引、蓄、灌、排体系。灌区管理水平中等，种植结构稳定，可作为中型灌区的典型代表。

灌区主要水源为长江，江宁河为灌区总干渠。江宁河及其支流、向阳水库及其溢洪河、杨库水库及其溢洪河、红庙水库及其溢洪河、高庄水库及其溢洪河、高山水库及其溢洪河、牌坊水库及其溢洪河、砚下水库及其溢洪河、龙潭水库及其溢洪河是灌区的灌溉输水通道。此外，灌区内还多分布有小型提水泵站，分区提引江宁河水源进行补充灌溉。灌溉用水紧张季节，通过灌区提水泵站引水灌溉，同时灌区内外水库、塘坝可作为灌区的重要补充水源；非灌溉季节可由泵站通过干渠向水库、塘坝补水。

在江宁河灌区上、下游选择两个有代表性的测点测算该中型灌区的灌溉水有效利用系数。两个测点分别是上湖灌区测点和高山水库测点，上湖灌区测点位于江宁街道上湖社区；高山水库测点位于江宁街道陆郎社区。

（2）汤水河灌区

汤水河灌区位于江宁区东北部，灌区东边是汤水河，西边是龙铜线、红村撇洪沟，南边是句容河，北边是汤泉水库溢洪河，灌区总面积为21.21万亩，主要涉及江宁区汤山街道孟墓、上峰、宁西、阜东、阜庄，淳化街道新兴、茶岗，湖熟街道新跃等社区。灌区设计灌溉面积为9.45万亩，有效灌溉面积为9.02万亩，耕地面积为6.2万亩，耕地灌溉面积为5.78万亩。灌区内农业种植以粮食（主要为水稻、小麦及玉米）及蔬菜为主，少量油料（花生、芝麻、油菜）及棉花为辅，复种指数为168％。灌区经过多年的建设，初步形成了引、蓄、灌、排工程体系，灌区工程已初具规模。灌区管理水平中等，种植结构稳定，可作为中型灌区的典型代表。

灌区主要水源为句容河，汤水河为灌区总干渠。汤水河及其支流、句容河及其支流、宁西水库及其溢洪河、案子桥水库及其溢洪河、谭山水库及其溢洪河、马蹄肖水库及其溢洪河、都坝埝水库及其溢洪河、藏龙埝水库及其溢洪河、西边桥水库及其溢洪河、郑家边水库及其溢洪河、管头水库及其溢洪河是灌区的灌溉输水通道。此外，灌区内还多分布有小型提水泵站，分区提引横溪河水源进行补充灌溉。灌溉用水紧张季节，通过灌区提水泵站引横溪河水灌溉，同时灌区内外水库、塘坝可作为灌区的重要补充水源；非灌溉季节可由泵站通过干渠向水库、塘坝补水。

汤水河灌区以多个小型灌区独立存在，在其上、下游选择两个有代表性的测点测算该中型灌区的灌溉水有效利用系数。2021年样点灌区郑家边水库灌区位于淳化街道郑家边镇，可作为其中一个测点（郑家边水库测点），设计灌溉面积为300亩，实际灌溉面积为300亩。另一测点为周子村测点，位于淳化街道周子社区。

（3）周岗圩灌区

周岗圩灌区位于江宁区东部，灌区东边与溧水接壤，西边是宁高线、哪吒河、十里长河，南边是溧水二干河，北边是句容南河，灌区总面积为8.37万亩，主要涉及江宁区湖熟街道尚桥、新跃、周岗、钱家、万安、绿杨、和平、徐慕，禄口街道成功村、杨树湾村、张桥村、马铺村，秣陵街道周里村、建东村、火炬村、东旺社区，共16个社区。灌区设计灌溉面积为5.34万亩，有效灌溉面积为5.31万亩，耕地面积为4.55万亩，耕地灌溉面积为4.51万亩。灌区内农业种植以粮食（主要为水稻、小麦及玉米）及蔬菜为主，少量油料（花生、芝麻、油菜）及棉花为辅，复种指数为147%。灌区经过多年的建设，初步形成了引、蓄、灌、排工程体系，灌区工程已初具规模。灌区管理水平中等，种植结构稳定，可作为中型灌区的典型代表。

灌区为圩区，地势四周高，中间低。灌区主要水源为句容南河及其支流（北干沟、北干沟南沟）、溧水二干河及其支流（和平南沟、盛岗沟、尚桥东沟），渠首为团结涵、老涵、钱家渡涵、杨树湾涵、竹园涵、钱西涵、周古庄涵、章西圩涵、周岗涵头涵、石蜡涵，灌溉季节通过圩口低涵将水源引至灌区输水体系，最后通过配水体系输送到田间。此外，灌区内还多分布小型排涝泵站，汛期分区将圩区内涝水抽排至句容南河、溧水二干河。同时灌区内外水库、塘坝可作为灌区的重要补充水源。

在周岗圩灌区上、下游选择两个有代表性的测点测算该中型灌区的灌溉水有效利用系数。两个测点分别是八一桥测点和马铺村测点，八一桥测点位于湖熟街道周岗镇；马铺村测点位于禄口街道马铺社区。

（4）下坝灌区

下坝灌区位于江宁区西部，灌区东边是牛首大道、谷里水库，西边是砚下水库、牌坊水库、朝阳水库、高庄水库等，南边是龙塘、冬瓜塘水库，北边是皮库水库溢洪河与乌石岗水库溢洪河交汇点、国胜大塘，灌区总面积为5.09万亩，主要涉及江宁区谷里街道谷里、张溪、向阳、双塘、亲见共5个社区。灌区设计灌溉面积为3.11万亩，有效灌溉面积为2.4万亩，耕地面积为1.78万亩，耕地灌溉面积为1.62万亩。灌区内农业种植以粮食（主要为水稻、小麦及玉米）及蔬菜为主，少量油料（花生、芝麻、油菜）及棉花为辅，复种指数为234%。灌区经过多年的建设，初步形成了引、蓄、灌、排工程体系，灌区工程已初具规模。灌区管理水平较好，种植结构稳定，可作为中型灌区的典型代表。

灌区主要水源为长江，板桥河为灌区总干渠。板桥河及其支流、乌石岗水库及其溢洪河、皮库水库及其溢洪河、赵宕水库及其溢洪河、大塘金水库及其溢洪河、谷里水库及其溢洪河、冬瓜塘水库及其溢洪河、公塘水库及其溢洪河、红庙水库及其溢洪河是灌区的灌溉输水通道。此外，灌区内还多分布有小型提水泵站，分区提引板桥河水源进行补充灌溉。灌溉用水紧张季节，通过灌区提水泵站引板桥河水灌溉，同时灌区内外水库、塘坝可作为灌区的重要补充水源；非灌溉季节可由泵站通过干渠向水库、塘坝补水。

下坝灌区以多个小型灌区独立存在，在其上、下游选择两个有代表性的测点测算该中型灌区的灌溉水有效利用系数。2021年样点灌区张毗灌区位于谷里街道箭塘社区，可作为其中一个测点（张毗灌区测点），设计灌溉面积为1 000亩，实际灌溉面积为500亩。另一测点为亲见村测点，位于谷里街道亲见社区。

（5）邵处水库灌区

邵处水库灌区位于秣陵街道盛家桥社区，属于小型自流灌区。灌区耕地面积为679亩，设计灌溉面积为650亩，实际灌溉面积为650亩，节水灌溉工程面积为650亩。灌区主要水源为邵处水库，管理水平中等，种植结构稳定，可作为小型灌区的典型代表。

以上样点灌区在规模、管理水平、取水方式等方面均可以代表江宁区的灌区水平。

5.1.2.4 灌溉用水代表年分析

为分析江宁区的样点灌区降水及其分布情况，根据雨量站分布情况及样点灌区与雨量站之间的相对距离来确定代表雨量站。汤水河灌区雨量代表站为土桥站，下坝灌区和江宁河灌区雨量代表站为江宁镇站，邵处水库灌区雨量代表站为公塘水库站，周岗圩灌区雨量代表站为艾园站。所有雨量代表站均为国家水文站点，资料翔实、可靠。

从样点灌区代表雨量站的降水分布情况（图5.1-3）来看，2022年6—9月样点灌区代表雨量站降水量较同期的多年平均降水量均明显减少5～6成，其中汤水河灌区降水量异常偏少最多，减少了61%左右；邵处水库灌区降水量异常偏少最少，减少了45%左右；其余灌区降水量偏少55%左右。降水日数也异常偏少2～3成，总体而言，2022年6—9月各灌区的降水量均明显偏少，气候处于高温少雨多日照的状态，水稻灌溉频次相对一般年份较多。

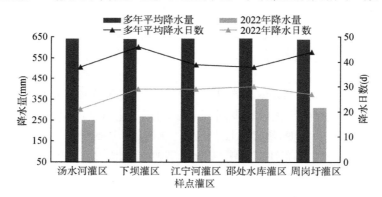

图 5.1-3　江宁区样点灌区 2022 年 6—9 月降水量对比

各代表站逐日降水量见图 5.1-4 至图 5.1-7。

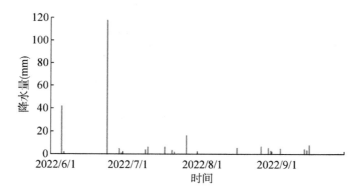

图 5.1-4　土桥站逐日降水量

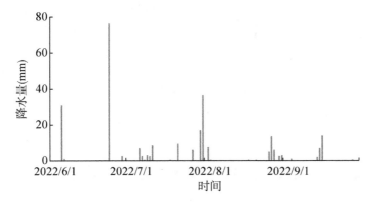

图 5.1-5　江宁镇站逐日降水量

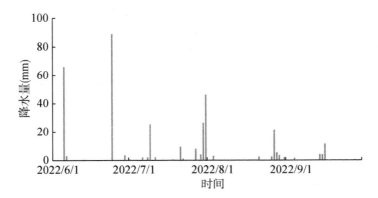

图 5.1-6　公塘水库站逐日降水量

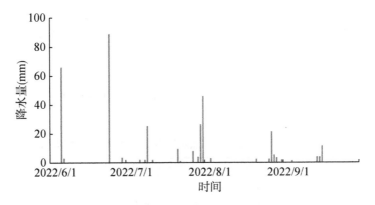

图 5.1-7　艾园站逐日降水量

表 5.1-4　江宁区样点灌区灌溉用水代表年分析

序号	市(县)、区	灌区名称	2022年		多年平均		降水量与多年平均相比(%)
			降水量(mm)	降水日数(d)	降水量(mm)	降水日数(d)	
1		汤水河灌区	250	21	640.03	38	-60.94
2		下坝灌区	268	29	638.41	46	-58.02
3	江宁区	江宁河灌区	268	29	641.29	39	-58.21
4		邵处水库灌区	352	30	641.31	38	-45.11
5		周岗圩灌区	309.5	27	636.30	44	-51.36

5.1.3　样点灌区农田灌溉水有效利用系数测算及成果分析

5.1.3.1　典型田块的选择

江宁区总播种面积超过10%的作物分别为水稻、小麦和蔬菜。由于小麦和蔬菜在平水年下无须灌溉,故观测作物仅为水稻。按照以上选择要求,在每个中型灌区样点灌区上、下游各选取3个典型田块,在每个小型灌区样点灌区选取2个典型田块,南京市江宁区5个样点灌区共选出26个典型田块,各灌区典型田块数量详见表5.1-5。

表 5.1-5　2022年南京市江宁区样点灌区典型田块选择结果

序号	样点灌区名称		灌区规模	水源类型	主要作物种类		观测作物种类及典型田块数量
					夏季	冬季	
1	江宁河灌区	上湖灌区测点	中型	提水	水稻	小麦、油菜	水稻3个
		高山水库测点			水稻	小麦、油菜	水稻3个
2	汤水河灌区	郑家边水库测点	中型	提水	水稻	小麦、油菜	水稻3个
		周子村测点			水稻	小麦、油菜	水稻3个
3	周岗圩灌区	八一桥测点	中型	自流	水稻	小麦、油菜	水稻3个
		马铺村测点			水稻	小麦、油菜	水稻3个
4	下坝灌区	张毗灌区测点	中型	提水	水稻	小麦、油菜	水稻3个
		亲见村测点			水稻	小麦、油菜	水稻3个
5	邵处水库灌区		小型	自流	水稻	小麦、油菜	水稻2个

5.1.3.2　灌溉用水量的测定方法

本次测算分析工作中样点灌区净灌溉用水量均采用直接量测法获取,毛灌溉用水量通过实测法获得,具体情况见表5.1-6。

表 5.1-6　2022年南京市江宁区样点灌区净、毛灌溉用水量获取方法统计表

序号	灌区名称	灌区规模	典型田块数量	净灌溉用水量获取方法			毛灌溉用水量获取方法		
				采用直接量测法的田块数量	采用观测分析法的田块数量	采用调查分析法的田块数量(限小型、纯井灌区)	是否为多水源	实测	油、电折算	调查分析估算
1	江宁河灌区	中型	6	6			否	6	
2	汤水河灌区	中型	6	6			否	6	
3	下坝灌区	中型	6	6			否	6	

续表

序号	灌区名称	灌区规模	典型田块数量	净灌溉用水量获取方法			是否为多水源	毛灌溉用水量获取方法		
				采用直接测量法的田块数量	采用观测分析法的田块数量	采用调查分析法的田块数量（限小型、纯井灌区）		实测	油、电折算	调查分析估算
4	周岗圩灌区	中型	6	6			是	6		
5	邵处水库灌区	小型	2	2			否	2		

5.1.3.3 灌溉水有效利用系数测算分析

南京市江宁区共 5 个样点灌区,样点灌区灌溉水有效利用系数按照前文首尾测算分析法进行测算,样点灌区灌溉水有效利用系数汇总情况见表 5.1-7,计算过程详见附表 5.1-1~附表 5.1-20。其中,为对比分析 2021 年样点灌区灌溉水有效利用系数,将郑家边水库灌区(汤水河灌区测点)和张毗灌区(下坝灌区测点)独立测算。

（1）江宁河灌区

江宁河灌区为中型灌区,耕地灌溉面积为 4.73 万亩,在上湖灌区测点和高山水库测点各选取 3 个典型田块进行测算。灌区毛灌溉用水量为 3 456.16 万 m^3,净灌溉用水量为 2 372.44 万 m^3,灌溉水有效利用系数为 0.686。

（2）汤水河灌区

汤水河灌区为中型灌区,耕地灌溉面积为 5.78 万亩,在郑家边水库测点和周子村测点各选取 3 个典型田块进行测算。灌区毛灌溉用水量为 4 440.92 万 m^3,净灌溉用水量为 3 043.79 万 m^3,灌溉水有效利用系数为 0.685。其中,郑家边水库灌区为 2021 年小型样点灌区,2022 年为汤水河灌区测点,该测点耕地灌溉面积为 300 亩,毛灌溉用水量为 23.33 万 m^3,净灌溉用水量为 16.06 万 m^3,灌溉水有效利用系数为 0.688。

（3）周岗圩灌区

周岗圩灌区为中型灌区,耕地灌溉面积为 4.51 万亩,在八一桥测点和马铺村测点各选取 3 个典型田块进行测算。经测算,灌区毛灌溉用水量为 3 499.66 万 m^3,净灌溉用水量为 2 397.41 万 m^3,灌溉水有效利用系数为 0.685。

（4）下坝灌区

下坝灌区为中型灌区,耕地灌溉面积为 1.62 万亩,在张毗灌区测点和亲见村测点各选取 3 个典型田块进行测算。灌区毛灌溉用水量为 1 207.38 万 m^3,净灌溉用水量为 829.33 万 m^3,灌溉水有效利用系数为 0.687。其中,张毗灌区为 2021 年小型样点灌区,2022 年为下坝灌区测点,该测点耕地灌溉面积为 500 亩,毛灌溉用水量为 36.90 万 m^3,净灌溉用水量为 25.43 万 m^3,灌溉水有效利用系数为 0.689。

（5）邵处水库灌区

邵处水库灌区为小型灌区,耕地灌溉面积为 650 亩,在灌区内选取 2 个典型田块进行测算。灌区毛灌溉用水量为 50.08 万 m^3,净灌溉用水量为 34.45 万 m^3,灌溉水有效利用系数为 0.688。

表 5.1-7　2022 年南京市江宁区样点灌区灌溉水有效利用系数汇总表

灌区名称	水源类型	耕地灌溉面积(亩)	净灌溉用水量(m³)	毛灌溉用水量(m³)	灌溉水有效利用系数
江宁河灌区	提水	47 300	23 724 441	34 561 642	0.686
汤水河灌区	提水	57 800	30 437 873	44 409 188	0.685
周岗圩灌区	自流	45 100	23 974 087	34 996 554	0.685
下坝灌区	提水	16 200	8 293 339	12 073 758	0.687
邵处水库灌区	自流	650	344 485	500 825	0.688

5.1.3.4　测算结果合理性、可靠性分析

2022 年南京市江宁区未变化的样点灌区为江宁河灌区,为和往年数据进行对比,又分别测算了汤水河灌区和下坝灌区,并分别以郑家边水库灌区和张毗灌区作为灌区测点。这 3 个样点灌区的灌溉水有效利用系数均高于往年数值。江宁区样点灌区灌溉水有效利用系数年际间变化表见表 5.1-8。

近几年来,江宁区广泛推广水稻浅湿灌溉等水稻节水灌溉模式。水稻浅湿灌溉即浅水与湿润反复交替、适时落干,浅湿干灵活调节的一种间歇灌溉模式。这种灌溉模式具有降低稻田耗水量和灌溉定额、减少土壤肥力的流失、提高雨水利用率和水的生产效率等多项优点,其灌溉定额比常规的浅水勤灌省水 10%~30%。水稻节水灌溉模式的不断推广,使得灌溉水有效利用系数不断提升。

此外,2021—2022 年江宁区进行了多项节水改造项目,包括 0.26 万亩高标准农田建设、2 座农村泵站更新改造、3 座农村重点塘坝综合治理、龙泉小流域综合治理等,建设投资达到 1.32 亿元。其中,高标准农田建设、重点泵站更新改造和重点塘坝综合治理,均促使灌溉水有效利用系数高于往年。同时,由于农业水价改革工作的不断推进,江宁区针对小农水管护工作采取了多项有效措施,成立了专业的管护组织,每年对水源工程和输水工程等配套设施进行维修和管护;成立了用水者协会,不断提升灌区管理水平。这些措施进一步加快了江宁区农业节水建设进程,提高了灌溉水有效利用系数。

表 5.1-8　2022 年南京市江宁区样点灌区灌溉水有效利用系数年际间变化表

序号	灌区		水源类型	耕地灌溉面积(亩)	灌溉水有效利用系数		
					2021 年	2022 年	增加值
1	江宁河灌区		提水	47 300	0.682	0.686	+0.004
2	汤水河灌区		提水	57 800	—	0.685	—
	其中	郑家边水库灌区	自流	300	0.685	0.688	+0.003
3	周岗圩灌区		自流	45 100		0.685	
4	下坝灌区		提水	16 200		0.687	
	其中	张毗灌区	提水	500	0.685	0.689	+0.004
5	邵处水库灌区		自流	650	—	0.688	—

5.1.4　区级农田灌溉水有效利用系数测算分析成果

5.1.4.1　区级农田灌溉水有效利用系数

江宁区共选取样点灌区 5 个,其中,中型灌区 4 个,为江宁河灌区、汤水河灌区、下坝灌区、周岗圩灌区;小型灌区 1 个,为邵处水库灌区;无纯井灌区。江宁区各规模灌区灌溉水有效利用系数见表 5.1-9。

江宁区的中型灌区的灌溉水有效利用系数为:

$$\eta_{江宁中型} = \frac{\eta_{江宁河} \times W_{江宁河} + \eta_{汤水河} \times W_{汤水河} + \eta_{下坝} \times W_{下坝} + \eta_{周岗圩} \times W_{周岗圩}}{W_{江宁河} + W_{汤水河} + W_{下坝} + W_{周岗圩}}$$

$$\eta_{江宁中型} = 0.686$$

江宁区的小型灌区的灌溉水有效利用系数为:

$$\eta_{江宁小型} = \frac{\eta_{邵处水库}}{1}$$

$$\eta_{江宁小型} = 0.688$$

江宁区的灌溉水有效利用系数为:

$$\eta_{江宁} = \frac{\eta_{江宁中型} \times W_{江宁中型} + \eta_{江宁小型} \times W_{江宁小型}}{W_{江宁中型} + W_{江宁小型}}$$

$$\eta_{江宁} = 0.686$$

表 5.1-9　2022 年南京市江宁区各规模灌区灌溉水有效利用系数

区域	灌溉水有效利用系数			
	区域	大型灌区	中型灌区	小型灌区
江宁区	0.686		0.686	0.688

5.1.4.2　区级农田灌溉水有效利用系数合理性分析

本次测算根据《全国农田灌溉水有效利用系数测算分析技术指导细则》、《灌溉水系数应用技术规范》(DB32/T 3392—2018)和《灌溉渠道系统量水规范》(GB/T 21303—2017)等文件的技术要求,选取适合每个灌区特点的实用有效的测算方法,主要采用便携式旋桨流速仪(LS300－A 型)及田间水位观测等方法进行测定。测算开展前,江宁区水务局、江苏省水利科学研究院等单位的测算人员参加了南京市组织的农田灌溉水有效利用系数测算技术培训班;测量过程中,江宁区水务局和江苏省水利科学研究院共同进行实地考察和现场观测。针对江宁区水稻的灌溉模式,江苏省水利科学研究院采用简易水位观测井法测算水稻田间灌水量,提高了测试精度。因此,样点灌区测算方法是合理、可靠的。

1) 样本分布与测算结果的合理性与可靠性

南京市江宁区共有灌区 24 个,根据江宁区气候、土壤、作物和管理水平,本次从江宁区的不同方位选择了5个样点灌区,分别为江宁河灌区、汤水河灌区、下坝灌区、周岗圩灌区和邵处水库灌区。

江宁河灌区位于江宁区西南部,主要涉及谷里街道和江宁街道;汤水河灌区位于江宁区东北部,主要涉及汤山街道、淳化街道和湖熟街道;下坝灌区位于江宁区西部,主要涉及谷里街道;周岗圩灌区位于江宁区东部,主要涉及秣陵街道、禄口街道和湖熟街道;邵处水库灌区位于秣陵街道盛家桥社区。样点灌区分布合理,在各种自然条件、社会经济条件和管理水平下均具有较好的代表性。

样点灌区满足灌区类型要求,其中,中型灌区包含3个提水灌区(江宁河灌区、下坝灌区和汤水河灌区)和1个自流引水灌区(周岗圩灌区),小型灌区为自流引水灌区,在灌溉水源条件上也具有较好的代表性。

对测算结果的分析表明,灌溉水有效利用系数的变化趋势与现有文献的规律描述基本符合。与江宁区其他已有科研成果对比,结果亦基本吻合,表明本次测定结果是可靠的。

2)灌溉水有效利用系数影响因素

灌溉水有效利用系数受多种因素的综合影响,包括自然条件、灌区工程状况、灌区规模、管理水平、灌溉技术、土壤类型等多个方面。为表征灌溉水有效利用系数各影响因素的具体作用,结合2012年到2021年江宁区测算过程中获得的数据资料,初步分析水资源条件、灌区规模、灌溉类型、工程状况、灌区管理水平、水利投资、工程效益等因素对南京市灌溉水有效利用系数的影响。实际上,灌区的水资源条件属于自然条件,基本变化不大,而灌区的规模和类型一般是由当地水资源条件决定的,因此灌区的水资源条件和规模在以后相当长的时期内基本上属于不能轻易改变的静态因素。工程状况、灌区管理水平、水利投资和工程效益则属于人为可以直接影响的动态因素,其中节水灌溉工程和灌区管理也是未来提高灌区灌溉水有效利用系数的两个主要工作方向。灌溉水有效利用系数的大小是多种因素综合作用的结果,以下分析过程则主要侧重于单项因素影响分析。

(1)投资建设的影响

灌溉水有效利用系数的提高是统计期间自然气候、工程状况、管理水平和农业种植状况等因素综合影响的结果,也与水利设施及灌区的建设投资等有着直接关系。从江宁区2012—2018年的灌溉水有效利用系数可以看出,近年来江宁区灌溉水有效利用系数呈上升趋势,其原因主要是2011年中央一号文件下发以及江宁区水利体制改革实施以来,国家及各级政府不断加大对水利基础设施建设的投资力度,灌区工程状况和灌区整体管理运行能力得到稳步改善。水利基础设施水平、灌区用水管理能力和人们的节水意识都得到了提高,从而使得江宁区灌溉水有效利用系数在一定程度上得以较快提高。

(2)水文气象和水资源环境的影响

气候对灌溉水有效利用系数的影响分为直接影响和间接影响,直接影响主要是气候条件的差异造成作物灌溉定额和田间水利用的变化。气候对灌溉定额的影响包括:

①气候条件影响蒸散发量（ET）。在宁夏引黄灌区和石羊河流域进行的气候因子对参考作物蒸腾蒸发量影响试验表明，降雨、气温、湿度、风速、日照时数等气候因子对作物蒸散发量的影响最为显著，这其中，气温、风速、日照时数与蒸散发量呈高度正相关，降雨、湿度与蒸腾蒸发量呈线性负相关。

②气候条件影响作物地下水利用量。在相同土质和地下水埋深的条件下，气象条件决定着地下水利用量的大小。若在作物生长期内，降雨量大，则土壤水分就大，同时由于作物蒸腾量的减少，地下水对土壤水及作物的补充量就小；反之，若降雨量小，气温较高，作物蒸散发量就大，由于土壤水分含量较低，为了满足作物蒸腾需要，作物势必从更深层吸水，加快地下水对土壤水的补充，提高了地下水利用量。

③气候条件影响有效降雨量。对于水稻而言，有效降雨与降雨量大小和分布有关，呈现出降雨量越大，有效利用系数越小，降雨越小，有效利用系数越大的趋势。气象因子影响灌溉的诸多环节，作用错综复杂，有待以后深入了解。

（3）灌区规模的影响

一般情况下，随着灌区规模变小，灌溉水有效利用系数呈现逐渐增大的规律。南京市中型灌区和大型灌区都是由一个一个的小型灌区所组成，在测算过程中，所选择的实验灌区也是中型灌区和大型灌区中的某些小型灌区。因此，不同规模的灌区灌溉水有效利用系数相差不大。同时，随着中型灌区节水配套改造工程的实施，其基础条件得到提升，所以也会出现中型灌区的灌溉水有效利用系数比小型灌区大的情况。总体上灌溉水有效利用系数的变化规律是随着灌区规模的增大而逐渐减小。

由我国大、中、小型灌区面积的级差以及在编制的《节水灌溉工程技术规范》得知，大、中、小型灌区的灌溉水有效利用系数相差约为15%～20%。现状的大、中、小型灌区的灌溉水有效利用系数相接近，这同样是由于南京市特殊的灌区构成以及近年来在农业水利工程项目上投资力度的加大，提高了灌区的工程状况和运行管理水平，使得大、中型灌区的灌溉水有效利用系数向小型灌区接近。

（4）灌溉管理水平的影响

①灌区的硬件设施方面。对于提高灌溉水有效利用系数而言，灌溉工程设施是基础，用水管理是关键。管理水平较好的灌区，渠首设施保养较好，渠道多采用防渗渠道或管道输水，保证了较高的渠系水利用。而管理水平较差的灌区，往往存在渠首设施损坏失修、闸门启闭不灵活等导致的漏水现象。工程设施节水改造为灌溉用水有效利用系数提高提供了能力保障，而实际达到的灌溉水有效利用系数受到管理水平的影响，通过加强用水管理可以显著减少灌溉工程的非工程性水量损失，进而提高灌溉水有效利用系数。

②节水意识和灌溉制度方面。灌区通过精心调度，优化配水，使各级渠道平稳引水，减少输水过程中的跑水、漏水和无效退水，实现均衡受益，从而提高灌溉水有效利用系数。合理适宜的水价政策，可以提高用水户的节水意识，影响用水行为，减少水资源浪费。用水户参与灌溉管理，调动了用水户的积极性，自觉保护灌溉用水设施。同时，在灌溉制度方面，用水户也会根据作物的不同生长期采取不同的灌溉方式，例如水稻灌溉多

采用浅湿节水灌溉、控制灌溉等高效节水灌溉模式，不仅提高了田间水利用率，同时达到高产的目的。另外在一些有条件的灌区，采用微灌、喷灌等灌溉方式，大大提高了灌溉水利用率。

3）灌溉水有效利用系数测算分析

（1）2022 年南京市江宁区灌溉用水有效利用系数为 0.686，比 2012 年的 0.644 提高了 6.5%，且 11 年间呈现逐年提高的趋势（图 5.1-8）。近年来，江宁区重视农业节水，引进节水灌溉模式，进行节水灌区建设；同时，在泵站维修与渠道养护等方面投入大量资金，减少了灌溉用水的渗漏。因此，灌溉水有效利用系数的增长是江宁区投资建设的必然结果，2022 年的测算成果合理、有效。

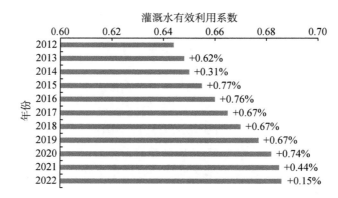

图 5.1-8　2012—2022 年江宁区灌溉水有效利用系数及增量图

（2）水源条件对灌溉水有效利用系数存在影响。相同灌区类型下，提水灌区的灌溉水有效利用系数略高于引水自流灌区。提水灌区投入成本高，设备建设较好，防渗管护较为到位。引水自流灌区灌水成本低，一般不重视利用率，通常情况下灌溉水有效利用系数较低。此次中型灌区的灌溉水有效利用系数结果中，江宁河灌区、汤水河灌区和下坝灌区为提水灌区，系数分别为 0.686、0.685 和 0.687；周岗圩灌区为自流灌区，系数为 0.685。提水灌区的系数略高于自流灌区，差异为合理现象。

（3）灌溉面积对灌溉水有效利用系数存在影响。相同水源条件下，灌溉面积大的灌区灌溉水有效利用系数低于面积较小的灌区。江宁河灌区、汤水河灌区和下坝灌区均为提水灌区，其中，江宁河灌区灌溉面积 4.73 万亩，系数为 0.686；汤水河灌区灌溉面积 5.78 万亩，系数为 0.685；下坝灌区灌溉面积 1.62 万亩，系数为 0.687。汤水河灌区的系数低于江宁河灌区和下坝灌区的系数，数据较为合理。

（4）灌区类型对灌溉水有效利用系数存在影响。一般情况下，随着灌区规模变大，灌溉水有效利用系数呈现逐渐减小的规律。基于"十四五"期间中型灌区建设需求，部分小型灌区合并成为中型灌区，因此本次系数测算以中型灌区为主，灌溉水有效利用系数涨幅呈现减小趋势，数据是合理的。

（5）灌区管理对灌溉水有效利用系数存在影响。2012 年后，由于各级政府对水利基础设施建设大量投资，灌区工程状况和灌区整体管理运行能力得到较大提升。2021 年后,部分灌区管理水平较高,年际间涨幅减小,2022 年较 2021 年增长 0.15％,数据是合理的。

5.1.5　结论与建议

5.1.5.1　结论

2022 年,南京市江宁区农田灌溉水有效利用系数测算分析过程按照《指导细则》和《2022 年南京市灌溉水有效利用系数测算分析工作实施方案》严格进行,针对本地灌区的特点,通过对江宁区各灌区测算情况的分析和现场调研,2022 年度灌溉水有效利用系数的测算工作取得了较为客观、真实的成果。测算结果反映了江宁区灌区管理水平以及近年来节水灌溉实施取得的成果,毛灌溉水量、净灌溉水量的测算方法是可靠的,测算结果是合理的。上述测算成果,对江宁区水资源规划、调度具有重要参考价值。

2022 年江宁区农田灌溉水有效利用系数测算分析工作,选择不同规模、不同引水条件、不同工程状况和管理水平的样点灌区,并依据样点灌区已有的灌溉水管理资料、灌溉试验与观测资料和灌溉实践经验等,通过调查、现场测量、计算分析,得出样点灌区现状灌溉水有效利用系数,采用点与面相结合、调查统计与试验观测分析相结合的方法,按照加权平均,测算出本年度全区农田灌溉水有效利用系数为 0.686,较 2021 年的 0.685 提高 0.001。

5.1.5.2　建议

在测算过程中,有以下问题需要进一步加强:

(1)信息化技术合理化应用。首尾法的重要步骤之一是灌区首部渠道取水量的测定,目前灌区主要采用流速仪测定。但有些灌区首部枢纽不够完整,水源工程多,类型差别较大,测算过程中容易出现漏测、误测,对结果影响很大,在测算过程中需反复核对。另外,一些灌区尤其是小型灌区渠道断面不够规则,影响测算精度,测算结果需用多种方法相互校核,使得测算工作量增大。建议增加对渠首取水量测量方法的研究,合理利用用水计量设施及信息化技术,减少测算工作量,提高测算精度。

(2)加强经费保障。农田灌溉水有效利用系数测算需要消耗大量的人力、物力和财力,渠首流量的测算、水位观测井的布设、技术培训的开展,都需要稳定的经费保障。目前,各区(县)的经费均由省、市级财政拨款,受多种原因影响,资金较为紧张,难以为农田灌溉水有效利用系数测算提供稳定的资金渠道,建议加强配套资金,从而保障农田灌溉水有效利用系数测算工作的顺利开展。

5.1.6　附表及附图

附表 5.1-1～附表 5.1-5 为样点灌区基本信息调查表。

附表 5.1-1　2022 年江宁河灌区基本信息调查表

灌区名称:江宁河灌区				
灌区所在行政区:江苏省南京市江宁区谷里街道		灌区位置:		
灌区规模:☐大　☑中　☐小		灌区水源取水方式:☑提水　　☐自流引水		
灌区地形:☐山区　☑丘陵　☐平原		灌区土壤类型:黏质土＿＿％　壤土＿＿％　砂质土＿＿％		
设计灌溉面积(万亩)	8.05	有效灌溉面积(万亩)		7.6
当年实际灌溉面积(万亩)	4.73	井渠结合面积(万亩)		
多年平均降水量(mm)		当年降水量(mm)		
地下水埋深范围(m)				
机井数量(眼)		配套动力(kW)		
泵站数量(座)	30	泵站装机容量(kW)		9 280
泵站提水能力(m³/s)	79.89			
塘坝数量(座)		塘坝总蓄水能力(万 m³)		
水窖、池数量(座)		水窖、池总蓄水能力(万 m³)		
当年完成节水灌溉工程投资(万元)		灌区综合净灌溉定额(m³/亩)		
样点灌区粮食亩均产量(kg/亩)		灌区人均占有耕地面积(亩/人)		
节水灌溉工程面积(万亩)				
合计	防渗渠道地面灌溉	管道输水地面灌溉	喷灌	微灌

附表 5.1-2　2022 年汤水河灌区基本信息调查表

灌区名称:汤水河灌区				
灌区所在行政区:江苏省南京市江宁区汤山、湖熟、淳化街道		灌区位置:		
灌区规模:☐大　☑中　☐小		灌区水源取水方式:☑提水　　☐自流引水		
灌区地形:☐山区　☑丘陵　☐平原		灌区土壤类型:黏质土＿＿％　壤土＿＿％　砂质土＿＿％		
设计灌溉面积(万亩)	9.45	有效灌溉面积(万亩)		9.02
当年实际灌溉面积(万亩)	5.78	井渠结合面积(万亩)		
多年平均降水量(mm)		当年降水量(mm)		
地下水埋深范围(m)				
机井数量(眼)		配套动力(kW)		
泵站数量(座)	35	泵站装机容量(kW)		8 658
泵站提水能力(m³/s)	70.03			
塘坝数量(座)		塘坝总蓄水能力(万 m³)		
水窖、池数量(座)		水窖、池总蓄水能力(万 m³)		
当年完成节水灌溉工程投资(万元)		灌区综合净灌溉定额(m³/亩)		
样点灌区粮食亩均产量(kg/亩)		灌区人均占有耕地面积(亩/人)		
节水灌溉工程面积(万亩)				
合计	防渗渠道地面灌溉	管道输水地面灌溉	喷灌	微灌

附表 5.1-3　2022 年周岗圩灌区基本信息调查表

灌区名称:周岗圩灌区				
灌区所在行政区:江苏省南京市江宁区湖熟、秣陵街道		灌区位置:		
灌区规模:□大　☑中　□小		灌区水源取水方式:□提水　☑自流引水		
灌区地形:□山区　□丘陵　☑圩垸		灌区土壤类型:黏质土___%　壤土___%　砂质土___%		
设计灌溉面积(万亩)	5.34	有效灌溉面积(万亩)		5.31
当年实际灌溉面积(万亩)	4.51	井渠结合面积(万亩)		
多年平均降水量(mm)		当年降水量(mm)		
地下水埋深范围(m)				
机井数量(眼)		配套动力(kW)		
泵站数量(座)		泵站装机容量(kW)		
泵站提水能力(m^3/s)				
塘坝数量(座)	10	塘坝总蓄水能力(万 m^3)		
水窖、池数量(座)		水窖、池总蓄水能力(万 m^3)		
当年完成节水灌溉工程投资(万元)		灌区综合净灌溉定额(m^3/亩)		
样点灌区粮食亩均产量(kg/亩)		灌区人均占有耕地面积(亩/人)		
节水灌溉工程面积(万亩)				
合计	防渗渠道地面灌溉	管道输水地面灌溉	喷灌	微灌

附表 5.1-4　2022 年下坝灌区基本信息调查表

灌区名称:下坝灌区				
灌区所在行政区:江苏省南京市江宁区谷里街道		灌区位置:		
灌区规模:□大　☑中　□小		灌区水源取水方式:☑提水　□自流引水		
灌区地形:□山区　☑丘陵　□平原		灌区土壤类型:黏质土___%　壤土___%　砂质土___%		
设计灌溉面积(万亩)	3.11	有效灌溉面积(万亩)		2.4
当年实际灌溉面积(万亩)	1.62	井渠结合面积(万亩)		
多年平均降水量(mm)		当年降水量(mm)		
地下水埋深范围(m)				
机井数量(眼)		配套动力(kW)		
泵站数量(座)	5	泵站装机容量(kW)		795
泵站提水能力(m^3/s)	7.29			
塘坝数量(座)		塘坝总蓄水能力(万 m^3)		
水窖、池数量(座)		水窖、池总蓄水能力(万 m^3)		
当年完成节水灌溉工程投资(万元)		灌区综合净灌溉定额(m^3/亩)		
样点灌区粮食亩均产量(kg/亩)		灌区人均占有耕地面积(亩/人)		
节水灌溉工程面积(万亩)				
合计	防渗渠道地面灌溉	管道输水地面灌溉	喷灌	微灌

附表 5.1-5　2022 年邵处水库灌区基本信息调查表

灌区名称:邵处水库灌区				
灌区所在行政区:江苏省南京市江宁区秣陵街道胜家桥社区			灌区位置:	
灌区规模:☐大　☐中　☑小			灌区水源取水方式:☐提水　☑自流引水	
灌区地形:☐山区　☑丘陵　☐平原			灌区土壤类型:黏质土＿＿＿%　壤土＿＿＿%　砂质土＿＿＿%	
设计灌溉面积(万亩)		0.065	有效灌溉面积(万亩)	0.065
当年实际灌溉面积(万亩)		0.065	井渠结合面积(万亩)	
多年平均降水量(mm)			当年降水量(mm)	
地下水埋深范围(m)				
机井数量(眼)			配套动力(kW)	
泵站数量(座)			泵站装机容量(kW)	
泵站提水能力(m^3/s)				
塘坝数量(座)			塘坝总蓄水能力(万 m^3)	
水窖、池数量(座)			水窖、池总蓄水能力(万 m^3)	
当年完成节水灌溉工程投资(万元)			灌区综合净灌溉定额($m^3/亩$)	
样点灌区粮食亩均产量(kg/亩)			灌区人均占有耕地面积(亩/人)	
节水灌溉工程面积(万亩)				
合计	防渗渠道地面灌溉	管道输水地面灌溉	喷灌	微灌

附表 5.1-6～附表 5.1-10 为样点灌区渠首和渠系信息调查表。

附表 5.1-6　2022 年江宁河灌区渠首和渠系信息调查表

渠首设计取水能力(m^3/s):

	渠道长度与防渗情况						
渠系信息	渠道级别	条数	总长度(km)	渠道衬砌防渗长度(km)			衬砌防渗率(%)
				混凝土	浆砌石	其他	
	干　渠	9	30.9				
	支　渠	11	25.1				
	斗　渠	47	104.1				
	农　渠	2	4.3				
	其中骨干渠系(≥1 m^3/s)						
毛灌溉用水情况	渠首引水量(万 m^3/年)	3 456.16		地下水取水量(万 m^3/年)			
	塘堰坝供水量(万 m^3/年)			其他水源引水量(万 m^3/年)			
	塘堰坝取水:☐有　☐无		塘堰坝供水量计算方式:☐径流系数法　☐复蓄次数法				
	径流系数法参数	年径流系数		蓄水系数		集水面积(km^2)	
	重复蓄满次数	重复蓄满次数			有效容积(万 m^3)		

其他	末级计量渠道(____渠)灌溉供水总量(万 m³)		
	洗碱状况	灌区洗碱：□有　□无	
		洗碱面积(万亩)	洗碱净定额(m³/亩)

附表 5.1-7　2022 年汤水河灌区渠首和渠系信息调查表

渠首设计取水能力(m³/s)：

	渠道长度与防渗情况						
渠系信息	渠道级别	条数	总长度(km)	渠道衬砌防渗长度(km)			衬砌防渗率(%)
				混凝土	浆砌石	其他	
	干　渠	26	68.3				
	支　渠	43	101.8				
	斗　渠						
	农　渠						
	其中骨干渠系(≥1 m³/s)						

毛灌溉用水情况	渠首引水量(万 m³/年)	4 440.92	地下水取水量(万 m³/年)	
	塘堰坝供水量(万 m³/年)		其他水源引水量(万 m³/年)	
	塘堰坝取水：□有　□无		塘堰坝供水量计算方式：□径流系数法　□复蓄次数法	
	径流系数法参数	年径流系数	蓄水系数	集水面积(km²)
	重复蓄满次数	重复蓄满次数	有效容积(万 m³)	

其他	末级计量渠道(____渠)灌溉供水总量(万 m³)		
	洗碱状况	灌区洗碱：□有　□无	
		洗碱面积(万亩)	洗碱净定额(m³/亩)

附表 5.1-8　2022 年周岗圩灌区渠首和渠系信息调查表

渠首设计取水能力(m³/s)：

	渠道长度与防渗情况						
渠系信息	渠道级别	条数	总长度(km)	渠道衬砌防渗长度(km)			衬砌防渗率(%)
				混凝土	浆砌石	其他	
	干　渠	10	35.4				
	支　渠	13	27.3				
	斗　渠	3	6.8				
	农　渠						
	其中骨干渠系(≥1 m³/s)						

续表

毛灌溉用水情况	渠首引水量(万 m³/年)	3 499.66		地下水取水量(万 m³/年)		
	塘堰坝供水量(万 m³/年)			其他水源引水量(万 m³/年)		
	塘堰坝取水:☐ 有 ☐ 无		塘堰坝供水量计算方式:☐ 径流系数法 ☐ 复蓄次数法			
	径流系数法参数	年径流系数		蓄水系数		集水面积(km²)
	重复蓄满次数	重复蓄满次数			有效容积(万 m³)	
其他	末级计量渠道(____渠)灌溉供水总量(万 m³)					
	洗碱状况			灌区洗碱:☐ 有 ☐ 无		
		洗碱面积(万亩)		洗碱净定额(m³/亩)		

附表 5.1-9　2022 年下坝灌区渠首和渠系信息调查表

渠首设计取水能力(m³/s):

渠系信息	渠道长度与防渗情况						
	渠道级别	条数	总长度(km)	渠道衬砌防渗长度(km)			衬砌防渗率(%)
				混凝土	浆砌石	其他	
	干　渠	2	8.3				
	支　渠	2	2.8				
	斗　渠						
	农　渠						
	其中骨干渠系(≥1 m³/s)						
毛灌溉用水情况	渠首引水量(万 m³/年)	1 207.38		地下水取水量(万 m³/年)			
	塘堰坝供水量(万 m³/年)			其他水源引水量(万 m³/年)			
	塘堰坝取水:☐ 有 ☐ 无		塘堰坝供水量计算方式:☐ 径流系数法 ☐ 复蓄次数法				
	径流系数法参数	年径流系数		蓄水系数		集水面积(km²)	
	重复蓄满次数	重复蓄满次数			有效容积(万 m³)		
其他	末级计量渠道(____渠)灌溉供水总量(万 m³)						
	洗碱状况			灌区洗碱:☐ 有 ☐ 无			
		洗碱面积(万亩)		洗碱净定额(m³/亩)			

附表 5.1-10 2022 年邵处水库灌区渠首和渠系信息调查表

渠首设计取水能力（m^3/s）：

<table>
<tr><td rowspan="6">渠系信息</td><td colspan="8">渠道长度与防渗情况</td></tr>
<tr><td rowspan="2">渠道级别</td><td rowspan="2">条数</td><td rowspan="2">总长度（km）</td><td colspan="3">渠道衬砌防渗长度（km）</td><td rowspan="2">衬砌防渗率（%）</td></tr>
<tr><td>混凝土</td><td>浆砌石</td><td>其他</td></tr>
<tr><td>干　渠</td><td></td><td></td><td></td><td></td><td></td><td></td></tr>
<tr><td>支　渠</td><td></td><td></td><td></td><td></td><td></td><td></td></tr>
<tr><td>斗　渠</td><td>8</td><td>2.8</td><td></td><td></td><td></td><td></td></tr>
<tr><td>农　渠</td><td></td><td></td><td></td><td></td><td></td><td></td></tr>
<tr><td>其中骨干渠系（≥1 m^3/s）</td><td></td><td></td><td></td><td></td><td></td><td></td></tr>
<tr><td rowspan="7">毛灌溉用水情况</td><td>渠首引水量（万 $m^3/$年）</td><td colspan="2" style="text-align:center">50.08</td><td colspan="2">地下水取水量（万 $m^3/$年）</td><td></td><td></td></tr>
<tr><td>塘堰坝供水量（万 $m^3/$年）</td><td colspan="2"></td><td colspan="2">其他水源引水量（万 $m^3/$年）</td><td></td><td></td></tr>
<tr><td>塘堰坝取水：□有　□无</td><td colspan="6">塘堰坝供水量计算方式：□径流系数法　□复蓄次数法</td></tr>
<tr><td>径流系数法参数</td><td colspan="2">年径流系数</td><td colspan="2">蓄水系数</td><td colspan="2">集水面积（km^2）</td></tr>
<tr><td></td><td colspan="2"></td><td colspan="2"></td><td colspan="2"></td></tr>
<tr><td>重复蓄满次数</td><td colspan="3">重复蓄满次数</td><td colspan="3">有效容积（万 m^3）</td></tr>
<tr><td></td><td colspan="3"></td><td colspan="3"></td></tr>
<tr><td rowspan="4">其他</td><td>末级计量渠道（＿＿渠）灌溉供水总量（万 m^3）</td><td colspan="6"></td></tr>
<tr><td rowspan="3">洗碱状况</td><td colspan="6">灌区洗碱：□有　□无</td></tr>
<tr><td colspan="3">洗碱面积（万亩）</td><td colspan="3">洗碱净定额（$m^3/$亩）</td></tr>
<tr><td colspan="3"></td><td colspan="3"></td></tr>
</table>

附表 5.1-11～附表 5.1-15 为样点灌区作物与田间灌溉情况调查表。

附表 5.1-11　2022 年江宁河灌区作物与田间灌溉情况调查表

<table>
<tr><td rowspan="6">基础信息</td><td colspan="6">作物种类：□一般作物　☑水稻　□套种　□跨年作物</td></tr>
<tr><td colspan="6">灌溉模式：□旱作充分灌溉　□旱作非充分灌溉　□水稻淹灌　☑水稻节水灌溉</td></tr>
<tr><td colspan="2">土壤类型</td><td>壤土</td><td colspan="2">试验站净灌溉定额（m³/亩）</td><td></td></tr>
<tr><td colspan="2">观测田间毛灌溉定额（m³/亩）</td><td>730.69</td><td colspan="2">水稻育秧净用水量（万 m³）</td><td></td></tr>
<tr><td colspan="2">水稻泡田定额（m³/亩）</td><td>99.11</td><td colspan="2">水稻生育期内渗漏量（m³/亩）</td><td></td></tr>
<tr><td colspan="2">水稻生育期内有效降水量（m³/亩）</td><td>268</td><td colspan="2">水稻生育期内稻田排水量（m³/亩）</td><td></td></tr>
</table>

<table>
<tr><td rowspan="11">分月法</td><td colspan="13">作物系数：□分月法　☑分段法</td></tr>
<tr><td rowspan="5">作物1</td><td colspan="5">作物名称</td><td colspan="7">平均亩产（kg/亩）</td></tr>
<tr><td colspan="5">播种面积（万亩）</td><td colspan="7">实灌面积（万亩）</td></tr>
<tr><td colspan="5">播种日期</td><td>年　月　日</td><td colspan="3">收获日期</td><td colspan="3">年　月　日</td></tr>
<tr><td colspan="12">分月作物系数</td></tr>
<tr><td>1月</td><td>2月</td><td>3月</td><td>4月</td><td>5月</td><td>6月</td><td>7月</td><td>8月</td><td>9月</td><td>10月</td><td>11月</td><td>12月</td></tr>
<tr><td rowspan="5">作物2</td><td colspan="5">作物名称</td><td colspan="7">平均亩产（kg/亩）</td></tr>
<tr><td colspan="5">播种面积（万亩）</td><td colspan="7">实灌面积（万亩）</td></tr>
<tr><td colspan="5">播种日期</td><td>年　月　日</td><td colspan="3">收获日期</td><td colspan="3">年　月　日</td></tr>
<tr><td colspan="12">分月作物系数</td></tr>
<tr><td>1月</td><td>2月</td><td>3月</td><td>4月</td><td>5月</td><td>6月</td><td>7月</td><td>8月</td><td>9月</td><td>10月</td><td>11月</td><td>12月</td></tr>
</table>

<table>
<tr><td rowspan="5">分段法</td><td colspan="2">作物名称</td><td colspan="2">水稻</td><td colspan="2">平均亩产（kg/亩）</td><td colspan="2">600</td></tr>
<tr><td colspan="2">播种面积（万亩）</td><td colspan="2">5.18</td><td colspan="2">实灌面积（万亩）</td><td colspan="2">4.73</td></tr>
<tr><td colspan="3">Kc_{ini}</td><td colspan="3">Kc_{mid}</td><td colspan="3">Kc_{end}</td></tr>
<tr><td colspan="3">1.17</td><td colspan="3">1.31</td><td colspan="3">1.29</td></tr>
<tr><td>播种/返青</td><td colspan="2">快速发育开始</td><td colspan="2">生育中期开始</td><td colspan="2">成熟期开始</td><td colspan="2">成熟期结束</td></tr>
<tr><td></td><td>5 月 20 日</td><td colspan="2">6 月 30 日</td><td colspan="2">8 月 6 日</td><td colspan="2">10 月 6 日</td><td colspan="2">10 月 20 日</td></tr>
</table>

<table>
<tr><td rowspan="4">地下水利用</td><td colspan="2">种植期内地下水利用量（mm）</td><td></td></tr>
<tr><td colspan="2">种植期内平均地下水埋深（m）</td><td></td></tr>
<tr><td colspan="2">极限埋深（m）</td><td></td></tr>
<tr><td colspan="2">经验指数 P</td><td>作物修正系数 k</td></tr>
</table>

<table>
<tr><td rowspan="8">有效降水利用</td><td colspan="2">种植期内有效降水利用量（mm）</td><td></td></tr>
<tr><td colspan="2">降水量 p（mm）</td><td>有效利用系数</td></tr>
<tr><td colspan="2">p＜5</td><td></td></tr>
<tr><td colspan="2">5≤p＜30</td><td></td></tr>
<tr><td colspan="2">30≤p＜50</td><td></td></tr>
<tr><td colspan="2">50≤p＜100</td><td></td></tr>
<tr><td colspan="2">100≤p＜150</td><td></td></tr>
<tr><td colspan="2">p≥150</td><td></td></tr>
</table>

附表 5.1-12　2022 年汤水河灌区作物与田间灌溉情况调查表

<table>
<tr><td rowspan="5">基础信息</td><td colspan="2">作物种类：□一般作物　☑水稻　□套种　□跨年作物</td><td colspan="4"></td></tr>
<tr><td colspan="2">灌溉模式：□旱作充分灌溉　□旱作非充分灌溉　□水稻淹灌　☑水稻节水灌溉</td><td colspan="4"></td></tr>
<tr><td>土壤类型</td><td>黄壤土</td><td colspan="2">试验站净灌溉定额（m³/亩）</td><td colspan="2"></td></tr>
<tr><td>观测田间毛灌溉定额（m³/亩）</td><td>768.33</td><td colspan="2">水稻育秧净用水量（万 m³）</td><td colspan="2"></td></tr>
<tr><td>水稻泡田定额（m³/亩）</td><td>113.86</td><td colspan="2">水稻生育期内渗漏量（m³/亩）</td><td colspan="2"></td></tr>
</table>

<table>
<tr><td rowspan="13">分月法</td><td colspan="14" align="center">作物系数：□分月法　☑分段法</td></tr>
<tr><td rowspan="6">作物1</td><td colspan="6">作物名称</td><td colspan="3">平均亩产（kg/亩）</td><td colspan="4"></td></tr>
<tr><td colspan="6">播种面积（万亩）</td><td colspan="3">实灌面积（万亩）</td><td colspan="4"></td></tr>
<tr><td colspan="6">播种日期</td><td>年　月　日</td><td colspan="2">收获日期</td><td colspan="4">年　月　日</td></tr>
<tr><td colspan="13" align="center">分月作物系数</td></tr>
<tr><td>1月</td><td>2月</td><td>3月</td><td>4月</td><td>5月</td><td>6月</td><td>7月</td><td>8月</td><td>9月</td><td>10月</td><td>11月</td><td colspan="2">12月</td></tr>
<tr><td></td><td></td><td></td><td></td><td></td><td></td><td></td><td></td><td></td><td></td><td></td><td colspan="2"></td></tr>
<tr><td rowspan="6">作物2</td><td colspan="6">作物名称</td><td colspan="3">平均亩产（kg/亩）</td><td colspan="4"></td></tr>
<tr><td colspan="6">播种面积（万亩）</td><td colspan="3">实灌面积（万亩）</td><td colspan="4"></td></tr>
<tr><td colspan="6">播种日期</td><td>年　月　日</td><td colspan="2">收获日期</td><td colspan="4">年　月　日</td></tr>
<tr><td colspan="13" align="center">分月作物系数</td></tr>
<tr><td>1月</td><td>2月</td><td>3月</td><td>4月</td><td>5月</td><td>6月</td><td>7月</td><td>8月</td><td>9月</td><td>10月</td><td>11月</td><td colspan="2">12月</td></tr>
<tr><td></td><td></td><td></td><td></td><td></td><td></td><td></td><td></td><td></td><td></td><td></td><td colspan="2"></td></tr>
</table>

分段法				
作物名称	水稻		平均亩产（kg/亩）	630
播种面积（万亩）	6.2		实灌面积（万亩）	5.78
Kc_{ini}		Kc_{mid}		Kc_{end}
1.17		1.31		1.29
播种/返青	快速发育开始	生育中期开始	成熟期开始	成熟期结束
5 月 18 日	6 月 26 日	8 月 27 日	10 月 18 日	10 月 26 日

地下水利用			
	种植期内地下水利用量（mm）		
	种植期内平均地下水埋深（m）	极限埋深（m）	
	经验指数 P	作物修正系数 k	

有效降水利用		
	种植期内有效降水利用量（mm）	
	降水量 p（mm）	有效利用系数
	p<5	
	5≤p<30	
	30≤p<50	
	50≤p<100	
	100≤p<150	
	p≥150	

附表 5.1-13　2022 年周岗圩灌区作物与田间灌溉情况调查表

<table>
<tr><td rowspan="5">基础信息</td><td colspan="6">作物种类：☐一般作物　☑水稻　☐套种　☐跨年作物</td></tr>
<tr><td colspan="6">灌溉模式：☐旱作充分灌溉　☐旱作非充分灌溉　☐水稻淹灌　☑水稻节水灌溉</td></tr>
<tr><td colspan="2">土壤类型</td><td>壤土</td><td colspan="2">试验站净灌溉定额（m³/亩）</td><td></td></tr>
<tr><td colspan="2">观测田间毛灌溉定额（m³/亩）</td><td>775.98</td><td colspan="2">水稻育秧净用水量（万 m³）</td><td></td></tr>
<tr><td colspan="2">水稻泡田定额（m³/亩）</td><td>114.37</td><td colspan="2">水稻生育期内渗漏量（m³/亩）</td><td></td></tr>
</table>

<table>
<tr><td rowspan="1"></td><td colspan="2">水稻生育期内有效降水量（m³/亩）</td><td>309.5</td><td colspan="2">水稻生育期内稻田排水量（m³/亩）</td><td></td></tr>
</table>

| | | 作物系数：☐分月法　☑分段法 | | |

<table>
<tr><td rowspan="10">分月法</td><td rowspan="5">作物1</td><td colspan="4">作物名称</td><td colspan="4"></td><td colspan="4">平均亩产（kg/亩）</td><td></td></tr>
<tr><td colspan="4">播种面积（万亩）</td><td colspan="4"></td><td colspan="4">实灌面积（万亩）</td><td></td></tr>
<tr><td colspan="4">播种日期</td><td>年</td><td>月</td><td colspan="2">日</td><td colspan="4">收获日期</td><td>年　月　日</td></tr>
<tr><td colspan="12">分月作物系数</td></tr>
<tr><td>1月</td><td>2月</td><td>3月</td><td>4月</td><td>5月</td><td>6月</td><td>7月</td><td>8月</td><td>9月</td><td>10月</td><td>11月</td><td>12月</td></tr>
<tr><td rowspan="5">作物2</td><td colspan="4">作物名称</td><td colspan="4"></td><td colspan="4">平均亩产（kg/亩）</td><td></td></tr>
<tr><td colspan="4">播种面积（万亩）</td><td colspan="4"></td><td colspan="4">实灌面积（万亩）</td><td></td></tr>
<tr><td colspan="4">播种日期</td><td>年</td><td>月</td><td colspan="2">日</td><td colspan="4">收获日期</td><td>年　月　日</td></tr>
<tr><td colspan="12">分月作物系数</td></tr>
<tr><td>1月</td><td>2月</td><td>3月</td><td>4月</td><td>5月</td><td>6月</td><td>7月</td><td>8月</td><td>9月</td><td>10月</td><td>11月</td><td>12月</td></tr>
</table>

分段法

作物名称	水稻	平均亩产（kg/亩）	
播种面积（万亩）	4.55	实灌面积（万亩）	4.51
Kc_{ini}	Kc_{mid}		Kc_{end}
1.17	1.31		1.29
播种/返青	快速发育开始	生育中期开始	成熟期开始	成熟期结束
5 月 21 日	6 月 24 日	8 月 9 日	10 月 6 日	10 月 20 日

<table>
<tr><td rowspan="3">地下水利用</td><td colspan="2">种植期内地下水利用量（mm）</td><td></td></tr>
<tr><td colspan="2">种植期内平均地下水埋深（m）</td><td>极限埋深（m）</td><td></td></tr>
<tr><td colspan="2">经验指数 P</td><td>作物修正系数 k</td><td></td></tr>
</table>

<table>
<tr><td rowspan="8">有效降水利用</td><td colspan="2">种植期内有效降水利用量（mm）</td><td></td></tr>
<tr><td colspan="2">降水量 p（mm）</td><td>有效利用系数</td></tr>
<tr><td colspan="2">$p < 5$</td><td></td></tr>
<tr><td colspan="2">$5 \leqslant p < 30$</td><td></td></tr>
<tr><td colspan="2">$30 \leqslant p < 50$</td><td></td></tr>
<tr><td colspan="2">$50 \leqslant p < 100$</td><td></td></tr>
<tr><td colspan="2">$100 \leqslant p < 150$</td><td></td></tr>
<tr><td colspan="2">$p \geqslant 150$</td><td></td></tr>
</table>

附表 5.1-14　2022 年下坝灌区作物与田间灌溉情况调查表

<table>
<tr><td rowspan="6">基础信息</td><td colspan="4">作物种类：☐一般作物　☑水稻　☐套种　☐跨年作物</td></tr>
<tr><td colspan="4">灌溉模式：☐旱作充分灌溉　☐旱作非充分灌溉　☐水稻淹灌　☑水稻节水灌溉</td></tr>
<tr><td>土壤类型</td><td>壤土</td><td>试验站净灌溉定额(m^3/亩)</td><td></td></tr>
<tr><td>观测田间毛灌溉定额(m^3/亩)</td><td>745.29</td><td>水稻育秧净用水量(万 m^3)</td><td></td></tr>
<tr><td>水稻泡田定额(m^3/亩)</td><td>103.75</td><td>水稻生育期内渗漏量(m^3/亩)</td><td></td></tr>
<tr><td>水稻生育期内有效降水量(m^3/亩)</td><td>268</td><td>水稻生育期内稻田排水量(m^3/亩)</td><td></td></tr>
</table>

<table>
<tr><td rowspan="13">分月法</td><td colspan="13">作物系数：☐分月法　☑分段法</td></tr>
<tr><td rowspan="6">作物1</td><td colspan="3">作物名称</td><td colspan="3"></td><td colspan="3">平均亩产(kg/亩)</td><td colspan="3"></td></tr>
<tr><td colspan="3">播种面积(万亩)</td><td colspan="3"></td><td colspan="3">实灌面积(万亩)</td><td colspan="3"></td></tr>
<tr><td colspan="3">播种日期</td><td colspan="3">年　月　日</td><td colspan="3">收获日期</td><td colspan="3">年　月　日</td></tr>
<tr><td colspan="12">分月作物系数</td></tr>
<tr><td>1月</td><td>2月</td><td>3月</td><td>4月</td><td>5月</td><td>6月</td><td>7月</td><td>8月</td><td>9月</td><td>10月</td><td>11月</td><td>12月</td></tr>
<tr><td></td><td></td><td></td><td></td><td></td><td></td><td></td><td></td><td></td><td></td><td></td><td></td></tr>
<tr><td rowspan="6">作物2</td><td colspan="3">作物名称</td><td colspan="3"></td><td colspan="3">平均亩产(kg/亩)</td><td colspan="3"></td></tr>
<tr><td colspan="3">播种面积(万亩)</td><td colspan="3"></td><td colspan="3">实灌面积(万亩)</td><td colspan="3"></td></tr>
<tr><td colspan="3">播种日期</td><td colspan="3">年　月　日</td><td colspan="3">收获日期</td><td colspan="3">年　月　日</td></tr>
<tr><td colspan="12">分月作物系数</td></tr>
<tr><td>1月</td><td>2月</td><td>3月</td><td>4月</td><td>5月</td><td>6月</td><td>7月</td><td>8月</td><td>9月</td><td>10月</td><td>11月</td><td>12月</td></tr>
<tr><td></td><td></td><td></td><td></td><td></td><td></td><td></td><td></td><td></td><td></td><td></td><td></td></tr>
</table>

<table>
<tr><td rowspan="6">分段法</td><td colspan="2">作物名称</td><td>水稻</td><td>平均亩产(kg/亩)</td><td></td></tr>
<tr><td colspan="2">播种面积(万亩)</td><td>1.78</td><td>实灌面积(万亩)</td><td>1.62</td></tr>
<tr><td colspan="2">Kc_{ini}</td><td colspan="2">Kc_{mid}</td><td>Kc_{end}</td></tr>
<tr><td colspan="2">1.17</td><td colspan="2">1.31</td><td>1.29</td></tr>
<tr><td>播种/返青</td><td>快速发育开始</td><td>生育中期开始</td><td>成熟期开始</td><td>成熟期结束</td></tr>
<tr><td>5 月 20 日</td><td>6 月 28 日</td><td>8 月 7 日</td><td>10 月 6 日</td><td>10 月 20 日</td></tr>
</table>

<table>
<tr><td rowspan="3">地下水利用</td><td>种植期内地下水利用量(mm)</td><td colspan="3"></td></tr>
<tr><td>种植期内平均地下水埋深(m)</td><td></td><td>极限埋深(m)</td><td></td></tr>
<tr><td>经验指数 P</td><td></td><td>作物修正系数 k</td><td></td></tr>
<tr><td rowspan="8">有效降水利用</td><td>种植期内有效降水利用量(mm)</td><td colspan="3"></td></tr>
<tr><td>降水量 p(mm)</td><td colspan="3">有效利用系数</td></tr>
<tr><td>$p<5$</td><td colspan="3"></td></tr>
<tr><td>$5 \leqslant p<30$</td><td colspan="3"></td></tr>
<tr><td>$30 \leqslant p<50$</td><td colspan="3"></td></tr>
<tr><td>$50 \leqslant p<100$</td><td colspan="3"></td></tr>
<tr><td>$100 \leqslant p<150$</td><td colspan="3"></td></tr>
<tr><td>$p \geqslant 150$</td><td colspan="3"></td></tr>
</table>

附表 5.1-15　2022 年邵处水库灌区作物与田间灌溉情况调查表

<table>
<tr><td rowspan="7">基础信息</td><td colspan="7">作物种类：□一般作物　☑水稻　□套种　□跨年作物</td></tr>
<tr><td colspan="7">灌溉模式：□旱作充分灌溉　□旱作非充分灌溉　□水稻淹灌　☑水稻节水灌溉</td></tr>
<tr><td colspan="2">土壤类型</td><td colspan="2">壤土</td><td colspan="2">试验站净灌溉定额(m³/亩)</td><td></td></tr>
<tr><td colspan="2">观测田间毛灌溉定额(m³/亩)</td><td colspan="2">770.50</td><td colspan="2">水稻育秧净用水量(万 m³)</td><td></td></tr>
<tr><td colspan="2">水稻泡田定额(m³/亩)</td><td colspan="2">114.64</td><td colspan="2">水稻生育期内渗漏量(m³/亩)</td><td></td></tr>
<tr><td colspan="2">水稻生育期内有效降水量(m³/亩)</td><td colspan="2">352</td><td colspan="2">水稻生育期内稻田排水量(m³/亩)</td><td></td></tr>
</table>

<table>
<tr><td rowspan="14">分月法</td><td colspan="13">作物系数：□分月法　☑分段法</td></tr>
<tr><td rowspan="6">作物1</td><td colspan="6">作物名称</td><td colspan="3">平均亩产(kg/亩)</td><td colspan="3"></td></tr>
<tr><td colspan="6">播种面积(万亩)</td><td colspan="3">实灌面积(万亩)</td><td colspan="3"></td></tr>
<tr><td colspan="6">播种日期</td><td>年</td><td>月</td><td>日</td><td colspan="3">收获日期</td></tr>
<tr><td colspan="12">分月作物系数</td></tr>
<tr><td>1月</td><td>2月</td><td>3月</td><td>4月</td><td>5月</td><td>6月</td><td>7月</td><td>8月</td><td>9月</td><td>10月</td><td>11月</td><td>12月</td></tr>
<tr><td></td><td></td><td></td><td></td><td></td><td></td><td></td><td></td><td></td><td></td><td></td><td></td></tr>
<tr><td rowspan="6">作物2</td><td colspan="6">作物名称</td><td colspan="3">平均亩产(kg/亩)</td><td colspan="3"></td></tr>
<tr><td colspan="6">播种面积(万亩)</td><td colspan="3">实灌面积(万亩)</td><td colspan="3"></td></tr>
<tr><td colspan="6">播种日期</td><td>年</td><td>月</td><td>日</td><td colspan="3">收获日期</td></tr>
<tr><td colspan="12">分月作物系数</td></tr>
<tr><td>1月</td><td>2月</td><td>3月</td><td>4月</td><td>5月</td><td>6月</td><td>7月</td><td>8月</td><td>9月</td><td>10月</td><td>11月</td><td>12月</td></tr>
<tr><td></td><td></td><td></td><td></td><td></td><td></td><td></td><td></td><td></td><td></td><td></td><td></td></tr>
</table>

<table>
<tr><td rowspan="4">分段法</td><td colspan="2">作物名称</td><td colspan="2">水稻</td><td colspan="2">平均亩产(kg/亩)</td><td></td></tr>
<tr><td colspan="2">播种面积(万亩)</td><td colspan="2">0.065</td><td colspan="2">实灌面积(万亩)</td><td>0.065</td></tr>
<tr><td colspan="2">Kc_{ini}</td><td colspan="3">Kc_{mid}</td><td colspan="2">Kc_{end}</td></tr>
<tr><td colspan="2">1.17</td><td colspan="3">1.31</td><td colspan="2">1.29</td></tr>
</table>

<table>
<tr><td>播种/返青</td><td>快速发育开始</td><td>生育中期开始</td><td>成熟期开始</td><td>成熟期结束</td></tr>
<tr><td>5月21日</td><td>6月28日</td><td>8月6日</td><td>10月5日</td><td>10月18日</td></tr>
</table>

<table>
<tr><td rowspan="4">地下水利用</td><td colspan="2">种植期内地下水利用量(mm)</td><td></td></tr>
<tr><td colspan="2">种植期内平均地下水埋深(m)</td><td>极限埋深(m)</td></tr>
<tr><td colspan="2">经验指数 P</td><td>作物修正系数 k</td></tr>
</table>

<table>
<tr><td rowspan="8">有效降水利用</td><td colspan="2">种植期内有效降水利用量(mm)</td></tr>
<tr><td>降水量 p(mm)</td><td>有效利用系数</td></tr>
<tr><td>$p < 5$</td><td></td></tr>
<tr><td>$5 \leqslant p < 30$</td><td></td></tr>
<tr><td>$30 \leqslant p < 50$</td><td></td></tr>
<tr><td>$50 \leqslant p < 100$</td><td></td></tr>
<tr><td>$100 \leqslant p < 150$</td><td></td></tr>
<tr><td>$p \geqslant 150$</td><td></td></tr>
</table>

附表 5.1-16～附表 5.1-20 为样点灌区年净灌溉用水总量分析汇总表。

附表 5.1-16 2022 年江宁河灌区（样点）年净灌溉用水总量分析汇总表

样点灌区片区	作物名称	典型田块编号	灌溉方式	直接量测法	观测分析法		年亩均净灌溉用水量选用值(m³/亩)	典型田块实灌面积(亩)	某片区(灌溉类型)某种作物			
				年亩均净灌溉用水量(m³/亩)	净灌溉定额(m³/亩)	年亩均净灌溉用水量采用值(m³/亩)			年亩均净灌溉用水量(m³/亩)	实灌面积(亩)	年净灌溉用水量(m³)	年净灌溉用水量(m³)
上湖灌区测点	水稻	1	提水	507.28			507.28	12.4	502.16	175	88 135	23 724 441
		2		500.47			500.47	7.3				
		3		498.73			498.73	4.6				
高山水库测点	水稻	1	提水	499.46			499.46	5.6	498.06	92	45 839	
		2		495.46			495.46	4.3				
		3		499.26			499.26	5.2				

附表 5.1-17 2022 年汤水河灌区（样点）年净灌溉用水总量分析汇总表

样点灌区片区	作物名称	典型田块编号	灌溉方式	直接量测法	观测分析法		年亩均净灌溉用水量选用值(m³/亩)	典型田块实灌面积(亩)	某片区(灌溉类型)某种作物			
				年亩均净灌溉用水量(m³/亩)	净灌溉定额(m³/亩)	年亩均净灌溉用水量采用值(m³/亩)			年亩均净灌溉用水量(m³/亩)	实灌面积(亩)	年净灌溉用水量(m³)	年净灌溉用水量(m³)
郑家边水库测点	水稻	1	提水	538.68			538.68	10.6	534.69	300	160 542	30 437 873
		2		534.07			534.07	11.8				
		3		531.33			531.33	6.5				
周子村测点	水稻	1	提水	525.98			525.98	13.2	520.62	105	54 674	
		2		520.77			520.77	16.0				
		3		515.09			515.09	12.6				

附表 5.1-18 2022 年周岗圩灌区（样点）年净灌溉用水总量分析汇总表

样点灌区片区	作物名称	典型田块编号	灌溉方式	直接量测法 年亩均净灌溉用水量(m³/亩)	观测分析法 净灌溉定额(m³/亩)	观测分析法 年亩均净灌溉用水量采用值(m³/亩)	观测分析法 年亩均净灌溉用水量选用值(m³/亩)	典型田块实灌面积(亩)	某片区(灌溉类型)某种作物 年亩均净灌溉用水量(m³/亩)	实灌面积(亩)	年净灌溉用水量(m³)	年净灌溉用水量(m³)
八一桥测点	水稻	1	自流	536.20			536.20	11.5	533.38	394	210 166	23 974 087
		2		533.93			533.93	10.2				
		3		529.99			529.99	10.9				
马铺村测点	水稻	1		533.13			533.13	4.3	528.99	135	71 332	
		2		527.19			527.19	8.9				
		3		526.65			526.65	5.6				

附表 5.1-19 2022 年下坝灌区（样点）年净灌溉用水总量分析汇总表

样点灌区片区	作物名称	典型田块编号	灌溉方式	直接量测法 年亩均净灌溉用水量(m³/亩)	观测分析法 净灌溉定额(m³/亩)	观测分析法 年亩均净灌溉用水量采用值(m³/亩)	观测分析法 年亩均净灌溉用水量选用值(m³/亩)	典型田块实灌面积(亩)	某片区(灌溉类型)某种作物 年亩均净灌溉用水量(m³/亩)	实灌面积(亩)	年净灌溉用水量(m³)	年净灌溉用水量(m³)
亲见村测点	水稻	1	提水	523.51			523.51	7.1	517.46	160	82 628	8 293 339
		2		516.36			516.36	11.8				
		3		512.49			512.49	12.6				
张泗灌区测点	水稻	1		511.96			511.96	18.5	509.02	500	254 564	
		2		508.15			508.15	14.4				
		3		506.95			506.95	17.5				

附表 5.1-20　2022 年邵处水库灌区（样点）年净灌溉用水总量分析汇总表

样点灌区片区	作物名称	典型田块编号	灌溉方式	直接量测法	观测分析法				某片区（灌类型）某种作物				年净灌溉用水量（m³）
				年亩均净灌溉用水量（m³/亩）	年亩均灌溉用水量（m³/亩）	净灌溉定额（m³/亩）	年亩均净灌溉用水量采用值（m³/亩）	年亩均净灌溉用水量选用值（m³/亩）	典型田块实灌面积（亩）	年亩均净灌溉用水量（m³/亩）	实灌面积（亩）	年净灌溉用水量（m³）	
邵处水库灌区	水稻	1	自流	533.13				533.13	6.8	529.82	650	344 485	344 485
		2		526.52				526.52	6.2				

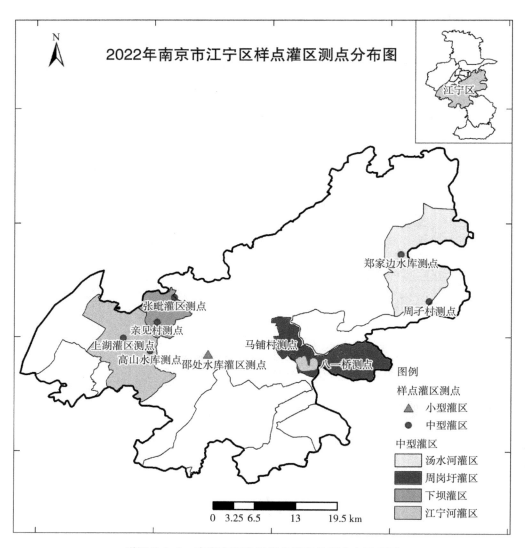

附图 5.1-1　南京市江宁区样点灌区分测点布示意图

5.2　浦口区

5.2.1　农田灌溉及用水情况

5.2.1.1　农田灌溉总体情况

1）自然条件

（1）地理位置与地形地貌

浦口区位于南京市西北部、长江北岸，前临长江，后有滁河，北部、西部分别与六合区及安徽省来安县、全椒县、和县毗邻。全区总面积为 913.75 km²，含顶山、沿江、泰山、盘城等街道，占南京市总面积的 13.88%。

浦口区地形地貌属宁、镇、扬丘陵山地西北边缘地带，地势中部高，南北低。老山山脉横亘中部，西部丘陵起伏，江河沿岸均有冲积洲地，按地形差异和地貌特点，形成沿江圩区、沿滁圩区、山地和近山丘陵、远山丘陵四大片。区域内最高点大刺山海拔为442.1 m，平原、沙洲高程大于 5.0 m（黄河标系）。浦口区地理位置见图 5.2-1。

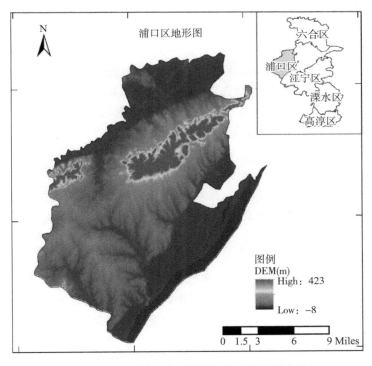

图 5.2-1　浦口区地理位置与地形地貌示意图

（2）水文气象

浦口区属于亚热带季风气候区，降雨分配不均，年际、季节之间差异较大，丰枯明显。多年平均气温为16.4℃，多年平均降水量为1 102.2 mm，全年降水日数为123天，每年梅雨期为6月下旬至7月上旬。多年平均径流量约为2.62亿 m³，全年日照总时数为1 980 h。

浦口区地处长江干流和滁河下游，过境水资源较为丰富。境内以及流经区境的市级以上河道共6条，按流域汇水情况分为长江（浦口段）水系、滁河水系和驷马山河水系。长江在境内全长49 km，区内小流域河流有周营河、高旺河、七里河等。滁河在境内全长42.8 km，主要支流清流河在境内全长9.35 km。驷马山河、朱家山河、马汊河为滁河的3条通江分洪道，区内乡级河道70条，总长252.4 km。

2）社会经济

浦口区是国家级江北新区的重要板块，未来将成为南京产业发展的重要承载区、创新实践的重要试验区、城乡融合的重要样板区。2021年末，浦口区常住人口为40.55万人，街场有7个，城乡社区有76个。全区实现地区生产总值490.48亿元，一般公共预算收入78.17亿元，全社会固定资产投资完成额579.19亿元，社会消费品零售总额150.1亿元。

浦口经济开发区综合实力不断攀升，位居全省省级开发区第一。浦口高新区创成省创业投资综合服务基地、首批国家民用无人驾驶航空试验区。农创中心获评国家农村创新创业园区、全国农村创业园区（基地），打造全国唯一的集群式农业院士创新基地。近年来，新增市级新型研发机构12家，原子团簇宏观量制造装置等2个项目获市重大创新成果，伊诺·光点创梦基地等2家众创空间获国家级备案。新晋独角兽企业16家、瞪羚企业22家，新增"专精特新"企业6家，高新技术企业总数增长近6倍。集聚院士团队10个、科技顶尖专家12人，创成国家知识产权强县工程试点区。

3）农田灌溉

（1）种植结构

《浦口区2021年统计年鉴》显示，2021年浦口区农作物总耕地面积为19.05万亩，其中粮食作物面积为7.25万亩，经济作物面积为11.67万亩，其他作物面积为0.13万亩。

①粮食作物

浦口区粮食作物以稻谷、小麦为主，2021年浦口区粮食种植面积为7.25万亩，占浦口区总耕地面积的38.06%。其中，稻谷种植面积为3.3万亩，占浦口区总耕地面积的17.32%。粮食总产量为32 171吨，其中，稻谷产量为18 909吨、小麦产量为6 087吨。

②经济作物

浦口区经济作物以油料、蔬菜和瓜果为主，2021年浦口区经济作物播种面积为11.67万亩，占浦口区总耕地面积的61.26%。其中，油料种植面积为2.15万亩，约占浦口区总耕地面积的11.29%；蔬菜播种面积较多，占浦口区总耕地面积的47.09%；瓜果播种面积为0.57万亩，占浦口区总耕地面积的2.99%。

③其他作物

其他农作物种植面积为 0.13 万亩,占总耕地面积的 0.68%。

（2）灌溉定额

南京市浦口区主要农作物的灌溉定额见图 5.2-2。在种植结构上,以稻麦、稻油轮作为主。水稻为夏季作物,需水量大,灌溉定额为 542 m³/亩。小麦和油菜为冬季作物,需水量较小,灌溉定额分别为 83 m³/亩和 136 m³/亩。

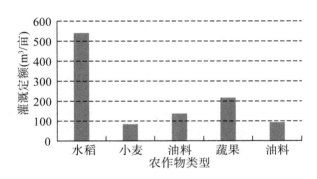

图 5.2-2　浦口区主要农作物灌溉定额

一般情况下,南京降水较丰富、地下水位高,可以满足小麦、油菜和瓜果蔬菜的需水量,在小麦、油菜和瓜果蔬菜生长期间灌溉几率很小,一般平水年不需要灌溉,因此南京市的灌溉水有效利用系数分析测算工作以水稻为主。浦口区的水稻生育期从 6 月持续至 10 月,播种前需泡田,水稻黄熟期一般不需要灌溉,因此灌溉水有效利用系数测算分析主要集中在 5—10 月。南京市浦口区水稻灌溉模式多以浅湿节水灌溉为主,浅湿灌溉模式下水稻各生育期田间水分控制指标见表 5.2-1。

表 5.2-1　浦口区浅湿灌溉模式下水稻各生育期田间水分控制指标

项目 生育期	返青	分蘖		拔节	孕穗	抽穗	乳熟	黄熟
		前中期	末期					
灌水上限（mm）	30～40	20～30	烤田	30～30	30～40	20～30	20～30	干湿
土壤水分下限（%）	100	80～90	70	70～90	100	90～100	80	75
蓄水深度（mm）	80	100	—	140	140	140	80	0
灌溉周期（天）	4～5	4～5	6～8	4～6	3～4	4～6	4～6	—

5.2.1.2　不同规模与水源类型灌区情况

南京市浦口区共有灌区 52 个（表 5.2-2）,设计灌溉面积为 42.32 万亩,有效灌溉面积为 34.92 万亩,耕地灌溉面积为 16.72 万亩。其中,无大型灌区;中型灌区有 8 个,有效灌溉面积为 24.12 万亩;小型灌区有 44 个,有效灌溉面积为 10.80 万亩。此次灌溉水有效利用系数的测算对象为区域内的中、小型灌区,中、小型灌区灌溉水有效利用系数的高低,一定程度上反映了浦口区的灌溉用水技术与管理的总体水平。

表 5.2-2　南京市浦口区不同规模与水源类型灌区情况表

灌区规模与类型			个数	设计灌溉面积（万亩）	有效灌溉面积（万亩）	耕地灌溉面积（万亩）
全区总计			52	42.32	34.92	16.72
大型	合计		—	—	—	—
	提水		—	—	—	—
	自流引水		—	—	—	—
中型	合计	小计	8	31.52	24.12	5.92
		提水	1	5.71	5.08	0.52
		自流引水	7	25.81	19.04	5.4
	1～5万亩	小计	7	25.81	19.04	5.4
		提水	—	—	—	—
		自流引水	7	25.81	19.04	5.4
	5～15万亩	小计	1	5.71	5.08	0.52
		提水	1	5.71	5.08	0.52
		自流引水	—	—	—	—
	15～30万亩	小计	—	—	—	—
		提水	—	—	—	—
		自流引水	—	—	—	—
小型	合计		44	10.80	10.80	10.80
	提水		41	10.32	10.32	10.32
	自流引水		3	0.48	0.48	0.48

5.2.1.3　农田水利工程建设情况

近年来，浦口区在节水灌溉发展上投入了大量的资金和技术力量。技术上，广泛推广水稻浅湿灌溉、控制灌溉等水稻节水灌溉模式和渠道防渗、管道输水灌溉、微灌、喷灌等高效节水技术；建设上，开展了高标准农田建设项目、重点泵站更新改造工程、小流域综合治理工程等。

（1）高标准农田建设项目

①星甸街道。主要水利工程建设内容：新建灌溉泵站 5 座，改造灌溉泵站 1 座，改造排涝泵站 1 座；新建灌溉管道 6.055 km，阀门井 10 座，排水沟道 12.069 km；新建 2 孔方涵 1 座，圆涵 14 座，尾水闸 4 座；新建智能化灌溉及控制系统 1 套。

②永宁街道。主要建设内容：新建离心泵站 2 座；新建 U 型防渗渠道总长 2.437 km，拆建渠道 0.17 km，新建土质农沟 0.351 km，清淤沟 0.471 km，新建生态挡墙 1.3 km，生态护坡 0.61 km；新建过路涵 7 座；铺筑机耕路 6 条，共 1.857 km；新修筑田埂 0.523 5 万方。

（2）小流域综合治理工程

综合治理面积为 12.56 km²，包括护岸工程、林草措施、保土耕作、其他工程等。

（3）重点泵站更新改造工程

主要为浦口区内 2 座农村泵站更新改造，包括汤泉农场邹夏泵站、星甸街道小靳泵站的更新改造。

（4）百村千塘项目

主要为星甸街道后圩沟河道整治。

5.2.2　样点灌区选择和代表性分析

5.2.2.1　样点灌区选择

1）选择结果

按照以上选择原则，结合浦口区实际情况，2022年浦口区样点灌区选择情况如下。

（1）大型灌区：无大型灌区。

（2）中型灌区：浦口区中型灌区有8个，有效灌溉面积为24.12万亩。根据样点灌区的选择原则，选择3个中型灌区作为样点灌区，分别为三合圩灌区、沿滁灌区和浦口沿江灌区。

（3）小型灌区：浦口区小型灌区有44个，有效灌溉面积为10.80万亩。根据样点灌区的选择原则，本次测算选择2个小型灌区作为样点灌区，分别为兰花塘灌区和西江灌区。

（4）纯井灌区：无纯井灌区。

此外，浦口区主要种植作物为水稻、小麦和油菜，分别占总播种面积的40.4%、26.2%和18.75%，其余作物占比较少，在选择样点灌区时，尽可能选择以稻麦、稻油轮作为主的灌区。

综上，2022年南京市浦口区灌溉水有效利用系数分析测算共选择样点灌区5个，包括3个中型灌区（三合圩灌区、沿滁灌区、浦口沿江灌区）和2个小型灌区（兰花塘灌区、西江灌区）。

2）调整情况说明

样点灌区选择要符合代表性、可行性和稳定性原则，无特殊情况，样点灌区选择与上一年度保持一致。浦口区水务局相关人员在调查收集区域内灌区相关资料的基础上，依据样点灌区确定的原则和方法，从灌区的面积、管理水平、灌溉工程现状、地形地貌、空间分布等多方面进行实地勘察，对灌区作出调整。调整情况见表5.2-3。

（1）小型灌区合并为中型灌区

根据《水利部办公厅 财政部办公厅关于开展中型灌区续建配套与节水改造方案编制工作的通知》（办农水〔2020〕87号）相关要求，江苏省充分掌握各地"十四五"中型灌区建设需求，编制完成《江苏省"十四五"中型灌区续建配套与节水改造规划》和《江苏省中型灌区续建配套与现代化改造规划（2021—2035）》，将部分小型灌区合并到中型灌区，并从名录中删除。由于五四灌区并入三合圩灌区，汤泉农场经济州灌区并入沿滁灌区，周营灌区并入浦口沿江灌区，因此，将三合圩灌区、沿滁灌区和浦口沿江灌区列为样点灌区。

（2）新增小型灌区

2021年，浦口区选取五四灌区、汤泉农场经济州灌区和周营灌区作为小型样点灌区。此次农田灌溉水有效利用系数测算工作中，将五四灌区、汤泉农场经济州灌区和周营灌区均作为中型灌区的测点进行测算。为保障小型样点灌区数量要求，此次测算工作新增

2个小型样点灌区,分别为兰花塘灌区和西江灌区。在灌区地形上,兰花塘灌区为丘陵,西江灌区为平原;在水源类型上,均为提水灌区;在种植条件上,均以稻油轮作和稻麦轮作为主,有良好的种植结构;在灌溉面积上,均超过小型样点灌区规定的最低面积(100亩)。因此,将兰花塘灌区和西江灌区纳入新增的小型样点灌区。

5.2.2.2 样点灌区数量与分布

根据气候、土壤、作物和管理水平,选取浦口区5个样点灌区进行灌溉水有效利用系数测算,分别为三合圩灌区、沿滁灌区、浦口沿江灌区、兰花塘灌区和西江灌区。现状灌区类型为2个提水灌区、3个自流灌区,样点灌区分布合理。样点灌区作物类型主要为水稻(夏季),小麦、油菜(冬季)。浦口区样点灌区基本情况见表5.2-3,样点灌区分布图见附图5.2-1。

表 5.2-3 2022 年浦口区农田灌溉水有效利用系数样点灌区基本信息汇总表

序号	灌区名称		灌区地形	灌区规模与类型	水源类型	设计灌溉面积(亩)	有效灌溉面积(亩)	耕地灌溉面积(亩)	工程管理水平	作物种类		备注(与上一年度对比)
										夏季	冬季	
1	三合圩灌区	五四灌区测点	圩垸	中型	自流	18 300	18 200	9 300	中	水稻	小麦、油菜	小灌变中灌
		费家渡测点										新增
2	沿滁灌区	汤泉农场测点	平原	中型	自流	52 200	48 500	7 200	好	水稻	小麦、油菜	小灌变中灌
		大同村测点										新增
3	浦口沿江灌区	周营灌区测点	圩垸	中型	自流	66 000	41 400	12 100	中	水稻	小麦、油菜	小灌变中灌
		施周村测点										新增
4	兰花塘灌区	兰花塘灌区测点	丘陵	小型	提水	6 663.56	5 945.24	5 945.24	中	水稻	小麦、油菜	新增
5	西江灌区	西江灌区测点	平原	小型	提水	1 827.45	1 827.45	1 827.45	中	水稻	小麦、油菜	新增

5.2.2.3 样点灌区基本情况与代表性分析

浦口区位于江苏省南京市的西北部,隶属宁、镇、扬丘陵山区。地势中部高,南北低。老山山脉横亘中部,西部丘陵起伏,江河沿岸均有冲积洲地。全区共有灌区52个,耕地灌溉面积为16.72万亩。中型灌区有8个,耕地灌溉面积为5.92万亩;小型灌区有44个,耕地灌溉面积为10.80万亩。

依据样点灌区的选择原则及浦口区的灌区情况,选择了5个灌区作为样点灌区,分别为3座中型灌区(三合圩灌区、沿滁灌区、浦口沿江灌区)和2个小型灌区(兰花塘灌区、西江灌区)。样点灌区基本信息见表5.2-3,样点灌区位置见附图5.2-1。

(1)三合圩灌区

三合圩灌区位于浦口区北部永宁街道,北边以清流河为界与安徽省接壤,东边和南边是滁河,西边为江苏与安徽的省界,灌区总面积为5.25万亩,设计灌溉面积为1.83万亩,有效灌溉面积为1.82万亩,耕地面积为0.94万亩,耕地灌溉面积为0.93万亩。灌区涉及永宁街道青山、友联、东葛、西葛、张圩共5个社区。灌区内农业种植以粮食作物(主要为水稻、小麦)及蔬菜为主(占比60%),经济作物油料(花生、芝麻、油菜)及棉花为辅(占比40%),复种指数约为148%。

三合圩灌区主要水源是滁河及其支流清流河,主要水源工程为圩内引水涵闸及提水泵站,共 15 座,主要包括城南圩涵、姚子圩涵、友联涵、汊河集涵、五四涵、朱家陡门涵、小马场涵、蒿子圩涵、白鹤涵、青山泵站、西葛泵站等。现有骨干灌溉渠道共计 53.8 km,包括五四沟、小营沟、三合圩中心沟、珍珠池沟、刘营沟、姚子圩沟、城南圩沟等。现有骨干输水河道 13 条,包括五四沟、小营沟、三合圩中心沟、珍珠池沟、刘营沟、姚子圩沟、城南圩沟、陈墩沟、方庄沟、头道沟、张圩中心沟、二道沟、三道沟等。依据样点灌区的选择原则及浦口区的灌区基本情况,该样点灌区的测点为五四灌区测点和费家渡测点。

（2）沿滁灌区

沿滁灌区基本位于汤泉街道(含汤泉农场)范围,部分涉及永宁街道,主要涉及汤泉街道的泉西社区、高华社区、陈庄村等和永宁街道侯冲村及汤泉农场。灌区设计灌溉面积为 5.22 万亩,有效灌溉面积为 4.85 万亩,耕地面积共 0.73 万亩,耕地灌溉面积为 0.72 万亩。灌区内农业种植以粮食作物(水稻、小麦)及蔬菜为主(占比 80%),经济作物(油菜)及苗木为辅(占比 20%),复种指数约为 150%。

沿滁灌区主要水源是滁河及其支流万寿河、陈桥河、永宁河等,主要水源工程是圩内引水涵闸及提水泵站,共 18 座,主要包括熊窑涵、孟洛涵、塘马涵、毛嘴涵、张湾涵、复兴涵等。现有骨干灌溉渠道共计 42.5 km,主要灌溉河渠为孟洛圩中心沟、七联圩中心沟等,现有骨干排水河沟 21.7 km。该样点灌区的测点为汤泉农场测点和大同村测点。

（3）浦口沿江灌区

浦口沿江灌区位于浦口区西南部的桥林街道,北边与三岔灌区、侯家坝灌区接壤,东南为长江,东北临石碛河,西侧临近石桥灌区,西南为江苏省省界。灌区基本位于桥林街道范围,主要涉及林浦社区、福音社区、西山社区、周营村、林山村、茶棚村等。灌区设计灌溉面积为 6.6 万亩,有效灌溉面积为 4.14 万亩,耕地面积为 1.3 万亩,耕地灌溉面积为 1.21 万亩。灌区内农业种植以粮食作物(水稻、小麦)及蔬菜为主(占比 70%),经济作物(花生、芝麻、油菜)及苗木为辅(占比 30%),复种指数约为 148%。

浦口沿江灌区主要水源是长江及其支流周营河,主要水源工程是圩内引水涵闸及提水泵站,共 12 座,主要包括四新涵、闸头涵、四营站、五五站等。灌区现有骨干灌溉渠道共计 35.3 km,主要灌溉河渠为林浦圩中心沟、林山圩河、林溪河等;现有骨干排水河沟 18.3 km。该样点灌区的测点为周营灌区测点和施周村测点。

（4）兰花塘灌区

兰花塘灌区位于浦口区桥林街道,属于小型提水灌区。灌区基本位于桥林街道范围内,主要涉及林东村。灌区耕地面积为 6 663.56 亩,有效灌溉面积为 5 945.24 亩,节水灌溉工程面积为 3 998.14 亩。灌区内农业种植结构以粮食作物(水稻、小麦)及蔬菜为主。现有灌溉渠道 1 条,总长 4.50 km;排水沟 3 条,总长 1.52 km;配套建筑物 4 座,完好率为 80%。主要管理单位为林东村委会,管理水平中等,种植结构稳定,可作为小型灌区的典型代表。

（5）西江灌区

西江灌区位于浦口区江浦街道,属于小型提水灌区。灌区基本位于江浦街道范围内,主要涉及西江村。灌区耕地面积为 1 827.45 亩,有效灌溉面积为 1 827.45 亩,节水灌溉工程面积为 1 096.47 亩。灌区内农业种植以粮食作物(水稻、小麦)及蔬菜为主。现有灌溉渠道 1 条,总长 1.60 km;排水沟 2 条,总长 2.5 km,配套建筑 5 座,完好率为 90%。主要管理单位为西江村委会,管理水平中等,种植结构稳定,可作为小型灌区的典型代表。

以上样点灌区在规模、管理水平、取水方式等方面均可以代表浦口区的灌区水平。

5.2.2.4 灌溉用水代表年分析

为分析浦口区的样点灌区降水及其分布情况,根据雨量站分布情况及样点灌区与雨量站之间的相对距离来确定代表雨量站。三合圩灌区雨量代表站为晓桥站,沿滁灌区和浦口沿江灌区雨量代表站为三岔水库站,兰花塘灌区和西江灌区雨量代表站为秦淮新河闸站。所有雨量代表站均为国家水文站点,资料翔实、可靠。

从样点灌区代表雨量站的降水分布情况(图 5.2-3)来看,2022 年 6—9 月样点灌区代表雨量站降水量较同期的多年平均降水量均明显减少 6~7 成,其中三合圩灌区降水量异常偏少最多,减少了 74% 左右,沿滁灌区和浦口沿江灌区降水量异常偏少 6 成,兰花塘灌区和西江灌区降水量明显减少 51% 左右。降水日数也异常偏少 3~5 成,总体而言,2022 年 6—9 月各灌区的降水量均明显偏少,气候处于高温少雨多日照的状态,水稻灌溉频次相对一般年份较多。

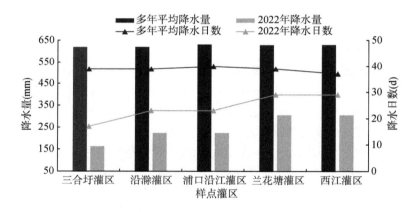

图 5.2-3　浦口区样点灌区 2022 年 6—9 月降水量对比

各代表站逐日降水量见图 5.2-4 至图 5.2-6。

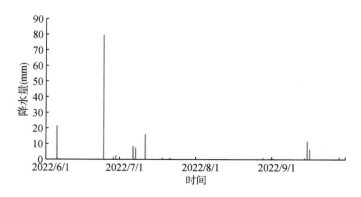

图 5.2-4　晓桥站逐日降水量

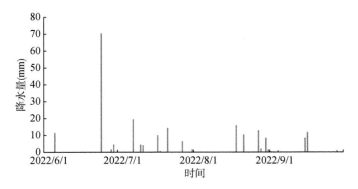

图 5.2-5　三岔水库站逐日降水量

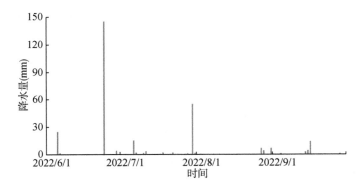

图 5.2-6　秦淮新河闸站逐日降水量

表 5.2-4　浦口区样点灌区灌溉用水代表年分析

序号	市(县)、区	灌区名称	2022 年		多年平均		降水量与多年平均相比(%)
			降水量(mm)	降水日数(d)	降水量(mm)	降水日数(d)	
1		三合圩灌区	162	17	619.46	39	−73.85
2		沿滁灌区	223.5	23	619.61	39	−63.93
3	浦口区	浦口沿江灌区	223.5	23	630.92	40	−64.58
4		兰花塘灌区	305.5	29	628.51	39	−51.39
5		西江灌区	305.5	29	629.50	37	−51.47

5.2.3　样点灌区农田灌溉水有效利用系数测算及成果分析

5.2.3.1　典型田块的选择

浦口区总播种面积超过 10% 的作物分别为水稻、小麦和油菜。由于小麦和油菜在平水年下无须灌溉,故观测作物仅为水稻。按照以上选择要求,在每个中型灌区的样点灌区上、下游分别选取 3 个典型田块,在每个小型灌区的样点灌区选取 2 个典型田块,故南京市浦口区 5 个样点灌区共选出 22 个典型田块,各灌区典型田块数量详见表 5.2-5。

表 5.2-5 2022 年南京市浦口区样点灌区典型田块选择结果

序号	样点灌区名称		灌区规模	水源类型	主要作物种类		观测作物种类及典型田块数量
					夏季	冬季	
1	三合圩灌区	五四灌区测点	中型	自流	水稻	小麦、油菜	水稻 3 个
		费家渡测点			水稻	小麦、油菜	水稻 3 个
2	沿滁灌区	汤泉农场测点	中型	自流	水稻	小麦、油菜	水稻 3 个
		大同村测点			水稻	小麦、油菜	水稻 3 个
3	浦口沿江灌区	周营灌区测点	中型	自流	水稻	小麦、油菜	水稻 3 个
		施周村测点			水稻	小麦、油菜	水稻 3 个
4	兰花塘灌区	兰花塘灌区测点	小型	提水	水稻	小麦、油菜	水稻 2 个
5	西江灌区	西江灌区测点	小型	提水	水稻	小麦、油菜	水稻 2 个

5.2.3.2 灌溉用水量测定方法

本次测算分析工作中样点灌区净灌溉用水量均采用直接量测法获取，毛灌溉用水量通过实测法获得，具体情况见表 5.2-6。

表 5.2-6 2022 年南京市浦口区样点灌区净、毛灌溉用水量获取方法统计表

序号	灌区名称	灌区规模	典型田块数量	净灌溉用水量获取方法			是否为多水源	毛灌溉用水量获取方法		
				采用直接量测法的田块数量	采用观测分析法的田块数量	采用调查分析法的田块数量（限小型、纯井灌区）		实测	油、电折算	调查分析估算
1	三合圩灌区	中型	6	6			否	6		
2	沿滁灌区	中型	6	6			否	6		
3	浦口沿江灌区	中型	6	6			否	6		
4	兰花塘灌区	小型	2	2			否	2		
5	西江灌区	小型	2	2			否	2		

5.2.3.3 灌溉水有效利用系数测算分析

南京市浦口区共 5 个样点灌区，系数测算结果汇总情况见表 5.2-7，计算过程详见附表 5.2-1～附表 5.2-20。其中，为对比分析 2021 年样点灌区灌溉水有效利用系数，将五四灌区（三合圩灌区测点）、汤泉农场经济州灌区（沿滁灌区测点）和周营灌区（浦口沿江灌区测点）独立测算。

（1）三合圩灌区

三合圩灌区为中型灌区，耕地灌溉面积为 0.93 万亩，在五四灌区测点和费家渡测点各选取 3 个典型田块进行测算。灌区毛灌溉用水量为 690.17 万 m^3，净灌溉用水量为 472.24 万 m^3，灌溉水有效利用系数为 0.684。其中，五四灌区为 2021 年小型样点灌区，2022 年为三合圩灌区测点，该测点耕地灌溉面积为 1 100 亩，毛灌溉用水量为 80.97 万 m^3，净灌溉用水量为 55.58 万 m^3，灌溉水有效利用系数为 0.686。

（2）沿滁灌区

沿滁灌区为中型灌区，耕地灌溉面积为 7 200 亩，在汤泉农场测点和大同村测点各选取 3 个典型田块进行测算。灌区毛灌溉用水量为 563.47 万 m^3，净灌溉用水量为

385.84 万 m³,灌溉水有效利用系数为 0.685。其中,汤泉农场测点位于原汤泉农场经济州灌区,该灌区为 2021 年小型样点灌区,2022 年为沿滁灌区测点,该测点耕地灌溉面积为 5 000 亩,毛灌溉用水量为 395.38 万 m³,净灌溉用水量为 271.32 万 m³,灌溉水利用系数为 0.686。

（3）浦口沿江灌区

浦口沿江灌区为中型灌区,耕地灌溉面积为 1.21 万亩,在周营灌区测点和施周村测点各选取 3 个典型田块进行测算。经测算,灌区毛灌溉用水量为 925.98 万 m³,净灌溉用水量为 633.32 万 m³,灌溉水有效利用系数为 0.684。其中,周营灌区为 2021 年小型样点灌区,2022 年为浦口沿江灌区测点,该测点耕地灌溉面积为 150 亩,毛灌溉用水量为 11.33 万 m³,净灌溉用水量为 7.79 万 m³,灌溉水有效利用系数为 0.688。

（4）兰花塘灌区

兰花塘灌区为小型灌区,耕地灌溉面积为 5 945.24 亩,在灌区内选取 2 个典型田块进行测算。灌区毛灌溉用水量为 442.16 万 m³,净灌溉用水量为 303.21 万 m³,灌溉水有效利用系数为 0.686。

（5）西江灌区

西江灌区为小型灌区,耕地灌溉面积为 1 827.45 亩,在灌区内选取 2 个典型田块进行测算。灌区毛灌溉用水量为 133.74 万 m³,净灌溉用水量为 91.88 万 m³,灌溉水有效利用系数为 0.687。

表 5.2-7　2022 年南京市浦口区样点灌区灌溉水有效利用系数汇总表

序号	灌区名称	水源类型	耕地灌溉面积（亩）	净灌溉用水量（m³）	毛灌溉用水量（m³）	灌溉水有效利用系数
1	三合圩灌区	自流	9 300	4 722 433	6 901 684	0.684
2	沿滁灌区	自流	7 200	3 858 353	5 634 676	0.685
3	浦口沿江灌区	自流	12 100	6 333 173	9 259 816	0.684
4	兰花塘灌区	提水	5 945.24	3 032 118	4 421 566	0.686
5	西江灌区	提水	1 827.45	918 799	1 337 448	0.687

5.2.3.4　测算结果合理性、可靠性分析

2022 年南京市浦口区样点灌区灌溉水有效利用系数年际变化见表 5.2-8,此次测算中保留的样点灌区为五四灌区、汤泉农场经济州灌区和周营灌区。三个灌区的灌溉水有效利用系数均高于往年数值。其中,五四灌区系数增加了 0.005,汤泉农场经济州灌区系数增加了 0.003,周营灌区系数增加了 0.002。

2022 年 6—9 月南京市全市气候特征为"月平均气温明显偏高,降水量明显偏少,日照时数偏多",其中,7 月份累计降水量较常年同期明显偏少近 8 成,8 月份累计降水量较常年同期异常偏少 9.2 成,气象干旱等级在中旱到重旱水平（来自南京市 2022 年 7 月、8 月气候影响评价）。由于降雨异常偏少,2022 年提水量和引水量较 2021 年均明显增多,灌溉水量数据较为合理。

近几年来,浦口区广泛推广水稻浅湿灌溉等水稻节水灌溉模式。水稻浅湿灌溉即浅

水与湿润反复交替、适时落干,浅湿干灵活调节的一种间歇灌溉模式。这种灌溉模式具有降低稻田耗水量和灌溉定额、减少土壤肥力的流失、提高雨水利用率和水的生产效率等多项优点,其灌溉定额比常规的浅水勤灌省水 10%～30%。水稻节水灌溉模式的不断推广,使得灌溉水有效利用系数不断提升。

此外,2019—2022 年浦口区进行了多项节水改造项目,包括重点中型灌区续建配套及节水改造项目、重点泵站更新改造工程和翻水线更新改造工程等。同时,由于农业水价改革工作的不断推进,浦口区针对小农水管护工作采取了多项有效措施,成立了专业的管护组织,每年对水源工程和输水工程等配套设施进行维修和管护;成立了用水者协会,不断提升灌区管理水平。这些措施进一步加快了浦口区农业节水建设进程,提高了灌溉水有效利用系数。

表 5.2-8   2022 年南京市浦口区样点灌区灌溉水有效利用系数年际变化表

序号	灌区		水源类型	耕地灌溉面积(亩)	灌溉水有效利用系数		
					2021 年	2022 年	增加值
1	三合圩灌区		自流	9 300	—	0.684	—
	其中	五四灌区	提水	1 100	0.681	0.686	+0.005
2	沿滁灌区		自流	7 200	—	0.685	—
	其中	汤泉农场经济州灌区	提水	5 000	0.683	0.686	+0.003
3	浦口沿江灌区		自流	12 100	—	0.684	—
	其中	周营灌区	自流	150	0.686	0.688	+0.002
4	兰花塘灌区		提水	5 945.24	—	0.686	—
5	西江灌区		提水	1 827.45	—	0.687	—

5.2.4   区级农田灌溉水有效利用系数测算及成果分析

5.2.4.1   农田灌溉水有效利用系数测算

浦口区样点灌区共有 5 个,其中,中型灌区有 3 个,分别为三合圩灌区、沿滁灌区和浦口沿江灌区;小型灌区有 2 个,分别为兰花塘灌区和西江灌区。浦口区不同规模灌区灌溉水有效利用系数见表 5.2-9。

浦口区中型灌区的灌溉水有效利用系数为:

$$\eta_{浦口中型}=\frac{\eta_{三合圩}\times W_{三合圩}+\eta_{沿滁}\times W_{沿滁}+\eta_{沿江}\times W_{沿江}}{W_{三合圩}+W_{沿滁}+W_{沿江}}$$

$$\eta_{浦口中型}=0.684$$

浦口区小型灌区的灌溉水有效利用系数为:

$$\eta_{浦口小型}=\frac{\eta_{兰花塘}+\eta_{西江}}{2}$$

$$\eta_{浦口小型}=0.686$$

浦口区灌溉水有效利用系数为:

$$\eta_{\text{浦口}} = \frac{\eta_{\text{浦口中型}} \times W_{\text{浦口中型}} + \eta_{\text{浦口小型}} \times W_{\text{浦口小型}}}{W_{\text{浦口中型}} + W_{\text{浦口小型}}}$$

$$\eta_{\text{浦口}} = 0.685$$

综上,2022 年南京市浦口区灌溉水有效利用系数为 0.685。

表 5.2-9　2022 年南京市浦口区不同规模灌区灌溉水有效利用系数

区域	灌溉水有效利用系数			
	区域	大型灌区	中型灌区	小型灌区
浦口区	0.685	—	0.684	0.686

5.2.4.2　农田灌溉水有效利用系数合理性分析

本次测算根据《全国农田灌溉水有效利用系数测算分析技术指导细则》、《灌溉水系数应用技术规范》(DB32/T 3392—2018)和《灌溉渠道系统量水规范》(GB/T 21303—2017)等文件的技术要求,选取适合每个灌区特点的实用有效的测算方法,主要采用便携式旋桨流速仪(LS1206B 型)及田间水位观测等方法进行测定。测算开展前,浦口区水务局、江苏省水利科学研究院等单位的测算人员参加了省、市组织的农田灌溉水有效利用系数测算技术培训班;测量过程中,浦口区水务局和江苏省水利科学研究院共同进行实地考察和现场观测。针对浦口区水稻浅湿节水灌溉模式的特点,江苏省水利科学研究院采用简易水位观测井法测算水稻田间灌水量,提高了测试精度。因此,样点灌区测算方法是合理、可靠的。

1) 样本分布与测算结果合理性、可靠性

南京市浦口区共有灌区 52 个,根据气候、土壤、作物和管理水平,选取浦口区 5 个样点灌区进行灌溉水有效利用系数测算,分别为三合圩灌区、沿滁灌区、浦口沿江灌区、兰花塘灌区和西江灌区。现状灌区类型为 2 个提水灌区、3 个自流灌区,样点灌区分布合理。样点灌区作物类型主要为水稻(夏季),小麦、油菜(冬季)。

三合圩灌区位于永宁街道,沿滁灌区位于汤泉街道,浦口沿江灌区和兰花塘灌区位于桥林街道,西江灌区位于江浦街道。样点灌区分布合理,在自然条件、社会经济条件和管理水平等方面均具有较好的代表性。

样点灌区满足灌区类型和数量要求,其中,2 个提水灌区(兰花塘灌区、西江灌区)和3 个自流灌区(三合圩灌区、沿滁灌区、浦口沿江灌区),在灌溉水源条件上也具有较好的代表性。

对测算结果的分析表明,灌溉水有效利用系数的变化趋势与现有文献的规律描述基本符合。与浦口区其他已有科研成果对比,结果亦基本吻合,表明本次测定结果是可靠的。

2) 灌溉水有效利用系数影响因素

灌溉水有效利用系数受多种因素的综合影响,包括自然条件、灌区工程状况、灌区规模、管理水平、灌溉技术、土壤类型等多个方面。为表征灌溉水有效利用系数各影响因素的具体作用,结合 2012 年到 2022 年浦口区测算过程中获得的数据资料,下面初步分析水资源条件、灌区规模、灌溉类型、工程状况、灌区管理水平、水利投资、工程效益等因素对南京市灌溉水有效利用系数的影响。

（1）投资建设的影响

灌溉水有效利用系数的提高是统计期间自然气候、工程状况、管理水平和农业种植状况等因素综合影响的结果,也与水利设施及灌区的建设投资等有着直接关系。从浦口区 2012—2018 年的灌溉水有效利用系数可以看出,浦口区灌溉水有效利用系数呈上升趋势,其原因主要是 2011 年中央一号文件下发以及浦口区水利体制改革实施以来,国家及各级政府不断加大对水利基础设施建设的投资力度,灌区工程状况和灌区整体管理运行能力得到稳步改善。水利基础设施水平、灌区用水管理能力和人们的节水意识都得到了提高,从而使得浦口区灌溉水有效利用系数在一定程度上得以较快提高。

（2）水文气象和水资源环境的影响

气候对灌溉水有效利用系数的影响分为直接影响和间接影响,直接影响主要是气候条件的差异造成作物灌溉定额和田间水利用的变化。气候对灌溉定额的影响包括:

①气候条件影响蒸散发量(ET)。在宁夏引黄灌区和石羊河流域进行的气候因子对参考作物蒸腾蒸发量影响试验表明,降雨、气温、湿度、风速、日照时数等气候因子对作物蒸散发量的影响最为显著,其中,气温、风速、日照时数与蒸散发量呈高度正相关,降雨、湿度与蒸腾蒸发量呈线性负相关。

②气候条件影响作物地下水利用量。在相同土质和地下水埋深的条件下,气象条件决定着地下水利用量的大小。若在作物生长期内,降雨量大,则土壤水分就大,同时由于作物蒸腾量的减少,地下水对土壤水及作物的补充量就小;反之,若降雨量小,气温较高,作物蒸散发量就大,由于土壤水分含量较低,为了满足作物蒸腾需要,作物势必从更深层吸水,加快地下水对土壤水的补充,提高了地下水利用量。

③气候条件影响有效降雨量。对于水稻而言,有效降雨与降雨量大小和分布有关,呈现出降雨量越大,有效利用系数越小,降雨量越小,有效利用系数越大的趋势。气象因子影响灌溉的诸多环节,作用错综复杂,有待以后深入了解。

（3）灌区规模的影响

一般情况下,随着灌区规模变小,灌溉水有效利用系数呈现逐渐增大的规律。但随着中型灌区节水配套改造工程的实施,其基础条件得到提升,所以也会出现中型灌区的灌溉水有效利用系数比小型灌区大的情况。总体上灌溉水有效利用系数的变化规律是随着灌区规模的增大而逐渐减小的。

由我国大、中、小型灌区面积的级差以及在编制的《节水灌溉工程技术规范》得知,大、中、小型灌区的灌溉水有效利用系数相差约为 15%～20%。现状的大、中、小型灌区的灌溉水有效利用系数相接近,这同样是由于南京市特殊的灌区构成以及近年来在农业水利工程项目上投资力度的加大,提高了灌区的工程状况和运行管理水平,使得大、中型灌区的灌溉水有效利用系数向小型灌区接近。

（4）灌溉管理水平的影响

①灌区的硬件设施方面。对于提高灌溉水有效利用系数而言,灌溉工程设施是基础,用水管理是关键。管理水平较好的灌区,渠首设施保养较好,渠道多采用防渗渠道或管道输水,保证了较高的渠系水利用。而管理水平较差的灌区,往往存在渠首设施损坏失修、闸门启闭不灵活等而导致的漏水现象。工程设施节水改造为灌溉水有效利用系数提高提供了能力保障,而实际达到的灌溉水有效利用系数受到管理水平的影响,通过加强用水管理可以显著减少灌溉工程的非工程性水量损失,进而提高灌溉水有效利用系数。

②节水意识和灌溉制度方面。灌区通过精心调度,优化配水,使各级渠道平稳引水,减少输水过程中的跑水、漏水和无效退水,实现均衡受益,从而提高灌溉水有效利用系数。合理适宜的水价政策,可以提高用水户的节水意识,影响用水行为,减少水资源浪费。用水户参与灌溉管理,调动了用水户的积极性,自觉保护灌溉用水设施。同时,在灌溉制度方面,用水户也会根据作物的不同生长期采取不同的灌溉方式,例如水稻灌溉多采用浅湿节水灌溉、控制灌溉等高效节水灌溉模式,不仅提高了田间水利用率,同时达到高产的目的。另外在一些有条件的灌区,采用微灌、喷灌等灌溉方式,大大提高了灌溉水利用率。

3）灌溉水有效利用系数测算分析

（1）2022年南京市浦口区农田灌溉水有效利用系数为0.685,比2012年的0.637提高了7.54%,且近10年逐年提高,见图5.2-7。近年来,浦口区重视农业节水,引进节水灌溉模式,建设节水型灌区;同时,在泵站维修与渠道养护等方面投入大量资金,减少了灌溉用水的渗漏。因此,灌溉水有效利用系数的增长是浦口区投资建设的必然结果,2022年的测算成果合理、有效。

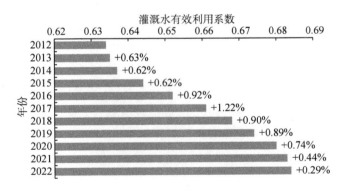

图5.2-7　2012—2022年浦口区灌溉水有效利用系数变化趋势

（2）不同水源类型对灌溉水有效利用系数的影响较为明显。相同规模灌区下,提水灌区的灌溉水有效利用系数普遍高于自流灌区的灌溉水有效利用系数,提水灌区投入成本高,设备建设较好,防渗管护较为到位。自流灌区水源充分,一般不重视利用率,水价偏低,农民节水意识不强,通常情况下灌溉水有效利用系数较低。

（3）灌溉面积对灌溉水有效利用系数存在影响。相同水源条件下，灌溉面积越大，灌溉水有效利用系数越低。灌区面积越大，渠道级别相对较多，每次灌溉渠道滞蓄水量较多，同时，新建或新改造的灌区灌溉水有效利用系数明显偏高。

5.2.5 结论与建议

5.2.5.1 结论

2022 年南京市浦口区农田灌溉水有效利用系数测算分析过程，按照《指导细则》和《2022 年南京市灌溉水有效利用系数测算分析工作实施方案》严格进行，针对本地灌区的特点，通过对浦口区各灌区测算情况的分析和现场调研，2022 年度灌溉水有效利用系数的测算工作取得了较为客观、真实的成果。测算结果反映了浦口区灌区管理水平以及近年来节水灌溉实施取得的成果，毛灌溉水量、净灌溉水量的测算方法是可靠的，测算结果是合理的。上述测算成果，对浦口区水资源规划、调度具有重要参考价值。

2022 年浦口区农田灌溉水有效利用系数测算分析工作，选择不同规模、不同引水条件、不同工程状况和管理水平的样点灌区，并依据样点灌区已有的灌溉水管理资料、灌溉试验与观测资料和灌溉实践经验等，通过调查、现场测量、计算分析，得出样点灌区现状灌溉水有效利用系数，采用点与面相结合，调查统计与试验观测分析相结合的方法，按照加权平均，测算出本年度全区农田灌溉水有效利用系数为 0.685，较 2021 年的 0.683 提高 0.002。

5.2.5.2 建议

（1）推动信息化技术。首尾法的重要步骤之一是灌区首部渠道取水量的测定，目前灌区主要采用流速仪测定。但有些灌区首部枢纽不够完整，水源工程多，类型差别较大，测算过程中容易出现漏测、误测，对结果影响很大，在测算过程中需反复核对。另外，一些灌区尤其是小型灌区渠道断面不够规则，影响测算精度，测算结果需用多种方法相互校核，使得测算工作量增大。下一年度在测算阶段应加强使用信息化技术，合理利用用水计量设施，减少测算工作量。

（2）加强经费保障。农田灌溉水有效利用系数测算需要消耗大量的人力、物力和财力，渠首流量的测算、水位观测井的布设、技术培训的开展，都需要稳定的经费保障。目前，各区（县）的经费均由省、市级财政拨款，资金较为紧张，难以为系数测算提供稳定的资金渠道，需要加强配套资金用于开展此项测算工作。

5.2.6 附表及附图

附表 5.2-1～附表 5.2-5 为南京市浦口区样点灌区基本资料调查表。

附表 5.2-1 2022 年三合圩灌区(样点)基本信息调查表

灌区名称:三合圩灌区				
灌区所在行政区:江苏省南京市浦口区永宁街道		灌区位置:		
灌区规模:□大 ☑中 □小		灌区水源取水方式:□提水 ☑自流引水		
灌区地形:☑圩垸 □丘陵 □平原		灌区土壤类型:黏质土___% 壤土___% 砂质土___%		
设计灌溉面积(万亩)	1.83	有效灌溉面积(万亩)		1.82
当年实际灌溉面积(万亩)	0.93	井渠结合面积(万亩)		
多年平均降水量(mm)		当年降水量(mm)		
地下水埋深范围(m)	0.8			
机井数量(眼)		配套动力(kW)		
泵站数量(座)		泵站装机容量(kW)		
泵站提水能力(m³/s)				
塘坝数量(座)		塘坝总蓄水能力(万 m³)		
水窖、池数量(座)		水窖、池总蓄水能力(万 m³)		
当年完成节水灌溉工程投资(万元)		灌区综合净灌溉定额(m³/亩)		
样点灌区粮食亩均产量(kg/亩)	650	灌区人均占有耕地面积(亩/人)		
节水灌溉工程面积(万亩)				
合计	防渗渠道地面灌溉	管道输水地面灌溉	喷灌	微灌

附表 5.2-2 2022 年沿滁灌区(样点)基本信息调查表

灌区名称:沿滁灌区				
灌区所在行政区:江苏省南京市浦口区汤泉街道		灌区位置:		
灌区规模:□大 ☑中 □小		灌区水源取水方式:□提水 ☑自流引水		
灌区地形:□圩垸 □丘陵 ☑平原		灌区土壤类型:黏质土___% 壤土___% 砂质土___%		
设计灌溉面积(万亩)	5.22	有效灌溉面积(万亩)		4.85
当年实际灌溉面积(万亩)	0.72	井渠结合面积(万亩)		
多年平均降水量(mm)		当年降水量(mm)		
地下水埋深范围(m)	2.0~7.5			
机井数量(眼)		配套动力(kW)		
泵站数量(座)		泵站装机容量(kW)		
泵站提水能力(m³/s)				
塘坝数量(座)		塘坝总蓄水能力(万 m³)		
水窖、池数量(座)		水窖、池总蓄水能力(万 m³)		
当年完成节水灌溉工程投资(万元)		灌区综合净灌溉定额(m³/亩)		
样点灌区粮食亩均产量(kg/亩)	580	灌区人均占有耕地面积(亩/人)		
节水灌溉工程面积(万亩)				
合计	防渗渠道地面灌溉	管道输水地面灌溉	喷灌	微灌

附表 5.2-3　2022 年浦口沿江灌区(样点)基本信息调查表

灌区名称:浦口沿江灌区				
灌区所在行政区:江苏省南京市浦口区桥林街道		灌区位置:		
灌区规模:☐大　☑中　☐小		灌区水源取水方式:☐提水　☑自流引水		
灌区地形:☑圩垸　☐丘陵　☐平原		灌区土壤类型:黏质土___%　壤土___%　砂质土___%		
设计灌溉面积(万亩)	6.6	有效灌溉面积(万亩)		4.14
当年实际灌溉面积(万亩)	1.21	井渠结合面积(万亩)		
多年平均降水量(mm)		当年降水量(mm)		
地下水埋深范围(m)	5			
机井数量(眼)		配套动力(kW)		
泵站数量(座)		泵站装机容量(kW)		
泵站提水能力(m³/s)				
塘坝数量(座)		塘坝总蓄水能力(万 m³)		
水窖、池数量(座)		水窖、池总蓄水能力(万 m³)		
当年完成节水灌溉工程投资(万元)		灌区综合净灌溉定额(m³/亩)		
样点灌区粮食亩均产量(kg/亩)	525	灌区人均占有耕地面积(亩/人)		
节水灌溉工程面积(万亩)				
合计	防渗渠道地面灌溉	管道输水地面灌溉	喷灌	微灌

附表 5.2-4　2022 年兰花塘灌区(样点)基本信息调查表

灌区名称:兰花塘灌区				
灌区所在行政区:江苏省南京市浦口区桥林街道		灌区位置:		
灌区规模:☐大　☐中　☑小		灌区水源取水方式:☑提水　☐自流引水		
灌区地形:☐圩垸　☑丘陵　☐平原		灌区土壤类型:黏质土___%　壤土___%　砂质土___%		
设计灌溉面积(万亩)	0.666 4	有效灌溉面积(万亩)		0.594 5
当年实际灌溉面积(万亩)	0.594 5	井渠结合面积(万亩)		
多年平均降水量(mm)		当年降水量(mm)		
地下水埋深范围(m)				
机井数量(眼)		配套动力(kW)		
泵站数量(座)		泵站装机容量(kW)		
泵站提水能力(m³/s)				
塘坝数量(座)		塘坝总蓄水能力(万 m³)		
水窖、池数量(座)		水窖、池总蓄水能力(万 m³)		
当年完成节水灌溉工程投资(万元)		灌区综合净灌溉定额(m³/亩)		
样点灌区粮食亩均产量(kg/亩)	525	灌区人均占有耕地面积(亩/人)		
节水灌溉工程面积(万亩)				
合计	防渗渠道地面灌溉	管道输水地面灌溉	喷灌	微灌
0.399 8				

附表 5.2-5　2022 年西江灌区(样点)基本信息调查表

灌区名称:西江灌区				
灌区所在行政区:江苏省南京市浦口区江浦街道		灌区位置:		
灌区规模:☐大 ☐中 ☑小		灌区水源取水方式:☑提水 ☐自流引水		
灌区地形:☐圩垸 ☐丘陵 ☑平原		灌区土壤类型:黏质土___% 壤土___% 砂质土___%		
设计灌溉面积(万亩)	0.182 7	有效灌溉面积(万亩)		0.182 7
当年实际灌溉面积(万亩)	0.182 7	井渠结合面积(万亩)		
多年平均降水量(mm)		当年降水量(mm)		
地下水埋深范围(m)				
机井数量(眼)		配套动力(kW)		
泵站数量(座)		泵站装机容量(kW)		
泵站提水能力(m^3/s)				
塘坝数量(座)		塘坝总蓄水能力(万 m^3)		
水窖、池数量(座)		水窖、池总蓄水能力(万 m^3)		
当年完成节水灌溉工程投资(万元)		灌区综合净灌溉定额(m^3/亩)		
样点灌区粮食亩均产量(kg/亩)		灌区人均占有耕地面积(亩/人)		

节水灌溉工程面积(万亩)				
合计	防渗渠道地面灌溉	管道输水地面灌溉	喷灌	微灌
0.109 6				

附表 5.2-6～附表 5.2-10 为南京市浦口区样点灌区渠首和渠系信息调查表。

附表 5.2-6　2022 年三合圩灌区(样点)渠首和渠系信息调查表

渠首设计取水能力(m^3/s):							
	渠道长度与防渗情况						
渠系信息	渠道级别	条数	总长度 (km)	渠道衬砌防渗长度(km)			衬砌防渗率(%)
				混凝土	浆砌石	其他	
	干 渠	6	25.4	11.6			
	支 渠	7	28.4				
	斗 渠						
	农 渠						
	其中骨干渠系(≥1 m^3/s)						
毛灌溉用水情况	渠首引水量(万 m^3/年)	690.17		地下水取水量(万 m^3/年)			
	塘堰坝供水量(万 m^3/年)			其他水源引水量(万 m^3/年)			
	塘堰坝取水:☐有 ☐无		塘堰坝供水量计算方式:☐径流系数法 ☐复蓄次数法				
	径流系数法参数	年径流系数		蓄水系数		集水面积(km^2)	
	重复蓄满次数	重复蓄满次数			有效容积(万 m^3)		

续表

<table>
<tr><td rowspan="4">其他</td><td colspan="2">末级计量渠道(＿＿渠)灌溉供水总量(万 m³)</td><td colspan="2"></td></tr>
<tr><td rowspan="3">洗碱状况</td><td colspan="3">灌区洗碱：□有 □无</td></tr>
<tr><td>洗碱面积(万亩)</td><td colspan="2">洗碱净定额(m³/亩)</td></tr>
</table>

附表 5.2-7　2022 年沿滁灌区(样点)渠首和渠系信息调查表

渠首设计取水能力(m³/s)：

<table>
<tr><td rowspan="9">渠系信息</td><td colspan="6">渠道长度与防渗情况</td></tr>
<tr><td rowspan="2">渠道级别</td><td rowspan="2">条数</td><td rowspan="2">总长度(km)</td><td colspan="3">渠道衬砌防渗长度(km)</td><td rowspan="2">衬砌防渗率(%)</td></tr>
<tr><td>混凝土</td><td>浆砌石</td><td>其他</td></tr>
<tr><td>干渠</td><td>11</td><td>42.5</td><td>7.4</td><td></td><td></td><td></td></tr>
<tr><td>支渠</td><td></td><td></td><td></td><td></td><td></td><td></td></tr>
<tr><td>斗渠</td><td></td><td></td><td></td><td></td><td></td><td></td></tr>
<tr><td>农渠</td><td></td><td></td><td></td><td></td><td></td><td></td></tr>
<tr><td>其中骨干渠系(≥1 m³/s)</td><td></td><td></td><td></td><td></td><td></td><td></td></tr>
<tr><td rowspan="5">毛灌溉用水情况</td><td>渠首引水量(万 m³/年)</td><td colspan="2">563.47</td><td colspan="2">地下水取水量(万 m³/年)</td><td></td></tr>
<tr><td>塘堰坝供水量(万 m³/年)</td><td colspan="2"></td><td colspan="2">其他水源引水量(万 m³/年)</td><td></td></tr>
<tr><td>塘堰坝取水：□有 □无</td><td colspan="5">塘堰坝供水量计算方式：□径流系数法 □复蓄次数法</td></tr>
<tr><td>径流系数法参数</td><td colspan="2">年径流系数</td><td colspan="2">蓄水系数</td><td>集水面积(km²)</td></tr>
<tr><td>重复蓄满次数</td><td colspan="3">重复蓄满次数</td><td colspan="2">有效容积(万 m³)</td></tr>
<tr><td rowspan="3">其他</td><td colspan="2">末级计量渠道(＿＿渠)灌溉供水总量(万 m³)</td><td colspan="4"></td></tr>
<tr><td rowspan="2">洗碱状况</td><td colspan="5">灌区洗碱：□有 □无</td></tr>
<tr><td>洗碱面积(万亩)</td><td colspan="4">洗碱净定额(m³/亩)</td></tr>
</table>

附表 5.2-8　2022 年沿江灌区(样点)渠首和渠系信息调查表

渠首设计取水能力(m³/s)：

<table>
<tr><td rowspan="8">渠系信息</td><td colspan="6">渠道长度与防渗情况</td></tr>
<tr><td rowspan="2">渠道级别</td><td rowspan="2">条数</td><td rowspan="2">总长度(km)</td><td colspan="3">渠道衬砌防渗长度(km)</td><td rowspan="2">衬砌防渗率(%)</td></tr>
<tr><td>混凝土</td><td>浆砌石</td><td>其他</td></tr>
<tr><td>干渠</td><td>8</td><td>35.3</td><td>3.2</td><td></td><td></td><td></td></tr>
<tr><td>支渠</td><td></td><td></td><td></td><td></td><td></td><td></td></tr>
<tr><td>斗渠</td><td></td><td></td><td></td><td></td><td></td><td></td></tr>
<tr><td>农渠</td><td></td><td></td><td></td><td></td><td></td><td></td></tr>
<tr><td>其中骨干渠系(≥1 m³/s)</td><td></td><td></td><td></td><td></td><td></td><td></td></tr>
</table>

续表

毛灌溉用水情况	渠首引水量（万 m³/年）	925.98		地下水取水量（万 m³/年）		
	塘堰坝供水量（万 m³/年）			其他水源引水量（万 m³/年）		
	塘堰坝取水：☐有 ☐无		塘堰坝供水量计算方式：☐径流系数法 ☐复蓄次数法			
	径流系数法参数	年径流系数		蓄水系数		集水面积（km²）
	重复蓄满次数	重复蓄满次数			有效容积（万 m³）	
其他	末级计量渠道（＿＿渠）灌溉供水总量（万 m³）					
	洗碱状况	灌区洗碱：☐有 ☐无				
		洗碱面积（万亩）		洗碱净定额（m³/亩）		

附表 5.2-9　2022 年兰花塘灌区（样点）渠首和渠系信息调查表

渠首设计取水能力（m³/s）：

				渠道长度与防渗情况			
渠系信息	渠道级别	条数	总长度（km）	渠道衬砌防渗长度（km）			衬砌防渗率（%）
				混凝土	浆砌石	其他	
	干　渠						
	支　渠						
	斗　渠	1	4.5				
	农　渠						
	其中骨干渠系（≥1 m³/s）						
毛灌溉用水情况	渠首引水量（万 m³/年）	442.16		地下水取水量（万 m³/年）		
	塘堰坝供水量（万 m³/年）			其他水源引水量（万 m³/年）		
	塘堰坝取水：☐有 ☐无		塘堰坝供水量计算方式：☐径流系数法 ☐复蓄次数法		
	径流系数法参数	年径流系数		蓄水系数		集水面积（km²）
	重复蓄满次数	重复蓄满次数			有效容积（万 m³）	
其他	末级计量渠道（＿＿渠）灌溉供水总量（万 m³）					
	洗碱状况	灌区洗碱：☐有 ☐无				
		洗碱面积（万亩）		洗碱净定额（m³/亩）		

附表 5.2-10　2022 年西江灌区（样点）渠首和渠系信息调查表

渠首设计取水能力（m³/s）：

渠系信息	渠道长度与防渗情况						
	渠道级别	条数	总长度（km）	渠道衬砌防渗长度（km）			衬砌防渗率（%）
				混凝土	浆砌石	其他	
	干　渠						
	支　渠						
	斗　渠	1	1.6				
	农　渠						
	其中骨干渠系（≥1 m³/s）						

毛灌溉用水情况	渠首引水量（万 m³/年）	133.74	地下水取水量（万 m³/年）	
	塘堰坝供水量（万 m³/年）		其他水源引水量（万 m³/年）	
	塘堰坝取水：□有　□无	塘堰坝供水量计算方式：□径流系数法　□复蓄次数法		
	径流系数法参数	年径流系数	蓄水系数	集水面积（km²）
	重复蓄满次数	重复蓄满次数	有效容积（万 m³）	

其他	末级计量渠道（＿＿渠）灌溉供水总量（万 m³）		
	洗碱状况	灌区洗碱：□有　□无	
		洗碱面积（万亩）	洗碱净定额（m³/亩）

附表 5.2-11～附表 5.2-15 为南京市浦口区样点灌区作物与田间灌溉情况调查表。

附表 5.2-11   2022 年三合圩灌区(样点)作物与田间灌溉情况调查表

<table>
<tr><td rowspan="5">基础信息</td><td colspan="8">作物种类:☐一般作物 ☑水稻 ☐套种 ☐跨年作物</td></tr>
<tr><td colspan="8">灌溉模式:☐旱作充分灌溉 ☐旱作非充分灌溉 ☐水稻淹灌 ☑水稻节水灌溉</td></tr>
<tr><td colspan="2">土壤类型</td><td colspan="2">中壤土</td><td colspan="3">试验站净灌溉定额(m³/亩)</td><td>381.97</td></tr>
<tr><td colspan="2">观测田间毛灌溉定额(m³/亩)</td><td colspan="2">742.12</td><td colspan="3">水稻育秧净用水量(万 m³)</td><td></td></tr>
<tr><td colspan="2">水稻泡田定额(m³/亩)</td><td colspan="2">101.72</td><td colspan="3">水稻生育期内渗漏量(m³/亩)</td><td></td></tr>
</table>

<table>
<tr><td rowspan="13">分月法</td><td colspan="13">作物系数:☐分月法 ☑分段法</td></tr>
<tr><td rowspan="6">作物1</td><td colspan="6">作物名称</td><td colspan="6">平均亩产(kg/亩)</td></tr>
<tr><td colspan="6">播种面积(万亩)</td><td colspan="6">实灌面积(万亩)</td></tr>
<tr><td colspan="6">播种日期</td><td colspan="3">年   月   日</td><td colspan="3">收获日期</td></tr>
<tr><td colspan="6"></td><td colspan="6">年   月   日</td></tr>
<tr><td colspan="12">分月作物系数</td></tr>
<tr><td>1月</td><td>2月</td><td>3月</td><td>4月</td><td>5月</td><td>6月</td><td>7月</td><td>8月</td><td>9月</td><td>10月</td><td>11月</td><td>12月</td></tr>
<tr><td rowspan="6">作物2</td><td colspan="6">作物名称</td><td colspan="6">平均亩产(kg/亩)</td></tr>
<tr><td colspan="6">播种面积(万亩)</td><td colspan="6">实灌面积(万亩)</td></tr>
<tr><td colspan="6">播种日期</td><td colspan="3">年   月   日</td><td colspan="3">收获日期</td></tr>
<tr><td colspan="6"></td><td colspan="6">年   月   日</td></tr>
<tr><td colspan="12">分月作物系数</td></tr>
<tr><td>1月</td><td>2月</td><td>3月</td><td>4月</td><td>5月</td><td>6月</td><td>7月</td><td>8月</td><td>9月</td><td>10月</td><td>11月</td><td>12月</td></tr>
</table>

（水稻生育期内有效降水量(m³/亩)   水稻生育期内稻田排水量(m³/亩)）

分段法			
作物名称	水稻	平均亩产(kg/亩)	650
播种面积(万亩)	0.94	实灌面积(万亩)	0.93
Kc_{ini}	Kc_{mid}		Kc_{end}
1.17	1.31		1.29
播种/返青	快速发育开始	生育中期开始	成熟期开始 成熟期结束
6月8日	6月20日	8月14日	9月8日 10月11日

地下水利用		
种植期内地下水利用量(mm)		
种植期内平均地下水埋深(m)	极限埋深(m)	
经验指数 P	作物修正系数 k	

有效降水利用		
种植期内有效降水利用量(mm)		
降水量 p(mm)	有效利用系数	
$p<5$		
$5 \leqslant p < 30$		
$30 \leqslant p < 50$		
$50 \leqslant p < 100$		
$100 \leqslant p < 150$		
$p \geqslant 150$		

附表 5.2-12 2022 年沿滁灌区(样点)作物与田间灌溉情况调查表

<table>
<tr><td rowspan="6">基础信息</td><td colspan="6">作物种类:□一般作物 ☑水稻 □套种 □跨年作物</td></tr>
<tr><td colspan="6">灌溉模式:□旱作充分灌溉 □旱作非充分灌溉 □水稻淹灌 ☑水稻节水灌溉</td></tr>
<tr><td colspan="2">土壤类型</td><td>壤土</td><td colspan="2">试验站净灌溉定额(m³/亩)</td><td>371.03</td></tr>
<tr><td colspan="2">观测田间毛灌溉定额(m³/亩)</td><td>782.59</td><td colspan="2">水稻育秧净用水量(万 m³)</td><td></td></tr>
<tr><td colspan="2">水稻泡田定额(m³/亩)</td><td>108.02</td><td colspan="2">水稻生育期内渗漏量(m³/亩)</td><td></td></tr>
<tr><td colspan="2">水稻生育期内有效降水量(m³/亩)</td><td></td><td colspan="2">水稻生育期内稻田排水量(m³/亩)</td><td></td></tr>
</table>

作物系数:□分月法 ☑分段法

<table>
<tr><td rowspan="13">分月法</td><td rowspan="6">作物1</td><td colspan="4">作物名称</td><td colspan="4">平均亩产(kg/亩)</td><td colspan="4"></td></tr>
<tr><td colspan="4">播种面积(万亩)</td><td colspan="4">实灌面积(万亩)</td><td colspan="4"></td></tr>
<tr><td colspan="4">播种日期</td><td colspan="2">年 月 日</td><td colspan="2">收获日期</td><td colspan="4">年 月 日</td></tr>
<tr><td colspan="12">分月作物系数</td></tr>
<tr><td>1月</td><td>2月</td><td>3月</td><td>4月</td><td>5月</td><td>6月</td><td>7月</td><td>8月</td><td>9月</td><td>10月</td><td>11月</td><td>12月</td></tr>
<tr><td></td><td></td><td></td><td></td><td></td><td></td><td></td><td></td><td></td><td></td><td></td><td></td></tr>
<tr><td rowspan="6">作物2</td><td colspan="4">作物名称</td><td colspan="4">平均亩产(kg/亩)</td><td colspan="4"></td></tr>
<tr><td colspan="4">播种面积(万亩)</td><td colspan="4">实灌面积(万亩)</td><td colspan="4"></td></tr>
<tr><td colspan="4">播种日期</td><td colspan="2">年 月 日</td><td colspan="2">收获日期</td><td colspan="4">年 月 日</td></tr>
<tr><td colspan="12">分月作物系数</td></tr>
<tr><td>1月</td><td>2月</td><td>3月</td><td>4月</td><td>5月</td><td>6月</td><td>7月</td><td>8月</td><td>9月</td><td>10月</td><td>11月</td><td>12月</td></tr>
<tr><td></td><td></td><td></td><td></td><td></td><td></td><td></td><td></td><td></td><td></td><td></td><td></td></tr>
</table>

<table>
<tr><td rowspan="6">分段法</td><td colspan="2">作物名称</td><td colspan="2">水稻</td><td colspan="2">平均亩产(kg/亩)</td><td colspan="2">580</td></tr>
<tr><td colspan="2">播种面积(万亩)</td><td colspan="2">0.73</td><td colspan="2">实灌面积(万亩)</td><td colspan="2">0.72</td></tr>
<tr><td colspan="3">Kc_{ini}</td><td colspan="3">Kc_{mid}</td><td colspan="2">Kc_{end}</td></tr>
<tr><td colspan="3">1.17</td><td colspan="3">1.31</td><td colspan="2">1.29</td></tr>
<tr><td>播种/返青</td><td colspan="2">快速发育开始</td><td colspan="2">生育中期开始</td><td colspan="2">成熟期开始</td><td colspan="2">成熟期结束</td></tr>
<tr><td>6月19日</td><td colspan="2">7月21日</td><td colspan="2">8月14日</td><td colspan="2">9月27日</td><td colspan="2">10月26日</td></tr>
</table>

<table>
<tr><td rowspan="4">地下水利用</td><td colspan="2">种植期内地下水利用量(mm)</td><td></td></tr>
<tr><td colspan="2">种植期内平均地下水埋深(m)</td><td>极限埋深(m)</td><td></td></tr>
<tr><td colspan="2">经验指数 P</td><td>作物修正系数 k</td><td></td></tr>
<tr><td colspan="2"></td><td></td><td></td></tr>
</table>

<table>
<tr><td rowspan="8">有效降水利用</td><td colspan="2">种植期内有效降水利用量(mm)</td><td></td></tr>
<tr><td colspan="2">降水量 p(mm)</td><td>有效利用系数</td></tr>
<tr><td colspan="2">p<5</td><td></td></tr>
<tr><td colspan="2">5≤p<30</td><td></td></tr>
<tr><td colspan="2">30≤p<50</td><td></td></tr>
<tr><td colspan="2">50≤p<100</td><td></td></tr>
<tr><td colspan="2">100≤p<150</td><td></td></tr>
<tr><td colspan="2">p≥150</td><td></td></tr>
</table>

附表 5.2-13　2022 年浦口沿江灌区(样点)作物与田间灌溉情况调查表

<table>
<tr><td rowspan="5">基础信息</td><td colspan="2">作物种类:□一般作物　☑水稻　□套种　□跨年作物</td><td colspan="4"></td></tr>
<tr><td colspan="2">灌溉模式:□旱作充分灌溉　□旱作非充分灌溉　□水稻淹灌　☑水稻节水灌溉</td><td colspan="4"></td></tr>
<tr><td>土壤类型</td><td>壤土</td><td colspan="2">试验站净灌溉定额(m³/亩)</td><td colspan="2">375.61</td></tr>
<tr><td>观测田间毛灌溉定额(m³/亩)</td><td>765.27</td><td colspan="2">水稻育秧净用水量(万 m³)</td><td colspan="2"></td></tr>
<tr><td>水稻泡田定额(m³/亩)</td><td>111.86</td><td colspan="2">水稻生育期内渗漏量(m³/亩)</td><td colspan="2"></td></tr>
</table>

Note: 水稻生育期内有效降水量(m³/亩)　水稻生育期内稻田排水量(m³/亩)

作物系数:□分月法　☑分段法

分月法

作物 1

作物名称		平均亩产(kg/亩)	
播种面积(万亩)		实灌面积(万亩)	
播种日期	年　月　日	收获日期	年　月　日

分月作物系数

1月	2月	3月	4月	5月	6月	7月	8月	9月	10月	11月	12月

作物 2

作物名称		平均亩产(kg/亩)	
播种面积(万亩)		实灌面积(万亩)	
播种日期	年　月　日	收获日期	年　月　日

分月作物系数

1月	2月	3月	4月	5月	6月	7月	8月	9月	10月	11月	12月

分段法

作物名称	水稻	平均亩产(kg/亩)	525
播种面积(万亩)	1.3	实灌面积(万亩)	1.21

Kc_{ini}	Kc_{mid}	Kc_{end}
1.17	1.31	1.29

播种/返青	快速发育开始	生育中期开始	成熟期开始	成熟期结束
6 月 29 日	7 月 30 日	8 月 28 日	9 月 10 日	10 月 25 日

地下水利用	种植期内地下水利用量(mm)			
	种植期内平均地下水埋深(m)		极限埋深(m)	
	经验指数 P		作物修正系数 k	

有效降水利用	种植期内有效降水利用量(mm)		
	降水量 p(mm)	有效利用系数	
	$p<5$		
	$5 \leqslant p<30$		
	$30 \leqslant p<50$		
	$50 \leqslant p<100$		
	$100 \leqslant p<150$		
	$p \geqslant 150$		

附表 5.2-14　2022 年兰花塘灌区(样点)作物与田间灌溉情况调查表

<table>
<tr><td rowspan="6">基础信息</td><td colspan="5">作物种类:□一般作物　☑水稻　□套种　□跨年作物</td></tr>
<tr><td colspan="5">灌溉模式:□旱作充分灌溉　□旱作非充分灌溉　□水稻淹灌　☑水稻节水灌溉</td></tr>
<tr><td>土壤类型</td><td>壤土</td><td>试验站净灌溉定额(m³/亩)</td><td>391.65</td></tr>
<tr><td>观测田间毛灌溉定额(m³/亩)</td><td>743.72</td><td>水稻育秧净用水量(万 m³)</td><td></td></tr>
<tr><td>水稻泡田定额(m³/亩)</td><td>107.41</td><td>水稻生育内内渗漏量(m³/亩)</td><td></td></tr>
<tr><td>水稻生育期内有效降水量(m³/亩)</td><td></td><td>水稻生育期内稻田排水量(m³/亩)</td><td></td></tr>
</table>

分月法		作物系数:□分月法　☑分段法												

<table>
<tr><td rowspan="11">分月法</td><td rowspan="5">作物1</td><td colspan="6">作物名称</td><td colspan="3">平均亩产(kg/亩)</td><td colspan="3"></td></tr>
<tr><td colspan="6">播种面积(万亩)</td><td colspan="3">实灌面积(万亩)</td><td colspan="3"></td></tr>
<tr><td colspan="6">播种日期</td><td>年　　月　　日</td><td colspan="2">收获日期</td><td colspan="3">年　　月　　日</td></tr>
<tr><td colspan="12">分月作物系数</td></tr>
<tr><td>1月</td><td>2月</td><td>3月</td><td>4月</td><td>5月</td><td>6月</td><td>7月</td><td>8月</td><td>9月</td><td>10月</td><td>11月</td><td>12月</td></tr>
<tr><td rowspan="5">作物2</td><td colspan="6">作物名称</td><td colspan="3">平均亩产(kg/亩)</td><td colspan="3"></td></tr>
<tr><td colspan="6">播种面积(万亩)</td><td colspan="3">实灌面积(万亩)</td><td colspan="3"></td></tr>
<tr><td colspan="6">播种日期</td><td>年　　月　　日</td><td colspan="2">收获日期</td><td colspan="3">年　　月　　日</td></tr>
<tr><td colspan="12">分月作物系数</td></tr>
<tr><td>1月</td><td>2月</td><td>3月</td><td>4月</td><td>5月</td><td>6月</td><td>7月</td><td>8月</td><td>9月</td><td>10月</td><td>11月</td><td>12月</td></tr>
</table>

<table>
<tr><td rowspan="4">分段法</td><td>作物名称</td><td colspan="2">水稻</td><td>平均亩产(kg/亩)</td><td colspan="2">525</td></tr>
<tr><td>播种面积(万亩)</td><td colspan="2">0.67</td><td>实灌面积(万亩)</td><td colspan="2">0.59</td></tr>
<tr><td>Kc_{ini}</td><td colspan="2">Kc_{mid}</td><td colspan="3">Kc_{end}</td></tr>
<tr><td>1.17</td><td colspan="2">1.31</td><td colspan="3">1.29</td></tr>
<tr><td></td><td>播种/返青</td><td>快速发育开始</td><td>生育中期开始</td><td>成熟期开始</td><td colspan="2">成熟期结束</td></tr>
<tr><td></td><td>6 月 29 日</td><td>7 月 30 日</td><td>8 月 28 日</td><td>9 月 10 日</td><td colspan="2">10 月 25 日</td></tr>
</table>

<table>
<tr><td rowspan="3">地下水利用</td><td colspan="2">种植期内地下水利用量(mm)</td><td></td><td></td></tr>
<tr><td colspan="2">种植期内平均地下水埋深(m)</td><td>极限埋深(m)</td><td></td></tr>
<tr><td colspan="2">经验指数 P</td><td>作物修正系数 k</td><td></td></tr>
</table>

<table>
<tr><td rowspan="8">有效降水利用</td><td colspan="2">种植期内有效降水利用量(mm)</td></tr>
<tr><td>降水量 p(mm)</td><td>有效利用系数</td></tr>
<tr><td>p<5</td><td></td></tr>
<tr><td>5≤p<30</td><td></td></tr>
<tr><td>30≤p<50</td><td></td></tr>
<tr><td>50≤p<100</td><td></td></tr>
<tr><td>100≤p<150</td><td></td></tr>
<tr><td>p≥150</td><td></td></tr>
</table>

附表 5.2-15 2022 年西江灌区(样点)作物与田间灌溉情况调查表

<table>
<tr><td rowspan="6">基础信息</td><td colspan="5">作物种类:□一般作物 ☑水稻 □套种 □跨年作物</td></tr>
<tr><td colspan="5">灌溉模式:□旱作充分灌溉 □旱作非充分灌溉 □水稻淹灌 ☑水稻节水灌溉</td></tr>
<tr><td>土壤类型</td><td>壤土</td><td>试验站净灌溉定额(m³/亩)</td><td colspan="2">357.95</td></tr>
<tr><td>观测田间毛灌溉定额(m³/亩)</td><td>731.87</td><td>水稻育秧净用水量(万 m³)</td><td colspan="2"></td></tr>
<tr><td>水稻泡田定额(m³/亩)</td><td>111.19</td><td>水稻生育期内渗漏量(m³/亩)</td><td colspan="2"></td></tr>
<tr><td>水稻生育期内有效降水量(m³/亩)</td><td></td><td>水稻生育期内稻田排水量(m³/亩)</td><td colspan="2"></td></tr>
</table>

作物系数:□分月法 ☑分段法

分月法

<table>
<tr><td rowspan="6">分月法</td><td rowspan="3">作物1</td><td colspan="3">作物名称</td><td colspan="9">平均亩产(kg/亩)</td></tr>
<tr><td colspan="3">播种面积(万亩)</td><td colspan="9">实灌面积(万亩)</td></tr>
<tr><td colspan="3">播种日期</td><td colspan="4">年 月 日</td><td colspan="2">收获日期</td><td colspan="3">年 月 日</td></tr>
<tr><td colspan="12">分月作物系数</td></tr>
<tr><td>1月</td><td>2月</td><td>3月</td><td>4月</td><td>5月</td><td>6月</td><td>7月</td><td>8月</td><td>9月</td><td>10月</td><td>11月</td><td>12月</td></tr>
</table>

<table>
<tr><td rowspan="5">作物2</td><td colspan="3">作物名称</td><td colspan="9">平均亩产(kg/亩)</td></tr>
<tr><td colspan="3">播种面积(万亩)</td><td colspan="9">实灌面积(万亩)</td></tr>
<tr><td colspan="3">播种日期</td><td colspan="4">年 月 日</td><td colspan="2">收获日期</td><td colspan="3">年 月 日</td></tr>
<tr><td colspan="12">分月作物系数</td></tr>
<tr><td>1月</td><td>2月</td><td>3月</td><td>4月</td><td>5月</td><td>6月</td><td>7月</td><td>8月</td><td>9月</td><td>10月</td><td>11月</td><td>12月</td></tr>
</table>

分段法

作物名称	水稻	平均亩产(kg/亩)	
播种面积(万亩)	0.18	实灌面积(万亩)	0.18

Kc_{ini}	Kc_{mid}	Kc_{end}
1.17	1.31	1.29

播种/返青	快速发育开始	生育中期开始	成熟期开始	成熟期结束
6月20日	7月20日	8月20日	9月10日	10月20日

地下水利用

种植期内地下水利用量(mm)			
种植期内平均地下水埋深(m)		极限埋深(m)	
经验指数 P		作物修正系数 k	

有效降水利用

种植期内有效降水利用量(mm)		
降水量 p(mm)	有效利用系数	
$p<5$		
$5 \leqslant p<30$		
$30 \leqslant p<50$		
$50 \leqslant p<100$		
$100 \leqslant p<150$		
$p \geqslant 150$		

附表5.2-16～附表5.2-20为南京市浦口区样点灌区年净灌溉用水总量分析汇总表。

附表5.2-16　2022年三合圩灌区(样点)年净灌溉用水总量分析汇总表

样点灌区片区	作物名称	典型田块编号	灌溉方式	直接量测法 年亩均净灌溉用水量(m³/亩)	观测分析法 净灌溉定额(m³/亩)	年亩均灌溉用水量(m³/亩)	年亩均净灌溉用水量采用值(m³/亩)	年亩均净灌溉用水量选用值(m³/亩)	典型田块实灌面积(亩)	某片区(灌溉类型)某种作物 年亩均净灌溉用水量(m³/亩)	实灌面积(亩)	年净灌溉用水量(m³)	样点灌区年净灌溉用水总量(m³)
五四灌区测点	水稻	1	自流	510.22				510.22	12.2	505.59	1 100	555 773	4 722 433
		2		504.81				504.81	14.8				
		3		501.73				501.73	15.4				
贺家渡测点	水稻	1	自流	512.89				512.89	7.8	511.33	140	71 572	
		2		508.82				508.82	10.9				
		3		512.29				512.29	12.6				

附表5.2-17　2022年沿滁灌区(样点)年净灌溉用水总量分析汇总表

样点灌区片区	作物名称	典型田块编号	灌溉方式	直接量测法 年亩均净灌溉用水量(m³/亩)	观测分析法 净灌溉定额(m³/亩)	年亩均灌溉用水量(m³/亩)	年亩均净灌溉用水量采用值(m³/亩)	年亩均净灌溉用水量选用值(m³/亩)	典型田块实灌面积(亩)	某片区(灌溉类型)某种作物 年亩均净灌溉用水量(m³/亩)	实灌面积(亩)	年净灌溉用水量(m³)	样点灌区年净灌溉用水总量(m³)
汤泉农场测点	水稻	1	自流	546.02				546.02	4.4	542.86	5 000	2 713 180	3 858 353
		2		542.62				542.62	5.1				
		3		539.94				539.94	5.5				
大同村测点	水稻	1	自流	534.93				534.93	6.9	532.11	795	422 831	
		2		530.99				530.99	9.5				
		3		530.39				530.39	8.8				

附表 5.2-18　2022 年浦口沿江灌区（样点）年净灌溉用水总量分析汇总表

样点灌区片区	作物名称	典型田块编号	灌溉方式	直接量测法 年亩均净灌溉用水量(m³/亩)	观测分析法 净灌溉定额(m³/亩)	年亩均净灌溉用水量采用值(m³/亩)	年亩均净灌溉用水量选用值(m³/亩)	典型田块实灌面积(亩)	某片区（灌溉类型）某种作物 年亩均净灌溉用水量(m³/亩)	实灌面积(亩)	年净灌溉用水量(m³)	样点灌区年净灌溉用水总量(m³)
周营灌区测点	水稻	1	自流	521.04	521.04			3.1				
		2		517.50	517.50		519.79	3.9	519.79	250	129 894	
		3		520.84	520.84			2.8				6 333 173
施岗村测点	水稻	1		528.66	528.66			4.8				
		2		527.92	527.92		526.56	3.1	526.56	130	68 398	
		3		523.11	523.11			5.8				

附表 5.2-19　2022 年兰花塘灌区（样点）年净灌溉用水总量分析汇总表

样点灌区片区	作物名称	典型田块编号	灌溉方式	直接量测法 年亩均净灌溉用水量(m³/亩)	观测分析法 净灌溉定额(m³/亩)	年亩均净灌溉用水量采用值(m³/亩)	年亩均净灌溉用水量选用值(m³/亩)	典型田块实灌面积(亩)	某片区（灌溉类型）某种作物 年亩均净灌溉用水量(m³/亩)	实灌面积(亩)	年净灌溉用水量(m³)	样点灌区年净灌溉用水总量(m³)
兰花塘灌区	水稻	1	提水	511.42	511.42		511.42	5.8	510.05	5 945	3 032 118	3 032 118
		2		508.68	508.68		508.68	6				

附表 5.2-20　2022 年西江灌区（样点）年净灌溉用水总量分析汇总表

样点灌区片区	作物名称	典型田块编号	灌溉方式	直接量测法 年亩均净灌溉用水量(m³/亩)	观测分析法 净灌溉定额(m³/亩)	年亩均净灌溉用水量采用值(m³/亩)	年亩均净灌溉用水量选用值(m³/亩)	典型田块实灌面积(亩)	某片区（灌溉类型）某种作物 年亩均净灌溉用水量(m³/亩)	实灌面积(亩)	年净灌溉用水量(m³)	样点灌区年净灌溉用水总量(m³)
西江灌区	水稻	1	提水	505.28	505.28		505.28	4.6	503.04	1 827	918 799	918 799
		2		500.80	500.80		500.80	5.2				

附图 5.2-1 南京市浦口区样点灌区测点分布图

5.3 六合区

5.3.1 农田灌溉及用水情况

5.3.1.1 农田灌溉总体情况

1)自然条件

(1)地理位置与地形地貌

六合区位于江苏省西南部,南京市北部,地处长江下游南京市北岸,西、北接安徽省来安县和天长市,东临江苏省仪征市,南止长江,西南与浦口区接壤。土地面积约为1 471 km²,占南京市总面积的22.33%。

六合区地貌属宁镇扬丘陵山区,地形复杂,是由低山、丘陵、岗地、河谷平原和沿江洲地构成的综合地貌,地势北高南低,地面高程在海拔5.5～55 m之间。北部丘陵岗地位于平山一线以北,从冶山向西,经马集、大圣至芝麻岭大部分地区。中南部河谷平原地区由雄州城区向西直至新集、程桥等乡的大部分地区。南部沿江平原圩区位于南端沿长江北岸一带。长江绕圩区东南,滁河贯于区中71.89 km,境内有山丘60多座,内河30多条,六合区地理位置见图5.3-1。

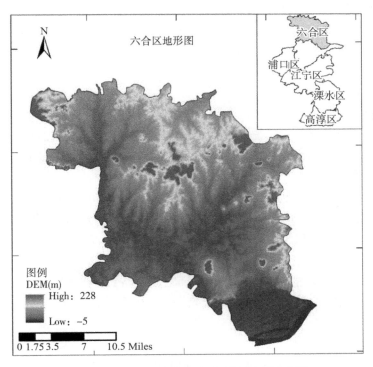

图 5.3-1　六合区地理位置与地形地貌示意图

(2) 水文气象

六合区属于北亚热带季风气候,气候温和,雨量充沛,日照充足,四季分明。多年平均气温为 16.5℃,较常年正常偏高 0.9℃;多年平均降水量为 589.5 mm,降水时空分布不均,变化起伏大;全年日照总时数为 1 781.9 h,比常年(2 042.1 h)偏少 13%。

地域水系主要分属长江和淮河水系,沿东北部的冶山至中部的骡子山向西北至大圣庙一线,为江淮分水岭,南侧为长江水系,北侧为淮河水系。境内有大小河道 62 条,其中,各类塘坝 2 149 座,水域面积为 12 444 hm²,蓄水量为 6 400 万 m³;中小型水库 56 座,蓄水量为 13 611 万 m³。

2) 社会经济

六合曾有"京畿之屏障、冀鲁之通道、军事之要地、江北之巨镇"之称。区域地处苏皖两省、宁(南京)扬(扬州)滁(滁州)三市交会地,历来是沟通苏南、苏北、皖北的窗口。产业基础较好,现代农业发展走在全市前列,拥有 6 个省市级现代农业园区,工业基础雄厚,是南京市重要的制造业基地,除化工园区外,还形成了以六合经济开发区为龙头,以新能源、高端装备、节能环保为重点的产业发展格局,集聚了国轩电池、建康新能源汽车、优倍电气、利德东方等一批先进制造业企业。江北扬子石化、扬子巴斯夫公司、华能南京电厂、南钢集团和南化集团等大型和特大型企业密集,具有化工、钢材等原材料供应和市场销售优势。中部城区商贸繁荣,人居环境优越。北部地区是无公害蔬菜和经济林果等特色优质农产品的主产区,拥有国家级地质公园、金牛湖风景区、平山省级森林公园、冶山矿山公园,省空气质量监测对照区设于竹镇芝麻岭森林公园内。六合是辐射苏北、皖北的重要枢纽,交通便捷。2021 年,六合区实现地区生产总值 567.6 亿元,比上年增长 10.34%。

3) 农田灌溉

(1) 种植结构

根据《六合统计年鉴 2021》统计数据,六合区 2020 年设计灌溉面积为 90 万亩,有效灌溉面积为 87 万亩,实际灌溉面积为 87 万亩,其中,节水灌溉工程面积为 69 万亩。

①粮食作物

粮食作物以水稻、小麦为主,粮食播种面积为 86.61 万亩,占六合区农作物总播种面积的 69.53%,总产量为 40.52 万吨。其中,水稻种植面积为 50.23 万亩,占总播种面积的 40.33%;小麦种植面积为 29.87 万亩,占总播种面积的 23.98%。

②经济作物

经济作物以油料为主,播种面积为 3.53 万亩,占六合区农作物总播种面积的 2.84%。其中,油料种植面积为 3.52 万亩,约占总播种面积的 2.83%,产量为 0.63 万吨。

③其他作物

其他农作物以蔬菜(含菜用瓜)为主,种植面积为 34.41 万亩,占六合区农作物总播种面积的 27.63%。其中,蔬菜(含菜用瓜)种植面积为 30.24 万亩,占总播种面积的 24.28%。

六合区共 5 个灌区,有效灌溉面积为 81.97 万亩。在种植结构上,灌区均以稻麦轮作为主、稻油轮作为辅。

（2）灌溉定额

南京市六合区主要农作物的灌溉定额见图 5.3-2。水稻为夏季作物,需水量大,北部岗地和平原地区的灌溉定额分别为 590 m³/亩、540 m³/亩。小麦和油菜为冬季作物,需水量较小,灌溉定额分别为 60 m³/亩、70 m³/亩。

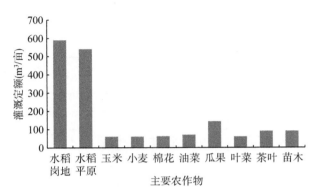

图 5.3-2 六合区主要农作物灌溉定额

一般情况下,南京降水较丰富、地下水位高,可以满足小麦和油菜的需水量,在小麦和油菜生长期间灌溉几率很小,因此南京市的灌溉水有效利用系数分析测算工作以水稻为主。六合区的水稻生育期从 6 月持续至 10 月,播种前需泡田,水稻黄熟期一般不需要灌溉,因此灌溉水有效利用系数测算分析主要集中在 5—10 月。南京市六合区水稻灌溉模式多以浅湿节水灌溉为主,浅湿灌溉模式下水稻各生育期田间水分控制指标见表 5.3-1。

表 5.3-1 六合区浅湿灌溉模式下水稻各生育期田间水分控制指标

生育期 项目	返青	分蘖		拔节	孕穗	抽穗	乳熟	黄熟
		前中期	末期					
灌水上限(mm)	30～40	20～30	烤田	30～30	30～40	20～30	20～30	干湿
土壤水分下限(%)	100	80～90	70	70～90	100	90～100	80	75
蓄水深度(mm)	80	100	—	140	140	140	80	0
灌溉周期(天)	4～5	4～5	6～8	4～6	3～4	4～6	4～6	—

5.3.1.2 不同规模与水源类型灌区情况

南京市六合区共有灌区 5 个(表 5.3-2),均为中型灌区,有效灌溉面积为 81.97 万亩。此次灌溉水有效利用系数的测算对象为区域内的中型灌区,中型灌区灌溉水有效利用系数的高低,一定程度上反映了六合区的灌溉用水技术与管理的总体水平。

表 5.3-2　南京市六合区不同规模与水源类型灌区情况表

灌区规模与类型		个数	设计灌溉面积(万亩)	有效灌溉面积(万亩)	耕地灌溉面积(万亩)
全区总计		5	89.15	81.97	63.82
大型	合计	—	—	—	—
	提水	—	—	—	—
	自流引水	—	—	—	—
中型	合计 小计	5	89.15	81.97	63.82
	合计 提水	3	80.19	73.15	56.17
	合计 自流引水	2	8.96	8.82	7.65
	1～5万亩 小计	1	3.71	3.62	3.13
	1～5万亩 提水	—	—	—	—
	1～5万亩 自流引水	1	3.71	3.62	3.13
	5～15万亩 小计	1	5.25	5.2	4.52
	5～15万亩 提水	—	—	—	—
	5～15万亩 自流引水	1	5.25	5.2	4.52
	15～30万亩 小计	3	80.19	73.15	56.17
	15～30万亩 提水	3	80.19	73.15	56.17
	15～30万亩 自流引水	—	—	—	—
小型	合计	—	—	—	—
	提水	—	—	—	—
	自流引水	—	—	—	—

5.3.1.3　农田水利工程建设情况

近年来,六合区在节水灌溉发展上投入了大量的资金和技术力量。技术上,广泛推广水稻浅湿灌溉、控制灌溉等水稻节水灌溉模式和渠道防渗、管道输水灌溉、微灌、喷灌等高效节水技术;建设上,开展了重点中型灌区续建配套及节水改造项目、高标准农田建设项目和耕地质量提升片区建设项目。

2022 年度,六合区农田水利基本建设共投资 12 104.25 万元,主要包括重点泵站、重点塘坝、小流域、翻水线、灌区改造和百村千塘项目。

(1)重点中型灌区续建配套与节水改造

主要为六合区龙袍圩灌区续建配套与节水改造,包括渠首工程改造 6 座,渠(沟)道工程改造 7.1 km,渠系建筑物改造 41 座,计量设施改造 6 座。

(2)小流域综合治理工程(中央)

主要为雄州街道六城小流域综合治理,治理面积为 12 km^2,包括护岸工程、小型拦蓄引排水工程、林草措施、保土耕作措施、其他工程等。

(3)重点泵站更新改造工程

主要为六合区内 6 座农村泵站更新改造,包括龙池街道七里桥泵站、马鞍街道大营泵站、龙袍街道前东站、雄州街道增容站、雄州街道柯郑泵站和程桥街道朱圩南站。

（4）翻水线更新改造工程

主要为六合区内 3 条翻水线更新改造，包括竹镇镇乌石黄营、横梁街道猴甫、冶山街道尖山 3 条翻水线。

（5）百村千塘项目

项目内容包括：雄州街道、龙袍街道、金牛湖街道塘坝清淤、护坡整治等。

5.3.2 样点灌区选择和代表性分析

5.3.2.1 样点灌区选择

1）选择结果

按照以上选择原则，结合六合区实际情况，2022 年六合区样点灌区选择情况如下。

（1）大型灌区：无大型灌区。

（2）中型灌区：根据样点灌区的选择原则，选择 5 个中型灌区作为样点灌区，包含新禹河灌区、山湖灌区、龙袍圩灌区、金牛湖灌区和新集灌区。

（3）小型灌区：《江苏省"十四五"中型灌区续建配套与节水改造规划》和《江苏省中型灌区续建配套与现代化改造规划（2021—2035）》，将部分小型灌区合并到中型灌区，目前六合区无小型灌区

（4）纯井灌区：六合区无纯井灌区。

综上，2022 年南京市六合区灌溉水有效利用系数分析测算共选择样点灌区 5 个，均为中型灌区，分别为山湖灌区、龙袍圩灌区、新禹河灌区、金牛湖灌区、新集灌区。

2）调整情况说明

样点灌区选择要符合代表性、可行性和稳定性原则，无特殊情况，样点灌区选择与上一年度保持一致。六合区水务局相关人员在调查收集六合区境内灌区相关资料的基础上，依据样点灌区确定的原则和方法，从灌区的面积、管理水平、灌溉工程现状、地形地貌、空间分布等多方面进行实地勘察，对灌区作出调整。调整情况见表 5.3-3。

（1）小型灌区合并为中型灌区

根据《水利部办公厅 财政部办公厅关于开展中型灌区续建配套与节水改造方案编制工作的通知》（办农水〔2020〕87 号）相关要求，江苏省充分掌握各地"十四五"中型灌区建设需求，编制完成《江苏省"十四五"中型灌区续建配套与节水改造规划》和《江苏省中型灌区续建配套与现代化改造规划（2021—2035）》，将部分小型灌区合并到中型灌区，并从名录中删除。六合区原有小型灌区 23 个，调整后无小型灌区。由于孙赵灌区并入新禹河灌区，因此，将新禹河灌区列为样点灌区，并将孙赵灌区作为新禹河灌区的测点之一。

（2）删除非名录灌区

2021 年，南京水苑生态农业基地作为小型样点灌区，其设计灌溉面积为 130 亩，有效灌溉面积为 130 亩，管理水平较好。在"十四五"规划建设中，未将其并入中型灌区，未列入名录中。因此，按照样点灌区选择原则，此次系数测算工作将南京水苑生态农业基地从样点灌区中删除。

（3）新增中型灌区

六合区仅有中型灌区 5 个,无小型灌区。为全面摸清六合区农田灌溉水有效利用系数现状,综合考虑灌区地形、灌区面积、水源类型和灌区管理水平对灌溉水有效利用系数的影响,此次系数测算工作将六合区所有灌区均作为样点灌区进行测算。新增灌区为金牛湖灌区和新集灌区。

5.3.2.2 样点灌区数量与分布

根据气候、土壤、作物和管理水平,选取六合区 5 个样点灌区进行灌溉水有效利用系数测算,分别为山湖灌区、龙袍圩灌区、新禹河灌区、金牛湖灌区、新集灌区。现状灌区类型为 3 个提水灌区、2 个自流灌区,样点灌区分布合理。样点灌区作物类型主要为水稻（夏季）,小麦、油菜（冬季）。

六合区样点灌区基本情况见表 5.3-3,样点灌区分布图见附图 5.3-1。

表 5.3-3 2022 年六合区农田灌溉水有效利用系数样点灌区基本信息汇总表

序号	灌区名称		灌区地形	灌区规模与类型	水源类型	设计灌溉面积（万亩）	有效灌溉面积（万亩）	耕地灌溉面积（万亩）	工程管理水平	作物种类		备注（与上一年度对比）
										夏季	冬季	
1	山湖灌区	马集灌区测点	丘陵	中型	提水	28	22	22	中	水稻	小麦、油菜	保留
		孙街测点										
2	龙袍圩灌区	朱庄测点	圩垸	中型	自流	5.25	5.2	4.52	好	水稻	小麦、油菜	保留
		赵坝测点										
3	新禹河灌区	孙赵灌区测点	丘陵	中型	提水	25.02	24.55	16.72	中	水稻	小麦、油菜	小灌变中灌
		江庄测点										新增
4	金牛湖灌区	金牛村测点	丘陵	中型	提水	27.17	26.6	17.45	中	水稻	小麦、油菜	新增
		郭庄村测点										
5	新集灌区	北圩测点	平原岗地	中型	自流	3.71	3.62	3.13	中	水稻	小麦、油菜	新增
		吴庄测点										

5.3.2.3 样点灌区基本情况与代表性分析

六合区位于江苏省南京市的北部,大部分属宁镇扬丘陵山区,地势北高南低,北部为丘陵山岗地区,中南部为河谷平原、岗地区域,南部为沿江平原圩区。全区共有灌区 5 个,耕地灌溉面积为 63.82 万亩,均为中型灌区。

依据样点灌区的选择原则及六合的灌区情况,选择了 5 个灌区作为样点灌区,均为中型灌区,分别为山湖灌区、龙袍圩灌区、新禹河灌区、金牛湖灌区、新集灌区。样点灌区基本信息见表 5.3-3,样点灌区位置见附图 5.3-1。

（1）山湖灌区

山湖灌区位于六合区滁河以北,西、北分别与安徽省来安县、天长市接壤,东与江苏省仪征市交界,南以滁河为界,灌区总面积为 658.91 km²,现有设计灌溉面积 28 万亩,有效灌溉面积 22 万亩,耕地面积 22 万亩,耕地灌溉面积 22 万亩。灌区涉及竹镇、马鞍、程桥 3 个街镇。灌区内农作物以水稻、小麦、棉花为主,兼种花生、玉米、黄豆,为六合区重要的商品粮生产基地。灌区地形以东、北部的丘陵山区和沿河平原圩区为主,灌区丘陵山区土层土质情况复杂,部分区域表层覆盖 10 cm 左右的黏壤土或壤土,其下以砂壤土为主。

山湖灌区灌溉水源以灌区内的水库蓄水、河道水源为主,在干旱年份,则通过红山窑枢纽引长江之水补充灌区水源。灌区内共有 4 座中型水库,分别为大河桥水库、大泉水库、山湖水库、河王坝水库,小(1)型水库 14 座,小(2)型水库 22 座。灌区有骨干翻水线5 条,分别为耿跳翻水线、徐庄翻水线、肖庄翻水线、西凌河翻水线、山沟李翻水线。山湖灌区以多个小型灌区独立存在,依据样点灌区的选择原则及六合区的灌区基本情况,该样点灌区的测点为马集灌区测点和孙街测点。

(2)龙袍圩灌区

龙袍圩灌区属于南京市六合区龙袍街道,西侧为划子口河,北侧及东侧为滁河下游段,南侧为长江。灌区四周地势略高,中间地势低洼,属于典型的圩区型灌区。灌区现状地面高程为 1.0～3.0 m。龙袍圩灌区内现有 1 个行政村、5 个社区,分别为赵坝村、楼子社区、长江社区、新城社区、新桥社区、渔樵社区。灌区总面积为 56.67 km²,设计灌溉面积为 5.25 万亩,有效灌溉面积为 5.2 万亩,耕地面积为 4.58 万亩,耕地灌溉面积为4.52 万亩。灌区内粮食作物占比为 92%,经济作物占比为 8%,作物种植以小麦、水稻、油菜为主,复种指数为 1.8。

龙袍圩灌区生活、生产、生态用水主要由滁河和划子口河以及灌区内部河网等供水,龙袍圩灌区地形为南高北低、西高东低。灌区内河网纵横交错,兼有输水与排水功能,南北向主要引排沟渠有马里干渠、杨庄干渠、西沟干渠、渔樵干渠、新中干渠和朱庄干渠等;东西向主要引排沟渠有老四干渠、楼子干渠、邵东干渠、新桥干渠和农场中心河等。该样点灌区的测点为朱庄测点和赵坝测点。

(3)新禹河灌区

新禹河灌区位于南京市六合区滁河以北,西、北分别与六合区金牛山灌区接壤,东与江苏省仪征市交界,南以滁河为界,由雄州、横梁以及东沟片 3 个街道组成。灌区地形以沿河平原圩区和丘陵山区为主,灌区总面积为 192.63 km²,设计灌溉面积为 25.02 万亩,有效灌溉面积为 24.55 万亩,耕地面积为 17.09 万亩,耕地灌溉面积为 16.72 万亩。粮食作物占比达 85%以上,复种指数达到 1.80。

新禹河灌区在水源充足的年份灌溉水源以灌区内的水库蓄水、河道水源为主,在干旱年份主要通过红山窑枢纽引长江经滁河—八百河—新禹河补充灌溉水源。灌区的主要骨干河道为滁河、皂河等,其主要支流有新禹河、新篁河、峨眉河、西阳河等;灌溉干渠主要有三友倍干渠、新禹干渠、猴甫干渠等。该样点灌区的测点为孙赵灌区测点和江庄测点。

(4)金牛湖灌区

金牛湖灌区位于六合东北部,西与六合区山湖灌区接壤、北接安徽省天长市,东与江苏仪征交界、南与六合区新篁镇相接壤。灌区由冶山和金牛湖两个街道组成。灌区地形以东北部的丘陵山区和沿河平原圩区为主,灌区总面积为 298.28 km²,设计灌溉面积为27.17 万亩,有效灌溉面积为 26.6 万亩,耕地面积为 19.03 万亩,耕地灌溉面积为17.45 万亩。粮食作物占比为 85%,经济作物占比为 15%,复种指数为 1.8。

金牛湖灌区主要水源为金牛山水库,位于滁河支流——八百河上游,灌区内基本以蓄为主,形成蓄引提"长藤结瓜"式灌溉体系,目前有固定灌溉泵站120余座,干支斗渠100余千米,小沟级以上建筑物1 000余座,主要骨干河道有八百河、陆洼河、清水河等。该样点灌区的测点为金牛村测点和郭庄村测点。

(5)新集灌区

新集灌区位于滁河下游右岸,天河以北,西与安徽省来安县相邻,南与中山科技园相接,东以小庄河、黄塘和道路为界,灌区属于龙池街道,包括徐圩、三汊湾、白酒等行政村。灌区总面积为5.0万亩,设计灌溉面积为3.71万亩,有效灌溉面积为3.62万亩,耕地面积为3.22万亩,耕地灌溉面积为3.13万亩。灌区内粮食作物占83%,经济作物占17%,作物种植以小麦、水稻、油菜为主,复种指数为1.8。

滁河沿岸圩区生活、生产、生态用水主要由滁河骨干河网等供水,依靠泵站引水灌溉,丘陵山区主要通过新集翻水线和当家塘满足灌溉需求。新集灌区主要的灌溉渠道有新集干渠、汪徐圩渠道、白酒渠道、悦来渠道、八亩渠道、高王渠道、胡庄渠道等;排水沟有黄塘河、新河、汪徐圩河、孔湾引水河、七子河等。该样点灌区的测点为北圩测点和吴庄测点。

以上样点灌区在规模、管理水平、取水方式等方面均可以代表六合区的灌区水平。

5.3.2.4 灌溉用水代表年分析

为分析六合区的样点灌区降水及其分布情况,根据雨量站分布情况及样点灌区与雨量站之间的相对距离来确定代表雨量站。山湖灌区雨量代表站为山湖水库站,龙袍圩灌区雨量代表站为红山窑闸站,新禹河灌区雨量代表站为六合站,金牛湖灌区雨量代表站为金牛山水库站,新集灌区雨量代表站为葛塘站。所有雨量代表站均为国家水文站点,资料翔实、可靠。

从样点灌区代表雨量站的降水分布情况(图5.3-3)来看,2022年6—9月样点灌区代表雨量站降水量较同期的多年平均降水量均明显减少5~6成,其中山湖灌区和龙袍圩灌区降水量异常偏少65%左右,新禹河灌区降水量偏少量最少为48%,金牛湖灌区和新集灌区降水量分别减少了58%和52%。降水日数也异常偏少3~4成。总体而言,2022年6—9月各灌区的降水量均明显偏少,气候处于高温少雨多日照的状态,水稻灌溉频次相对一般年份较多。

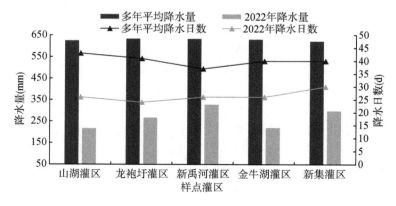

图5.3-3 六合区样点灌区2022年6—9月降水量对比

各代表站逐日降水量见图 5.3-4 至图 5.3-8。

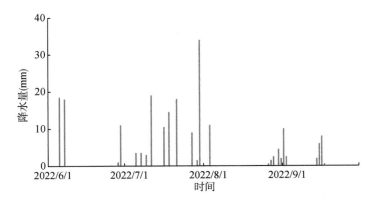

图 5.3-4　山湖水库站逐日降水量

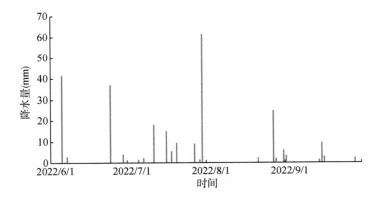

图 5.3-5　红山窑闸站逐日降水量

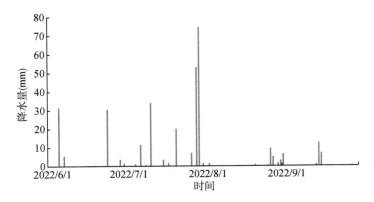

图 5.3-6　六合站逐日降水量

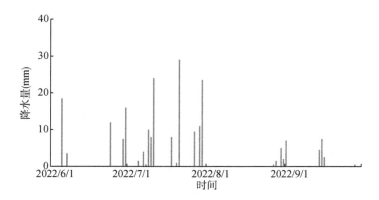

图 5.3-7　金牛山水库站逐日降水量

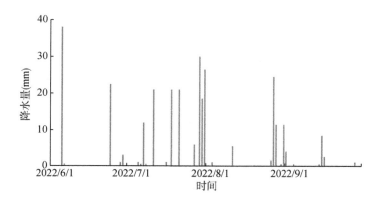

图 5.3-8　葛塘站逐日降水量

表 5.3-4　六合区样点灌区灌溉用水代表年分析

序号	市(县)、区	灌区名称	2022 年		多年平均		降水量与多年平均相比(%)
			降水量(mm)	降水日数(d)	降水量(mm)	降水日数(d)	
1	六合区	山湖灌区	216	26	623.77	43	−65.37
2		龙袍圩灌区	218.5	26	629.08	40	−65.27
3		新禹河灌区	327	26	632.19	37	−48.27
4		金牛湖灌区	266	24	632.61	41	−57.95
5		新集灌区	297	30	620.78	40	−52.16

5.3.3　样点灌区农田灌溉水有效利用系数测算及成果分析

5.3.3.1　典型田块的选择

六合区总播种面积超过 10％的作物分别为水稻、小麦和油菜。由于小麦和油菜在平水年下无须灌溉,故观测作物仅为水稻。按照以上选择要求,在每个样点灌区分别选取典型田块,各灌区典型田块数量详见表 5.3-5。

表 5.3-5　2022年南京市六合区样点灌区典型田块选择结果

序号	样点灌区名称		灌区规模	水源类型	主要作物种类		观测作物种类及典型田块数量
					夏季	冬季	
1	山湖灌区	马集灌区测点	中型	提水	水稻	小麦、油菜	水稻3个
		孙街测点			水稻	小麦、油菜	水稻3个
2	龙袍圩灌区	朱庄测点	中型	自流	水稻	小麦、油菜	水稻3个
		赵坝测点			水稻	小麦、油菜	水稻3个
3	新禹河灌区	孙赵灌区测点	中型	提水	水稻	小麦、油菜	水稻3个
		江庄测点			水稻	小麦、油菜	水稻3个
4	金牛湖灌区	金牛村测点	中型	提水	水稻	小麦、油菜	水稻3个
		郭庄村测点			水稻	小麦、油菜	水稻3个
5	新集灌区	北圩测点	中型	自流	水稻	小麦、油菜	水稻3个
		吴庄测点			水稻	小麦、油菜	水稻3个

5.3.3.2　灌溉用水量测定方法

本次测算分析工作中样点灌区净灌溉用水量均采用直接量测法获取,毛灌溉用水量通过实测法获得,具体情况见表5.3-6。

表 5.3-6　2022年南京市六合区样点灌区净、毛灌溉用水量获取方法统计表

序号	灌区名称	灌区规模	典型田块数量	净灌溉用水量获取方法			是否为多水源	毛灌溉用水量获取方法		
				采用直接量测法的田块数量	采用观测分析法的田块数量	采用调查分析法的田块数量(限小型、纯井灌区)		实测	油、电折算	调查分析估算
1	山湖灌区	中型	6	6			否	6		
2	龙袍圩灌区	中型	6	6			是	6		
3	新禹河灌区	中型	6	6			否	6		
4	金牛湖灌区	中型	6	6			是	6		
5	新集灌区	中型	6	6			是	6		

5.3.3.3　灌溉水有效利用系数测算分析

南京市六合区共5个样点灌区,系数测算结果汇总情况见表5.3-7,计算过程详见附表5.3-1~附表5.3-20。其中,为对比分析2021年样点灌区灌溉水有效利用系数,将孙赵灌区(新禹河灌区测点)独立测算。

（1）山湖灌区

山湖灌区为中型灌区,耕地灌溉面积为22万亩,在马集灌区测点和孙街测点各选取3个典型田块进行测算。灌区毛灌溉用水量为16 604.51万 m³,净灌溉用水量为11 347.65万 m³,灌溉水有效利用系数为0.683。其中,马集灌区为2021年小型样点灌区,2022年为山湖灌区测点,该测点毛灌溉用水量为22.42万 m³,净灌溉用水量为15.38万 m³,灌溉水有效利用系数为0.686。

（2）龙袍圩灌区

龙袍圩灌区为中型灌区,耕地灌溉面积为4.52万亩,在赵坝测点和朱庄测点各选取

3 个典型田块进行测算。灌区毛灌溉用水量为 3 271.49 万 m³,净灌溉用水量为 2 248.81 万 m³,灌溉水有效利用系数为 0.687。

（3）新禹河灌区

新禹河灌区为中型灌区,耕地灌溉面积为 16.72 万亩,在孙赵灌区和江庄测点各选取 3 个典型田块进行测算。经测算,灌区毛灌溉用水量为 12 654.75 万 m³,净灌溉用水量为 8 672.23 万 m³,灌溉水有效利用系数为 0.685。其中,孙赵灌区为 2021 年小型样点灌区,2022 年为新禹河灌区测点,该测点毛灌溉用水量为 108.32 万 m³,净灌溉用水量为 74.57 万 m³,灌溉水利用系数为 0.688。

（4）金牛湖灌区

金牛湖灌区为中型灌区,耕地灌溉面积为 17.45 万亩,在金牛村测点和郭庄村测点各选取 3 个典型田块进行测算。灌区毛灌溉用水量为 12 957.20 万 m³,净灌溉用水量为 8 867.85 万 m³,灌溉水有效利用系数为 0.684。

（5）新集灌区

新集灌区为中型灌区,耕地灌溉面积为 3.13 万亩,在北圩测点和吴庄测点各选取 3 个典型田块进行测算。灌区毛灌溉用水量为 2 431.37 万 m³,净灌溉用水量为 1 668.52 万 m³,灌溉水有效利用系数为 0.686。

表 5.3-7　2022 年南京市六合区样点灌区灌溉水有效利用系数汇总表

序号	灌区名称	水源类型	耕地灌溉面积（万亩）	净灌溉用水量(m³)	毛灌溉用水量(m³)	灌溉水有效利用系数
1	山湖灌区	提水	22.00	113 476 488	166 045 080	0.683
2	龙袍圩灌区	自流	4.52	22 488 060	32 714 870	0.687
3	新禹河灌区	提水	16.72	86 722 287	126 547 504	0.685
4	金牛湖灌区	提水	17.45	88 678 489	129 571 963	0.684
5	新集灌区	自流	3.13	16 685 185	24 313 720	0.686

5.3.3.4　测算结果合理性、可靠性分析

2022 年南京市六合区样点灌区灌溉水有效利用系数年际变化见表 5.3-8,此次测算中保留的样点灌区为山湖灌区和龙袍圩灌区。两个灌区的灌溉水有效利用系数均高于往年数值。其中,山湖灌区系数增加了 0.002,龙袍圩灌区系数增加了 0.001。

2022 年 6—9 月南京市全市气候特征为“月平均气温明显偏高,降水量明显偏少,日照时数偏多”,其中,7 月份累计降水量较常年同期明显偏少近 8 成,8 月份累计降水量较常年同期异常偏少 9.2 成,气象干旱等级在中旱到重旱水平(来自南京市 2022 年 7 月、8 月气候影响评价)。由于降雨异常偏少,2022 年提水量和引水量较 2021 年均明显增多,灌溉水量数据较为合理。

2019—2022 年六合区进行了多项节水改造项目,包括重点中型灌区续建配套及节水改造项目、重点泵站更新改造工程和翻水线更新改造工程等,基本建设共投资 19 451.53 万元。其中,龙袍圩灌区进行了续建配套与节水改造,项目综合效益明显,促使中型灌区灌溉水有效利用系数高于往年。同时,由于农业水价改革工作的不断推进,六合

区针对小农水管护工作采取了多项有效措施,成立了专业的管护组织,每年对水源工程和输水工程等配套设施进行维修和管护;成立了用水者协会,不断提升灌区管理水平。这些措施进一步加快了六合区农业节水建设进程,提高了灌溉水有效利用系数。

表 5.3-8　2022 年南京市六合区样点灌区灌溉水有效利用系数年际变化表

序号	灌区		水源类型	耕地灌溉面积(亩)	灌溉水有效利用系数		
					2021 年	2022 年	增减情况
1	山湖灌区		提水	220 000	0.681	0.683	+0.002
	其中	马集灌区	自流	300	0.681	0.686	+0.005
2	龙袍圩灌区		自流	45 200	0.686	0.687	+0.001
3	新禹河灌区		提水	167 200	—	0.685	—
	其中	孙赵灌区	提水	1 436	0.684	0.688	+0.004
4	金牛湖灌区		提水	174 500	—	0.684	—
5	新集灌区		自流	31 300	—	0.686	—

5.3.4　区级农田灌溉水有效利用系数测算及成果分析

5.3.4.1　农田灌溉水有效利用系数测算

六合区中型灌区 5 个,分别为山湖灌区、龙袍圩灌区、新禹河灌区、金牛湖灌区和新集灌区,无小型灌区和纯井灌区。六合区不同规模灌区灌溉水有效利用系数见表 5.3-9。

六合区中型灌区的灌溉水有效利用系数为:

$$\eta_{六合中型} = \frac{\eta_{山湖} \times W_{山湖} + \eta_{龙袍圩} \times W_{龙袍圩} + \eta_{新禹河} \times W_{新禹河} + \eta_{金牛湖} \times W_{金牛湖} + \eta_{新集} \times W_{新集}}{W_{山湖} + W_{龙袍圩} + W_{新禹河} + W_{金牛湖} + W_{新集}}$$

$$\eta_{六合中型} = 0.685$$

$$\eta_{六合} = \eta_{六合中型} = 0.685$$

综上,2022 年南京市六合区灌溉水有效利用系数为 0.685。

表 5.3-9　2022 年南京市六合区不同规模灌区灌溉水有效利用系数

区域	灌溉水有效利用系数			
	区域	大型灌区	中型灌区	小型灌区
六合区	0.685	—	0.685	—

5.3.4.2　农田灌溉水有效利用系数合理性分析

本次测算根据《全国农田灌溉水有效利用系数测算分析技术指导细则》、《灌溉水系数应用技术规范》(DB32/T 3392—2018)和《灌溉渠道系统量水规范》(GB/T 21303—2017)等文件的技术要求,选取适合每个灌区特点的实用有效的测算方法,主要采用便携式旋桨流速仪(LS1206B 型)及田间水位观测等方法进行测定。测算工作开展前,六合区水务局、江苏省水利科学研究院等单位的测算人员参加了省、市组织的农田灌溉水有效利用系数测算技术培训班;测量过程中,六合区水务局和江苏省水利科学研究院共同进行实地考察和现场观测。针对六合区水稻浅湿节水灌溉模式的特点,江苏省水利科学研究院采用简易水位观测井法测算水稻田间灌水量，提高了测算精度。因此，样点灌区测算方法是合理、可靠的。

1）样本分布与测算结果合理性、可靠性

南京市六合区共有灌区5个，根据六合区气候、土壤、作物和管理水平，本次从六合区的不同方位选择了5个样点灌区，分别为山湖灌区、龙袍圩灌区、新禹河灌区、金牛湖灌区和新集灌区。样点灌区满足灌区类型和数量要求，现状灌区类型为3个提水灌区、2个自流灌区，在灌溉水源条件上也具有较好的代表性。样点灌区作物类型主要为水稻（夏季），小麦，油菜（冬季）。样点灌区分布合理，在自然条件、社会经济条件和管理水平等方面均具有较好的代表性。

对测算结果的分析表明，灌溉水有效利用系数的变化趋势与现有文献的规律描述基本符合。与六合区其他已有科研成果对比，结果亦基本吻合，表明本次测定结果是可靠的。

2）灌溉水有效利用系数影响因素

灌溉水有效利用系数受多种因素的综合影响，包括自然条件、灌区工程状况、灌区规模、管理水平、灌溉技术、土壤类型等多个方面。为表征灌溉水有效利用系数各影响因素的具体作用，结合2012年到2022年南京市测算过程中获得的数据资料，下面初步分析水资源条件、灌区规模、灌溉类型、工程状况、灌区管理水平、水利投资、工程效益等因素对南京市灌溉水有效利用系数的影响。实际上，灌区的水资源条件属于自然条件，基本变化不大，而灌区的规模和类型一般是由当地水资源条件决定的，因此灌区的水资源条件和规模在以后相当长的时期内基本上属于不能轻易改变的静态因素。工程状况、灌区管理水平、水利投资和工程效益则属于人为可以直接影响的动态因素，其中节水灌溉工程和灌区管理也是未来提高灌区灌溉水有效利用系数的两个主要工作方向。灌溉水有效利用系数的大小是多种因素综合作用的结果，以下分析过程则主要侧重于单项因素影响分析。

（1）投资建设的影响

灌溉水有效利用系数的提高是统计期间自然气候、工程状况、管理水平和农业种植状况等因素综合影响的结果，也与水利设施及灌区的建设投资等有着直接关系。从六合区2012—2018年的灌溉水有效利用系数可以看出，近年来六合区灌溉水有效利用系数呈上升趋势，其原因主要是2011年中央一号文件下发以及六合区水利体制改革实施以来，国家及各级政府不断加大对水利基础设施建设的投资力度，灌区工程状况和灌区整体管理运行能力得到稳步改善。水利基础设施水平、灌区用水管理能力和人们的节水意识都得到了提高，从而使得六合区灌溉水有效利用系数在一定程度上得以较快提高。

（2）水文气象和水资源环境的影响

气候对灌溉水有效利用系数的影响分为直接影响和间接影响，直接影响主要是气候条件的差异造成作物灌溉定额和田间水利用的变化。气候对灌溉定额的影响包括：

①气候条件影响蒸散发量（ET）。在宁夏引黄灌区和石羊河流域进行的气候因子对参考作物蒸腾蒸发量影响试验表明，降雨、气温、湿度、风速、日照时数等气候因子对作物

蒸散发量的影响最为显著,这其中,气温、风速、日照时数与蒸散发量呈高度正相关,降雨、湿度与蒸腾蒸发量呈线性负相关。

②气候条件影响作物地下水利用量。在相同土质和地下水埋深的条件下,气象条件决定着地下水利用量的大小。若在作物生长期内,降雨量大,则土壤水分就大,同时由于作物蒸腾量的减少,地下水对土壤水及作物的补充量就小;反之,若降雨量小,气温较高,作物蒸散发量就大,由于土壤水分含量较低,为了满足作物蒸腾需要,作物势必从更深层吸水,加快地下水对土壤水的补充,提高了地下水利用量。

③气候条件影响有效降雨量。对于水稻而言,有效降雨与降雨量大小和分布有关,呈现出降雨量越大,有效利用系数越小,降雨越小,有效利用系数越大的趋势。气象因子影响灌溉的诸多环节,作用错综复杂,有待以后深入了解。

（3）灌区规模的影响

一般情况下,随着灌区规模变小,灌溉水有效利用系数呈现逐渐增大的规律。南京市中型灌区和大型灌区都是由一个一个的小型灌区所组成,在测算过程中,所选择的实验灌区也是中型灌区和大型灌区中的某些小型灌区。因此,不同规模的灌区灌溉水有效利用系数相差不大。一些代表中型灌区的样点灌区灌溉面积可能比小型灌区的小,还有一些随着中型灌区节水配套改造工程的实施,其基础条件得到提升,所以也会出现中型灌区的灌溉水有效利用系数比小型灌区大的情况。总体上灌溉水有效利用系数的变化规律是随着灌区规模的增大而逐渐减小的。

由我国大、中、小型灌区面积的级差以及在编制的《节水灌溉工程技术规范》得知,大、中、小型灌区的灌溉水有效利用系数相差约为15%～20%。现状的大、中、小型灌区的灌溉水有效利用系数相接近,这同样是由于南京市特殊的灌区构成以及近年来在农业水利工程项目上投资力度的加大,提高了灌区的工程状况和运行管理水平,使得大、中型灌区的灌溉水有效利用系数向小型灌区接近。

（4）灌溉管理水平的影响

①灌区的硬件设施方面。对于提高灌溉水有效利用系数而言,灌溉工程设施是基础,用水管理是关键。管理水平较好的灌区,渠首设施保养较好,渠道多采用防渗渠道或管道输水,保证了较高的渠系水利用。而管理水平较差的灌区,往往存在渠首设施损坏失修、闸门启闭不灵活等而导致的漏水现象。工程设施节水改造为灌溉水有效利用系数提高提供了能力保障,而实际达到的灌溉水有效利用系数受到管理水平的影响,通过加强用水管理可以显著减少灌溉工程的非工程性水量损失,进而提高灌溉水有效利用系数。

②节水意识和灌溉制度方面。灌区通过精心调度,优化配水,使各级渠道平稳引水,减少输水过程中的跑水、漏水和无效退水,实现均衡受益,从而提高灌溉水有效利用系数。合理适宜的水价政策,可以提高用水户的节水意识,影响用水行为,减少水资源浪费。用水户参与灌溉管理,调动了用水户的积极性,自觉保护灌溉用水设施。同时,在灌溉制度方面,用水户也会根据作物的不同生长期采取不同的灌溉方式,例如水稻灌溉多采用浅湿节水灌溉、控制灌溉等高效节水灌溉模式,不仅提高了田间水利用率,同时达到

高产的目的。另外在一些有条件的灌区,采用微灌、喷灌等灌溉方式,大大提高了灌溉水利用率。

3)灌溉水有效利用系数测算分析

(1)2022年南京市六合区农田灌溉水有效利用系数为0.685,比2012年的0.634提高了8.04%,且近10年逐年提高,见图5.3-9。近年来,六合区重视农业节水,引进节水灌溉模式,建设节水型灌区;同时,在泵站维修与渠道养护等方面投入大量资金,减少了灌溉用水的渗漏。因此,灌溉水有效利用系数的增长是六合区投资建设的必然结果,2022年的测算成果合理、有效。

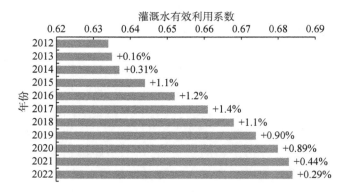

图 5.3-9 2012—2022 年六合区灌溉水有效利用系数变化趋势

(2)不同水源类型对灌溉水有效利用系数的影响较为明显。相同规模灌区下,提水灌区的灌溉水有效利用系数普遍高于自流灌区的灌溉水有效利用系数,提水灌区投入成本高,设备建设较好,防渗管护较为到位。自流灌区水源充分,一般不重视利用率,水价偏低,农民节水意识不强,通常情况下灌溉水有效利用系数较低。

(3)灌溉面积对灌溉水有效利用系数存在影响。相同水源条件下,灌溉面积越大,灌溉水有效利用系数越低。灌区面积越大,渠道级别相对较多,每次灌溉渠道滞蓄水量较多,同时,新建或新改造的灌区灌溉水有效利用系数明显偏高,比如龙袍圩灌区。

5.3.5 结论与建议

5.3.5.1 结论

2022年南京市六合区农田灌溉水有效利用系数测算分析过程,按照《指导细则》和《2022年南京市灌溉水有效利用系数测算分析工作实施方案》严格进行,针对本地灌区的特点,通过对六合区各灌区测算情况的分析和现场调研,2022年度灌溉水有效利用系数的测算工作取得了较为客观、真实的成果。测算结果反映了六合区灌区管理水平以及近年来节水灌溉实施取得的成果,毛灌溉水量、净灌溉水量的测算方法是可靠的,测算结果是合理的。上述测算成果,对六合区水资源规划、调度具有重要参考价值。

2022年六合区农田灌溉水有效利用系数测算分析工作,选择不同规模、不同引水条件、不同工程状况和管理水平的样点灌区,并依据样点灌区已有的灌溉水管理资料、灌溉试验与观测资料和灌溉实践经验等,通过调查、现场测量、计算分析,得出样点灌区现状灌溉水有效利用系数,采用点与面相结合,调查统计与试验观测分析相结合的方法,按照加权平均,测算出本年度全区农田灌溉水有效利用系数为 0.685,较 2021 年的 0.683 提高 0.002。

5.3.5.2 建议

(1)推动信息化技术。首尾法的重要步骤之一是灌区首部渠道取水量的测定,目前灌区主要采用流速仪测定。但有些灌区首部枢纽不够完整,水源工程多,类型差别较大,测算过程中容易出现漏测、误测,对结果影响很大,在测算过程中需反复核对。另外,一些灌区尤其是小型灌区渠道断面不够规则,影响测算精度,测算结果需用多种方法相互校核,使得测算工作量增大。下一年度在测算阶段应加强使用信息化技术,合理利用用水计量设施,减少测算工作量。

(2)加强经费保障。农田灌溉水有效利用系数测算需要消耗大量的人力、物力和财力,渠首流量的测算、水位观测井的布设、技术培训的开展,都需要稳定的经费保障。目前,各区(县)的经费均由省、市级财政拨款,资金较为紧张,难以为系数测算提供稳定的资金渠道,需要加强配套资金用于开展此项测算工作。

5.3.6 附表及附图

附表 5.3-1～附表 5.3-5 为南京市六合区样点灌区基本资料调查表。

附表 5.3-1　2022 年山湖灌区(样点)基本信息调查表

灌区名称:山湖灌区				
灌区所在行政区:江苏省南京市六合区马鞍街道		灌区位置:		
灌区规模:☐大　☑中　☐小		灌区水源取水方式:☑提水　☐自流引水		
灌区地形:☐山区　☑丘陵　☐平原		灌区土壤类型:黏质土___%　壤土___%　砂质土___%		
设计灌溉面积(万亩)	28	有效灌溉面积(万亩)		22
当年实际灌溉面积(万亩)	22	井渠结合面积(万亩)		
多年平均降水量(mm)		当年降水量(mm)		
地下水埋深范围(m)				
机井数量(眼)		配套动力(kW)		
泵站数量(座)	1	泵站装机容量(kW)		3 150
泵站提水能力(m³/s)	50			
塘坝数量(座)	96	塘坝总蓄水能力(万 m³)		
水窖、池数量(座)		水窖、池总蓄水能力(万 m³)		
当年完成节水灌溉工程投资(万元)		灌区综合净灌溉定额(m³/亩)		
样点灌区粮食亩均产量(kg/亩)		灌区人均占有耕地面积(亩/人)		
节水灌溉工程面积(万亩)				
合计	防渗渠道地面灌溉	管道输水地面灌溉	喷灌	微灌

附表 5.3-2　2022 年龙袍圩灌区(样点)基本信息调查表

灌区名称:龙袍圩灌区				
灌区所在行政区:江苏省南京市六合区龙袍街道		灌区位置:		
灌区规模:□大　☑中　□小		灌区水源取水方式:□提水　☑自流引水		
灌区地形:☑圩垸　□丘陵　□平原		灌区土壤类型:黏质土＿＿＿% 壤土＿＿＿% 砂质土＿＿＿%		
设计灌溉面积(万亩)	5.25	有效灌溉面积(万亩)		5.2
当年实际灌溉面积(万亩)	4.52	井渠结合面积(万亩)		
多年平均降水量(mm)	986	当年降水量(mm)		
地下水埋深范围(m)	2.0~7.5			
机井数量(眼)		配套动力(kW)		
泵站数量(座)		泵站装机容量(kW)		
泵站提水能力(m³/s)				
塘坝数量(座)		塘坝总蓄水能力(万 m³)		
水窖、池数量(座)		水窖、池总蓄水能力(万 m³)		
当年完成节水灌溉工程投资(万元)		灌区综合净灌溉定额(m³/亩)		400
样点灌区粮食亩均产量(kg/亩)	600	灌区人均占有耕地面积(亩/人)		1.4
节水灌溉工程面积(万亩)				
合计	防渗渠道地面灌溉	管道输水地面灌溉	喷灌	微灌

附表 5.3-3　2022 年新禹河灌区(样点)基本信息调查表

灌区名称:新禹河灌区				
灌区所在行政区:江苏省南京市六合区雄州、横梁街道		灌区位置:		
灌区规模:□大　☑中　□小		灌区水源取水方式:☑提水　□自流引水		
灌区地形:□圩垸　☑丘陵　□平原		灌区土壤类型:黏质土＿＿＿% 壤土＿＿＿% 砂质土＿＿＿%		
设计灌溉面积(万亩)	25.02	有效灌溉面积(万亩)		24.55
当年实际灌溉面积(万亩)	16.72	井渠结合面积(万亩)		
多年平均降水量(mm)	1 000	当年降水量(mm)		796.8
地下水埋深范围(m)	2.0~7.5			
机井数量(眼)	2	配套动力(kW)		40
泵站数量(座)	105	泵站装机容量(kW)		2 200
泵站提水能力(m³/s)	150			
塘坝数量(座)	975	塘坝总蓄水能力(万 m³)		1 300
水窖、池数量(座)	4	水窖、池总蓄水能力(万 m³)		1 400
当年完成节水灌溉工程投资(万元)	400	灌区综合净灌溉定额(m³/亩)		500
样点灌区粮食亩均产量(kg/亩)	550	灌区人均占有耕地面积(亩/人)		0.9
节水灌溉工程面积(万亩)				
合计	防渗渠道地面灌溉	管道输水地面灌溉	喷灌	微灌
4.8	4.5	0.3		

附表 5.3-4　2022 年金牛湖灌区(样点)基本信息调查表

灌区名称:金牛湖灌区				
灌区所在行政区:江苏省南京市六合区冶山、金牛湖街道		灌区位置:		
灌区规模:□大　☑中　□小		灌区水源取水方式:☑提水　□自流引水		
灌区地形:□圩垸　☑丘陵　□平原		灌区土壤类型:黏质土＿＿＿%　壤土＿＿＿%　砂质土＿＿＿%		
设计灌溉面积(万亩)	27.17	有效灌溉面积(万亩)		26.6
当年实际灌溉面积(万亩)	17.45	井渠结合面积(万亩)		
多年平均降水量(mm)		当年降水量(mm)		
地下水埋深范围(m)				
机井数量(眼)		配套动力(kW)		
泵站数量(座)	2	泵站装机容量(kW)		
泵站提水能力(m^3/s)				
塘坝数量(座)	31	塘坝总蓄水能力(万 m^3)		498.2
水窖、池数量(座)		水窖、池总蓄水能力(万 m^3)		
当年完成节水灌溉工程投资(万元)		灌区综合净灌溉定额(m^3/亩)		
样点灌区粮食亩均产量(kg/亩)		灌区人均占有耕地面积(亩/人)		
节水灌溉工程面积(万亩)				
合计	防渗渠道地面灌溉	管道输水地面灌溉	喷灌	微灌

附表 5.3-5　2022 年新集灌区(样点)基本信息调查表

灌区名称:新集灌区				
灌区所在行政区:江苏省南京市六合区龙池街道		灌区位置:		
灌区规模:□大　☑中　□小		灌区水源取水方式:□提水　☑自流引水		
灌区地形:□圩垸　□丘陵　☑平原		灌区土壤类型:黏质土＿＿＿%　壤土＿＿＿%　砂质土＿＿＿%		
设计灌溉面积(万亩)	3.71	有效灌溉面积(万亩)		3.62
当年实际灌溉面积(万亩)	3.13	井渠结合面积(万亩)		
多年平均降水量(mm)		当年降水量(mm)		
地下水埋深范围(m)				
机井数量(眼)		配套动力(kW)		
泵站数量(座)	11	泵站装机容量(kW)		
泵站提水能力(m^3/s)	1.84			
塘坝数量(座)		塘坝总蓄水能力(万 m^3)		
水窖、池数量(座)		水窖、池总蓄水能力(万 m^3)		
当年完成节水灌溉工程投资(万元)		灌区综合净灌溉定额(m^3/亩)		
样点灌区粮食亩均产量(kg/亩)		灌区人均占有耕地面积(亩/人)		
节水灌溉工程面积(万亩)				
合计	防渗渠道地面灌溉	管道输水地面灌溉	喷灌	微灌

附表 5.3-6～附表 5.3-10 南京市六合区样点灌区渠首和渠系信息调查表。

附表 5.3-6　2022 年山湖灌区(样点)渠首和渠系信息调查表

渠首设计取水能力(m^3/s)：

<table>
<tr><td rowspan="7">渠系信息</td><td colspan="8" style="text-align:center">渠道长度与防渗情况</td></tr>
<tr><td rowspan="2">渠道级别</td><td rowspan="2">条数</td><td rowspan="2">总长度
(km)</td><td colspan="3">渠道衬砌防渗长度(km)</td><td rowspan="2">衬砌防渗率(%)</td></tr>
<tr><td>混凝土</td><td>浆砌石</td><td>其他</td></tr>
<tr><td>干　渠</td><td>3</td><td>116.54</td><td></td><td></td><td></td><td></td></tr>
<tr><td>支　渠</td><td></td><td></td><td></td><td></td><td></td><td></td></tr>
<tr><td>斗　渠</td><td></td><td></td><td></td><td></td><td></td><td></td></tr>
<tr><td>农　渠</td><td></td><td></td><td></td><td></td><td></td><td></td></tr>
<tr><td colspan="7">其中骨干渠系(≥1 m^3/s)</td></tr>
<tr><td rowspan="7">毛灌溉用水情况</td><td>渠首引水量(万 m^3/年)</td><td colspan="3" style="text-align:center">16 604.51</td><td colspan="2">地下水取水量(万 m^3/年)</td><td></td></tr>
<tr><td>塘堰坝供水量(万 m^3/年)</td><td colspan="3"></td><td colspan="2">其他水源引水量(万 m^3/年)</td><td></td></tr>
<tr><td>塘堰坝取水：□有　□无</td><td colspan="6">塘堰坝供水量计算方式：□径流系数法　□复蓄次数法</td></tr>
<tr><td rowspan="2">径流系数法参数</td><td colspan="2">年径流系数</td><td colspan="2">蓄水系数</td><td colspan="2">集水面积(km^2)</td></tr>
<tr><td colspan="2"></td><td colspan="2"></td><td colspan="2"></td></tr>
<tr><td rowspan="2">重复蓄满数</td><td colspan="3">重复蓄满次数</td><td colspan="3">有效容积(万 m^3)</td></tr>
<tr><td colspan="3"></td><td colspan="3"></td></tr>
<tr><td rowspan="3">其他</td><td colspan="7">末级计量渠道(　　渠)灌溉供水总量(万 m^3)</td></tr>
<tr><td rowspan="2">洗碱状况</td><td colspan="6" style="text-align:center">灌区洗碱：□有　□无</td></tr>
<tr><td colspan="3">洗碱面积(万亩)</td><td colspan="3">洗碱净定额(m^3/亩)</td></tr>
</table>

附表 5.3-7　2022 年龙袍圩灌区(样点)渠首和渠系信息调查表

渠首设计取水能力(m^3/s)：10

<table>
<tr><td rowspan="7">渠系信息</td><td colspan="8" style="text-align:center">渠道长度与防渗情况</td></tr>
<tr><td rowspan="2">渠道级别</td><td rowspan="2">条数</td><td rowspan="2">总长度
(km)</td><td colspan="3">渠道衬砌防渗长度(km)</td><td rowspan="2">衬砌防渗率(%)</td></tr>
<tr><td>混凝土</td><td>浆砌石</td><td>其他</td></tr>
<tr><td>干　渠</td><td>16</td><td>107.59</td><td>22</td><td></td><td>10</td><td>29.74</td></tr>
<tr><td>支　渠</td><td></td><td></td><td></td><td></td><td></td><td></td></tr>
<tr><td>斗　渠</td><td></td><td></td><td></td><td></td><td></td><td></td></tr>
<tr><td>农　渠</td><td></td><td></td><td></td><td></td><td></td><td></td></tr>
<tr><td colspan="7">其中骨干渠系(≥1 m^3/s)</td></tr>
<tr><td rowspan="6">毛灌溉用水情况</td><td>渠首引水量(万 m^3/年)</td><td colspan="3" style="text-align:center">3 271.49</td><td colspan="2">地下水取水量(万 m^3/年)</td><td></td></tr>
<tr><td>塘堰坝供水量(万 m^3/年)</td><td colspan="3"></td><td colspan="2">其他水源引水量(万 m^3/年)</td><td></td></tr>
<tr><td>塘堰坝取水：□有　□无</td><td colspan="6">塘堰坝供水量计算方式：□径流系数法　□复蓄次数法</td></tr>
<tr><td rowspan="2">径流系数法参数</td><td colspan="2">年径流系数</td><td colspan="2">蓄水系数</td><td colspan="2">集水面积(km^2)</td></tr>
<tr><td colspan="2"></td><td colspan="2"></td><td colspan="2"></td></tr>
<tr><td>重复蓄满次数</td><td colspan="3">重复蓄满次数</td><td colspan="3">有效容积(万 m^3)</td></tr>
</table>

续表

其他	末级计量渠道(____渠)灌溉供水总量(万 m³)		
	洗碱状况	灌区洗碱:☐有 ☐无	
		洗碱面积(万亩)	洗碱净定额(m³/亩)

附表 5.3-8 2022 年新禹河灌区(样点)渠首和渠系信息调查表

渠首设计取水能力(m³/s):18.91

	渠道长度与防渗情况						
渠系信息	渠道级别	条数	总长度(km)	渠道衬砌防渗长度(km)			衬砌防渗率(%)
				混凝土	浆砌石	其他	
	干 渠	20	28	1.1	9	17.9	99
	支 渠	1 295	519.2			519.2	100
	斗 渠						
	农 渠						
	其中骨干渠系(≥1 m³/s)						

	渠首引水量(万 m³/年)	12 654.75		地下水取水量(万 m³/年)	
毛灌溉用水情况	塘堰坝供水量(万 m³/年)			其他水源引水量(万 m³/年)	
	塘堰坝取水:☐有 ☐无		塘堰坝供水量计算方式:☐径流系数法 ☐复蓄次数法		
	径流系数法参数	年径流系数	蓄水系数	集水面积(km²)	
	重复蓄满次数	重复蓄满次数		有效容积(万 m³)	

其他	末级计量渠道(____渠)灌溉供水总量(万 m³)		
	洗碱状况	灌区洗碱:☐有 ☐无	
		洗碱面积(万亩)	洗碱净定额(m³/亩)

附表 5.3-9 2022 年金牛湖灌区(样点)渠首和渠系信息调查表

渠首设计取水能力(m³/s):

	渠道长度与防渗情况						
渠系信息	渠道级别	条数	总长度(km)	渠道衬砌防渗长度(km)			衬砌防渗率(%)
				混凝土	浆砌石	其他	
	干 渠	14	61.31	21.3			34.7
	支 渠						
	斗 渠						
	农 渠						
	其中骨干渠系(≥1 m³/s)						

续表

毛灌溉用水情况	渠首引水量(万 m³/年)	12 957.20		地下水取水量(万 m³/年)		
	塘堰坝供水量(万 m³/年)			其他水源引水量(万 m³/年)		
	塘堰坝取水:☐有 ☐无		塘堰坝供水量计算方式:☐径流系数法 ☐复蓄次数法			
	径流系数法参数	年径流系数		蓄水系数		集水面积(km²)
	重复蓄满次数	重复蓄满次数			有效容积(万 m³)	
其他	末级计量渠道(____渠)灌溉供水总量(万 m³)					
	洗碱状况		灌区洗碱:☐有 ☐无			
		洗碱面积(万亩)		洗碱净定额(m³/亩)		

附表 5.3-10　2022 年新集灌区(样点)渠首和渠系信息调查表

渠首设计取水能力(m³/s):

渠系信息	渠道长度与防渗情况						
	渠道级别	条数	总长度(km)	渠道衬砌防渗长度(km)			衬砌防渗率(%)
				混凝土	浆砌石	其他	
	干 渠	8	13.15	7			53.2
	支 渠						
	斗 渠						
	农 渠						
	其中骨干渠系(≥1 m³/s)						

毛灌溉用水情况	渠首引水量(万 m³/年)	2 431.37		地下水取水量(万 m³/年)		
	塘堰坝供水量(万 m³/年)			其他水源引水量(万 m³/年)		
	塘堰坝取水:☐有 ☐无		塘堰坝供水量计算方式:☐径流系数法 ☐复蓄次数法			
	径流系数法参数	年径流系数		蓄水系数		集水面积(km²)
	重复蓄满次数	重复蓄满次数			有效容积(万 m³)	
其他	末级计量渠道(____渠)灌溉供水总量(万 m³)					
	洗碱状况		灌区洗碱:☐有 ☐无			
		洗碱面积(万亩)		洗碱净定额(m³/亩)		

附表 5.3-11～附表 5.3-15 为南京市六合区样点灌区作物与田间灌溉情况调查表。

附表 5.3-11　2022 年山湖灌区(样点)作物与田间灌溉情况调查表

<table>
<tr><td rowspan="6">基础信息</td><td colspan="7">作物种类：□一般作物　☑水稻　□套种　□跨年作物</td></tr>
<tr><td colspan="7">灌溉模式：□旱作充分灌溉　□旱作非充分灌溉　□水稻淹灌　☑水稻节水灌溉</td></tr>
<tr><td colspan="2">土壤类型</td><td colspan="2">壤土</td><td colspan="2">试验站净灌溉定额(m³/亩)</td><td></td></tr>
<tr><td colspan="2">观测田间毛灌溉定额(m³/亩)</td><td colspan="2">754.75</td><td colspan="2">水稻育秧净用水量(万 m³)</td><td></td></tr>
<tr><td colspan="2">水稻泡田定额(m³/亩)</td><td colspan="2">115</td><td colspan="2">水稻生育期内渗漏量(m³/亩)</td><td></td></tr>
<tr><td colspan="2">水稻生育期内有效降水量(m³/亩)</td><td colspan="2"></td><td colspan="2">水稻生育期内稻田排水量(m³/亩)</td><td></td></tr>
</table>

<table>
<tr><td colspan="14" align="center">作物系数：□分月法　☑分段法</td></tr>
<tr><td rowspan="14">分月法</td><td rowspan="7">作物 1</td><td colspan="4">作物名称</td><td colspan="4"></td><td colspan="3">平均亩产(kg/亩)</td><td></td></tr>
<tr><td colspan="4">播种面积(万亩)</td><td colspan="4"></td><td colspan="3">实灌面积(万亩)</td><td></td></tr>
<tr><td colspan="4">播种日期</td><td colspan="4">年　月　日</td><td colspan="3">收获日期</td><td>年　月　日</td></tr>
<tr><td colspan="12">分月作物系数</td></tr>
<tr><td>1月</td><td>2月</td><td>3月</td><td>4月</td><td>5月</td><td>6月</td><td>7月</td><td>8月</td><td>9月</td><td>10月</td><td>11月</td><td>12月</td></tr>
<tr><td></td><td></td><td></td><td></td><td></td><td></td><td></td><td></td><td></td><td></td><td></td><td></td></tr>
<tr><td colspan="12"></td></tr>
<tr><td rowspan="7">作物 2</td><td colspan="4">作物名称</td><td colspan="4"></td><td colspan="3">平均亩产(kg/亩)</td><td></td></tr>
<tr><td colspan="4">播种面积(万亩)</td><td colspan="4"></td><td colspan="3">实灌面积(万亩)</td><td></td></tr>
<tr><td colspan="4">播种日期</td><td colspan="4">年　月　日</td><td colspan="3">收获日期</td><td>年　月　日</td></tr>
<tr><td colspan="12">分月作物系数</td></tr>
<tr><td>1月</td><td>2月</td><td>3月</td><td>4月</td><td>5月</td><td>6月</td><td>7月</td><td>8月</td><td>9月</td><td>10月</td><td>11月</td><td>12月</td></tr>
<tr><td></td><td></td><td></td><td></td><td></td><td></td><td></td><td></td><td></td><td></td><td></td><td></td></tr>
<tr><td colspan="12"></td></tr>
</table>

<table>
<tr><td rowspan="4">分段法</td><td colspan="2">作物名称</td><td colspan="2">水稻</td><td colspan="2">平均亩产(kg/亩)</td></tr>
<tr><td colspan="2">播种面积(万亩)</td><td colspan="2"></td><td colspan="2">实灌面积(万亩)</td></tr>
<tr><td colspan="2">Kc_{ini}</td><td colspan="2">Kc_{mid}</td><td colspan="2">Kc_{end}</td></tr>
<tr><td colspan="2">1.17</td><td colspan="2">1.31</td><td colspan="2">1.29</td></tr>
<tr><td></td><td>播种/返青</td><td>快速发育开始</td><td>生育中期开始</td><td>成熟期开始</td><td colspan="2">成熟期结束</td></tr>
<tr><td></td><td>5 月 14 日</td><td>5 月 20 日</td><td>8 月 4 日</td><td>8 月 18 日</td><td colspan="2">9 月 15 日</td></tr>
</table>

<table>
<tr><td rowspan="3">地下水利用</td><td colspan="2">种植期内地下水利用量(mm)</td><td></td><td></td></tr>
<tr><td colspan="2">种植期内平均地下水埋深(m)</td><td>极限埋深(m)</td><td></td></tr>
<tr><td colspan="2">经验指数 P</td><td>作物修正系数 k</td><td></td></tr>
<tr><td rowspan="8">有效降水利用</td><td colspan="3">种植期内有效降水利用量(mm)</td><td></td></tr>
<tr><td colspan="3">降水量 p(mm)</td><td>有效利用系数</td></tr>
<tr><td colspan="3">$p<5$</td><td></td></tr>
<tr><td colspan="3">$5 \leqslant p<30$</td><td></td></tr>
<tr><td colspan="3">$30 \leqslant p<50$</td><td></td></tr>
<tr><td colspan="3">$50 \leqslant p<100$</td><td></td></tr>
<tr><td colspan="3">$100 \leqslant p<150$</td><td></td></tr>
<tr><td colspan="3">$p \geqslant 150$</td><td></td></tr>
</table>

附表 5.3-12　2022 年龙袍圩灌区(样点)作物与田间灌溉情况调查表

<table>
<tr><td rowspan="7">基础信息</td><td colspan="6">作物种类:□一般作物　☑水稻　□套种　□跨年作物</td></tr>
<tr><td colspan="6">灌溉模式:□旱作充分灌溉　□旱作非充分灌溉　□水稻淹灌　☑水稻节水灌溉</td></tr>
<tr><td colspan="2">土壤类型</td><td>黏土</td><td colspan="2">试验站净灌溉定额(m³/亩)</td><td></td></tr>
<tr><td colspan="2">观测田间毛灌溉定额(m³/亩)</td><td>723.78</td><td colspan="2">水稻育秧净用水量(万 m³)</td><td>0.032</td></tr>
<tr><td colspan="2">水稻泡田定额(m³/亩)</td><td>104.78</td><td colspan="2">水稻生育期内渗漏量(m³/亩)</td><td>290</td></tr>
<tr><td colspan="2">水稻生育期内有效降水量(m³/亩)</td><td>471.9</td><td colspan="2">水稻生育期内稻田排水量(m³/亩)</td><td></td></tr>
</table>

<table>
<tr><td rowspan="15">分月法</td><td colspan="12" style="text-align:center">作物系数:□分月法　☑分段法</td></tr>
<tr><td rowspan="7">作物1</td><td colspan="5">作物名称</td><td colspan="3">平均亩产(kg/亩)</td><td colspan="3"></td></tr>
<tr><td colspan="5">播种面积(万亩)</td><td colspan="3">实灌面积(万亩)</td><td colspan="3"></td></tr>
<tr><td colspan="5">播种日期</td><td>年　月　日</td><td colspan="2">收获日期</td><td colspan="3">年　月　日</td></tr>
<tr><td colspan="11" style="text-align:center">分月作物系数</td></tr>
<tr><td>1月</td><td>2月</td><td>3月</td><td>4月</td><td>5月</td><td>6月</td><td>7月</td><td>8月</td><td>9月</td><td>10月</td><td>11月</td><td>12月</td></tr>
<tr><td></td><td></td><td></td><td></td><td></td><td></td><td></td><td></td><td></td><td></td><td></td><td></td></tr>
<tr><td rowspan="7">作物2</td><td colspan="5">作物名称</td><td colspan="3">平均亩产(kg/亩)</td><td colspan="3"></td></tr>
<tr><td colspan="5">播种面积(万亩)</td><td colspan="3">实灌面积(万亩)</td><td colspan="3"></td></tr>
<tr><td colspan="5">播种日期</td><td>年　月　日</td><td colspan="2">收获日期</td><td colspan="3">年　月　日</td></tr>
<tr><td colspan="11" style="text-align:center">分月作物系数</td></tr>
<tr><td>1月</td><td>2月</td><td>3月</td><td>4月</td><td>5月</td><td>6月</td><td>7月</td><td>8月</td><td>9月</td><td>10月</td><td>11月</td><td>12月</td></tr>
<tr><td></td><td></td><td></td><td></td><td></td><td></td><td></td><td></td><td></td><td></td><td></td><td></td></tr>
</table>

<table>
<tr><td rowspan="6">分段法</td><td colspan="2">作物名称</td><td colspan="2">水稻</td><td>平均亩产(kg/亩)</td><td></td></tr>
<tr><td colspan="2">播种面积(万亩)</td><td colspan="2"></td><td>实灌面积(万亩)</td><td></td></tr>
<tr><td colspan="2">Kc_{ini}</td><td colspan="2">Kc_{mid}</td><td colspan="2">Kc_{end}</td></tr>
<tr><td colspan="2">1.17</td><td colspan="2">1.31</td><td colspan="2">1.29</td></tr>
<tr><td>播种/返青</td><td colspan="2">快速发育开始</td><td>生育中期开始</td><td>成熟期开始</td><td>成熟期结束</td></tr>
<tr><td>5月15日/6月</td><td colspan="2">7月15日</td><td>8月20日</td><td>10月9日</td><td>11月10日</td></tr>
</table>

<table>
<tr><td rowspan="4">地下水利用</td><td colspan="2">种植期内地下水利用量(mm)</td><td colspan="2"></td></tr>
<tr><td colspan="2">种植期内平均地下水埋深(m)</td><td>极限埋深(m)</td><td></td></tr>
<tr><td colspan="2">经验指数 P</td><td>作物修正系数 k</td><td></td></tr>
</table>

<table>
<tr><td rowspan="9">有效降水利用</td><td>种植期内有效降水利用量(mm)</td><td></td></tr>
<tr><td>降水量 p(mm)</td><td>有效利用系数</td></tr>
<tr><td>p<5</td><td></td></tr>
<tr><td>5≤p<30</td><td></td></tr>
<tr><td>30≤p<50</td><td></td></tr>
<tr><td>50≤p<100</td><td></td></tr>
<tr><td>100≤p<150</td><td></td></tr>
<tr><td>p≥150</td><td></td></tr>
</table>

附表 5.3-13　2022 年新禹河灌区(样点)作物与田间灌溉情况调查表

<table>
<tr><td rowspan="8">基础信息</td><td colspan="6">作物种类:□一般作物　☑水稻　□套种　□跨年作物</td></tr>
<tr><td colspan="6">灌溉模式:□旱作充分灌溉　□旱作非充分灌溉　☑水稻淹灌　□水稻节水灌溉</td></tr>
<tr><td colspan="2">土壤类型</td><td>沙壤土</td><td colspan="2">试验站净灌溉定额(m³/亩)</td><td></td></tr>
<tr><td colspan="2">观测田间毛灌溉定额(m³/亩)</td><td>756.86</td><td colspan="2">水稻育秧净用水量(万 m³)</td><td>2.14</td></tr>
<tr><td colspan="2">水稻泡田定额(m³/亩)</td><td>113.38</td><td colspan="2">水稻生育期内渗漏量(m³/亩)</td><td>240</td></tr>
<tr><td colspan="2">水稻生育期内有效降水量(m³/亩)</td><td>451.9</td><td colspan="2">水稻生育期内稻田排水量(m³/亩)</td><td></td></tr>
</table>

| | | | 作物系数:□分月法　☑分段法 | | | | | | | | | | |

<table>
<tr><td rowspan="12">分月法</td><td rowspan="6">作物1</td><td colspan="4">作物名称</td><td colspan="2">平均亩产(kg/亩)</td><td colspan="5"></td></tr>
<tr><td colspan="4">播种面积(万亩)</td><td colspan="2">实灌面积(万亩)</td><td colspan="5"></td></tr>
<tr><td colspan="2">播种日期</td><td>年</td><td>月</td><td>日</td><td colspan="2">收获日期</td><td colspan="2">年</td><td>月</td><td>日</td></tr>
<tr><td colspan="11">分月作物系数</td></tr>
<tr><td>1月</td><td>2月</td><td>3月</td><td>4月</td><td>5月</td><td>6月</td><td>7月</td><td>8月</td><td>9月</td><td>10月</td><td>11月</td><td>12月</td></tr>
<tr><td></td><td></td><td></td><td></td><td></td><td></td><td></td><td></td><td></td><td></td><td></td><td></td></tr>
<tr><td rowspan="6">作物2</td><td colspan="4">作物名称</td><td colspan="2">平均亩产(kg/亩)</td><td colspan="5"></td></tr>
<tr><td colspan="4">播种面积(万亩)</td><td colspan="2">实灌面积(万亩)</td><td colspan="5"></td></tr>
<tr><td colspan="2">播种日期</td><td>年</td><td>月</td><td>日</td><td colspan="2">收获日期</td><td colspan="2">年</td><td>月</td><td>日</td></tr>
<tr><td colspan="11">分月作物系数</td></tr>
<tr><td>1月</td><td>2月</td><td>3月</td><td>4月</td><td>5月</td><td>6月</td><td>7月</td><td>8月</td><td>9月</td><td>10月</td><td>11月</td><td>12月</td></tr>
<tr><td></td><td></td><td></td><td></td><td></td><td></td><td></td><td></td><td></td><td></td><td></td><td></td></tr>
</table>

<table>
<tr><td rowspan="6">分段法</td><td colspan="2">作物名称</td><td>水稻</td><td colspan="2">平均亩产(kg/亩)</td><td></td></tr>
<tr><td colspan="2">播种面积(万亩)</td><td></td><td colspan="2">实灌面积(万亩)</td><td></td></tr>
<tr><td colspan="2">Kc_{ini}</td><td colspan="2">Kc_{mid}</td><td colspan="2">Kc_{end}</td></tr>
<tr><td colspan="2">1.17</td><td colspan="2">1.31</td><td colspan="2">1.29</td></tr>
<tr><td>播种/返青</td><td>快速发育开始</td><td>生育中期开始</td><td colspan="2">成熟期开始</td><td>成熟期结束</td></tr>
<tr><td>5月15日/6月</td><td>7月15日</td><td>8月20日</td><td colspan="2">10月9日</td><td>11月10日</td></tr>
</table>

<table>
<tr><td rowspan="3">地下水利用</td><td>种植期内地下水利用量(mm)</td><td></td><td></td></tr>
<tr><td>种植期内平均地下水埋深(m)</td><td>极限埋深(m)</td><td></td></tr>
<tr><td>经验指数 P</td><td>作物修正系数 k</td><td></td></tr>
</table>

<table>
<tr><td rowspan="8">有效降水利用</td><td>种植期内有效降水利用量(mm)</td><td></td></tr>
<tr><td>降水量 p(mm)</td><td>有效利用系数</td></tr>
<tr><td>p<5</td><td></td></tr>
<tr><td>5≤p<30</td><td></td></tr>
<tr><td>30≤p<50</td><td></td></tr>
<tr><td>50≤p<100</td><td></td></tr>
<tr><td>100≤p<150</td><td></td></tr>
<tr><td>p≥150</td><td></td></tr>
</table>

附表 5.3-14　2022 年金牛湖灌区(样点)作物与田间灌溉情况调查表

<table>
<tr><td rowspan="6">基础信息</td><td colspan="6">作物种类:☐一般作物　☑水稻　☐套种　☐跨年作物</td></tr>
<tr><td colspan="6">灌溉模式:☐旱作充分灌溉　☐旱作非充分灌溉　☐水稻淹灌　☑水稻节水灌溉</td></tr>
<tr><td colspan="2">土壤类型</td><td>壤土</td><td colspan="2">试验站净灌溉定额(m³/亩)</td><td></td></tr>
<tr><td colspan="2">观测田间毛灌溉定额(m³/亩)</td><td>742.53</td><td colspan="2">水稻育秧净用水量(万 m³)</td><td></td></tr>
<tr><td colspan="2">水稻泡田定额(m³/亩)</td><td>117.33</td><td colspan="2">水稻生育期内渗漏量(m³/亩)</td><td></td></tr>
<tr><td colspan="2">水稻生育期内有效降水量(m³/亩)</td><td></td><td colspan="2">水稻生育期内稻田排水量(m³/亩)</td><td></td></tr>
</table>

<table>
<tr><td colspan="13" align="center">作物系数:☐分月法　☑分段法</td></tr>
<tr><td rowspan="5">分月法</td><td rowspan="12" style="writing-mode:vertical">作物1</td></tr>
</table>

		作物名称						平均亩产(kg/亩)				

分月法

作物1

作物名称				平均亩产(kg/亩)		
播种面积(万亩)				实灌面积(万亩)		
播种日期	年	月	日	收获日期	年 月 日	
分月作物系数						

1月	2月	3月	4月	5月	6月	7月	8月	9月	10月	11月	12月

作物2

作物名称				平均亩产(kg/亩)		
播种面积(万亩)				实灌面积(万亩)		
播种日期	年	月	日	收获日期	年 月 日	
分月作物系数						

1月	2月	3月	4月	5月	6月	7月	8月	9月	10月	11月	12月

分段法

作物名称	水稻	平均亩产(kg/亩)	
播种面积(万亩)		实灌面积(万亩)	

Kc_{ini}	Kc_{mid}	Kc_{end}
1.17	1.31	1.29

播种/返青	快速发育开始	生育中期开始	成熟期开始	成熟期结束
5 月 20 日	6 月 16 日	9 月 18 日	10 月 10 日	10 月 21 日

地下水利用	种植期内地下水利用量(mm)			
	种植期内平均地下水埋深(m)		极限埋深(m)	
	经验指数 P		作物修正系数 k	

有效降水利用	种植期内有效降水利用量(mm)	
	降水量 p(mm)	有效利用系数
	$p<5$	
	$5 \leqslant p<30$	
	$30 \leqslant p<50$	
	$50 \leqslant p<100$	
	$100 \leqslant p<150$	
	$p \geqslant 150$	

附表 5.3-15 2022 年新集灌区(样点)作物与田间灌溉情况调查表

基础信息	作物种类:□一般作物 ☑水稻 □套种 □跨年作物											
	灌溉模式:□旱作充分灌溉 □旱作非充分灌溉 □水稻淹灌 ☑水稻节水灌溉											
	土壤类型			黏土		试验站净灌溉定额(m³/亩)						
	观测田间毛灌溉定额(m³/亩)			776.80		水稻育秧净用水量(万 m³)						
	水稻泡田定额(m³/亩)			119.56		水稻生育期内渗漏量(m³/亩)				240		
	水稻生育期内有效降水量(m³/亩)			452.9		水稻生育期内稻田排水量(m³/亩)						

分月法	作物系数:□分月法 ☑分段法											
	作物1	作物名称					平均亩产(kg/亩)					
		播种面积(万亩)					实灌面积(万亩)					
		播种日期		年 月 日			收获日期		年 月 日			
		分月作物系数										
		1月	2月	3月	4月	5月	6月	7月	8月	9月	10月	11月	12月
	作物2	作物名称					平均亩产(kg/亩)					
		播种面积(万亩)					实灌面积(万亩)					
		播种日期		年 月 日			收获日期		年 月 日			
		分月作物系数										
		1月	2月	3月	4月	5月	6月	7月	8月	9月	10月	11月	12月

分段法	作物名称	水稻	平均亩产(kg/亩)	600
	播种面积(万亩)	1.3	实灌面积(万亩)	1.3
	Kc_{ini}	Kc_{mid}		Kc_{end}
	1.17	1.31		1.29
	播种/返青	快速发育开始	生育中期开始	成熟期开始	成熟期结束
	5月	6月15日	9月20日	10月8日	10月31日

地下水利用	种植期内地下水利用量(mm)		
	种植期内平均地下水埋深(m)	极限埋深(m)	
	经验指数 P	作物修正系数 k	

有效降水利用	种植期内有效降水利用量(mm)	
	降水量 p(mm)	有效利用系数
	$p < 5$	
	$5 \leqslant p < 30$	
	$30 \leqslant p < 50$	
	$50 \leqslant p < 100$	
	$100 \leqslant p < 150$	
	$p \geqslant 150$	

附表 5.3-16～附表 5.3-20 为南京市六合区样点灌区年净灌溉用水总量分析汇总表。

附表 5.3-16　2022 年山湖灌区（样点）年净灌溉用水总量分析汇总表

样点灌区片区	作物名称	典型田块编号	灌溉方式	直接量测法 年亩均净灌溉用水量（m³/亩）	观测分析法 净灌溉定额（m³/亩）	观测分析法 年亩均灌溉用水量（m³/亩）	年亩均净灌溉用水量采用值（m³/亩）	年亩均净灌溉用水量选用值（m³/亩）	典型田块实灌面积（亩）	某片区（灌溉类型）某种作物 年亩均净灌溉用水量（m³/亩）	实灌面积（亩）	年净灌溉用水量（m³）	年净灌溉用水量（m³）
马集测点	水稻	1	提水	515.59				515.59	4.3	512.63	115	58 969	113 476 488
		2		511.86				511.86	4.1				
		3		510.46				510.46	3.6				
孙街测点	水稻	1	提水	521.73				521.73	3.8	519.28	244	126 595	
		2		520.66				520.66	3.2				
		3		515.46				515.46	5.0				

附表 5.3-17　2022 年龙袍圩灌区（样点）年净灌溉用水总量分析汇总表

样点灌区片区	作物名称	典型田块编号	灌溉方式	直接量测法 年亩均净灌溉用水量（m³/亩）	观测分析法 净灌溉定额（m³/亩）	观测分析法 年亩均灌溉用水量（m³/亩）	年亩均净灌溉用水量采用值（m³/亩）	年亩均净灌溉用水量选用值（m³/亩）	典型田块实灌面积（亩）	某片区（灌溉类型）某种作物 年亩均净灌溉用水量（m³/亩）	实灌面积（亩）	年净灌溉用水量（m³）	年净灌溉用水量（m³）
赵坝测点	水稻	1	自流	501.85				501.85	7.4	498.56	490	244 049	22 488 060
		2		498.52				498.52	9.5				
		3		495.31				495.31	11.8				
朱庄测点	水稻	1	自流	499.45				499.45	5.9	496.56	672	333 731	
		2		495.71				495.71	5.8				
		3		494.51				494.51	5.4				

附表 5.3-18 2022 年新禹河灌区（样点）年净灌溉用水总量分析汇总表

样点灌区片区	作物名称	灌溉方式	典型田块编号	直接量测法 年亩均净灌溉用水量(m³/亩)	观测分析法 净灌溉定额(m³/亩)	年亩均净灌溉用水量采用值(m³/亩)	年亩均净灌溉用水量选用值(m³/亩)	典型田块实灌面积(亩)	某片区（灌溉类型）某种作物 年亩均净灌溉用水量(m³/亩)	实灌面积(亩)	年净灌溉用水量(m³)	年净灌溉用水量(m³)
孙赵灌区测点	水稻	提水	1	525.86			525.86	3.8	520.17	1 436	745 313	86 722 287
			2	513.66			513.66	6.7				
			3	520.86			520.86	5.4				
江庄测点	水稻	提水	1	526.53			526.53	3.3	517.84	252	130 558	
			2	515.39			515.39	3.1				
			3	511.59			511.59	3.0				

附表 5.3-19 2022 年金牛湖灌区（样点）年净灌溉用水总量分析汇总表

样点灌区片区	作物名称	灌溉方式	典型田块编号	直接量测法 年亩均净灌溉用水量(m³/亩)	观测分析法 净灌溉定额(m³/亩)	年亩均净灌溉用水量采用值(m³/亩)	年亩均净灌溉用水量选用值(m³/亩)	典型田块实灌面积(亩)	某片区（灌溉类型）某种作物 年亩均净灌溉用水量(m³/亩)	实灌面积(亩)	年净灌溉用水量(m³)	年净灌溉用水量(m³)
金牛村测点	水稻	提水	1	519.33			519.33	3.2	515.86	196	100 973	88 678 189
			2	516.93			516.93	2.5				
			3	511.32			511.32	4.6				
郭庄村测点	水稻	提水	1	507.12			507.12	7.0	504.12	240	121 080	
			2	504.85			504.85	6.4				
			3	501.12			501.12	6.1				

附表 5.3-20　2022 年新集灌区（样点）年净灌溉用水总量分析汇总表

样点灌区片区	作物名称	典型田块编号	灌溉方式	直接量测法 年亩均净灌溉用水量（m³/亩）	观测分析法 年亩均灌溉用水量（m³/亩）	观测分析法 净灌溉定额（m³/亩）	观测分析法 年亩均净灌溉用水量采用值（m³/亩）	年亩均净灌溉用水量选用值（m³/亩）	典型田块实灌面积（亩）	某片区（灌溉类型）年亩均净灌溉用水量（m³/亩）	某片区（灌溉类型）实灌面积（亩）	某种作物年净灌溉用水量（m³）	年净灌溉用水量（m³）
北圩测点	水稻	1	自流	534.73				534.73	5.8	531.11	304	161 615	16 685 185
		2		530.27				530.27	5.0				
		3		528.33				528.33	3.4				
吴庄测点	水稻	1		538.94				538.94	3.5	535.06	380	203 240	
		2		534.53				534.53	3.9				
		3		531.72				531.72	4.2				

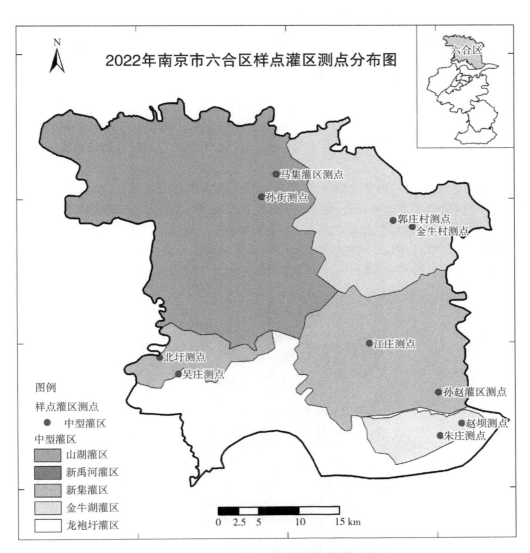

附图 5.3-1　南京市六合区样点灌区测点分布图

5.4 溧水区

5.4.1 农田灌溉及用水情况

5.4.1.1 农田灌溉总体情况

1）自然环境

（1）地理位置与地形地貌

溧水区地处宁、镇、扬丘陵山区，东邻溧阳、南连高淳、西接安徽当涂、北依江宁，总面积为 1 067 km²（含石臼湖水面面积），占南京区域面积的 16.20%。其中，沿湖低洼区面积为 293.52 km²，低山丘陵面积为 773.5 km²，占总面积的 72.49%，是典型的低山丘陵地区（图 5.4-1）。

溧水区地处茅山山脉突起绵延区，境内山丘低矮离散，除石臼湖沿岸外，缓丘低岗几乎分布全县，是典型的低山丘陵地区。境内地势东南高，西北低，呈阶梯形，最高一级阶梯由海拔高程 100 m 以上的低山组成，是区内最高的山地；第二级阶梯由海拔高程 50 m以上低矮平缓的丘陵组成，地貌极为复杂；第三级阶梯由丘陵间的沟谷地、河谷地、滨湖平原组成，在这一阶梯中 50 m～12 m 为山田，6 m～12 m 为圩田。

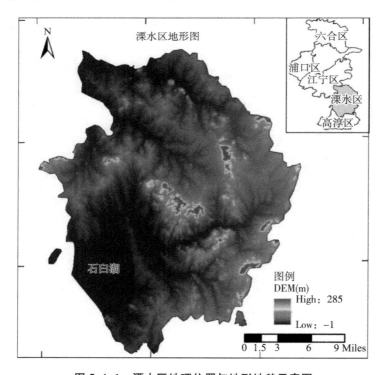

图 5.4-1 溧水区地理位置与地形地貌示意图

（2）水文气象

溧水区属北亚热带季风气候，四季分明，夏季湿热多雨，冬季寒冷干燥。年平均气温为 16.4℃，年平均相对湿度为 76%，年平均降水量为 1 204.3 mm，年平均雨日为 123 天，年平均日照为 1 980.0 h。每年 6 月中下旬到 7 月上旬为梅雨季节。

溧水区地域主要分属石臼湖水系和秦淮河水系，按流域面积划为：秦淮河流域 464.82 km²，石臼湖流域 599.39 km²，仅东南角有 2.73 km² 山区属太湖水系的湖西地区。两大水系的分水岭东西向横贯区境中部，将区境内河流流势分为南北两向，北水流归秦淮河，南水汇入石臼湖，天生桥闸是两大水系南北的分水岭。

石臼湖水系。石臼湖湖泊面积为 207.65 km²，属溧水区内面积有 90.4 km²。石臼湖溧水流域面积为 599.39 km²，入湖主要河道包括新桥河全长为 26.28 km；云鹤支河全长为 11.99 km；天生桥闸上游段河长为 6.3 km。

秦淮河水系。溧水区是秦淮河上游的南源，属秦淮河的主要支流之一，秦淮河溧水流域面积为 464.82 km²。其中，溧水河全长为 6.5 km；一干河全长为 22.1 km；二干河全长为 25.60 km；三干河全长为 11.19 km；天生桥河闸下游段河长为 8.7 km。

2）社会经济

溧水区产业特色鲜明，建有开发区和空港枢纽经济区、永阳新城、国家农业科技园、国家影视文化创意产业园、高铁枢纽经济区、美丽乡村生态旅游区六大高层次经济功能区，是集聚高端产业和高素质人口的优良载体。2021 年，溧水区全年实现地区生产总值 1 000.95 亿元，迈上千亿元新台阶，同比增长 8.4%。其中，第一产业增加值为 51.88 亿元，同比增长 1.5%；第二产业增加值为 513.52 亿元，同比增长 10.3%；第三产业增加值为 435.55 亿元，同比增长 7.1%。

在现代农业方面，溧水区依托低山丘陵的地理禀赋、丰富的农业资源优势，培育了草莓、蓝莓、茶叶、稻米、蔬菜、优质畜禽、特种水产等一批特色农业产业。溧水区拥有全国最大的规模化设施草莓种植基地和企业、国内领先的黑莓种植基地、国内最全的蓝莓种植资源圃、国内知名的青梅种植基地、国内纬度最高的杨梅生产基地、国内优质稻米示范基地、华东地区最大的食用菌工厂。现有江苏南京国家农业高新技术产业示范区（国家级）、南京市溧水区现代农业产业示范园（省级），以及永阳、东屏、石湫、和凤、晶桥等一批市级现代农业园区。

在先进制造业方面，溧水区始终将发展实体经济尤其是制造业作为立区之本、强区之基，基本形成了新能源汽车、临空、健康制造等先进制造业为主导，新材料、新一代信息技术、高端装备制造等为支撑的现代产业体系，是全市唯一一个制造业高质量发展试验区，全省制造业创新转型成效明显地区。

在服务业方面，溧水区 2021 年全年完成 8 家民宿上线工作，山凹村、李巷 N4 号院获评首批市级疗休养基地民宿村，石山下村创成省级乡村旅游重点村，无想水镇创成市级夜间文旅消费集聚区。

3）农田灌溉

（1）种植结构

《溧水统计年鉴 2021》显示，2021 年溧水区总耕种面积为 70.23 万亩，其中粮食作物面积为 42.83 万亩,经济作物面积为 26.68 万亩,其他作物面积为 0.72 万亩。

①粮食作物

溧水区粮食作物以稻谷、小麦为主,2021 年溧水区粮食种植面积为 42.83 万亩,占溧水区总耕地面积的 60.99%。其中,小麦种植面积为 12.90 万亩,占总耕地面积的 18.37%;稻谷种植面积为 25.92 万亩,占总耕地面积的 36.91%;大豆和薯类分别占总耕地面积的 2.07% 和 1.43%。

②经济作物

溧水区经济作物以油料和蔬菜为主,2021 年溧水区经济作物播种面积为 26.68 万亩,占溧水区总耕地面积的 37.99%。其中,油料种植面积为 5.84 万亩,约占总耕地面积的 8.31%;蔬菜播种面积为 18.48 万亩,占总耕地面积的 26.31%;瓜果播种面积为 1.44 万亩,占总耕地面积的 2.06%。经济作物产量中,油料总产量为 0.96 万吨,蔬菜总产量为 43.19 万吨,瓜果总产量为 2.98 万吨。

③其他作物

2021 年其他作物种植面积占溧水区总耕地面积的 1.02%。

（2）灌水定额

从种植结构看,溧水区以稻麦、稻油轮作为主,主要种植作物为水稻、小麦、瓜果、叶菜、油料等。水稻为夏季作物,需水量大,灌溉定额为 590 m^3/亩;小麦和油料为冬季作物,需水量较小,灌溉定额分别为 65 m^3/亩和 75 m^3/亩;瓜果和叶菜灌溉定额分别为 143 m^3/亩和 60 m^3/亩。溧水区主要农作物灌溉定额（灌溉设计保证率为 90%）见图 5.4-2。

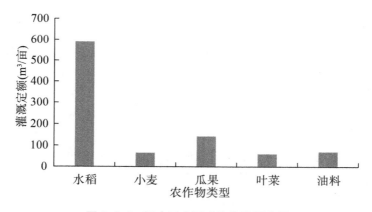

图 5.4-2　溧水区主要农作物灌溉定额

南京降水较丰富、地下水位高,可以满足小麦、油料、蔬菜等作物需水量,在小麦、油料、蔬菜生长期间灌溉较少,一般平水年不需要灌溉,因此南京市的灌溉水有效利用系数分析测算工作以水稻为主。溧水区水稻通常从 5 月开始泡田,生育期从 6 月开始一直持续到 10 月中旬,因此灌溉水有效利用系数测算分析主要集中在 5—10 月。南京市溧水区水稻灌溉模式多以浅湿节水灌溉为主,该模式下水稻各生育期田间水分控制指标见表 5.4-1。

表 5.4-1　溧水区浅湿灌溉模式下水稻各生育期田间水分控制指标

生育期 项目	返青	分蘖		拔节	孕穗	抽穗	乳熟	黄熟
		前中期	末期					
灌水上限(mm)	30～40	20～30	烤田	30～30	30～40	20～30	20～30	干湿
土壤水分下限(%)	100	80～90	70	70～90	100	90～100	80	75
蓄水深度(mm)	80	100	—	140	140	140	80	0
灌溉周期(天)	4～5	4～5	6～8	4～6	3～4	4～6	4～6	—

5.4.1.2　不同规模与水源类型灌区情况

南京市溧水区共有灌区 21 个(表 5.4-2),有效灌溉面积为 32.83 万亩,耕地灌溉面积为 20.12 万亩,其中,无大型灌区;中型灌区有 9 个,耕地灌溉面积为 18.32 万亩;小型灌区有 12 个,耕地灌溉面积为 1.80 万亩。中、小型灌区灌溉水有效利用系数的高低,基本代表了南京市溧水区灌溉用水技术与管理的总体水平。因此测算南京市溧水区灌溉水有效利用系数的重点也就是测算中型灌区、小型灌区的灌溉水有效利用系数。

表 5.4-2　南京市溧水区不同规模与水源类型灌区情况表

灌区规模与类型			个数	设计灌溉 面积(万亩)	有效灌溉 面积(万亩)	耕地灌溉 面积(万亩)
全区总计			21	48.55	32.83	20.12
大型	合计		—	—	—	—
	提水		—	—	—	—
	自流引水		—	—	—	—
中型	合计	小计	9	46.75	31.03	18.32
		提水	2	24.86	11.82	7.99
		自流引水	7	21.89	19.21	10.33
	1～5 万亩	小计	8	24.92	22.12	12.05
		提水	1	3.03	2.91	1.72
		自流引水	7	21.89	19.21	10.33
	5～15 万亩	小计	1	21.83	8.91	6.27
		提水	1	21.83	8.91	6.27
		自流引水	—	—	—	—
	15～30 万亩	小计	—	—	—	—
		提水	—	—	—	—
		自流引水	—	—	—	—
小型	合计		12	1.80	1.80	1.80
	提水		5	0.84	0.84	0.84
	自流引水		7	0.96	0.96	0.96

5.4.1.3　农田水利工程建设情况

近年来,溧水区在节水灌溉和灌溉改造上投入了大量的资金和技术力量。2021—2022 年,溧水区进行多项农田水利工程建设,包括中型灌区续建配套与节水改造项目、重点泵站更新改造工程、重点塘坝综合治理工程和翻水线更新改造工程等。

（1）淜湖灌区续建配套与节水改造项目

淜湖灌区续建配套与节水改造项目主要建设内容包括：新建官塘提水站、石家边提水站、涧屋旱塘灌溉站 3 座泵站，清淤整治南岗头大塘、花山冲大塘、娘娘庙大塘、六角塘、高塘、秧塘 6 座塘坝；加固官塘隧道 1 460 m，清淤整治输配水渠道 3 条 5 420 m；清淤整治排水河沟 4 条 7 593 m；新、拆建渠（沟）系建筑物 47 座；接入已有水位、流量、工情监测、视频监控点 5 个，新建流量、水位计量设备 18 套，新建视频监控设备 15 套，开发灌区智慧应用系统 1 套等。

（2）重点泵站更新改造工程

重点泵站更新改造工程主要为群英圩排涝泵站、石淜街道倒桥排涝站 2 座农村泵站的更新改造。

（3）重点塘坝综合治理工程

重点塘坝综合治理工程主要为东屏街道大乌塘塘坝、娘娘碑塘坝、白马镇上东塘塘坝、上塘塘坝、张家冲塘坝 5 座山丘灌溉水源重点塘坝的综合治理。

（4）翻水线更新改造工程

石淜街道中天堡翻水线更新改造工程主要实施内容为：拆建泵站 1 座，配套 PE 管道 1 975 m，T100 渠道 90 m，新建分水池 1 座，闸阀井 4 座，排气阀井 2 座，河道清淤整治 1 800 m，河道护岸整治 140 m，拆建箱涵 1 座，改造倒虹吸 1 座。

（5）百村千塘项目

项目主要内容包括：晶桥镇邰村南区 7 座大塘清淤整理，平均清淤深度为 0.3 至 1.0 m，新建生态护坡 1 030 m，其中预制连锁块护坡 350 m，仿木桩护岸 680 m，新建连通沟 250 m，拆建箱涵 1 座、老坝塘溢洪道等；北区 6 座大塘清淤整理，平均清淤深度为 0.5 至 1.0 m；新建必要的管护设施等。

5.4.2　样点灌区的选择和代表性分析

5.4.2.1　样点灌区选择

1）选择结果

按照以上选择原则，根据 2022 年溧水区实际情况，样点灌区选择情况如下。

（1）大型灌区：溧水区无大型灌区。

（2）中型灌区：溧水区中型灌区有 9 个，耕地灌溉面积为 18.32 万亩。根据样点灌区的选择原则，本次测算选择 4 个中型灌区作为样点灌区，分别为毛公铺灌区、淜湖灌区、无想寺灌区和赭山头水库灌区。

（3）小型灌区：溧水区小型灌区有 12 个，耕地灌溉面积为 1.80 万亩。根据样点灌区的选择原则，本次测算选择 1 个小型灌区作为样点灌区，为何林坊站灌区。

（4）纯井灌区：溧水区无纯井灌区。

综合以上样点灌区选择情况，2022 年南京市溧水区灌溉水有效利用系数分析测算共选择样点灌区 5 个：4 个中型灌区（毛公铺灌区、淜湖灌区、无想寺灌区和赭山头水库灌区）和 1 个小型灌区（何林坊站灌区）。

2）调整情况说明

样点灌区选择要符合代表性、可行性和稳定性原则,无特殊情况,样点灌区选择与上一年度保持一致。溧水区水务局相关人员在调查收集溧水区境内灌区相关资料的基础上,依据样点灌区确定的原则和方法,从灌区的面积、管理水平、灌溉工程现状、地形地貌、空间分布等多方面进行实地勘察,对灌区作出调整。调整情况见表5.4-3。

（1）小型灌区合并为中型灌区

根据《水利部办公厅 财政部办公厅关于开展中型灌区续建配套与节水改造方案编制工作的通知》（办农水〔2020〕87号）相关要求,江苏省充分掌握各地"十四五"中型灌区建设需求,汇总完成《江苏省"十四五"中型灌区续建配套与节水改造规划》和《江苏省中型灌区续建配套与现代化改造规划（2021—2035）》,将部分小型灌区合并成为中型灌区,并从名录中删除。溧水区原有小型灌区127个,调整后仅剩12个。为保持样点灌区的相对稳定,使获取的数据具有年际可比性,南京市对原2021年小型样点灌区所在的中型灌区进行系数测算,并将所涉及的2021年小型样点灌区作为中型样点灌区测点。溧水区的尖山大塘灌区并入漆湖灌区,茨菇塘水库灌区并入赭山头水库灌区,原占圩灌区并入无想寺灌区,因此,将漆湖灌区、赭山头水库灌区和无想寺灌区列为样点灌区,并将尖山大塘灌区、茨菇塘水库灌区和原占圩灌区分别作为漆湖灌区、赭山头水库灌区和无想寺灌区的测点之一。

（2）新增小型灌区

2021年,溧水区选取尖山大塘灌区、茨菇塘水库灌区和原占圩灌区作为小型样点灌区。此次农田灌溉水有效利用系数测算工作中,将尖山大塘灌区、茨菇塘水库灌区和原占圩灌区均作为中型灌区的测点进行测算。为保障小型样点灌区数量要求,此次测算工作新增小型样点灌区1个,为何林坊站灌区。在灌区地形上,为丘陵灌区;在水源类型上,为提水灌区;在种植条件上,以稻油轮作和稻麦轮作为主,均有良好的种植结构;在灌溉面积上,均超过小型样点灌区规定的最低面积（100亩）。因此,将何林坊站灌区纳入新增的小型样点灌区。

5.4.2.2 样点灌区的数量与分布

根据南京市气候、土壤、作物和管理水平,选取溧水区5个样点灌区进行灌溉水有效利用系数测算,分别为毛公铺灌区、漆湖灌区、赭山头水库灌区、无想寺灌区和何林坊站灌区。现状灌区类型为3个提水灌区、2个自流灌区,样点灌区分布合理。样点灌区作物类型主要为水稻（夏季）,小麦（冬季）。

溧水区样点灌区基本情况见表5.4-3,样点灌区分布图见附图5.4-1。

表5.4-3 2022年南京市溧水区农田灌溉水有效利用系数样点灌区基本信息汇总表

序号	灌区名称		灌区地形	灌区规模与类型	水源类型	设计灌溉面积（亩）	有效灌溉面积（亩）	耕地灌溉面积（亩）	工程管理水平	作物种类		备注
										夏季	冬季	
1	漆湖灌区	尖山大塘测点	丘陵	中型	提水	218 300	89 100	62 700	中	水稻	小麦、油菜	保留
		北庄头测点										新增

序号	灌区名称		灌区地形	灌区规模与类型	水源类型	设计灌溉面积（亩）	有效灌溉面积（亩）	耕地灌溉面积（亩）	工程管理水平	作物种类		备注
										夏季	冬季	
2	赭山头水库灌区	茨菇塘水库测点	丘陵	中型	自流	18 000	17 700	7 200	中	水稻	小麦、油菜	保留
		官山头测点										新增
3	无想寺灌区	原占圩测点	圩垸	中型	自流	30 400	20 100	11 600	中	水稻	小麦、油菜	保留
		后曹测点										新增
4	毛公铺灌区	毛公铺测点	丘陵	中型	提水	30 300	29 100	17 200	好	水稻	小麦、油菜	保留
		吴村桥测点										保留
5	何林坊站灌区		丘陵	小型	提水	2 055	2 055	2 055	中	水稻	小麦、油菜	新增

5.4.2.3 样点灌区基本情况与代表性分析

溧水区位于江苏省南京市的南部,隶属宁、镇、扬丘陵山区。境内山丘个体低矮离散,缓丘低岗几乎分布全区,介于低山丘陵之间分布着沟谷地和河谷地,石臼湖沿岸分布着滨湖圩区。全区共有灌区 21 个,耕地灌溉面积为 20.12 万亩。中型灌区有 9 个,耕地灌溉面积为 18.32 万亩;小型灌区有 12 个,耕地灌溉面积为 1.80 万亩。

灌区的选择按照树状分层选择,保证树干各分支的代表性。按照灌区灌溉规模,选择了中、小型灌区作为样点灌区;每个灌区类型中,按照取水方式,又分为提水灌区和自流灌区。在样点灌区的选择上,充分考虑了区域、规模、取水方式、管理水平等因素,保证了样点灌区在总体中的均匀分布,具有较好的代表性。

依据样点灌区的选择原则及溧水区的灌区情况,选择了 5 个灌区作为样点灌区,分别是 4 个中型灌区(毛公铺灌区、湫湖灌区、赭山头水库灌区和无想寺灌区)和 1 个小型灌区(何林坊站灌区),样点灌区基本信息见表 5.4-3,样点灌区位置见附图 5.4-1。

(1) 湫湖灌区

湫湖灌区地处江苏省西南部秦淮河上游地区,位于溧水区东中部区域,始建于二十世纪七十年代,涉及白马、永阳 2 个乡镇 20 个行政村。灌区土地总面积约为 200 km²,设计灌溉面积为 21.83 万亩,有效灌溉面积为 8.91 万亩,耕地面积为 7.02 万亩,耕地灌溉面积为 6.27 万亩。现状灌区主要作物种植有水稻、小麦以及其他经济作物,粮食作物与经济作物的种植比例约为 61.25:38.75,复种指数为 1.80。灌区由湫湖灌区管理所管理,管理水平中等,种植结构稳定,可作为中型灌区的典型代表。

湫湖灌区从二十世纪七十年代开始规划建设,经过多年的建设和改造,逐步形成了"长藤结瓜"灌溉系统——渠首站为"根"、干支渠为"藤",灌区内的水库大塘为"瓜"。新桥河为灌区的主要引水河道,干旱年灌溉期,通过湫湖泵站提水,水从石臼湖起自西向东进入新桥河东北端的湫湖泵站,而后通过湫湖灌区总干渠向灌区输水灌溉。灌区渠首湫湖提水站设计流量为 15 km³/s;灌区内渠道总长度为 65.62 km,衬砌长度为 41.14 km,衬砌率为 62.7%;灌区内有中小型水库 20 座、大塘 77 座,总集水面积为 123.81 km²。

(2) 赭山头水库灌区

赭山头水库灌区位于溧水区晶桥镇,涉及杭村、孔家、芝山、枫香岭 4 个行政村,涉农人口达 1.2 万人。灌区总面积为 13 km²,其中设计灌溉面积为 1.8 万亩,有效灌溉面积为 1.77 万亩,耕地面积为 0.74 万亩,耕地灌溉面积为 0.72 万亩。灌区由晶桥镇水务站管理,管理水平中等,种植结构稳定,可作为中型灌区的典型代表。

赭山头水库灌区地处赭山头水库上、下游周边丘陵区,灌区分自流灌区及提水灌区两部分,灌区内农业基础设施建设水平较低,未实施灌排分开体系,存在串灌串排现象。自流灌区内有南北干渠各一条,总长 7.75 km,其他分级灌排沟渠 47 条,总长 26.25 km。渠道衬砌长 2.5 km。提水灌区共有三个,分别为姑塘拐站灌区、东官塘站灌区、甘戴站灌区。

（3）无想寺灌区

无想寺灌区主要涉及溧水区洪蓝街道洪蓝、三里亭、天生桥、西旺、无想寺、傅家边、蒲塘、上港共 6 个社区。灌区设计灌溉面积为 3.04 万亩,有效灌溉面积为 2.01 万亩,耕地面积为 1.18 万亩,耕地灌溉面积为 1.16 万亩。灌区主要种植作物为水稻、水果等,复种指数为 1.48。灌区由溧水区无想寺水库管理所管理,管理水平中等,种植结构稳定,可作为中型灌区的典型代表。

灌区主要水源为无想寺水库,渠首共 1 座,完好率为 100%。无想寺灌区现有灌溉渠道共计 121.9 km,其中衬砌渠道长 23.5 km、衬砌率为 19%、完好长 85.33 km、完好率为 70%。排水沟道总长 81.55 km,完好率为 70%。沟渠道建筑物共 84 座,其中 70 座完好,完好率为 83%。

（4）毛公铺灌区

毛公铺灌区涉及沙塘庵、沈家山、毛公铺、双牌石 4 个行政村,涉农人口有 1.4 万人。灌区总面积为 23.33 km²,其中设计灌溉面积为 3.03 万亩,有效灌溉面积为 2.91 万亩,耕地面积为 1.84 万亩,耕地灌溉面积为 1.72 万亩。灌区由溧水区和凤镇水务站管理,管理水平较好,种植结构稳定,可作为中型灌区的典型代表。

灌区主要水源为灌区内泵站提水,渠首共 2 座,完好率为 100%。毛公铺灌区现有灌溉渠道共计 25.28 km,其中衬砌渠道长 2.95 km、衬砌率为 11.7%、完好长 16.66 km、完好率为 65.9%。排水沟道总长 49.7 km,完好率为 70%。沟渠道建筑物共 518 座,其中 455 座完好,完好率为 88%。

（5）何林坊站灌区

何林坊站灌区位于洪蓝街道,属于小型提水灌区。灌区设计灌溉面积为 2 055 亩,有效灌溉面积为 2 055 亩,耕地灌溉面积为 2 055 亩,节水灌溉工程面积为 2 055 亩。灌区由洪蓝街道水务站管理,管理水平中等,种植结构稳定,可作为小型灌区的典型代表。

以上样点灌区在规模、管理水平、取水方式等方面均可以代表溧水区的灌区水平。

5.4.2.4　灌溉用水代表年分析

为分析溧水区的样点灌区降水及其分布情况,根据雨量站分布情况及样点灌区与雨量站之间的相对距离来确定代表雨量站。赭山头水库灌区和毛公铺灌区雨量代表站为赭山头站,无想寺灌区雨量代表站为马家庙站,湫湖灌区雨量代表站为官塘站,何林坊站灌区雨量代表站为天生桥闸站。所有雨量代表站均为国家水文站点,资料可靠。

从样点灌区代表雨量站的降水分布情况来看(图 5.4-3),2022 年 6—9 月样点灌区代表雨量站降水量较同期的多年平均降水量均明显减少5成左右,其中毛公铺灌区降水量异常偏少最多,减少了55%左右;漆湖灌区降水量异常偏少最少,减少了49%左右;其余灌区降水量偏少50%左右。降水日数也异常偏少2~3成,总体而言,2022年6—9月各灌区的降水量均明显偏少,气候处于高温少雨多日照的状态,水稻灌溉频次相对一般年份较多。

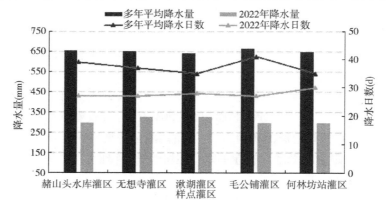

图 5.4-3　溧水区样点灌区 2022 年 6—9 月降水量对比

各代表站逐日降水量见图 5.4-4 至图 5.4-7。

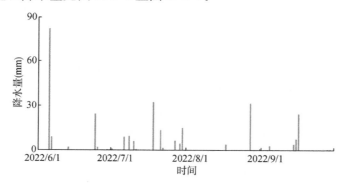

图 5.4-4　赭山头站逐日降水量

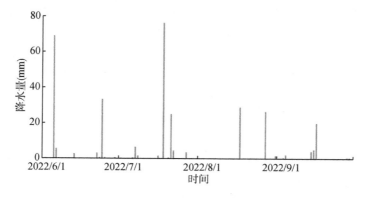

图 5.4-5　马家庙站逐日降水量

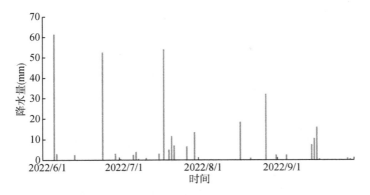

图 5.4-6　官塘站逐日降水量

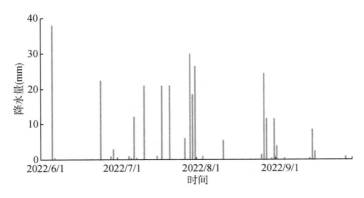

图 5.4-7　天生桥闸站逐日降水量

表 5.4-4　溧水区样点灌区灌溉用水代表年分析

序号	市(县)、区	灌区名称	2022 年		多年平均		降水量与多年平均相比(%)
			降水量(mm)	降水日数(d)	降水量(mm)	降水日数(d)	
1	溧水区	赭山头水库灌区	297	27	654.70	39	−54.64
2		无想寺灌区	324.5	27	650.21	37	−50.09
3		湫湖灌区	324	28	640.99	35	−49.45
4		毛公铺灌区	297	27	665.05	41	−55.34
5		何林坊站灌区	297	30	646.72	35	−54.08

5.4.3　样点灌区农田灌溉水有效利用系数测算及成果分析

5.4.3.1　典型田块的选择

溧水区总播种面积超过 10% 的作物分别为水稻、小麦和油菜。由于小麦和油菜在平水年下无须灌溉,故观测作物仅为水稻。按照以上选择要求,在每个样点灌区分别选取典型田块,南京市溧水区 5 个样点灌区共选出 26 个典型田块,各灌区典型田块数量详见表 5.4-5。

表 5.4-5　2022 年南京市溧水区样点灌区典型田块选择结果

序号	样点灌区名称		灌区规模	水源类型	主要作物种类		观测作物种类及典型田块数量
					夏季	冬季	
1	湫湖灌区	尖山大塘测点	中型	提水	水稻	小麦、油菜	水稻 3 个
		北庄头测点			水稻	小麦、油菜	水稻 3 个
2	赭山头水库灌区	茨菇塘水库测点	中型	自流	水稻	小麦、油菜	水稻 3 个
		官山头测点			水稻	小麦、油菜	水稻 3 个
3	无想寺灌区	原占圩测点	中型	自流	水稻	小麦、油菜	水稻 3 个
		后曹测点			水稻	小麦、油菜	水稻 3 个
4	毛公铺灌区	毛公铺测点	中型	提水	水稻	小麦、油菜	水稻 3 个
		吴村桥测点			水稻	小麦、油菜	水稻 3 个
5	何林坊站灌区		小型	提水	水稻	小麦、油菜	水稻 2 个

5.4.3.2　灌溉用水量的测定方法

本次测算分析工作中样点灌区净灌溉用水量均采用直接量测法获取,毛灌溉用水量通过实测法获得,具体情况见表 5.4-6。

表 5.4-6　2022 年南京市溧水区样点灌区净、毛灌溉用水量获取方法统计表

序号	灌区名称	灌区规模	典型田块数量	净灌溉用水量获取方法			是否为多水源	毛灌溉用水量获取方法		
				采用直接量测法的田块数量	采用观测分析法的田块数量	采用调查分析法的田块数量(限小型、纯井灌区)		实测	油、电折算	调查分析估算
1	湫湖灌区	中型	6	6			是	6		
2	赭山头水库灌区	中型	6	6			是	6		
3	无想寺灌区	中型	6	6			否	6		
4	毛公铺灌区	中型	6	6			是	6		
5	何林坊站灌区	小型	2	2			否	2		

5.4.3.3　灌溉水有效利用系数测算分析

南京市溧水区共 5 个样点灌区,样点灌区灌溉水有效利用系数按照前文首尾测算分析法进行测算,样点灌区灌溉水有效利用系数汇总表见表 5.4-7,计算过程详见附表 5.4-1~附表 5.4-20。其中,为对比分析 2021 年样点灌区灌溉水有效利用系数,将尖山大塘灌区(湫湖灌区)、茨菇塘水库灌区(赭山头水库灌区测点)和原占圩灌区(无想寺灌区测点)独立测算。

(1)湫湖灌区

湫湖灌区为中型灌区,耕地灌溉面积为 6.27 万亩,分别在尖山大塘测点和北庄头测点各选取 3 个典型田块进行测算。灌区毛灌溉用水量为 4 588.54 万 m³,净灌溉用水量为 3 146.75 万 m³,灌溉水有效利用系数为 0.686。其中,尖山大塘灌区(尖山大塘测点)为 2021 年小型样点灌区,今年为湫湖灌区测点,该测点耕地灌溉面积为 692 亩,毛灌溉用水量为 50.23 万 m³,净灌溉用水量为 34.60 万 m³,灌溉水有效利用系数为 0.689。

（2）赭山头水库灌区

赭山头水库灌区为中型灌区,耕地灌溉面积为 0.72 万亩,分别在茨菇塘水库测点和官山头测点各选取 3 个典型田块进行测算。灌区毛灌溉用水量为 570.09 万 m^3,净灌溉用水量为 390.04 万 m^3,灌溉水有效利用系数为 0.684。其中,茨菇塘水库灌区（茨菇塘水库测点）为 2021 年小型样点灌区,2022 年为赭山头水库灌区测点,该测点耕地灌溉面积为 300 亩,毛灌溉用水量为 23.86 万 m^3,净灌溉用水量为 16.39 万 m^3,灌溉水有效利用系数为 0.687。

（3）无想寺灌区

无想寺灌区为中型灌区,耕地灌溉面积为 1.16 万亩,分别在原占圩测点和后曹测点各选取 3 个典型田块进行测算。经测算,灌区毛灌溉用水量为 897.09 万 m^3,净灌溉用水量为 613.42 万 m^3,灌溉水有效利用系数为 0.684。其中,原占圩灌区（原占圩测点）为 2021 年小型样点灌区,2022 年为无想寺灌区测点,该测点耕地灌溉面积为 500 亩,毛灌溉用水量为 107.34 万 m^3,净灌溉用水量为 73.84 万 m^3,灌溉水有效利用系数为 0.688。

（4）毛公铺灌区

毛公铺灌区为中型灌区,耕地灌溉面积为 1.72 万亩,分别在毛公铺测点和吴村桥测点各选取 3 个典型田块进行测算。灌区毛灌溉用水量为 1 283.01 万 m^3,净灌溉用水量为 880.13 万 m^3,灌溉水有效利用系数为 0.686。

（5）何林坊站灌区

何林坊站灌区为小型灌区,耕地灌溉面积为 2 055 亩,在灌区内选取 2 个典型田块进行测算。灌区毛灌溉用水量为 156.17 万 m^3,净灌溉用水量为 107.47 万 m^3,灌溉水有效利用系数为 0.688。

表 5.4-7　2022 年南京市溧水区样点灌区灌溉水有效利用系数汇总表

灌区名称	水源类型	耕地灌溉面积（亩）	净灌溉用水量（m^3）	毛灌溉用水量（m^3）	灌溉水有效利用系数
湫湖灌区	提水	62 700	31 467 533	45 885 409	0.686
赭山头水库灌区	自流	7 200	3 900 391	5 700 949	0.684
无想寺灌区	自流	11 600	6 134 182	8 970 929	0.684
毛公铺灌区	提水	17 200	8 801 259	12 830 102	0.686
何林坊站灌区	提水	2 055	1 074 746	1 561 700	0.688

5.4.3.4　测算结果合理性、可靠性分析

2022 年南京市溧水区未变化的样点灌区为毛公铺灌区,尖山大塘灌区、茨菇塘水库灌区、原占圩灌区作为中型灌区测点可进行年际间比较。这 4 个样点灌区的灌溉水有效利用系数均高于往年数值。其中,尖山大塘灌区增长显著。溧水区样点灌区灌溉水有效利用系数年际间变化见表 5.4-8。

近几年来,溧水区广泛推广水稻浅湿灌溉等水稻节水灌溉模式。水稻浅湿灌溉即浅水与湿润反复交替、适时落干,浅湿干灵活调节的一种间歇灌溉模式。这种灌溉模式具有降低稻田耗水量和灌溉定额、减少土壤肥力的流失、提高雨水利用率和水的生产效率

等多项优点,其灌溉定额比常规的浅水勤灌省水 10%～30%。水稻节水灌溉模式的不断推广,使得灌溉水有效利用系数不断提升。

此外,2021—2022 年溧水区进行了多项节水改造项目,包括重点中型灌区续建配套及节水改造项目、重点泵站更新改造工程、重点塘坝综合治理工程和翻水线更新改造工程等,建设投资达到 1.5 亿元。其中,湫湖灌区完成了续建配套与节水改造,项目综合效益明显,因此尖山大塘灌区系数增长较大。同时,由于农业水价改革工作的不断推进,溧水区针对小农水管护工作采取了多项有效措施,成立了专业的管护组织,每年对水源工程和输水工程等配套设施进行维修和管护;成立了用水者协会,不断提升灌区管理水平。这些措施进一步加快了溧水区农业节水建设进程,提高了灌溉水有效利用系数。

表 5.4-8　2022 年南京市溧水区样点灌区灌溉水有效利用系数年际间变化表

序号	灌区		水源类型	耕地灌溉面积(亩)	灌溉水有效利用系数		
					2021 年	2022 年	增加值
1	湫湖灌区		提水	62 700	—	0.686	—
	其中	尖山大塘灌区	自流	692	0.684	0.689	+0.005
2	赭山头水库灌区		自流	7 200	—	0.684	—
	其中	茨菇塘水库灌区	自流	300	0.684	0.687	+0.003
3	无想寺灌区		自流	11 600	—	0.684	—
	其中	原占圩灌区	提水	500	0.684	0.688	+0.003
4	毛公铺灌区		提水	17 200	0.683	0.686	+0.002
5	何林坊站灌区		提水	2 055	—	0.688	—

5.4.4　区级农田灌溉水有效利用系数测算分析成果

5.4.4.1　区级农田灌溉水有效利用系数

溧水区共选取 5 个灌区,其中,中型灌区 4 个,分别为湫湖灌区、赭山头水库灌区、无想寺灌区和毛公铺灌区;小型灌区 1 个,为何林坊站灌区;无纯井灌区。溧水区各规模灌区灌溉水有效利用系数测算结果见表 5.4-9。

溧水区的中型灌区的灌溉水有效利用系数为:

$$\eta_{溧水中型}=\frac{\eta_{湫湖}\times W_{湫湖}+\eta_{赭山头}\times W_{赭山头}+\eta_{无想寺}\times W_{无想寺}+\eta_{毛公铺}\times W_{毛公铺}}{W_{湫湖}+W_{赭山头}+W_{无想寺}+W_{毛公铺}}$$

$$\eta_{溧水中型}=0.685$$

溧水区的小型灌区的灌溉水有效利用系数为:

$$\eta_{溧水小型}=\frac{\eta_{何林坊站}}{1}$$

$$\eta_{溧水小型}=0.688$$

溧水区的灌溉水有效利用系数为:

$$\eta_{溧水} = \frac{\eta_{溧水中型} \times W_{溧水中型} + \eta_{溧水小型} \times W_{溧水小型}}{W_{溧水中型} + W_{溧水小型}}$$

$$\eta_{溧水} = 0.685$$

表 5.4-9　2022 年南京市溧水区各规模灌区灌溉水有效利用系数

区域	灌溉水有效利用系数			
	区域	大型灌区	中型灌区	小型灌区
溧水区	0.685	—	0.685	0.688

5.4.4.2　区级农田灌溉水有效利用系数合理性分析

本次测算根据《全国农田灌溉水有效利用系数测算分析技术指导细则》《灌溉水系数应用技术规范》(DB32/T 3392—2018)和《灌溉渠道系统量水规范》(GB/T 21303—2017)等文件的技术要求,选取适合每个灌区特点的实用有效的测算方法,主要采用便携式旋桨流速仪(LS300‐A型)及田间水位观测等方法进行测定。测算工作开展前,溧水区水务局、江苏省水利科学研究院等单位的测算人员参加了南京市组织的农田灌溉水有效利用系数测算技术培训班;测量过程中,溧水区水务局和江苏省水利科学研究院共同进行实地考察和现场观测。针对溧水区水稻采用浅湿节水灌溉模式的特点,江苏省水利科学研究院采用简易水位观测井法测算水稻田间灌水量,提高了测算精度。因此,样点灌区测算方法是合理、可靠的。

1)样本分布与测算结果的合理性与可靠性

南京市溧水区共有灌区 21 个,根据溧水区气候、土壤、作物和管理水平,本次从溧水区的不同方位选择了 5 个样点灌区,分别为湫湖灌区、赭山头水库灌区、无想寺灌区、毛公铺灌区和何林坊站灌区。

在地理位置上,湫湖灌区位于溧水区东中部区域,赭山头水库灌区位于溧水区东南部区域,无想寺灌区位于溧水区中部区域,毛公铺灌区位于溧水区南部区域,何林坊站灌区位于溧水区中西部区域。样点灌区分布合理,在各种自然条件、社会经济条件和管理水平下均具有较好的代表性。

在灌区类型与水源条件上,湫湖灌区、赭山头水库灌区、无想寺灌区和毛公铺灌区均为中型灌区,其中,湫湖灌区和毛公铺灌区为提水灌区,赭山头水库灌区和无想寺灌区为自流灌区;何林坊站灌区为小型提水灌区。样点灌区满足灌区类型要求,在灌溉水源条件上也具有较好的代表性。

对测算结果的分析表明,灌溉水有效利用系数的变化趋势与现有文献的规律描述基本符合。与溧水区其他已有科研成果对比,结果亦基本吻合,表明本次测定结果是可靠的。

2)灌溉水有效利用系数影响因素

灌溉水有效利用系数受多种因素的综合影响,包括自然条件、灌区工程状况、灌区规模、管理水平、灌溉技术、土壤类型等多个方面。为表征灌溉水有效利用系数各影响因素的具体作用,结合 2012 年到 2022 年南京市测算过程中获得的数据资料,下面初步分析水资源条件、灌区规模、灌溉类型、工程状况、灌区管理水平、水利投资、工程效益等因素对南京市灌溉水有效利用系数的影响。实际上，灌区的水资源条件属于自然条件，基本变化不大，而灌区的规模和类型一般是由当地水资源条件决定的，因此灌区的水资源条件和规模在以后相当长的时期内基本上属于不能轻易改变的静态因素。工程状况、灌区管理水平、水利投资和工程效益则属于人为可以直接影响的动态因素，其中节水灌溉工程和灌区管理也是未来提高灌区灌溉水有效利用系数的两个主要工作方向。灌溉水有效利用系数的大小是多种因素综合作用的结果，以下分析过程则主要侧重于单项因素影响分析。

（1）投资建设的影响

灌溉水有效利用系数的提高是统计期间自然气候、工程状况、管理水平和农业种植状况等因素综合影响的结果，也与水利设施及灌区的建设投资等有着直接关系。从溧水区 2012—2022 年的灌溉水有效利用系数可以看出，近年来溧水区灌溉水有效利用系数呈上升趋势，其原因主要是 2011 年中央一号文件下发以及溧水区水利体制改革实施以来，国家及各级政府不断加大对水利基础设施建设的投资力度，灌区工程状况和灌区整体管理运行能力得到稳步改善。水利基础设施水平、灌区用水管理能力和人们的节水意识都得到了提高，从而使得溧水区灌溉水有效利用系数在一定程度上得以较快提高。

（2）水文气象和水资源环境的影响

气候对灌溉水有效利用系数的影响分为直接影响和间接影响，直接影响主要是气候条件的差异造成作物灌溉定额和田间水利用的变化。气候对灌溉定额的影响包括：

①气候条件影响蒸散发量（ET）。在宁夏引黄灌区和石羊河流域进行的气候因子对参考作物蒸腾蒸发量影响试验表明，降雨、气温、湿度、风速、日照时数等气候因子对作物蒸散发量的影响最为显著，这其中，气温、风速、日照时数与蒸散发量呈高度正相关，降雨、湿度与蒸腾蒸发量呈线性负相关。

②气候条件影响作物地下水利用量。在相同土质和地下水埋深的条件下，气象条件决定着地下水利用量的大小。若在作物生长期内，降雨量大，则土壤水分就大，同时由于作物蒸腾量的减少，地下水对土壤水及作物的补充量就小；反之，若降雨量小，气温较高，作物蒸散发量就大，由于土壤水分含量较低，为了满足作物蒸腾需要，作物势必从更深层吸水，加快地下水对土壤水的补充，提高了地下水利用量。

③气候条件影响有效降雨量。对于水稻而言，有效降雨与降雨量大小和分布有关，呈现出降雨量越大，有效利用系数越小，降雨越小，有效利用系数越大的趋势。气象因子影响灌溉的诸多环节，作用错综复杂，有待以后深入了解。

（3）灌区规模的影响

一般情况下，随着灌区规模变小，灌溉水有效利用系数呈现逐渐增大的规律。南京市中型灌区和大型灌区都是由一个一个的小型灌区所组成，在测算过程中，所选择的实验灌区也是中型灌区和大型灌区中的某些小型灌区为代表进行测算。因此，不同规模的灌区灌溉水有效利用系数相差不大。一些代表中型灌区的样点灌区灌溉面积可能比小型灌区的小，还有随着中型灌区节水配套改造工程的实施，其基础条件得到提升，所以也会出现中型灌区的灌溉水有效利用系数比小型灌区大的情况。总体上灌溉水有效利用系数的变化规律是随着灌区规模的增大而逐渐减小的。

根据我国大、中、小型灌区面积的级差以及在编制的《节水灌溉工程技术规范时的研究》得知,大、中、小型灌区的灌溉水有效利用系数相差约为 15%～20%。现状的大、中、小型灌区的灌溉水有效利用系数相接近,这同样是由于南京市特殊的灌区构成以及近年来在农业水利工程项目上投资力度的加大,提高了灌区的工程状况和运行管理水平,使得大、中型灌区的灌溉水有效利用系数向小型灌区接近。

（4）灌溉管理水平的影响

①灌区的硬件设施方面。对于提高灌溉水有效利用系数而言,灌溉工程设施是基础,用水管理是关键。管理水平较好的灌区,渠首设施保养较好,渠道多采用防渗渠道或管道输水,保证了较高的渠系水利用。而管理水平较差的灌区,往往存在渠首设施损坏失修、闸门启闭不灵活等而导致的漏水现象。工程设施节水改造为灌溉水有效利用系数提高提供了能力保障,而实际达到的灌溉水有效利用系数受到管理水平的影响,通过加强用水管理可以显著减少灌溉工程的非工程性水量损失,进而提高灌溉水有效利用系数。

②节水意识和灌溉制度方面。灌区通过精心调度,优化配水,使各级渠道平稳引水,减少输水过程中的跑水、漏水和无效退水,实现均衡受益,从而提高灌溉水有效利用系数。合理适宜的水价政策,可以提高用水户的节水意识,影响用水行为,减少水资源浪费。用水户参与灌溉管理,调动了用水户的积极性,自觉保护灌溉用水设施。同时,在灌溉制度方面,用水户也会根据作物的不同生长期采取不同的灌溉方式,例如水稻灌溉多采用浅湿节水灌溉、控制灌溉等高效节水灌溉模式,不仅提高了田间水利用率,同时达到高产的目的。另外在一些有条件的灌区,采用微灌、喷灌等灌溉方式,大大提高了灌溉水利用率。

3）灌溉水有效利用系数测算分析

（1）2022 年南京市溧水区灌溉用水有效利用系数为 0.685,比 2012 年的 0.625 提高了 9.6%,且 11 年间呈现逐年提高的趋势（图 5.4-8）。近年来,溧水区重视农业节水,引进节水灌溉模式,进行节水灌区建设;同时,在泵站维修与渠道养护等方面投入大量资金,减少了灌溉用水的渗漏。因此,灌溉水有效利用系数的增长是溧水区投资建设的必然结果,2022 年的测算成果合理、有效。

（2）水源条件对灌溉水有效利用系数存在影响。相同灌区类型下,提水灌区的灌溉水有效利用系数略高于引水自流灌区。提水灌区投入成本高,设备建设较好,防渗管护较为到位。引水自流灌区灌水成本低,一般不重视利用率,通常情况下灌溉水有效利用系数较低。此次中型灌区的灌溉水有效利用系数结果中,湫湖灌区和毛公铺灌区为提水灌区,系数均为 0.686;赭山头水库灌区和无想寺灌区为自流灌区,系数均为 0.684。提水灌区的系数高于引水自流灌区,差异为合理现象。

（3）灌溉面积对灌溉水有效利用系数存在影响。相同水源条件下,灌溉面积大的灌区有效利用系数低于面积较小的灌区。湫湖灌区、毛公铺灌区和何林坊站灌区均为提水灌区,其中,湫湖灌区和毛公铺灌区为中型灌区,何林坊站灌区为小型灌区。湫湖灌区耕地灌溉面积为 6.27 万亩,系数为 0.686;毛公铺灌区耕地灌溉面积为 1.72 万亩,系数为 0.686;何林坊站灌区耕地灌溉面积为 2 055 亩,系数为 0.688;湫湖灌区和毛公铺灌区的系数均较何林坊站灌区低 0.29%。湫湖灌区因为续建配套与节水改造项目,即使面积较大,系数仍和毛公铺灌区相近,数据较为合理。

(4)灌区类型对灌溉水有效利用系数存在影响。一般情况下,随着灌区规模变大,灌溉水有效利用系数呈现逐渐减小的规律。由于"十四五"中型灌区建设需求,部分小型灌区合并成为中型灌区,因次本次系数测算以中型灌区为主,灌溉水有效利用系数涨幅呈现减小趋势,数据是合理的。

(5)灌区管理对灌溉水有效利用系数存在影响。2012 年后,由于各级政府对水利基础设施建设的大量投资,灌区工程状况和灌区整体管理运行能力得到较大提升。2021 年后,部分灌区管理水平较高,灌溉水有效利用系数年际间涨幅减小,2022 年较 2021 年增长 0.29%,数据是合理的。

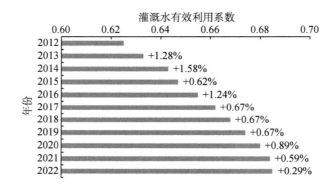

图 5.4-8　2012—2022 年溧水区灌溉水有效利用系数及增量图

5.4.5　结论与建议

5.4.5.1　结论

2022 年,南京市溧水区农田灌溉水有效利用系数测算分析过程按照《指导细则》和《2022 年南京市灌溉水有效利用系数测算分析工作实施方案》严格进行,针对本地灌区的特点,通过对溧水区各灌区测算情况的分析和现场调研,使 2022 年度灌溉水有效利用系数的测算工作取得了较为客观、真实的成果。测算结果反映了溧水区灌区管理水平以及近年来节水灌溉实施取得的成果,毛灌溉水量、净灌溉水量的测算方法是可靠的,测算结果是合理的。上述测算成果,对溧水区水资源规划、调度具有重要参考价值。

2022 年溧水区农田灌溉水有效利用系数测算分析工作,选择不同规模、不同引水条件、不同工程状况和管理水平的样点灌区,并依据样点灌区已有的灌溉水管理资料、灌溉试验与观测资料和灌溉实践经验等,通过调查、现场测量、计算分析,得出样点灌区现状灌溉水有效利用系数,采用点与面相结合,调查统计与试验观测分析相结合的方法,按照加权平均,测算出本年度全区农田灌溉水有效利用系数为 0.685,较 2021 年的 0.683 提高 0.002。

5.4.5.2 建议

(1)信息化技术合理化应用。首尾法的重要步骤之一是灌区首部渠道取水量的测定,目前灌区主要采用流速仪测定。但有些灌区首部枢纽不够完整,水源工程多,类型差别较大,测算过程中容易出现漏测、误测,对结果影响很大,在测算过程中需反复核对。另外,一些灌区尤其是小型灌区渠道断面不够规则,影响测算精度,测算结果需用多种方法相互校核,使得测算工作量增大。建议增加对渠首取水量测量方法的研究,合理利用用水计量设施及信息化技术,减少测算工作量,提高测算精度。

(2)加强经费保障。农田灌溉水有效利用系数测算工作需要消耗大量的人力、物力和财力,渠首流量的测算、水位观测井的布设、技术培训的开展,都需要稳定的经费保障。目前,各区(县)的经费均由省、市级财政拨款,受多种原因影响,资金较为紧张,难以为农田灌溉水有效利用系数测算提供稳定的资金渠道,建议加强配套资金,从而保障农田灌溉水有效利用系数测算工作的顺利开展。

5.4.6 附表及附图

附表 5.4-1～附表 5.4-5 为样点灌区基本信息调查表。

附表 5.4-1 2022 年湫湖灌区基本信息调查表

灌区名称:湫湖灌区				
灌区所在行政区:江苏省南京市溧水区白马镇、永阳街道		灌区位置:		
灌区规模:□大 ☑中 □小		灌区水源取水方式:☑提水 □自流引水		
灌区地形:□山区 ☑丘陵 □平原		灌区土壤类型:黏质土___% 壤土___% 砂质土___%		
设计灌溉面积(万亩)	21.83	有效灌溉面积(万亩)		8.91
当年实际灌溉面积(万亩)	6.27	井渠结合面积(万亩)		
多年平均降水量(mm)		当年降水量(mm)		
地下水埋深范围(m)				
机井数量(眼)		配套动力(kW)		
泵站数量(座)	1	泵站装机容量(kW)		8 800
泵站提水能力(m³/s)	15			
塘坝数量(座)	298	塘坝总蓄水能力(万 m³)		1 357.75
水窖、池数量(座)		水窖、池总蓄水能力(万 m³)		
当年完成节水灌溉工程投资(万元)		灌区综合净灌溉定额(m³/亩)		
样点灌区粮食亩均产量(kg/亩)		灌区人均占有耕地面积(亩/人)		
节水灌溉工程面积(万亩)				
合计	防渗渠道地面灌溉	管道输水地面灌溉	喷灌	微灌

附表 5.4-2 2022 年赭山头水库灌区基本信息调查表

灌区名称:赭山头水库灌区					
灌区所在行政区:江苏省南京市溧水区晶桥镇			灌区位置:		
灌区规模:□大 ☑中 □小			灌区水源取水方式:□提水 ☑自流引水		
灌区地形:□山区 ☑丘陵 □平原			灌区土壤类型:黏质土___% 壤土___% 砂质土___%		
设计灌溉面积(万亩)		1.80	有效灌溉面积(万亩)		1.77
当年实际灌溉面积(万亩)		0.72	井渠结合面积(万亩)		
多年平均降水量(mm)			当年降水量(mm)		
地下水埋深范围(m)					
机井数量(眼)			配套动力(kW)		
泵站数量(座)		3	泵站装机容量(kW)		122
泵站提水能力(m^3/s)		0.48			
塘坝数量(座)			塘坝总蓄水能力(万 m^3)		
水窖、池数量(座)			水窖、池总蓄水能力(万 m^3)		
当年完成节水灌溉工程投资(万元)			灌区综合净灌溉定额(m^3/亩)		
样点灌区粮食亩均产量(kg/亩)			灌区人均占有耕地面积(亩/人)		
节水灌溉工程面积(万亩)					
合计	防渗渠道地面灌溉	管道输水地面灌溉		喷灌	微灌

附表 5.4-3 2022 年无想寺灌区基本信息调查表

灌区名称:无想寺灌区					
灌区所在行政区:江苏省南京市溧水区洪蓝街道			灌区位置:		
灌区规模:□大 ☑中 □小			灌区水源取水方式:□提水 ☑自流引水		
灌区地形:□山区 □丘陵 ☑圩垸			灌区土壤类型:黏质土___% 壤土___% 砂质土___%		
设计灌溉面积(万亩)		3.04	有效灌溉面积(万亩)		2.01
当年实际灌溉面积(万亩)		1.16	井渠结合面积(万亩)		
多年平均降水量(mm)			当年降水量(mm)		
地下水埋深范围(m)					
机井数量(眼)			配套动力(kW)		
泵站数量(座)		20	泵站装机容量(kW)		566
泵站提水能力(m^3/s)		3.85			
塘坝数量(座)			塘坝总蓄水能力(万 m^3)		
水窖、池数量(座)			水窖、池总蓄水能力(万 m^3)		
当年完成节水灌溉工程投资(万元)			灌区综合净灌溉定额(m^3/亩)		
样点灌区粮食亩均产量(kg/亩)			灌区人均占有耕地面积(亩/人)		
节水灌溉工程面积(万亩)					
合计	防渗渠道地面灌溉	管道输水地面灌溉		喷灌	微灌

附表 5.4-4　2022 年毛公铺灌区基本信息调查表

灌区名称:毛公铺灌区				
灌区所在行政区:江苏省南京市溧水区和凤镇		灌区位置:		
灌区规模:□大　☑中　□小		灌区水源取水方式:☑提水　□自流引水		
灌区地形:□山区　☑丘陵　□平原		灌区土壤类型:黏质土___%　壤土___%　砂质土___%		
设计灌溉面积(万亩)	3.03	有效灌溉面积(万亩)		2.91
当年实际灌溉面积(万亩)	1.72	井渠结合面积(万亩)		
多年平均降水量(mm)		当年降水量(mm)		
地下水埋深范围(m)				
机井数量(眼)		配套动力(kW)		
泵站数量(座)	23	泵站装机容量(kW)		1 303
泵站提水能力(m^3/s)				
塘坝数量(座)		塘坝总蓄水能力(万 m^3)		
水窖、池数量(座)		水窖、池总蓄水能力(万 m^3)		
当年完成节水灌溉工程投资(万元)		灌区综合净灌溉定额(m^3/亩)		
样点灌区粮食亩均产量(kg/亩)		灌区人均占有耕地面积(亩/人)		
节水灌溉工程面积(万亩)				
合计	防渗渠道地面灌溉	管道输水地面灌溉	喷灌	微灌

附表 5.4-5　2022 年何林坊站灌区基本信息调查表

灌区名称:何林坊站灌区				
灌区所在行政区:江苏省南京市溧水区洪蓝街道		灌区位置:		
灌区规模:□大　□中　☑小		灌区水源取水方式:☑提水　□自流引水		
灌区地形:□山区　☑丘陵　□平原		灌区土壤类型:黏质土___%　壤土___%　砂质土___%		
设计灌溉面积(万亩)	0.205 5	有效灌溉面积(万亩)		0.205 5
当年实际灌溉面积(万亩)	0.205 5	井渠结合面积(万亩)		
多年平均降水量(mm)		当年降水量(mm)		
地下水埋深范围(m)				
机井数量(眼)		配套动力(kW)		
泵站数量(座)		泵站装机容量(kW)		
泵站提水能力(m^3/s)				
塘坝数量(座)		塘坝总蓄水能力(万 m^3)		
水窖、池数量(座)		水窖、池总蓄水能力(万 m^3)		
当年完成节水灌溉工程投资(万元)		灌区综合净灌溉定额(m^3/亩)		
样点灌区粮食亩均产量(kg/亩)		灌区人均占有耕地面积(亩/人)		
节水灌溉工程面积(万亩)				
合计	防渗渠道地面灌溉	管道输水地面灌溉	喷灌	微灌

附表 5.4-6～附表 5.4-10 为样点灌区渠首和渠系信息调查表。

附表 5.4-6　2022 年湫湖灌区渠首和渠系信息调查表

渠首设计取水能力（m³/s）：

<table>
<tr><td rowspan="9">渠系信息</td><td colspan="7" align="center">渠道长度与防渗情况</td></tr>
<tr><td rowspan="2">渠道级别</td><td rowspan="2">条数</td><td rowspan="2">总长度（km）</td><td colspan="3" align="center">渠道衬砌防渗长度（km）</td><td rowspan="2">衬砌防渗率（%）</td></tr>
<tr><td>混凝土</td><td>浆砌石</td><td>其他</td></tr>
<tr><td>干　渠</td><td>14</td><td>24.47</td><td>19.16</td><td></td><td></td><td>78.3</td></tr>
<tr><td>支　渠</td><td>34</td><td>41.15</td><td>21.98</td><td></td><td></td><td>53.4</td></tr>
<tr><td>斗　渠</td><td></td><td></td><td></td><td></td><td></td><td></td></tr>
<tr><td>农　渠</td><td></td><td></td><td></td><td></td><td></td><td></td></tr>
<tr><td>其中骨干渠系（≥1 m³/s）</td><td></td><td></td><td></td><td></td><td></td><td></td></tr>
<tr><td colspan="7"></td></tr>
<tr><td rowspan="6">毛灌溉用水情况</td><td>渠首引水量（万 m³/年）</td><td colspan="2">4 588.54</td><td colspan="2">地下水取水量（万 m³/年）</td><td colspan="2"></td></tr>
<tr><td>塘堰坝供水量（万 m³/年）</td><td colspan="2"></td><td colspan="2">其他水源引水量（万 m³/年）</td><td colspan="2"></td></tr>
<tr><td>塘堰坝取水：□有　□无</td><td colspan="6">塘堰坝供水量计算方式：□径流系数法　□复蓄次数法</td></tr>
<tr><td>径流系数法参数</td><td colspan="2" align="center">年径流系数</td><td colspan="2" align="center">蓄水系数</td><td colspan="2" align="center">集水面积（km²）</td></tr>
<tr><td></td><td colspan="2"></td><td colspan="2"></td><td colspan="2"></td></tr>
<tr><td>重复蓄满次数</td><td colspan="3" align="center">重复蓄满次数</td><td colspan="3" align="center">有效容积（万 m³）</td></tr>
<tr><td rowspan="4">其他</td><td colspan="7">末级计量渠道（____渠）灌溉供水总量（万 m³）</td></tr>
<tr><td></td><td colspan="6" align="center">灌区洗碱：□有　□无</td></tr>
<tr><td rowspan="2">洗碱状况</td><td colspan="3" align="center">洗碱面积（万亩）</td><td colspan="3" align="center">洗碱净定额（m³/亩）</td></tr>
<tr><td colspan="3"></td><td colspan="3"></td></tr>
</table>

附 5.4-7　2022 年赭山头水库灌区渠首和渠系信息调查表

渠首设计取水能力（m³/s）：

<table>
<tr><td rowspan="9">渠系信息</td><td colspan="7" align="center">渠道长度与防渗情况</td></tr>
<tr><td rowspan="2">渠道级别</td><td rowspan="2">条数</td><td rowspan="2">总长度（km）</td><td colspan="3" align="center">渠道衬砌防渗长度（km）</td><td rowspan="2">衬砌防渗率（%）</td></tr>
<tr><td>混凝土</td><td>浆砌石</td><td>其他</td></tr>
<tr><td>干　渠</td><td>2</td><td>7.75</td><td></td><td></td><td></td><td></td></tr>
<tr><td>支　渠</td><td>47</td><td>26.25</td><td></td><td></td><td></td><td></td></tr>
<tr><td>斗　渠</td><td></td><td></td><td></td><td></td><td></td><td></td></tr>
<tr><td>农　渠</td><td></td><td></td><td></td><td></td><td></td><td></td></tr>
<tr><td>其中骨干渠系（≥1 m³/s）</td><td></td><td></td><td></td><td></td><td></td><td></td></tr>
<tr><td colspan="7"></td></tr>
<tr><td rowspan="6">毛灌溉用水情况</td><td>渠首引水量（万 m³/年）</td><td colspan="2">570.09</td><td colspan="2">地下水取水量（万 m³/年）</td><td colspan="2"></td></tr>
<tr><td>塘堰坝供水量（万 m³/年）</td><td colspan="2"></td><td colspan="2">其他水源引水量（万 m³/年）</td><td colspan="2"></td></tr>
<tr><td>塘堰坝取水：□有　□无</td><td colspan="6">塘堰坝供水量计算方式：□径流系数法　□复蓄次数法</td></tr>
<tr><td>径流系数法参数</td><td colspan="2" align="center">年径流系数</td><td colspan="2" align="center">蓄水系数</td><td colspan="2" align="center">集水面积（km²）</td></tr>
<tr><td></td><td colspan="2"></td><td colspan="2"></td><td colspan="2"></td></tr>
<tr><td>重复蓄满次数</td><td colspan="3" align="center">重复蓄满次数</td><td colspan="3" align="center">有效容积（万 m³）</td></tr>
</table>

其他	末级计量渠道(＿＿渠)灌溉供水总量(万 m³)		
	洗碱状况	灌区洗碱:□有 □无	
		洗碱面积(万亩)	洗碱净定额(m³/亩)

附表 5.4-8 2022 年无想寺灌区渠首和渠系信息调查表

渠首设计取水能力(m³/s):

		渠道长度与防渗情况					
	渠道级别	条数	总长度(km)	渠道衬砌防渗长度(km)			衬砌防渗率(%)
渠系信息				混凝土	浆砌石	其他	
	干 渠	10	11.03				
	支 渠	8	25.07				
	斗 渠	51	85.8				
	农 渠						
	其中骨干渠系(≥1 m³/s)						

毛灌溉用水情况	渠首引水量(万 m³/年)	897.09		地下水取水量(万 m³/年)	
	塘堰坝供水量(万 m³/年)			其他水源引水量(万 m³/年)	
	塘堰坝取水:□有 □无		塘堰坝供水量计算方式:□径流系数法 □复蓄次数法		
	径流系数法参数	年径流系数		蓄水系数	集水面积(km²)
	重复蓄满次数	重复蓄满次数		有效容积(万 m³)	

其他	末级计量渠道(＿＿渠)灌溉供水总量(万 m³)		
	洗碱状况	灌区洗碱:□有 □无	
		洗碱面积(万亩)	洗碱净定额(m³/亩)

附表 5.4-9 2022 年毛公铺灌区渠首和渠系信息调查表

渠首设计取水能力(m³/s):

		渠道长度与防渗情况					
	渠道级别	条数	总长度(km)	渠道衬砌防渗长度(km)			衬砌防渗率(%)
渠系信息				混凝土	浆砌石	其他	
	干 渠	12	16.4	2.95			18
	支 渠	4	8.88				
	斗 渠						
	农 渠						
	其中骨干渠系(≥1 m³/s)						

续表

<table>
<tr><td rowspan="7">毛灌溉用水情况</td><td>渠首引水量(万 m³/年)</td><td>1 284.88</td><td colspan="2">地下水取水量(万 m³/年)</td><td></td></tr>
<tr><td>塘堰坝供水量(万 m³/年)</td><td></td><td colspan="2">其他水源引水量(万 m³/年)</td><td></td></tr>
<tr><td>塘堰坝取水：□有 □无</td><td colspan="4">塘堰坝供水量计算方式：□径流系数法 □复蓄次数法</td></tr>
<tr><td>径流系数法参数</td><td colspan="2">年径流系数</td><td>蓄水系数</td><td>集水面积(km²)</td></tr>
<tr><td></td><td colspan="2"></td><td></td><td></td></tr>
<tr><td>重复蓄满次数</td><td colspan="2">重复蓄满次数</td><td colspan="2">有效容积(万 m³)</td></tr>
<tr><td></td><td colspan="2"></td><td colspan="2"></td></tr>
<tr><td rowspan="4">其他</td><td>末级计量渠道(____ 渠)灌溉供水总量(万 m³)</td><td colspan="4"></td></tr>
<tr><td rowspan="3">洗碱状况</td><td colspan="4">灌区洗碱：□有 □无</td></tr>
<tr><td colspan="2">洗碱面积(万亩)</td><td colspan="2">洗碱净定额(m³/亩)</td></tr>
<tr><td colspan="2"></td><td colspan="2"></td></tr>
</table>

附表 5.4-10 2022 年何林坊站灌区渠首和渠系信息调查表

渠首设计取水能力(m³/s)：

<table>
<tr><td rowspan="11">渠系信息</td><td colspan="7">渠道长度与防渗情况</td></tr>
<tr><td rowspan="2">渠道级别</td><td rowspan="2">条数</td><td rowspan="2">总长度(km)</td><td colspan="3">渠道衬砌防渗长度(km)</td><td rowspan="2">衬砌防渗率(%)</td></tr>
<tr><td>混凝土</td><td>浆砌石</td><td>其他</td></tr>
<tr><td>干 渠</td><td></td><td></td><td></td><td></td><td></td><td></td></tr>
<tr><td>支 渠</td><td></td><td></td><td></td><td></td><td></td><td></td></tr>
<tr><td>斗 渠</td><td></td><td></td><td></td><td></td><td></td><td></td></tr>
<tr><td>农 渠</td><td>1</td><td>3</td><td>1</td><td></td><td></td><td>33.3</td></tr>
<tr><td>其中骨干渠系(≥1 m³/s)</td><td></td><td></td><td></td><td></td><td></td><td></td></tr>
</table>

<table>
<tr><td rowspan="7">毛灌溉用水情况</td><td>渠首引水量(万 m³/年)</td><td colspan="2">156.17</td><td colspan="2">地下水取水量(万 m³/年)</td><td></td></tr>
<tr><td>塘堰坝供水量(万 m³/年)</td><td colspan="2"></td><td colspan="2">其他水源引水量(万 m³/年)</td><td></td></tr>
<tr><td>塘堰坝取水：□有 □无</td><td colspan="5">塘堰坝供水量计算方式：□径流系数法 □复蓄次数法</td></tr>
<tr><td>径流系数法参数</td><td colspan="2">年径流系数</td><td colspan="2">蓄水系数</td><td>集水面积(km²)</td></tr>
<tr><td></td><td colspan="2"></td><td colspan="2"></td><td></td></tr>
<tr><td>重复蓄满次数</td><td colspan="3">重复蓄满次数</td><td colspan="2">有效容积(万 m³)</td></tr>
<tr><td></td><td colspan="3"></td><td colspan="2"></td></tr>
</table>

<table>
<tr><td rowspan="4">其他</td><td>末级计量渠道(____ 渠)灌溉供水总量(万 m³)</td><td colspan="4"></td></tr>
<tr><td rowspan="3">洗碱状况</td><td colspan="4">灌区洗碱：□有 □无</td></tr>
<tr><td colspan="2">洗碱面积(万亩)</td><td colspan="2">洗碱净定额(m³/亩)</td></tr>
<tr><td colspan="2"></td><td colspan="2"></td></tr>
</table>

附表 5.4-11～附表 5.4-15 为样点灌区作物与田间灌溉情况调查表。

附表 5.4-11 2022 年湫湖灌区作物与田间灌溉情况调查表

<table>
<tr><td rowspan="6">基础信息</td><td colspan="7">作物种类：□一般作物 ☑水稻 □套种 □跨年作物</td></tr>
<tr><td colspan="7">灌溉模式：□旱作充分灌溉 □旱作非充分灌溉 □水稻淹灌 ☑水稻节水灌溉</td></tr>
<tr><td colspan="2">土壤类型</td><td colspan="2">壤土</td><td colspan="2">试验站净灌溉定额(m³/亩)</td><td>410.66</td></tr>
<tr><td colspan="2">观测田间毛灌溉定额(m³/亩)</td><td colspan="2">731.82</td><td colspan="2">水稻育秧净用水量(万 m³)</td><td></td></tr>
<tr><td colspan="2">水稻泡田定额(m³/亩)</td><td colspan="2">107.53</td><td colspan="2">水稻生育期内渗漏量(m³/亩)</td><td></td></tr>
<tr><td colspan="2">水稻生育期内有效降水量(m³/亩)</td><td colspan="2"></td><td colspan="2">水稻生育期内稻田排水量(m³/亩)</td><td></td></tr>
</table>

<table>
<tr><td rowspan="11">分月法</td><td colspan="13" style="text-align:center">作物系数：□分月法 ☑分段法</td></tr>
<tr><td rowspan="5">作物1</td><td colspan="6">作物名称</td><td colspan="5">平均亩产(kg/亩)</td><td></td></tr>
<tr><td colspan="6">播种面积(万亩)</td><td colspan="5">实灌面积(万亩)</td><td></td></tr>
<tr><td colspan="6">播种日期　年　月　日</td><td colspan="5">收获日期　年　月　日</td><td></td></tr>
<tr><td colspan="12">分月作物系数</td></tr>
<tr><td>1月</td><td>2月</td><td>3月</td><td>4月</td><td>5月</td><td>6月</td><td>7月</td><td>8月</td><td>9月</td><td>10月</td><td>11月</td><td>12月</td></tr>
<tr><td rowspan="5">作物2</td><td colspan="6">作物名称</td><td colspan="5">平均亩产(kg/亩)</td><td></td></tr>
<tr><td colspan="6">播种面积(万亩)</td><td colspan="5">实灌面积(万亩)</td><td></td></tr>
<tr><td colspan="6">播种日期　年　月　日</td><td colspan="5">收获日期　年　月　日</td><td></td></tr>
<tr><td colspan="12">分月作物系数</td></tr>
<tr><td>1月</td><td>2月</td><td>3月</td><td>4月</td><td>5月</td><td>6月</td><td>7月</td><td>8月</td><td>9月</td><td>10月</td><td>11月</td><td>12月</td></tr>
</table>

<table>
<tr><td rowspan="6">分段法</td><td colspan="2">作物名称</td><td colspan="2">水稻</td><td colspan="2">平均亩产(kg/亩)</td><td colspan="2">650</td></tr>
<tr><td colspan="2">播种面积(万亩)</td><td colspan="2">7.02</td><td colspan="2">实灌面积(万亩)</td><td colspan="2">6.27</td></tr>
<tr><td colspan="3">Kc_{ini}</td><td colspan="3">Kc_{mid}</td><td colspan="2">Kc_{end}</td></tr>
<tr><td colspan="3">1.17</td><td colspan="3">1.31</td><td colspan="2">1.29</td></tr>
<tr><td>播种/返青</td><td colspan="2">快速发育开始</td><td colspan="2">生育中期开始</td><td colspan="2">成熟期开始</td><td colspan="2">成熟期结束</td></tr>
<tr><td>5月18日</td><td colspan="2">5月26日</td><td colspan="2">6月27日</td><td colspan="2">10月18日</td><td colspan="2">10月26日</td></tr>
</table>

<table>
<tr><td rowspan="4">地下水利用</td><td colspan="2">种植期内地下水利用量(mm)</td><td></td></tr>
<tr><td colspan="2">种植期内平均地下水埋深(m)</td><td>极限埋深(m)</td></tr>
<tr><td colspan="2">经验指数 P</td><td>作物修正系数 k</td></tr>
</table>

<table>
<tr><td rowspan="8">有效降水利用</td><td colspan="2">种植期内有效降水利用量(mm)</td><td></td></tr>
<tr><td colspan="2">降水量 p(mm)</td><td>有效利用系数</td></tr>
<tr><td colspan="2">$p<5$</td><td></td></tr>
<tr><td colspan="2">$5{\leqslant}p<30$</td><td></td></tr>
<tr><td colspan="2">$30{\leqslant}p<50$</td><td></td></tr>
<tr><td colspan="2">$50{\leqslant}p<100$</td><td></td></tr>
<tr><td colspan="2">$100{\leqslant}p<150$</td><td></td></tr>
<tr><td colspan="2">$p{\geqslant}150$</td><td></td></tr>
</table>

附表 5.4-12 2022 年赭山头水库灌区作物与田间灌溉情况调查表

基础信息	作物种类：☐ 一般作物 ☑ 水稻 ☐ 套种 ☐ 跨年作物						
	灌溉模式：☐ 旱作充分灌溉 ☐ 旱作非充分灌溉 ☐ 水稻淹灌 ☑ 水稻节水灌溉						
	土壤类型		壤土	试验站净灌溉定额(m³/亩)		367.82	
	观测田间毛灌溉定额(m³/亩)		791.80	水稻育秧净用水量(万 m³)			
	水稻泡田定额(m³/亩)		117.05	水稻生育期内渗漏量(m³/亩)			
	水稻生育期内有效降水量(m³/亩)			水稻生育期内稻田排水量(m³/亩)			

分月法		作物系数：☐ 分月法 ☑ 分段法												
	作物1	作物名称					平均亩产(kg/亩)							
		播种面积(万亩)					实灌面积(万亩)							
		播种日期		年	月	日	收获日期			年	月	日		
		分月作物系数												
		1月	2月	3月	4月	5月	6月	7月	8月	9月	10月	11月	12月	
	作物2	作物名称					平均亩产(kg/亩)							
		播种面积(万亩)					实灌面积(万亩)							
		播种日期		年	月	日	收获日期			年	月	日		
		分月作物系数												
		1月	2月	3月	4月	5月	6月	7月	8月	9月	10月	11月	12月	

分段法					
	作物名称	水稻	平均亩产(kg/亩)		650
	播种面积(万亩)	0.74	实灌面积(万亩)		0.72
	Kc_{ini}	Kc_{mid}		Kc_{end}	
	1.17	1.31		1.29	
	播种/返青	快速发育开始	生育中期开始	成熟期开始	成熟期结束
	5 月 21 日	6 月 16 日	7 月 4 日	10 月 12 日	10 月 26 日

地下水利用	种植期内地下水利用量(mm)		
	种植期内平均地下水埋深(m)	极限埋深(m)	
	经验指数 P	作物修正系数 k	

有效降水利用	种植期内有效降水利用量(mm)	
	降水量 p(mm)	有效利用系数
	$p<5$	
	$5 \leqslant p<30$	
	$30 \leqslant p<50$	
	$50 \leqslant p<100$	
	$100 \leqslant p<150$	
	$p \geqslant 150$	

附表 5.4-13　2022 年无想寺灌区作物与田间灌溉情况调查表

<table>
<tr><td rowspan="7">基础信息</td><td colspan="6">作物种类：□一般作物　☑水稻　□套种　□跨年作物</td></tr>
<tr><td colspan="6">灌溉模式：□旱作充分灌溉　□旱作非充分灌溉　□水稻淹灌　☑水稻节水灌溉</td></tr>
<tr><td colspan="2">土壤类型</td><td>壤土</td><td colspan="2">试验站净灌溉定额（m³/亩）</td><td>378.45</td></tr>
<tr><td colspan="2">观测田间毛灌溉定额（m³/亩）</td><td>773.36</td><td colspan="2">水稻育秧净用水量（万 m³）</td><td></td></tr>
<tr><td colspan="2">水稻泡田定额（m³/亩）</td><td>114.25</td><td colspan="2">水稻生育期内渗漏量（m³/亩）</td><td></td></tr>
<tr><td colspan="2">水稻生育期内有效降水量（m³/亩）</td><td></td><td colspan="2">水稻生育期内稻田排水量（m³/亩）</td><td></td></tr>
</table>

	作物系数：□分月法　☑分段法											

<table>
<tr><td rowspan="14">分月法</td><td rowspan="7">作物1</td><td colspan="4">作物名称</td><td colspan="4">平均亩产（kg/亩）</td><td colspan="4"></td></tr>
<tr><td colspan="4">播种面积（万亩）</td><td colspan="4">实灌面积（万亩）</td><td colspan="4"></td></tr>
<tr><td colspan="4">播种日期</td><td colspan="2">年　月　日</td><td colspan="2">收获日期</td><td colspan="4">年　月　日</td></tr>
<tr><td colspan="12">分月作物系数</td></tr>
<tr><td>1月</td><td>2月</td><td>3月</td><td>4月</td><td>5月</td><td>6月</td><td>7月</td><td>8月</td><td>9月</td><td>10月</td><td>11月</td><td>12月</td></tr>
<tr><td></td><td></td><td></td><td></td><td></td><td></td><td></td><td></td><td></td><td></td><td></td><td></td></tr>
<tr><td colspan="12"></td></tr>
<tr><td rowspan="6">作物2</td><td colspan="4">作物名称</td><td colspan="4">平均亩产（kg/亩）</td><td colspan="4"></td></tr>
<tr><td colspan="4">播种面积（万亩）</td><td colspan="4">实灌面积（万亩）</td><td colspan="4"></td></tr>
<tr><td colspan="4">播种日期</td><td colspan="2">年　月　日</td><td colspan="2">收获日期</td><td colspan="4">年　月　日</td></tr>
<tr><td colspan="12">分月作物系数</td></tr>
<tr><td>1月</td><td>2月</td><td>3月</td><td>4月</td><td>5月</td><td>6月</td><td>7月</td><td>8月</td><td>9月</td><td>10月</td><td>11月</td><td>12月</td></tr>
<tr><td></td><td></td><td></td><td></td><td></td><td></td><td></td><td></td><td></td><td></td><td></td><td></td></tr>
</table>

<table>
<tr><td rowspan="6">分段法</td><td colspan="2">作物名称</td><td colspan="2">水稻</td><td colspan="2">平均亩产（kg/亩）</td><td colspan="2">650</td></tr>
<tr><td colspan="2">播种面积（万亩）</td><td colspan="2">1.18</td><td colspan="2">实灌面积（万亩）</td><td colspan="2">1.16</td></tr>
<tr><td colspan="3">Kc_{ini}</td><td colspan="3">Kc_{mid}</td><td colspan="2">Kc_{end}</td></tr>
<tr><td colspan="3">1.17</td><td colspan="3">1.31</td><td colspan="2">1.29</td></tr>
<tr><td>播种/返青</td><td colspan="2">快速发育开始</td><td colspan="2">生育中期开始</td><td colspan="2">成熟期开始</td><td colspan="2">成熟期结束</td></tr>
<tr><td>5 月 5 日</td><td colspan="2">7 月 6 日</td><td colspan="2">8 月 1 日</td><td colspan="2">9 月 5 日</td><td colspan="2">10 月 15 日</td></tr>
</table>

<table>
<tr><td rowspan="4">地下水利用</td><td colspan="2">种植期内地下水利用量（mm）</td><td></td><td></td><td></td></tr>
<tr><td colspan="2">种植期内平均地下水埋深（m）</td><td></td><td>极限埋深（m）</td><td></td></tr>
<tr><td colspan="2">经验指数 P</td><td></td><td>作物修正系数 k</td><td></td></tr>
</table>

<table>
<tr><td rowspan="8">有效降水利用</td><td colspan="2">种植期内有效降水利用量（mm）</td><td></td></tr>
<tr><td>降水量 p（mm）</td><td colspan="2">有效利用系数</td></tr>
<tr><td>p＜5</td><td colspan="2"></td></tr>
<tr><td>5≤p＜30</td><td colspan="2"></td></tr>
<tr><td>30≤p＜50</td><td colspan="2"></td></tr>
<tr><td>50≤p＜100</td><td colspan="2"></td></tr>
<tr><td>100≤p＜150</td><td colspan="2"></td></tr>
<tr><td>p≥150</td><td colspan="2"></td></tr>
</table>

附表 5.4-14　2022 年毛公铺灌区作物与田间灌溉情况调查表

基础信息	作物种类：□一般作物　☑水稻　□套种　□跨年作物			
	灌溉模式：□旱作充分灌溉　□旱作非充分灌溉　□水稻淹灌　☑水稻节水灌溉			
	土壤类型	壤土	试验站净灌溉定额(m^3/亩)	387.97
	观测田间毛灌溉定额(m^3/亩)	745.94	水稻育秧净用水量(万 m^3)	
	水稻泡田定额(m^3/亩)	112.94	水稻生育期内渗漏量(m^3/亩)	
	水稻生育期内有效降水量(m^3/亩)		水稻生育期内稻田排水量(m^3/亩)	

作物系数：□分月法　☑分段法

分月法	作物1	作物名称						平均亩产(kg/亩)					
		播种面积(万亩)						实灌面积(万亩)					
		播种日期		年　月　日				收获日期			年　月　日		
		分月作物系数											
		1月	2月	3月	4月	5月	6月	7月	8月	9月	10月	11月	12月
	作物2	作物名称						平均亩产(kg/亩)					
		播种面积(万亩)						实灌面积(万亩)					
		播种日期		年　月　日				收获日期			年　月　日		
		分月作物系数											
		1月	2月	3月	4月	5月	6月	7月	8月	9月	10月	11月	12月

分段法	作物名称	水稻	平均亩产(kg/亩)	575	
	播种面积(万亩)	1.84	实灌面积(万亩)	1.72	
	Kc_{ini}		Kc_{mid}	Kc_{end}	
	1.17		1.31	1.29	
	播种/返青	快速发育开始	生育中期开始	成熟期开始	成熟期结束
	5 月 5 日	7 月 6 日	8 月 1 日	9 月 5 日	10 月 15 日

地下水利用	种植期内地下水利用量(mm)			
	种植期内平均地下水埋深(m)		极限埋深(m)	
	经验指数 P		作物修正系数 k	

有效降水利用	种植期内有效降水利用量(mm)	
	降水量 p(mm)	有效利用系数
	$p<5$	
	$5\leqslant p<30$	
	$30\leqslant p<50$	
	$50\leqslant p<100$	
	$100\leqslant p<150$	
	$p\geqslant 150$	

附表 5.4-15　2022 年何林坊站灌区作物与田间灌溉情况调查表

<table>
<tr><td rowspan="6">基础信息</td><td colspan="3">作物种类：□一般作物　☑水稻　□套种　□跨年作物</td></tr>
<tr><td colspan="3">灌溉模式：□旱作充分灌溉　□旱作非充分灌溉　□水稻淹灌　☑水稻节水灌溉</td></tr>
<tr><td>土壤类型</td><td>壤土</td><td>试验站净灌溉定额（m³/亩）</td><td>390.08</td></tr>
<tr><td>观测田间毛灌溉定额（m³/亩）</td><td>759.95</td><td>水稻育秧净用水量（万 m³）</td><td></td></tr>
<tr><td>水稻泡田定额（m³/亩）</td><td>107.25</td><td>水稻生育期内渗漏量（m³/亩）</td><td></td></tr>
<tr><td>水稻生育期内有效降水量（m³/亩）</td><td></td><td>水稻生育期内稻田排水量（m³/亩）</td><td></td></tr>
</table>

作物系数：□分月法　☑分段法

分月法

作物 1

作物名称		平均亩产（kg/亩）	
播种面积（万亩）		实灌面积（万亩）	
播种日期	年　月　日	收获日期	年　月　日

分月作物系数

1月	2月	3月	4月	5月	6月	7月	8月	9月	10月	11月	12月

作物 2

作物名称		平均亩产（kg/亩）	
播种面积（万亩）		实灌面积（万亩）	
播种日期	年　月　日	收获日期	年　月　日

分月作物系数

1月	2月	3月	4月	5月	6月	7月	8月	9月	10月	11月	12月

分段法

作物名称	水稻	平均亩产（kg/亩）	575
播种面积（万亩）	0.205 5	实灌面积（万亩）	0.205 5

Kc_{ini}	Kc_{mid}	Kc_{end}
1.17	1.31	1.29

播种/返青	快速发育开始	生育中期开始	成熟期开始	成熟期结束
5 月 21 日	6 月 16 日	7 月 4 日	10 月 12 日	10 月 26 日

<table>
<tr><td rowspan="3">地下水利用</td><td colspan="2">种植期内地下水利用量（mm）</td><td></td></tr>
<tr><td colspan="2">种植期内平均地下水埋深（m）</td><td>极限埋深（m）</td></tr>
<tr><td colspan="2">经验指数 P</td><td>作物修正系数 k</td></tr>
</table>

<table>
<tr><td rowspan="8">有效降水利用</td><td colspan="2">种植期内有效降水利用量（mm）</td><td></td></tr>
<tr><td>降水量 p（mm）</td><td colspan="2">有效利用系数</td></tr>
<tr><td>p＜5</td><td colspan="2"></td></tr>
<tr><td>5≤p＜30</td><td colspan="2"></td></tr>
<tr><td>30≤p＜50</td><td colspan="2"></td></tr>
<tr><td>50≤p＜100</td><td colspan="2"></td></tr>
<tr><td>100≤p＜150</td><td colspan="2"></td></tr>
<tr><td>p≥150</td><td colspan="2"></td></tr>
</table>

附表 5.4-16～附表 5.4-20 为样点灌区年净灌溉用水总量分析汇总表。

附表 5.4-16　2022 年溧湖湖灌区（样点）年净灌溉用水总量分析汇总表

样点灌区片区	作物名称	灌溉方式	典型田块编号	直接量测法 年亩均净灌溉用水量（m³/亩）	观测分析法 年亩均灌溉用水量（m³/亩）	净灌溉定额（m³/亩）	年亩均净灌溉用水量采用值（m³/亩）	年亩均净灌溉用水量选用值（m³/亩）	典型田块实灌面积（亩）	某片区（灌溉类型）某种作物 年亩均净灌溉用水量（m³/亩）	实灌面积（亩）	年净灌溉用水量（m³）	年净灌溉用水量（m³）
尖山大塘测点	水稻	提水	1	504.34				504.34	3.8	500.40	692	346 032	31 467 533
			2	500.80				500.80	4.3				
			3	496.06				496.06	4.9				
北庄头测点	水稻	提水	1	506.08				506.08	4.6	503.87	100	50 403	
			2	504.94				504.94	2.9				
			3	500.60				500.60	3.5				

附表 5.4-17　2022 年藕山头水库灌区（样点）年净灌溉用水总量分析汇总表

样点灌区片区	作物名称	灌溉方式	典型田块编号	直接量测法 年亩均净灌溉用水量（m³/亩）	观测分析法 年亩均灌溉用水量（m³/亩）	净灌溉定额（m³/亩）	年亩均净灌溉用水量采用值（m³/亩）	年亩均净灌溉用水量选用值（m³/亩）	典型田块实灌面积（亩）	某片区（灌溉类型）某种作物 年亩均净灌溉用水量（m³/亩）	实灌面积（亩）	年净灌溉用水量（m³）	年净灌溉用水量（m³）
茨菇塘水库测点	水稻	自流	1	549.10				549.10	6.8	545.85	300	163 899	3 900 391
			2	546.02				546.02	5.2				
			3	542.42				542.42	4.4				
官山头测点	水稻	自流	1	537.21				537.21	3.9	534.40	163	87 138	
			2	534.60				534.60	3.5				
			3	531.39				531.39	3.2				

附表 5.4-18　2022 年无想寺灌区（样点）年净灌溉用水总量分析汇总表

样点灌区片区	作物名称	典型田块编号	灌溉方式	直接量测法 年亩均净灌溉用水量(m³/亩)	观测分析法 年亩均灌溉用水量(m³/亩)	净灌溉定额(m³/亩)	年亩均净灌溉用水量采用值(m³/亩)	年亩均净灌溉用水量选用值(m³/亩)	典型田块实灌面积(亩)	某片区(灌溉类型)某种作物 年亩均净灌溉用水量(m³/亩)	实灌面积(亩)	年净灌溉用水量(m³)	年净灌溉用水量(m³)
原占圩测点	水稻	1	自流	529.79				529.79	4.2	527.36	1 400	738 524	6 134 182
		2		525.98				525.98	3.8				
		3		526.32				526.32	3.1				
后曹测点	水稻	1		533.13				533.13	4.3	530.24	315	166 933	
		2		531.93				531.93	3.5				
		3		525.65				525.65	4.8				

附表 5.4-19　2022 年毛公铺灌区（样点）年净灌溉用水总量分析汇总表

样点灌区片区	作物名称	典型田块编号	灌溉方式	直接量测法 年亩均净灌溉用水量(m³/亩)	观测分析法 年亩均灌溉用水量(m³/亩)	净灌溉定额(m³/亩)	年亩均净灌溉用水量采用值(m³/亩)	年亩均净灌溉用水量选用值(m³/亩)	典型田块实灌面积(亩)	某片区(灌溉类型)某种作物 年亩均净灌溉用水量(m³/亩)	实灌面积(亩)	年净灌溉用水量(m³)	年净灌溉用水量(m³)
毛公铺测点	水稻	1	提水	511.49				511.49	2.8	508.35	1 500	762 284	8 801 259
		2		507.81				507.81	3.1				
		3		505.74				505.74	3.3				
吴村桥测点	水稻	1		518.70				518.70	3.2	515.34	3 500	1 804 916	
		2		514.29				514.29	2.7				
		3		513.02				513.02	2.2				

附表 5.4-20　2022 年何林坊站灌区（样点）年净灌溉用水总量分析汇总表

样点灌区片区	作物名称	典型田块编号	灌溉方式	直接量测法	观测分析法				某片区（灌溉类型）某种作物			
				年亩均净灌溉用水量（m³/亩）	年亩均灌溉用水量（m³/亩）	净灌溉定额（m³/亩）	年亩均净灌溉用水量采用值（m³/亩）	年亩均净灌溉用水量选用值（m³/亩）	典型田块实灌面积（亩）	年亩均净灌溉用水量（m³/亩）	实灌面积（亩）	年净灌溉用水量（m³）	年净灌溉用水量（m³）
何林坊站灌区	水稻	1	提水	523.44				523.44	5.6	522.84	2 055	1 074 746	1 074 746
		2		522.24				522.24	3.4				

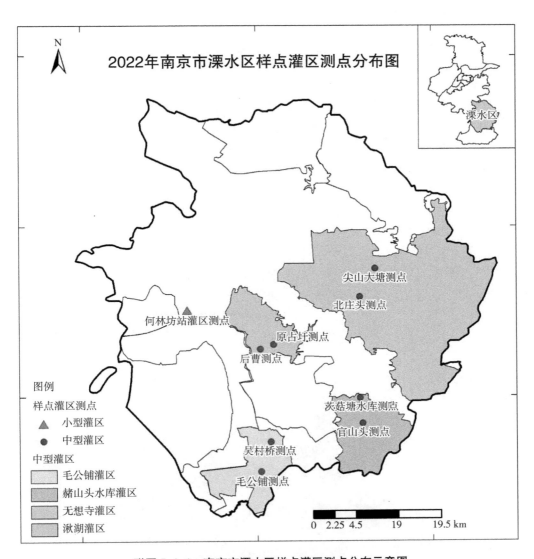

附图 5.4-1　南京市溧水区样点灌区测点分布示意图

5.5 高淳区

5.5.1 农田灌溉及用水情况

5.5.1.1 农田灌溉总体情况

1）自然环境

（1）地理位置与地形地貌

高淳区地处江苏省西南端、苏皖交界处，为南京市南大门。全区总面积为 790.23 km²，全区下辖淳溪、古柏、漆桥、固城、东坝、桠溪 6 个街道，以及砖墙、阳江 2 个镇，共有 116 个村（居）民委员会。

高淳区在大地构造单元上属南京凹陷的边缘地带，溧高褶皱隆起带背斜一翼自北而南斜穿区境，有大面积的黄土岗地分布，在流水切割下，岗地破碎，形成区境东部丘陵起伏，岗、塝、冲交错的特点。由于中生代燕山运动后期的断裂作用，使溧高背斜西北翼断裂下沉，在区境西部形成一个广大的凹陷盆地。因此，高淳地貌由平原和丘陵岗地组成，以平原为主。全区平原面积为 291 km²，占陆地面积 51.37%；丘陵岗地面积为 275.5 km²，占 48.63%。平原有石臼湖、固城湖湖区平原和胥溪河河谷平原。丘陵处于区境中部偏东，为茅山、天目山余脉结合部，大致呈西南向和东北向带状分布。

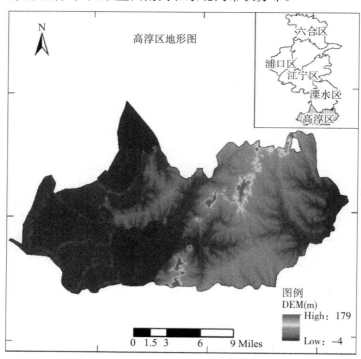

图 5.5-1　高淳区地理位置与地形地貌示意图

（2）水文气象

高淳区地处江苏省西南端，属北亚热带季风气候。四季分明，降水丰沛，日照充足，无霜期长。年平均气温为 17.4℃，比常年正常略偏高 1.0℃；全年降水量为956.4 mm，比常年平均偏少 23.7%；全年日照时数为 1 897.4 h，比常年平均略偏少4.4%。年平均风速为 2.0 米/秒，年最多风向为偏东风，其出现频率为 14%。无霜期为 312 天。综上所述，高淳区天气气候主要特点是气温正常略偏高，降水偏少，日照正常略偏少。

高淳区以东坝（今以茅东进水闸）为界，分属水阳江、青弋江和太湖两个水系。东坝以西各水属水阳江、青弋江水系；东坝以东各水属太湖水系。高淳区境内河流纵横，主要河流有水阳江高淳段、胥溪河、运粮河、官溪河等。水阳江源于黄山、天目山山脉北麓，干流全长 273 km，流域面积为 10 385 km²。胥溪河为高淳区与当涂县的边界河流。官溪河全长 8.7 km，是固城湖的主要泄洪河道，亦是高淳达长江的主要航道。

2）社会经济

《关于南京市高淳区 2021 年国民经济和社会发展计划执行情况与 2022 年国民经济和社会发展计划草案的报告》显示，2021 年高淳区经济运行稳中有进，产业转型步伐加快。

工业经济提质增效。围绕打造南京南部先进制造增长极，高质量编制"十四五"制造业发展规划，聚力打造凸显高淳特色的新医药与生命健康、汽车零部件、高端装备制造、新材料四大产业集群，预计全年 4 条制造业产业链产业规模分别增长 34%、30%、33%、30%。推进传统产业向智能化、数字化方向转型升级，工业互联网标识解析国家顶级节点落户投用，红宝丽公司被评为国家制造业单项冠军示范企业，海太欧林集团获第五批国家工业设计中心认定，高淳陶瓷国家级工业设计中心复核成功。企业主体加速培育，新增规模以上工业企业 45 家、省级"专精特新"企业 3 家；全区规模以上工业总产值增长15%。建筑业提级创优，全年建筑业总产值增长 8%。

服务业规模稳步提升。贯彻落实服务业高质量发展三年行动方案，深入推进服务业市场主体倍增计划，限额以上商贸、规模以上服务业企业分别达 229 家、189 家，服务业增加值预计增长 10%。现代商贸流通体系加快建设，高淳电子商务产业园被评为"2021—2022 年度江苏省电子商务示范基地"。金融服务机构达 17 家，人民币存贷款余额达1 428 亿元。旅游业恢复发展持续向好，创成省级全域旅游示范区，淳青生态观光茶旅入选全国茶乡旅游精品线路，全年旅游总收入突破 160 亿元。

农业经济保持稳定。深入实施高标准农田建设和"1+5"特色农业链条培育工程，做好粮食购销巡视巡查专项整改，全区粮食种植面积达 14.15 万亩、粮食总产量达 1.48 亿斤*，水产养殖面积达 24.87 万亩，农林牧渔业总产值增速位居全市前列。积极打造区域公共品牌，淳青茶场获评江苏省 2021 年最美绿色食品企业，"固城湖螃蟹"入选"江苏省知识产权战略推进计划"，获评"河蟹区域公用品牌全国十强"。高淳区成为全省水产健康养殖示范区、被认定为全国农业全产业链（螃蟹）典型县。

---

* 1 斤＝500 g

3）农田灌溉

（1）种植结构

据《高淳统计年鉴（2022）》显示，2021年高淳区农作物总播种面积为44.46万亩，其中粮食作物面积为14.15万亩，经济作物面积为14.01万亩，其他作物面积为16.31万亩。

①粮食作物

粮食作物分夏收作物和秋收作物，播种面积为14.15万亩，占总耕地面积的31.82%。夏收作物以小麦为主，种植面积为2.61万亩，占总耕地面积的5.87%，产量为0.81万吨。秋收作物以水稻为主，兼有玉米、大豆、薯类。秋收作物种植面积为11.47万亩，产量为6.6万吨，其中，水稻种植面积为10.54万亩，占秋收作物面积的91.89%，占总播种面积的23.70%，产量为6.26万吨。

②经济作物

经济作物包括油料、蔬菜、棉花、瓜果等，播种面积为14.01万亩，占总耕地面积的31.50%。其中，油料种植面积为5.26万亩，占总耕地面积的11.83%；蔬菜种植面积为8.33万亩，占总耕地面积的18.73%；瓜果种植面积为0.37万亩，占总耕地面积的0.83%。

③其他作物

其他农作物种植面积为16.31万亩，占总耕地面积的36.68%。

（2）灌水定额

从种植结构看，高淳区以稻麦、稻油轮作为主，主要种植作物为水稻、小麦、瓜果、叶菜、油料等。水稻为夏季作物，需水量大，灌溉定额为603 m³/亩；小麦和油料为冬季作物，需水量较小，灌溉定额分别为65 m³/亩和75 m³/亩。高淳区主要农作物灌溉定额（灌溉设计保证率为90%）见图5.5-2。

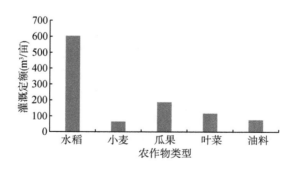

图5.5-2　高淳区主要农作物灌溉定额

南京降水较丰富、地下水位高，可以满足小麦、油料、蔬菜等作物需水量，在小麦、油料、蔬菜生长期间灌溉较少，一般不需要灌溉，因此南京市的灌溉水有效利用系数分析测算工作以水稻为主。高淳区水稻通常从5月开始泡田，生育期从6月开始一直持续到10月中旬，因此灌溉水有效利用系数测算分析主要集中在5—10月。南京市高淳区水稻灌溉模式多以浅湿节水灌溉为主,浅湿灌溉模式下水稻各生育期田间水分控制指标见表5.5-1。

表5.5-1 高淳区浅湿灌溉模式下水稻各生育期田间水分控制指标

生育期 项目	返青	分蘖		拔节	孕穗	抽穗	乳熟	黄熟
		前中期	末期					
灌水上限(mm)	30~40	20~30	烤田	30~30	30~40	20~30	20~30	干湿
土壤水分下限(%)	100	80~90	70	70~90	100	90~100	80	75
蓄水深度(mm)	80	100	—	140	140	140	80	0
灌溉周期(天)	4~5	4~5	6~8	4~6	3~4	4~6	4~6	—

5.5.1.2 不同规模与水源类型灌区情况

南京市高淳区共有灌区30个(表5.5-2),设计灌溉面积为40.83万亩,有效灌溉面积为39.95万亩,耕地灌溉面积为24.19万亩。其中,大型灌区有1个,耕地灌溉面积为18.17万亩;中型灌区有5个,耕地灌溉面积为1.04万亩;小型灌区有24个,耕地灌溉面积为4.98万亩。淳东灌区是南京市唯一一个大型灌区,耕地灌溉面积占高淳区总灌溉面积的75.1%,为高淳区测算的重点灌区。中、小型灌区总灌溉面积占高淳区总灌溉面积的24.9%,在一定程度上也反映了高淳区的灌溉用水技术与管理的总体水平。因此,此次灌溉水有效利用系数的测算对象为区域内的大、中、小型灌区。

表5.5-2 南京市高淳区不同规模与水源类型灌区情况表

灌区规模与类型			个数	设计灌溉 面积(万亩)	有效灌溉 面积(万亩)	耕地灌溉 面积(万亩)
全区总计			30	40.83	39.95	24.19
大型	合计		1	30.85	29.97	18.17
	提水		1	30.85	29.97	18.17
	自流引水		—	—	—	—
中型	合计	小计	5	5	5	1.04
		提水	—	—	—	—
		自流引水	5	5	5	1.04
	1~5万亩	小计	5	5	5	1.04
		提水	—	—	—	—
		自流引水	5	5	5	1.04
	5~15万亩	小计	—	—	—	—
		提水	—	—	—	—
		自流引水	—	—	—	—
	15~30万亩	小计	—	—	—	—
		提水	—	—	—	—
		自流引水	—	—	—	—
小型	合计		24	4.98	4.98	4.98
	提水		—	—	—	—
	自流引水		24	4.98	4.98	4.98

5.5.1.3　农田水利工程建设情况

近年来,高淳区在节水灌溉和灌溉改造上投入了大量的资金和技术力量。2021—2022 年,高淳区进行多项农田水利工程建设,包括淳东灌区续建配套与现代化改造项目、排涝站更新改造工程、小流域综合治理工程和新墙翻水线更新改造工程等。

(1) 淳东灌区续建配套与现代化改造项目

根据国家关于"十四五"大型灌区续建配套与现代化改造有关要求,南京市高淳区淳东灌区实施 2021 年度续建配套与现代化改造。项目具体建设内容包括:拆建淳东南站、淳东北站;干渠护砌 2.92 km,建设渠顶道路 1.2 km;拆建渡槽 4 座、节制闸 3 座、分水闸 31 座;建设灌区信息控制中心 1 处。工程项目实施后,改善灌溉面积 31 万亩,年灌溉节水量为 1 401 万 m^3。

(2) 小流域综合治理工程

东坝街道陈家河小流域综合治理工程涉及陈家河小流域总面积为 11.29 km^2,综合治理面积为 3.23 km^2。主要建设内容如下。

①小流域治理工程:荷花塘支渠护砌长 1 453 m,增设节制闸 2 座;牛屎塘泵站出水渠护砌 350 m,渠顶、背水坡清杂,整坡后草皮绿化;

②生态修复工程:对 100 亩林地面积进行疏林补密,补种梨树 50 株、紫薇 50 株、香樟 120 株等;林地外围设置封山育林标识牌、界;

③河道综合整治工程:河道清淤 1 380 m,迎水坡坡面整修、下部联锁块生态护坡,上部、岸顶草皮绿化;

④人居环境综合整治工程:竹园塘、史家塘、牛屎塘、门前塘四个塘坝生态清淤、迎水坡整治、草皮护坡,并新增部分配套设施。

(3) 新墙翻水线更新改造工程

更新改造桠溪街道新墙翻水线,具体建设内容包括:新华泵站出水渠治理长约 1.5 km;新华支渠治理段长约 0.8 km;三家头泵站出水渠治理段长约 0.17 km;改造灌溉渠分水口约 7 座;新增工程标志标牌 3 座。

(4) 百村千塘项目

百村千塘项目,主要建设内容如下。

①东坝街道沛桥村 2 座大塘清淤整治,桑树塘清淤整治,平均清淤深度为 1.2 m,新建格宾石笼挡墙 142 m、4.0 m 长钢筋砼仿木桩护岸 65 m,其余采用草皮防护,拆建滚水坝 1 座;看家塘清淤整治,平均清淤深度为 1.2 m,新建联锁式护坡 240 m、4.0 m 长仿木桩护岸 140 m,新建必要的管护设施;

②东坝街道青枫村 6 座大塘清淤整治,松树塘新建溢洪渠 140 m;村庄塘清淤整治,平均清淤深度为 0.5 m,采用草皮护坡;庙前塘清淤整治,平均清淤深度为 0.5 m,新建长 4.0 m 仿木桩护岸 39 m,其余采用草皮护坡;东边塘清淤整治,平均清淤深度为 0.5 m,新建联锁砖护岸 20 m,其余采用草皮护坡;丁塘清淤整治,平均清淤深度为 0.8 m,原有预制砼护坡维修,其余采用草皮护坡;和尚塘清淤整理,平均清淤深度为 1.2 m,317 m 岸坡采用联锁式护坡＋草皮护坡;塘东侧泵站 107 m 出水渠拆建;庙前沟整治,新建 2.0 m

长仿木桩 404 m,3.0 m 长钢筋砼仿木桩 172 m;新建必要的管护设施。

5.5.2 样点灌区的选择和代表性分析

5.5.2.1 样点灌区选择

1) 选择结果

按照以上选择原则,根据 2022 年高淳区实际情况,样点灌区选择情况如下。

(1) 大型灌区:高淳区的淳东灌区是南京市唯一一个大型灌区,根据样点灌区的选择原则,将淳东灌区列为样点灌区。

(2) 中型灌区:高淳区中型灌区有 5 个,耕地灌溉面积为 1.04 万亩。根据样点灌区的选择原则,本次测算选择 1 个中型灌区作为样点灌区,为胜利圩灌区。

(3) 小型灌区:高淳区小型灌区有 24 个,耕地灌溉面积为 4.98 万亩。根据样点灌区的选择原则,本次测算选择 1 个小型灌区作为样点灌区,为洪村联合圩灌区。

(4) 纯井灌区:高淳区无纯井灌区。

综合以上样点灌区选择情况,2022 年南京市高淳区灌溉水有效利用系数分析测算共选择样点灌区 3 个:1 个大型灌区(淳东灌区)、1 个中型灌区(胜利圩灌区)和 1 个小型灌区(洪村联合圩灌区)。

2) 调整情况说明

样点灌区选择要符合代表性、可行性和稳定性原则,无特殊情况,样点灌区选择与上一年度保持一致。高淳区水务局相关人员在调查收集高淳区境内灌区相关资料的基础上,依据样点灌区确定的原则和方法,从灌区的面积、管理水平、灌溉工程现状、地形地貌、空间分布等多方面进行实地勘察,对灌区作出调整。

2021 年农田灌溉水有效利用系数仅将大型灌区淳东灌区作为样点灌区,为综合考虑灌区规模与类型对灌溉水有效利用系数的影响,此次系数测算工作新增中型灌区、小型灌区各 1 个。

新增中型灌区为胜利圩灌区,灌区设计灌溉面积为 1 万亩,有效灌溉面积为 1 万亩,属一般中型灌区。在灌区地形上,为平原灌区;在水源类型上,为自流灌区;在种植条件上,以稻油轮作和稻麦轮作为主,有良好的种植结构。因此,将胜利圩灌区纳入新增的中型样点灌区。

新增小型灌区为洪村联合圩灌区,灌区设计灌溉面积为 1 200 亩,有效灌溉面积为 1 200 亩。在灌区地形上,为圩垸灌区;在水源类型上,为自流灌区;在种植条件上,以稻油轮作和稻麦轮作为主,有良好的种植结构。因此,将洪村联合圩灌区纳入新增的中型样点灌区。

5.5.2.2 样点灌区的数量与分布

根据南京市气候、土壤、作物和管理水平,高淳区选取 3 个样点灌区进行灌溉水有效利用系数测算,分别为淳东灌区、胜利圩灌区和洪村联合圩灌区,样点灌区分布合理。样点灌区作物类型主要为水稻(夏季),小麦、油菜(冬季)。

高淳区样点灌区基本情况见表 5.5-3,样点灌区分布图见附图 5.5-1。

表 5.5-3　2022 年南京市高淳区农田灌溉水有效利用系数样点灌区基本信息汇总表

序号	灌区名称		灌区地形	灌区规模与类型	水源类型	设计灌溉面积（亩）	有效灌溉面积（亩）	耕地灌溉面积（亩）	工程管理水平	作物种类		备注
										夏季	冬季	
1	淳东灌区	吕家泵站测点	丘陵	大型	提水	308 500	299 700	181 700	好/中	水稻	小麦、油菜	保留
		青枫村测点										
		桠溪测点										
		桥头测点										
2	胜利圩灌区	胜利圩1测点	平原	中型	自流	10 000	10 000	1 600	中	水稻	小麦、油菜	新增
		胜利圩2测点										
3	洪村联合圩灌区		圩垸	小型	自流	1 200	1 200	1 200	中	水稻	小麦、油菜	新增

5.5.2.3　样点灌区基本情况与代表性分析

高淳区位于江苏省西南端、苏皖交界处。地貌由平原和丘陵岗地组成，以平原为主。全区共有灌区 30 个，大型灌区 1 个，耕地灌溉面积为 18.17 万亩；中型灌区 5 个，耕地灌溉面积 1.04 万亩；小型灌区 24 个，耕地灌溉面积 4.98 万亩。

灌区的选择按照树状分层选择，保证树干各分支的代表性。按照灌区灌溉规模，选择了大、中、小型灌区各 1 个作为样点灌区；在样点灌区的选择上，充分考虑了区域、规模、取水方式、管理水平等因素，保证了样点灌区在总体中的均匀分布，具有较好的代表性。

依据样点灌区的选择原则及高淳区的灌区情况，选择了 3 个灌区作为样点灌区，分别是 1 个大型灌区（淳东灌区）、1 个中型灌区（胜利圩灌区）和 1 个小型灌区（洪村联合圩灌区），样点灌区基本信息见表 5.5-3，样点灌区位置见附图 5.5-1。

（1）淳东灌区

淳东灌区位于高淳区的东部，为丘陵山区典型的提水灌区，也是南京市唯一一个大型灌区。灌区辖东坝、桠溪、固城、漆桥、青山茶场、付家坛林场等四镇两场，总面积为 405.5 km²，受益人口为 21.91 万人。灌区设计灌溉面积为 30.85 万亩，有效灌溉面积为 29.97 万亩，耕地面积为 18.73 万亩，耕地灌溉面积为 18.17 万亩。灌区内主要种植水稻、冬小麦、油菜、蔬菜等作物，复种指数为 1.7。

全灌区现有干、支、斗、农渠 3 185 条，总长 1 840.51 km，其中干渠 5 条，长 45.57 km，支渠 62 条，长 168.94 km，斗渠 252 条，长 506 km，农渠 2 866 条，长 1 120 km，现有涵、闸、桥、渡槽等各类配套建筑物 9 388 座，其中中沟级以上配套建筑物 3 198 座。灌区渠首一级装机容量为 4 940 kW，设计流量为 14.5 m³/s，灌区内二级提水站有 162 座，装机容量为 8 540 kW，设计提水流量为 14.65 m³/s。

胥河是本灌区可以引用的水源河，胥河上游为固城湖，正常年份来水能够满足灌溉要求。干旱年份需要通过灌区补水站（蛇山抽水站）从石臼湖向固城湖补水。由于石臼湖与长江相连，水源充沛。在 $P=95\%$ 降雨情况下，灌区通过蛇山抽水站可以补给 25 m³/s 流量，可以满足灌区需水要求。

淳东灌区自 1976 年建成投入运行以来，充分发挥了工程效益，在历次的抗旱斗争中作用显著。1978、1988、1994 年大旱,机组最长可连续运行 103 天,提水 7 000 万 m³,确保了灌区范围内农田的正常灌溉用水和人畜饮水需要,取得了明显的社会效益,保证了粮食生产连年丰收。

（2）胜利圩灌区

胜利圩灌区位于阳江镇,为平原地区典型的中型自流灌区。灌区设计灌溉面积为 1 万亩,有效灌溉面积为 1 万亩,耕地面积为 1 600 亩,耕地灌溉面积为 1 600 亩,管理水平中等,种植结构稳定,可作为中型灌区的典型代表。

（3）洪村联合圩灌区

洪村联合圩灌区位于东坝街道东坝村,属于小型自流灌区。灌区设计灌溉面积为 1 200 亩,有效灌溉面积为 1 200 亩,耕地面积为 1 200 亩,节水灌溉工程面积为 1 200 亩,管理水平中等,种植结构稳定,可作为小型灌区的典型代表。

以上样点灌区在规模、管理水平、取水方式等方面均可以代表高淳区的灌区水平。

5.5.2.4　灌溉用水代表年分析

为分析高淳区的样点灌区降水及其分布情况,根据雨量站分布情况及样点灌区与雨量站之间的相对距离来确定代表雨量站。淳东灌区雨量代表站为茅东闸站,胜利圩灌区雨量代表站为杨家湾闸站,洪村联合圩灌区雨量代表站为漕塘站。所有雨量代表站均为国家水文站点,资料翔实、可靠。

从样点灌区代表雨量站的降水分布情况来看（图 5.5-3）,2022 年 6—9 月样点灌区代表雨量站降水量较同期的多年平均降水量均明显减少 4～5 成左右,其中胜利灌区降水量异常偏少 47% 左右;洪村联合圩灌区降水量异常偏少了 45% 左右;淳东灌区降水量偏少 40% 左右。降水日数也异常偏少 2 成左右,总体而言,2022 年 6—9 月各灌区的降水量均明显偏少,气候处于高温少雨多日照的状态,水稻灌溉频次相对一般年份较多。

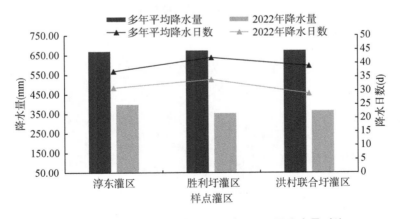

图 5.5-3　高淳区样点灌区 2022 年 6—9 月降水量对比

各代表站逐日降水量见图 5.5-4 至图 5.5-6。

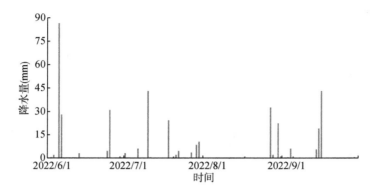

图 5.5-4　茅东闸站逐日降水量

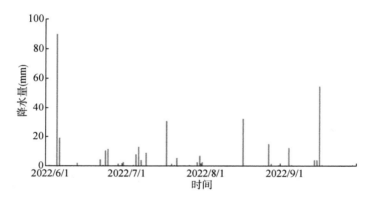

图 5.5-5　杨家湾闸站逐日降水量

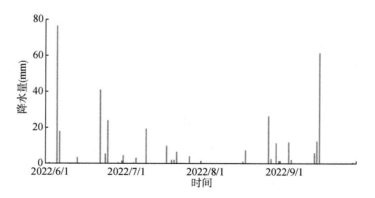

图 5.5-6　漕塘站逐日降水量

表 5.5-4　高淳区样点灌区灌溉用水代表年分析

序号	市(县)、区	灌区名称	2022年		多年平均		降水量与多年平均相比(%)
			降水量(mm)	降水日数(d)	降水量(mm)	降水日数(d)	
1	高淳区	淳东灌区	398	31	668.60	37	−40.47
2		胜利圩灌区	353	34	674.27	42	−47.65
3		洪村联合圩灌区	366.5	29	674.57	39	−45.67

5.5.3　样点灌区农田灌溉水有效利用系数测算及成果分析

5.5.3.1　典型田块的选择

高淳区总播种面积超过 10% 的作物分别为水稻、小麦和油菜。由于小麦和油菜在平水年下无须灌溉,故观测作物仅为水稻。按照以上选择要求,在每个样点灌区分别选取典型田块,南京市高淳区 3 个样点灌区共选出 20 个典型田块,各灌区典型田块数量详见表 5.5-5。

表 5.5-5　2022 年南京市高淳区样点灌区典型田块选择结果

序号	样点灌区名称		灌区规模	水源类型	主要作物种类		观测作物种类及典型田块数量
					夏季	冬季	
1	淳东灌区	吕家泵站测点	大型	提水	水稻	小麦、油菜	水稻3个
		青枫村测点		自流	水稻	小麦、油菜	水稻3个
		桠溪测点		自流	水稻	小麦、油菜	水稻3个
		桥头测点		提水	水稻	小麦、油菜	水稻3个
2	胜利圩灌区	胜利圩1测点	中型	自流	水稻	小麦、油菜	水稻3个
		胜利圩2测点		提水	水稻	小麦、油菜	水稻3个
3	洪村联合圩灌区		小型	自流	水稻	小麦、油菜	水稻2个

5.5.3.2　灌溉用水量的测定方法

本次测算分析工作中样点灌区净灌溉用水量均采用直接量测法获取,毛灌溉用水量通过实测法获得,具体情况见表 5.5-6。

表 5.5-6　2022 年南京市高淳区样点灌区净、毛灌溉用水量获取方法统计表

序号	灌区名称	灌区规模	典型田块数量	净灌溉用水量获取方法			是否为多水源	毛灌溉用水量获取方法		
				采用直接量测法的田块数量	采用观测分析法的田块数量	采用调查分析法的田块数量(限小型、纯井灌区)		实测	油、电折算	调查分析估算
1	淳东灌区	大型	12	12			是	12		
2	胜利圩灌区	中型	6	6			否	6		
3	洪村联合圩灌区	小型	2	2			否	2		

5.5.3.3　灌溉水有效利用系数测算分析

南京市高淳共 3 个样点灌区,样点灌区灌溉水有效利用系数按照前文首尾测算分析法进行测算,样点灌区灌溉水有效利用系数汇总情况见表 5.5-7,计算过程详见附表

5.5-1～附表 5.5-20。

（1）淳东灌区

淳东灌区为大型灌区,耕地灌溉面积为 18.17 万亩,分别在吕家泵站测点、青枫村测点、桠溪测点和桥头测点各选取 3 个典型田块进行测算。灌区毛灌溉用水量为 13 144.60 万 m³,净灌溉用水量为 8 964.47 万 m³,灌溉水有效利用系数为 0.682。

（2）胜利圩灌区

胜利圩灌区为中型灌区,耕地灌溉面积为 0.16 万亩,在灌区上、下游各选取 3 个典型田块进行测算。经测算,灌区毛灌溉用水量为 123.19 万 m³,净灌溉用水量为 84.50 万 m³,灌溉水有效利用系数为 0.686。

（3）洪村联合圩灌区

洪村联合圩灌区为小型灌区,耕地灌溉面积为 1 200 亩,在灌区内选取 2 个典型田块进行测算。灌区毛灌溉用水量为 93.54 万 m³,净灌溉用水量为 64.29 万 m³,灌溉水有效利用系数为 0.687。

表 5.5-7　2022 年南京市高淳区样点灌区灌溉水有效利用系数汇总表

灌区名称	水源类型	耕地灌溉面积(亩)	净灌溉用水量(m³)	毛灌溉用水量(m³)	灌溉水有效利用系数
淳东灌区	提水	181 700	89 644 742	131 445 972	0.682
胜利圩灌区	自流	1 600	845 027	1 231 859	0.686
洪村联合圩灌区	自流	1 200	642 887	935 491	0.687

5.5.3.4　测算结果合理性、可靠性分析

2022 年南京市高淳区未变化的样点灌区为淳东灌区。该灌区为大型灌区,灌溉水有效利用系数高于往年数值。为提高高淳区样点灌区规模的多样性,2022 新增中型灌区胜利圩灌区、小型灌区洪村联合圩灌区作为样点灌区进行测算。样点灌区测算结果年际间变化见表 5.5-8。

近几年来,高淳区广泛推广水稻浅湿灌溉等水稻节水灌溉模式。水稻浅湿灌溉即浅水与湿润反复交替、适时落干,浅湿干灵活调节的一种间歇灌溉模式。这种灌溉模式具有降低稻田耗水量和灌溉定额、减少土壤肥力的流失、提高雨水利用率和水的生产效率等多项优点,其灌溉定额比常规的浅水勤灌省水 10%～30%。水稻节水灌溉模式的不断推广,使得灌溉水有效利用系数不断提升。

此外,2021—2022 年高淳区进行了多项节水改造项目,包括淳东灌区续建配套与现代化改造项目、东坝街道陈家河小流域综合治理工程和桠溪街道新墙翻水线更新改造工程等,建设投资达到 2.4 亿元。其中,淳东灌区续建配套与现代化项目综合效益明显,促使大型灌区灌溉水有效利用系数高于往年。同时,由于农业水价改革工作的不断推进,高淳区针对小农水管护工作采取了多项有效措施,成立了专业的管护组织,每年对水源工程和输水工程等配套设施进行维修和管护;成立了用水者协会,不断提升灌区管理水平。这些措施进一步加快了高淳区农业节水建设进程,提高了灌溉水有效利用系数。

表 5.5-8　2022 年南京市高淳区样点灌区灌溉水有效利用系数年际间变化表

序号	灌区	水源类型	耕地灌溉面积（亩）	灌溉水有效利用系数		
				2021 年	2022 年	增加值
1	淳东灌区	提水	181 700	0.680	0.682	+0.002
2	胜利圩灌区	自流	1 600	—	0.686	—
3	洪村联合圩灌区	自流	1 200	—	0.687	—

5.5.4　区级农田灌溉水有效利用系数测算分析成果

5.5.4.1　区级农田灌溉水有效利用系数

高淳区选取样点灌区 3 个,其中,大型灌区 1 个,为淳东灌区;中型灌区 1 个,为胜利圩灌区;小型灌区 1 个,为洪村联合圩灌区。高淳区各规模灌区灌溉水有效利用系数测算结果见表 5.5-9。

高淳区的大型灌区的灌溉水有效利用系数为:

$$\eta_{高淳大型} = \frac{\eta_{淳东} \times W_{淳东}}{W_{淳东}}$$

$$\eta_{高淳大型} = 0.682$$

高淳区的中型灌区的灌溉水有效利用系数为:

$$\eta_{高淳中型} = \frac{\eta_{胜利圩} \times W_{胜利圩}}{W_{胜利圩}}$$

$$\eta_{高淳中型} = 0.686$$

高淳区的小型灌区的灌溉水有效利用系数为:

$$\eta_{高淳小型} = \frac{\eta_{洪村联合圩}}{1}$$

$$\eta_{高淳小型} = 0.687$$

高淳区的灌溉水有效利用系数为:

$$\eta_{高淳} = \frac{\eta_{高淳大型} \times W_{高淳大型} + \eta_{高淳中型} \times W_{高淳中型} + \eta_{高淳小型} \times W_{高淳小型}}{W_{高淳大型} + W_{高淳中型} + W_{高淳小型}}$$

$$\eta_{高淳} = 0.683$$

表 5.5-9　2022 年南京市高淳区各规模灌区灌溉水有效利用系数

区域	灌溉水有效利用系数			
	区域	大型灌区	中型灌区	小型灌区
高淳区	0.683	0.682	0.686	0.687

5.5.4.2　区级农田灌溉水有效利用系数合理性分析

本次测算根据《全国农田灌溉水有效利用系数测算分析技术指导细则》、《灌溉水系数应用技术规范》(DB32/T 3392—2018)和《灌溉渠道系统量水规范》(GB/T 21303—2017)等文件的技术要求,选取适合每个灌区特点的实用有效的测算方法,主要采用便携式旋桨流速仪(LS300-A型)及田间水位观测等方法进行测定。测算工作开展前,高淳区水务局、江苏省水利科学研究院等单位的测算人员参加了省、市组织的农田灌溉水有效利用系数测算技术培训班;测量过程中,高淳区水务局和江苏省水利科学研究院共同进行实地考察和现场观测。针对高淳区水稻采用浅湿节水灌溉模式的特点,江苏省水利科学研究院采用简易水位观测井法测算水稻田间灌水量,提高了测算精度。因此,样点灌区测算方法是合理、可靠的。

1)样本分布与测算结果的合理性与可靠性

南京市高淳区共有灌区30个,根据高淳区气候、土壤、作物和管理水平,本次从高淳区的不同灌区类型中选择了3个样点灌区,分别为淳东灌区、胜利圩灌区和洪村联合圩灌区。

在地理位置上,淳东灌区位于高淳区的东部,胜利圩灌区位于高淳区的西部,洪村联合圩灌区位于高淳区的中部。样点灌区分布合理,在各种自然条件、社会经济条件和管理水平下均具有较好的代表性。

在灌区类型与水源条件上,淳东灌区为大型提水灌区,胜利圩灌区为中型自流灌区,洪村联合圩灌区为小型自流灌区。样点灌区满足灌区类型要求,在灌溉水源条件上也具有较好的代表性。

对测算结果的分析表明,灌溉水有效利用系数的变化趋势与现有文献的规律描述基本符合。与高淳区其他已有科研成果对比,结果亦基本吻合,表明本次测定结果是可靠的。

2)灌溉水有效利用系数影响因素

灌溉水有效利用系数受多种因素的综合影响,包括自然条件、灌区工程状况、灌区规模、管理水平、灌溉技术、土壤类型等多个方面。为表征灌溉水有效利用系数各影响因素的具体作用,结合2012年到2022年南京市测算过程中获得的数据资料,下面初步分析水资源条件、灌区规模、灌溉类型、工程状况、灌区管理水平、水利投资、工程效益等因素对南京市灌溉水有效利用系数的影响。实际上,灌区的水资源条件属于自然条件,基本变化不大,而灌区的规模和类型一般是由当地水资源条件决定的,因此灌区的水资源条件和规模在以后相当长的时期内基本上属于不能轻易改变的静态因素。工程状况、灌区管理水平、水利投资和工程效益则属于人为可以直接影响的动态因素,其中节水灌溉工程和灌区管理也是未来提高灌区灌溉水有效利用系数的两个主要工作方向。灌溉水有效利用系数的大小是多种因素综合作用的结果,以下分析过程则主要侧重于单项因素影响分析。

(1)投资建设的影响

灌溉水有效利用系数的提高是统计期间自然气候、工程状况、管理水平和农业种植状况等因素综合影响的结果,也与水利设施及灌区的建设投资等有着直接关系。从高淳区2012—2022年的灌溉水有效利用系数可以看出,近年来高淳区灌溉水有效利用系数呈上升趋势,其原因主要是2011年中央一号文件下发以及高淳区水利体制改革实施以来,国家及各级政府不断加大对水利基础设施建设的投资力度,灌区工程状况和灌区整体管理运行能力得到稳步改善。水利基础设施水平、灌区用水管理能力和人们的节水意识都得到了提高,从而使得高淳区灌溉水有效利用系数在一定程度上得以较快提高。

（2）水文气象和水资源环境的影响

气候对灌溉水有效利用系数的影响分为直接影响和间接影响,直接影响主要是气候条件的差异造成作物灌溉定额和田间水利用的变化。气候对灌溉定额的影响包括:

①气候条件影响蒸散发量(ET)。在宁夏引黄灌区和石羊河流域进行的气候因子对参考作物蒸腾蒸发量影响试验表明,降雨、气温、湿度、风速、日照时数等气候因子对作物蒸散发量的影响最为显著,这其中,气温、风速、日照时数与蒸散发量呈高度正相关,降雨、湿度与蒸腾蒸发量呈线性负相关。

②气候条件影响作物地下水利用量。在相同土质和地下水埋深的条件下,气象条件决定着地下水利用量的大小。若在作物生长期内,降雨量大,则土壤水分就大,同时由于作物蒸腾量的减少,地下水对土壤水及作物的补充量就小;反之,若降雨量小,气温较高,作物蒸散发量就大,由于土壤水分含量较低,为了满足作物蒸腾需要,作物势必从更深层吸水,加快地下水对土壤水的补充,提高了地下水利用量。

③气候条件影响有效降雨量。对于水稻而言,有效降雨与降雨量大小和分布有关,呈现出降雨量越大,有效利用系数越小,降雨越小,有效利用系数越大的趋势。气象因子影响灌溉的诸多环节,作用错综复杂,有待以后深入了解。

（3）灌区规模的影响

一般情况下,随着灌区规模变小,灌溉水有效利用系数呈现逐渐增大的规律。南京市中型灌区和大型灌区都是由一个一个的小型灌区所组成,在测算过程中,所选择的实验灌区也是中型灌区和大型灌区中的某些小型灌区为代表进行测算。因此,不同规模的灌区灌溉水有效利用系数相差不大。还有随着中型灌区节水配套改造工程的实施,其基础条件得到提升,所以也会出现中型灌区的灌溉水有效利用系数比小型灌区大的情况。总体上灌溉水有效利用系数的变化规律是随着灌区规模的增大而逐渐减小的。

根据我国大、中、小型灌区面积的级差以及在编制的《节水灌溉工程技术规范时的研究》得知,大、中、小型灌区的灌溉水有效利用系数相差约为15%～20%。现状的大、中、小型灌区的灌溉水有效利用系数相接近,这同样是由于南京市特殊的灌区构成以及近年来在农业水利工程项目上投资力度的加大,提高了灌区的工程状况和运行管理水平,使得大、中型灌区的灌溉水有效利用系数向小型灌区接近。

（4）灌溉管理水平的影响

①灌区的硬件设施方面。对于提高灌溉水有效利用系数而言,灌溉工程设施是基础,用水管理是关键。管理水平较好的灌区,渠首设施保养较好,渠道多采用防渗渠道或管道输水,保证了较高的渠系水利用。而管理水平较差的灌区,往往存在渠首设施损坏失修、闸门启闭不灵活等而导致的漏水现象。工程设施节水改造为灌溉水有效利用系数提高提供了能力保障,而实际达到的灌溉水有效利用系数受到管理水平的影响,通过加强用水管理可以显著减少灌溉工程的非工程性水量损失,进而提高灌溉水有效利用系数。

②节水意识和灌溉制度方面。灌区通过精心调度,优化配水,使各级渠道平稳引水,

减少输水过程中的跑水、漏水和无效退水,实现均衡受益,从而提高灌溉水有效利用系数。合理适宜的水价政策,可以提高用水户的节水意识,影响用水行为,减少水资源浪费。用水户参与灌溉管理,调动了用水户的积极性,自觉保护灌溉用水设施。同时,在灌溉制度方面,用水户也会根据作物的不同生长期采取不同的灌溉方式,例如水稻灌溉多采用浅湿节水灌溉、控制灌溉等高效节水灌溉模式,不仅提高了田间水利用率,同时达到高产的目的。另外在一些有条件的灌区,采用微灌、喷灌等灌溉方式,大大提高了灌溉水利用率。

3)灌溉水有效利用系数测算分析

(1)2022年南京市高淳区灌溉用水有效利用系数为0.683,比2014年的0.631提高了8.24%,且9年间呈现逐年提高的趋势(图5.5-7)。近年来,高淳区重视农业节水,引进节水灌溉模式,进行节水灌区建设;同时,在泵站维修与渠道养护等方面投入大量资金,减少了灌溉用水的渗漏。因此,灌溉水有效利用系数的增长是高淳区投资建设的必然结果,2022年的测算成果合理、有效。

(2)灌溉面积对灌溉水有效利用系数存在影响。相同水源条件下,灌溉面积大的灌区有效利用系数低于面积较小的灌区。胜利圩灌区和洪村联合圩灌区均为引水自流灌区,胜利圩灌区耕地灌溉面积为1 600亩,系数为0.686;洪村联合圩灌区耕地灌溉面积为1 200亩,系数为0.687,较胜利圩灌区高0.14%,数据较为合理。

(3)灌区管理对灌溉水有效利用系数存在影响。2012年后,由于各级政府对水利基础设施建设的大量投资,灌区工程状况和灌区整体管理运行能力得到较大提升。2021年后,部分灌区管理水平较高,年际间涨幅减小,2022年较2021年增长0.44%,数据是合理的。

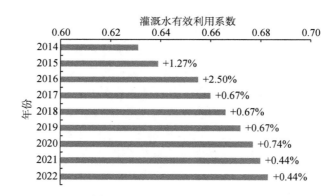

图5.5-7 2012—2022年高淳区灌溉水有效利用系数及增量图

5.5.5 结论与建议

5.5.5.1 结论

2022年,南京市高淳区农田灌溉水有效利用系数测算分析过程按照《指导细则》和《2022年南京市灌溉水有效利用系数测算分析工作实施方案》严格进行,针对本地灌区的特点,通过对高淳区各灌区测算情况的分析和现场调研,使2022年度灌溉水有效利用系数的测算工作取得了较为客观、真实的成果。测算结果反映了高淳区灌区管理水平以及近年来节水灌溉实施取得的成果,毛灌溉水量、净灌溉水量的测算方法是可靠的,测算结果是合理的。上述测算成果,对高淳区水资源规划、调度具有重要参考价值。

2022年高淳区农田灌溉水有效利用系数测算分析工作,选择不同规模、不同引水条件、不同工程状况和管理水平的样点灌区,并依据样点灌区已有的灌溉水管理资料、灌溉试验与观测资料和灌溉实践经验等,通过调查、现场测量、计算分析,得出样点灌区现状灌溉水有效利用系数,采用点与面相结合,调查统计与试验观测分析相结合的方法,按照加权平均,测算出本年度全区农田灌溉水有效利用系数为0.683,较2021年的0.680提高0.003。

5.5.5.2 建议

(1)信息化技术合理化应用。首尾法的重要步骤之一是灌区首部渠道取水量的测定,目前灌区主要采用流速仪测定。但有些灌区首部枢纽不够完整,水源工程多,类型差别较大,测算过程中容易出现漏测、误测,对结果影响很大,在测算过程中需反复核对。另外,一些灌区尤其是小型灌区渠道断面不够规则,影响测算精度,测算结果需用多种方法相互校核,使得测算工作量增大。建议增加对渠首取水量测量方法的研究,合理利用用水计量设施及信息化技术,减少测算工作量,提高测算精度。

(2)加强经费保障。农田灌溉水有效利用系数测算需要消耗大量的人力、物力和财力,渠首流量的测算、水位观测井的布设、技术培训的开展,都需要稳定的经费保障。目前,各区(县)的经费均由省、市级财政拨款,受多种原因影响,资金较为紧张,难以为农田灌溉水系数测算提供稳定的资金渠道,建议加强配套资金,从而保障农田灌溉水有效利用系数测算工作的顺利开展。

5.5.6 附表及附图

附表5.5-1～附表5.5-3为样点灌区基本信息调查表。

附表5.5-1 2022年淳东灌区基本信息调查表

灌区名称:淳东灌区			
灌区所在行政区:江苏省南京市高淳区东坝、桠溪、固城、漆桥镇		灌区位置:	
灌区规模:☑大 □中 □小		灌区水源取水方式:☑提水 □自流引水	
灌区地形:□山区 ☑丘陵 □平原		灌区土壤类型:黏质土___% 壤土___% 砂质土___%	
设计灌溉面积(万亩)	30.85	有效灌溉面积(万亩)	29.97
当年实际灌溉面积(万亩)	18.17	井渠结合面积(万亩)	
多年平均降水量(mm)		当年降水量(mm)	
地下水埋深范围(m)			
机井数量(眼)		配套动力(kW)	
泵站数量(座)	20	泵站装机容量(kW)	4 940
泵站提水能力(m^3/s)	14.5		
塘坝数量(座)		塘坝总蓄水能力(万 m^3)	
水窖、池数量(座)		水窖、池总蓄水能力(万 m^3)	
当年完成节水灌溉工程投资(万元)		灌区综合净灌溉定额(m^3/亩)	

续表

样点灌区粮食亩均产量(kg/亩)		灌区人均占有耕地面积(亩/人)	

节水灌溉工程面积(万亩)				
合计	防渗渠道地面灌溉	管道输水地面灌溉	喷灌	微灌

附表 5.5-2　2022 年胜利圩灌区基本信息调查表

灌区名称:胜利圩灌区			
灌区所在行政区:江苏省南京市高淳区阳江镇		灌区位置:	
灌区规模:□大　☑中　□小		灌区水源取水方式:□提水　☑自流引水	
灌区地形:□山区　□丘陵　☑平原		灌区土壤类型:黏质土___%　壤土___%　砂质土___%	
设计灌溉面积(万亩)	1	有效灌溉面积(万亩)	1
当年实际灌溉面积(万亩)	0.16	井渠结合面积(万亩)	
多年平均降水量(mm)		当年降水量(mm)	
地下水埋深范围(m)			
机井数量(眼)		配套动力(kW)	
泵站数量(座)		泵站装机容量(kW)	
泵站提水能力(m^3/s)			
塘坝数量(座)		塘坝总蓄水能力(万 m^3)	
水窖、池数量(座)		水窖、池总蓄水能力(万 m^3)	
当年完成节水灌溉工程投资(万元)		灌区综合净灌溉定额(m^3/亩)	
样点灌区粮食亩均产量(kg/亩)		灌区人均占有耕地面积(亩/人)	

节水灌溉工程面积(万亩)				
合计	防渗渠道地面灌溉	管道输水地面灌溉	喷灌	微灌

附表 5.5-3　2022 年洪村联合圩灌区基本信息调查表

灌区名称:洪村联合圩灌区			
灌区所在行政区:江苏省南京市高淳区东坝街道东坝村		灌区位置:	
灌区规模:□大　□中　☑小		灌区水源取水方式:□提水　☑自流引水	
灌区地形:□山区　□丘陵　☑圩垸		灌区土壤类型:黏质土___%　壤土___%　砂质土___%	
设计灌溉面积(万亩)	0.12	有效灌溉面积(万亩)	0.12
当年实际灌溉面积(万亩)	0.12	井渠结合面积(万亩)	
多年平均降水量(mm)		当年降水量(mm)	
地下水埋深范围(m)			
机井数量(眼)		配套动力(kW)	
泵站数量(座)		泵站装机容量(kW)	
泵站提水能力(m^3/s)			
塘坝数量(座)		塘坝总蓄水能力(万 m^3)	
水窖、池数量(座)		水窖、池总蓄水能力(万 m^3)	
当年完成节水灌溉工程投资(万元)		灌区综合净灌溉定额(m^3/亩)	

续表

样点灌区粮食亩均产量(kg/亩)		灌区人均占有耕地面积(亩/人)		
节水灌溉工程面积(万亩)				
合计	防渗渠道地面灌溉	管道输水地面灌溉	喷灌	微灌

附表 5.5-4～附表 5.5-6 为样点灌区渠首和渠系信息调查表。

附表 5.5-4　2022 年淳东灌区渠首和渠系信息调查表

渠首设计取水能力(m^3/s)：

<table>
<tr><td rowspan="6">渠系信息</td><td colspan="7" align="center">渠道长度与防渗情况</td></tr>
<tr><td rowspan="2">渠道级别</td><td rowspan="2">条数</td><td rowspan="2">总长度(km)</td><td colspan="3" align="center">渠道衬砌防渗长度(km)</td><td rowspan="2">衬砌防渗率(%)</td></tr>
<tr><td>混凝土</td><td>浆砌石</td><td>其他</td></tr>
<tr><td>干　渠</td><td>5</td><td>45.57</td><td></td><td></td><td></td><td></td></tr>
<tr><td>支　渠</td><td>62</td><td>168.94</td><td></td><td></td><td></td><td></td></tr>
<tr><td>斗　渠</td><td></td><td></td><td></td><td></td><td></td><td></td></tr>
<tr><td>农　渠</td><td></td><td></td><td></td><td></td><td></td><td></td></tr>
</table>

	渠道级别	条数	总长度(km)				
	其中骨干渠系(≥1 m^3/s)						

<table>
<tr><td rowspan="6">毛灌溉用水情况</td><td>渠首引水量(万 m^3/年)</td><td>13 144.60</td><td>地下水取水量(万 m^3/年)</td><td></td></tr>
<tr><td>塘堰坝供水量(万 m^3/年)</td><td></td><td>其他水源引水量(万 m^3/年)</td><td></td></tr>
<tr><td>塘堰坝取水：□有　□无</td><td colspan="3">塘堰坝供水量计算方式：□径流系数法　□复蓄次数法</td></tr>
<tr><td rowspan="2">径流系数法参数</td><td>年径流系数</td><td>蓄水系数</td><td>集水面积(km^2)</td></tr>
<tr><td></td><td></td><td></td></tr>
<tr><td>重复蓄满次数</td><td>重复蓄满次数</td><td>有效容积(万 m^3)</td><td></td></tr>
</table>

<table>
<tr><td rowspan="3">其他</td><td colspan="3">末级计量渠道(____ 渠)灌溉供水总量(万 m^3)</td></tr>
<tr><td rowspan="2">洗碱状况</td><td colspan="2">灌区洗碱：□有　□无</td></tr>
<tr><td>洗碱面积(万亩)</td><td>洗碱净定额(m^3/亩)</td></tr>
</table>

附表 5.5-5　2022 年胜利圩灌区渠首和渠系信息调查表

渠首设计取水能力(m^3/s)：

<table>
<tr><td rowspan="7">渠系信息</td><td colspan="7" align="center">渠道长度与防渗情况</td></tr>
<tr><td rowspan="2">渠道级别</td><td rowspan="2">条数</td><td rowspan="2">总长度(km)</td><td colspan="3" align="center">渠道衬砌防渗长度(km)</td><td rowspan="2">衬砌防渗率(%)</td></tr>
<tr><td>混凝土</td><td>浆砌石</td><td>其他</td></tr>
<tr><td>干　渠</td><td></td><td>48</td><td>23.2</td><td></td><td></td><td>48</td></tr>
<tr><td>支　渠</td><td></td><td></td><td></td><td></td><td></td><td></td></tr>
<tr><td>斗　渠</td><td></td><td></td><td></td><td></td><td></td><td></td></tr>
<tr><td>农　渠</td><td></td><td></td><td></td><td></td><td></td><td></td></tr>
<tr><td>其中骨干渠系(≥1 m^3/s)</td><td></td><td></td><td></td><td></td><td></td><td></td></tr>
</table>

续表

毛灌溉用水情况	渠首引水量(万 m³/年)	123.19		地下水取水量(万 m³/年)		
	塘堰坝供水量(万 m³/年)			其他水源引水量(万 m³/年)		
	塘堰坝取水：☐有 ☐无		塘堰坝供水量计算方式：☐径流系数法 ☐复蓄次数法			
	径流系数法参数	年径流系数		蓄水系数		集水面积(km²)
	重复蓄满次数	重复蓄满次数			有效容积(万 m³)	
其他	末级计量渠道(____渠)灌溉供水总量(万 m³)					
	洗碱状况		灌区洗碱：☐有 ☐无			
		洗碱面积(万亩)			洗碱净定额(m³/亩)	

附表 5.5-6　2022 年洪村联合圩灌区渠首和渠系信息调查表

渠首设计取水能力(m³/s)：

	渠道长度与防渗情况						
渠系信息	渠道级别	条数	总长度(km)	渠道衬砌防渗长度(km)			衬砌防渗率(%)
				混凝土	浆砌石	其他	
	干　渠						
	支　渠						
	斗　渠	2	5	3			60
	农　渠						
	其中骨干渠系(≥1 m³/s)						
毛灌溉用水情况	渠首引水量(万 m³/年)	93.55		地下水取水量(万 m³/年)		
	塘堰坝供水量(万 m³/年)			其他水源引水量(万 m³/年)		
	塘堰坝取水：☐有 ☐无		塘堰坝供水量计算方式：☐径流系数法 ☐复蓄次数法			
	径流系数法参数	年径流系数		蓄水系数		集水面积(km²)
	重复蓄满次数	重复蓄满次数			有效容积(万 m³)	
其他	末级计量渠道(____渠)灌溉供水总量(万 m³)					
	洗碱状况		灌区洗碱：☐有 ☐无			
		洗碱面积(万亩)			洗碱净定额(m³/亩)	

附表 5.5-7～附表 5.5-9 为样点灌区作物与田间灌溉情况调查表。

附表 5.5-7　2022 年淳东灌区作物与田间灌溉情况调查表

<table>
<tr><td rowspan="6">基础信息</td><td colspan="13">作物种类：☐一般作物　☑水稻　☐套种　☐跨年作物</td></tr>
<tr><td colspan="13">灌溉模式：☐旱作充分灌溉　☐旱作非充分灌溉　☐水稻淹灌　☑水稻节水灌溉</td></tr>
<tr><td colspan="5">土壤类型</td><td colspan="2">壤土</td><td colspan="4">试验站净灌溉定额(m^3/亩)</td><td colspan="2"></td></tr>
<tr><td colspan="5">观测田间毛灌溉定额(m^3/亩)</td><td colspan="2">723.42</td><td colspan="4">水稻育秧净用水量(万 m^3)</td><td colspan="2"></td></tr>
<tr><td colspan="5">水稻泡田定额(m^3/亩)</td><td colspan="2">110.51</td><td colspan="4">水稻生育期内渗漏量(m^3/亩)</td><td colspan="2"></td></tr>
<tr><td colspan="5">水稻生育期内有效降水量(m^3/亩)</td><td colspan="2">398</td><td colspan="4">水稻生育期内稻田排水量(m^3/亩)</td><td colspan="2"></td></tr>
<tr><td rowspan="15">分月法</td><td colspan="13">作物系数：☐分月法　☑分段法</td></tr>
<tr><td rowspan="7">作物1</td><td colspan="3">作物名称</td><td colspan="3"></td><td colspan="3">平均亩产(kg/亩)</td><td colspan="3"></td></tr>
<tr><td colspan="3">播种面积(万亩)</td><td colspan="3"></td><td colspan="3">实灌面积(万亩)</td><td colspan="3"></td></tr>
<tr><td colspan="3">播种日期</td><td colspan="3">年　月　日</td><td colspan="3">收获日期</td><td colspan="3">年　月　日</td></tr>
<tr><td colspan="12">分月作物系数</td></tr>
<tr><td>1月</td><td>2月</td><td>3月</td><td>4月</td><td>5月</td><td>6月</td><td>7月</td><td>8月</td><td>9月</td><td>10月</td><td>11月</td><td>12月</td></tr>
<tr><td></td><td></td><td></td><td></td><td></td><td></td><td></td><td></td><td></td><td></td><td></td><td></td></tr>
<tr><td colspan="12"></td></tr>
<tr><td rowspan="7">作物2</td><td colspan="3">作物名称</td><td colspan="3"></td><td colspan="3">平均亩产(kg/亩)</td><td colspan="3"></td></tr>
<tr><td colspan="3">播种面积(万亩)</td><td colspan="3"></td><td colspan="3">实灌面积(万亩)</td><td colspan="3"></td></tr>
<tr><td colspan="3">播种日期</td><td colspan="3">年　月　日</td><td colspan="3">收获日期</td><td colspan="3">年　月　日</td></tr>
<tr><td colspan="12">分月作物系数</td></tr>
<tr><td>1月</td><td>2月</td><td>3月</td><td>4月</td><td>5月</td><td>6月</td><td>7月</td><td>8月</td><td>9月</td><td>10月</td><td>11月</td><td>12月</td></tr>
<tr><td></td><td></td><td></td><td></td><td></td><td></td><td></td><td></td><td></td><td></td><td></td><td></td></tr>
<tr><td colspan="12"></td></tr>
<tr><td rowspan="6">分段法</td><td colspan="4">作物名称</td><td colspan="3">水稻</td><td colspan="3">平均亩产(kg/亩)</td><td colspan="3">600</td></tr>
<tr><td colspan="4">播种面积(万亩)</td><td colspan="3">18.73</td><td colspan="3">实灌面积(万亩)</td><td colspan="3">18.17</td></tr>
<tr><td colspan="4">Kc_{ini}</td><td colspan="4">Kc_{mid}</td><td colspan="5">Kc_{end}</td></tr>
<tr><td colspan="4">1.17</td><td colspan="4">1.31</td><td colspan="5">1.29</td></tr>
<tr><td colspan="3">播种/返青</td><td colspan="3">快速发育开始</td><td colspan="3">生育中期开始</td><td colspan="2">成熟期开始</td><td colspan="2">成熟期结束</td></tr>
<tr><td colspan="3">5月26日</td><td colspan="3">6月22日</td><td colspan="3">7月24日</td><td colspan="2">8月26日</td><td colspan="2">9月30日</td></tr>
<tr><td rowspan="3" colspan="3">地下水利用</td><td colspan="4">种植期内地下水利用量(mm)</td><td colspan="7"></td></tr>
<tr><td colspan="4">种植期内平均地下水埋深(m)</td><td colspan="3"></td><td colspan="2">极限埋深(m)</td><td colspan="2"></td></tr>
<tr><td colspan="4">经验指数 P</td><td colspan="3"></td><td colspan="2">作物修正系数 k</td><td colspan="2"></td></tr>
<tr><td rowspan="8" colspan="3">有效降水利用</td><td colspan="4">种植期内有效降水利用量(mm)</td><td colspan="7"></td></tr>
<tr><td colspan="4">降水量 p(mm)</td><td colspan="7">有效利用系数</td></tr>
<tr><td colspan="4">$p<5$</td><td colspan="7"></td></tr>
<tr><td colspan="4">$5 \leqslant p<30$</td><td colspan="7"></td></tr>
<tr><td colspan="4">$30 \leqslant p<50$</td><td colspan="7"></td></tr>
<tr><td colspan="4">$50 \leqslant p<100$</td><td colspan="7"></td></tr>
<tr><td colspan="4">$100 \leqslant p<150$</td><td colspan="7"></td></tr>
<tr><td colspan="4">$p \geqslant 150$</td><td colspan="7"></td></tr>
</table>

附表 5.5-8 2022 年胜利圩灌区作物与田间灌溉情况调查表

<table>
<tr><td rowspan="7">基础信息</td><td colspan="5">作物种类：☐一般作物　☑水稻　☐套种　☐跨年作物</td></tr>
<tr><td colspan="5">灌溉模式：☐旱作充分灌溉　☐旱作非充分灌溉　☐水稻淹灌　☑水稻节水灌溉</td></tr>
<tr><td colspan="2">土壤类型</td><td>壤土</td><td colspan="2">试验站净灌溉定额（m³/亩）</td></tr>
<tr><td colspan="2">观测田间毛灌溉定额（m³/亩）</td><td>769.91</td><td colspan="2">水稻育秧净用水量（万 m³）</td></tr>
<tr><td colspan="2">水稻泡田定额（m³/亩）</td><td>115.18</td><td colspan="2">水稻生育期内渗漏量（m³/亩）</td></tr>
<tr><td colspan="2">水稻生育期内有效降水量（m³/亩）</td><td>353</td><td colspan="2">水稻生育期内稻田排水量（m³/亩）</td></tr>
</table>

作物系数：☐分月法　☑分段法

分月法

作物1	作物名称						平均亩产（kg/亩）					
	播种面积（万亩）						实灌面积（万亩）					
	播种日期			年　月　日			收获日期			年　月　日		
	分月作物系数											
	1月	2月	3月	4月	5月	6月	7月	8月	9月	10月	11月	12月

作物2	作物名称						平均亩产（kg/亩）					
	播种面积（万亩）						实灌面积（万亩）					
	播种日期			年　月　日			收获日期			年　月　日		
	分月作物系数											
	1月	2月	3月	4月	5月	6月	7月	8月	9月	10月	11月	12月

分段法

作物名称	水稻	平均亩产（kg/亩）	
播种面积（万亩）	0.16	实灌面积（万亩）	0.16

Kc_{ini}	Kc_{mid}	Kc_{end}
1.17	1.31	1.29

播种/返青	快速发育开始	生育中期开始	成熟期开始	成熟期结束
5 月 26 日	6 月 22 日	7 月 24 日	8 月 26 日	9 月 30 日

地下水利用	种植期内地下水利用量（mm）		
	种植期内平均地下水埋深（m）	极限埋深（m）	
	经验指数 P	作物修正系数 k	

有效降水利用	种植期内有效降水利用量（mm）	
	降水量 p（mm）	有效利用系数
	$p < 5$	
	$5 \leqslant p < 30$	
	$30 \leqslant p < 50$	
	$50 \leqslant p < 100$	
	$100 \leqslant p < 150$	
	$p \geqslant 150$	

附表 5.5-9 2022 年洪村联合圩灌区作物与田间灌溉情况调查表

<table>
<tr><td rowspan="5">基础信息</td><td colspan="7">作物种类：☐一般作物 ☑水稻 ☐套种 ☐跨年作物</td></tr>
<tr><td colspan="7">灌溉模式：☐旱作充分灌溉 ☐旱作非充分灌溉 ☐水稻淹灌 ☑水稻节水灌溉</td></tr>
<tr><td colspan="2">土壤类型</td><td colspan="2">壤土</td><td colspan="2">试验站净灌溉定额(m³/亩)</td><td></td></tr>
<tr><td colspan="2">观测田间毛灌溉定额(m³/亩)</td><td colspan="2">779.58</td><td colspan="2">水稻育秧净用水量(万 m³)</td><td></td></tr>
<tr><td colspan="2">水稻泡田定额(m³/亩)</td><td colspan="2">117.85</td><td colspan="2">水稻生育期内渗漏量(m³/亩)</td><td></td></tr>
</table>

基础信息续：

水稻生育期内有效降水量(m³/亩)	353	水稻生育期内稻田排水量(m³/亩)	

分月法：

作物系数：☐分月法 ☑分段法

<table>
<tr><td rowspan="12">分月法</td><td rowspan="5">作物1</td><td colspan="3">作物名称</td><td colspan="3"></td><td colspan="3">平均亩产(kg/亩)</td><td colspan="3"></td></tr>
<tr><td colspan="3">播种面积(万亩)</td><td colspan="3"></td><td colspan="3">实灌面积(万亩)</td><td colspan="3"></td></tr>
<tr><td colspan="3">播种日期</td><td colspan="3">年　月　日</td><td colspan="3">收获日期</td><td colspan="3">年　月　日</td></tr>
<tr><td colspan="12">分月作物系数</td></tr>
<tr><td>1月</td><td>2月</td><td>3月</td><td>4月</td><td>5月</td><td>6月</td><td>7月</td><td>8月</td><td>9月</td><td>10月</td><td>11月</td><td>12月</td></tr>
<tr><td rowspan="5">作物2</td><td colspan="3">作物名称</td><td colspan="3"></td><td colspan="3">平均亩产(kg/亩)</td><td colspan="3"></td></tr>
<tr><td colspan="3">播种面积(万亩)</td><td colspan="3"></td><td colspan="3">实灌面积(万亩)</td><td colspan="3"></td></tr>
<tr><td colspan="3">播种日期</td><td colspan="3">年　月　日</td><td colspan="3">收获日期</td><td colspan="3">年　月　日</td></tr>
<tr><td colspan="12">分月作物系数</td></tr>
<tr><td>1月</td><td>2月</td><td>3月</td><td>4月</td><td>5月</td><td>6月</td><td>7月</td><td>8月</td><td>9月</td><td>10月</td><td>11月</td><td>12月</td></tr>
</table>

分段法：

	作物名称	水稻	平均亩产(kg/亩)	
分段法	播种面积(万亩)	0.12	实灌面积(万亩)	0.12

Kc_{ini}		Kc_{mid}		Kc_{end}	
1.17		1.31		1.29	

播种/返青	快速发育开始	生育中期开始	成熟期开始	成熟期结束
5 月 26 日	6 月 22 日	7 月 24 日	9 月 20 日	9 月 30 日

<table>
<tr><td rowspan="3">地下水利用</td><td colspan="2">种植期内地下水利用量(mm)</td><td></td><td></td></tr>
<tr><td colspan="2">种植期内平均地下水埋深(m)</td><td>极限埋深(m)</td><td></td></tr>
<tr><td colspan="2">经验指数 P</td><td>作物修正系数 k</td><td></td></tr>
<tr><td rowspan="8">有效降水利用</td><td colspan="3">种植期内有效降水利用量(mm)</td><td></td></tr>
<tr><td colspan="3">降水量 p(mm)</td><td>有效利用系数</td></tr>
<tr><td colspan="3">p<5</td><td></td></tr>
<tr><td colspan="3">5≤p<30</td><td></td></tr>
<tr><td colspan="3">30≤p<50</td><td></td></tr>
<tr><td colspan="3">50≤p<100</td><td></td></tr>
<tr><td colspan="3">100≤p<150</td><td></td></tr>
<tr><td colspan="3">p≥150</td><td></td></tr>
</table>

附表 5.5-10～附表 5.5-12 为样点灌区年净灌溉用水总量分析汇总表。

附表 5.5-10　2022 年淳东灌区（样点）年净灌溉用水总量分析汇总表

样点灌区片区	作物名称	典型田块编号	灌溉方式	直接量测法	观测分析法				典型田块实灌面积（亩）	某片区（灌溉类型）某种作物			年净灌溉用水量（m³）
				年亩均净灌溉用水量（m³/亩）	年亩均灌溉用水量（m³/亩）	净灌溉定额（m³/亩）	年亩均净灌溉用水量采用值（m³/亩）	年亩均净灌溉用水量选用值（m³/亩）		年亩均净灌溉用水量（m³/亩）	实灌面积（亩）	年净灌用水量（m³）	
吕家泵站测点	水稻	1	提水	497.53				497.53	9.7	493.96	700	345 865	89 644 742
		2		494.52				494.52	5.6				
		3		489.84				489.84	8.4				
青枫村测点	水稻	1		504.21				504.21	4.4	498.04	273	135 823	
		2		496.19				496.19	6.7				
		3		493.72				493.72	5.4				
桠溪测点	水稻	1		489.18				489.18	3.2	486.04	120	58 296	
		2		486.10				486.10	3.5				
		3		482.83				482.83	4.0				
桥头测点	水稻	1		498.33				498.33	3.2	494.14	83	40 920	
		2		494.12				494.12	3.2				
		3		489.98				489.98	6.8				

附表 5.5-11　2022 年胜利圩灌区（样点）年净灌溉用水总量分析汇总表

样点灌区片区	作物名称	灌溉方式	典型田块编号	直接量测法 年亩均净灌溉用水量（m³/亩）	观测分析法 年亩均灌溉用水量（m³/亩）	净灌溉定额（m³/亩）	年亩均净灌溉用水量采用值（m³/亩）	年亩均净灌溉用水量选用值（m³/亩）	典型田块实灌面积（亩）	某片区（灌溉类型）某种作物 年亩均净灌溉用水量（m³/亩）	实灌面积（亩）	年净灌溉用水量（m³）	年净灌溉用水量（m³）
胜利圩1测点	水稻	自流	1	536.54				536.54	5.6	534.69	500	267 192	845 027
			2	536.20				536.20	4.8				
			3	531.33				531.33	6.8				
胜利圩2测点	水稻		1	530.93				530.93	7.5	525.27	338	177 282	
			2	524.85				524.85	10.4				
			3	520.04				520.04	11.6				

附表 5.5-12　2022 年洪村联合圩灌区（样点）年净灌溉用水总量分析汇总表

样点灌区片区	作物名称	灌溉方式	典型田块编号	直接量测法 年亩均净灌溉用水量（m³/亩）	观测分析法 年亩均灌溉用水量（m³/亩）	净灌溉定额（m³/亩）	年亩均净灌溉用水量采用值（m³/亩）	年亩均净灌溉用水量选用值（m³/亩）	典型田块实灌面积（亩）	某片区（灌溉类型）某种作物 年亩均净灌溉用水量（m³/亩）	实灌面积（亩）	年净灌溉用水量（m³）	年净灌溉用水量（m³）
洪村联合圩灌区	水稻	自流	1	538.41				538.41	5.1	535.84	1 200	642 887	642 887
			2	533.26				533.26	5.5				

附图 5.5-1　南京市高淳区样点灌区测点分布示意图

6

南京市农田灌溉水有效利用系数案例

6.1 农田灌溉及用水

6.1.1 基本情况

6.1.1.1 自然环境

（1）地理位置与地形地貌

南京市地处江苏省西南部、长江下游，东西最大横距约 70 km，南北最大纵距约 150 km，市域平面呈南北长、东西窄展开，面积为 6 587.02 km²。图 6.1-1 为南京市地理位置与地形地貌示意图。

南京市地貌类型为宁镇扬山地，是江苏省低山、丘陵集中分布的主要区域之一。以长江北岸的老山山脉、南岸的宁镇山脉、茅山山脉和溧源山地为骨架，组成一个低山、丘陵、岗地、平原交错分布的地貌综合体。低山、丘陵、岗地约占全市总面积的 60.8%，平原、洼地及河流湖泊约占 39.2%。土壤类型主要有地带性土壤和耕作土壤两种。地带性土壤在南京北部、中部地区为黄棕壤，在南部与安徽接壤处为红壤。经人为耕作形成的耕作土壤以水稻土为主，并有部分黄刚土和菜园土。

（2）水文气象

南京具有典型的亚热带季风气候特征，四季分明，雨水充沛，春秋短、冬夏长，年温差较大。冬季常年以东北风为主，夏季以东南风为主。自 1905 年以来，1 月平均气温为 2.7℃，日最低气温为－14.0℃，出现在 1955 年 1 月 6 日；7 月平均气温为 28.1℃，日最高气温为 43.0℃，出现在 1934 年 7 月 13 日。大于 0.1 mm 的降水日数为 113.7 天，年降水日数最多为 160 天，出现在 1957 年；年均降水量为 1 090.4 mm，年降水量最多为 1 825.8 mm，出现在 1991 年。

南京市的河湖水系主要属于长江水系，仅在六合区北部流入高邮湖、宝应湖的河流属淮河水系。长江水系包括江南的秦淮河水系，江北的滁河水系，由沿江两岸独流入江的小河流形成的沿江水系，由石臼湖和固城湖组成的两湖水系，以及高淳东部的西太湖水系。地下水资源丰富且水质优良，江宁的汤山、江浦的汤泉、浦口的珍珠泉等尤为闻名。

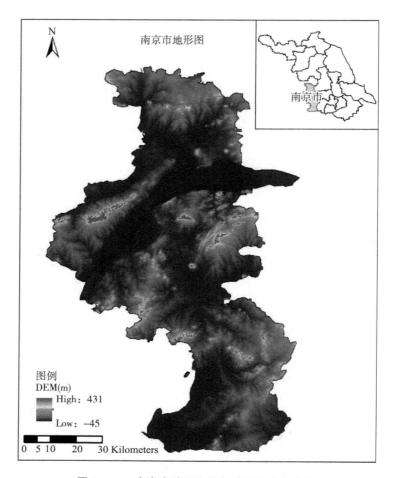

图 6.1-1　南京市地理位置与地形地貌示意图

6.1.1.2　农田灌溉

（1）种植结构

《南京统计年鉴（2022 年度）》显示，南京市有效灌溉面积为 238.32 万亩，实际灌溉面积为 233.92 万亩，农作物总播种面积为 390.03 万亩，其中粮食作物面积为 204.89 万亩，经济作物面积为 162.77 万亩，其他作物面积为 22.38 万亩。

①粮食作物

粮食作物分夏收作物和秋收作物，种植面积共 204.89 万亩，占总播种面积的 52.53%。夏收作物以小麦为主，种植面积为 62.61 万亩，占总播种面积的 16.05%，总产量为 20.77 万吨。秋收作物以水稻为主，兼有玉米、大豆、薯类等，水稻种植面积为 123.35 万亩，占总播种面积的 31.62%，总产量为 71.27 万吨。

②经济作物

经济作物包括油料、棉花、苎麻、甘蔗、烟叶、蔬菜、瓜果等，种植面积为 162.77 万亩，占总播种面积的 41.73%。其中，油料种植面积为 31.43 万亩，占总播种面积的 8.06%；

蔬菜种植面积为 120.81 万亩,占总播种面积的 30.97%;瓜果种植面积为 9.21 万亩,占总播种面积的 2.36%。

③其他作物

其他农作物种植面积为 22.38 万亩,占总耕地面积的 5.74%。

(2) 用水定额

从种植结构看,南京市以稻麦轮作为主,种植作物主要有水稻、小麦、油料、蔬菜等。水稻为夏季作物,需水量较大,综合灌溉用水定额为 590 m³/亩。小麦和油料为冬季作物,需水量较小,灌溉定额分别为 60 m³/亩和 70 m³/亩。蔬菜按生长习性,常在春、秋两季播种,灌溉定额为 35 m³/亩。根据南京市气候条件,在小麦、油料和蔬菜生长期间灌溉几率很少,灌溉作物以水稻为主,水稻种植面积大、需水量多,因此南京市的农田灌溉水有效利用系数分析测算工作以水稻为主。南京市主要作物灌溉用水定额见表 6.1-1。

表 6.1-1 主要作物灌溉基本用水定额与附加用水定额(单位:m³/亩)

区县	水稻						小麦			油料			蔬菜		
	基本用水定额		附加用水定额			综合灌溉用水定额	基本用水定额		综合灌溉用水定额	基本用水定额		综合灌溉用水定额	基本用水定额		综合灌溉用水定额
	平水年 (P= 50%)	设计年 (P= 90%)	平水年 (P= 50%)	设计年 (P= 90%)		设计年 (P= 90%)	平水年 (P= 50%)	设计年 (P= 90%)	设计年 (P= 90%)	平水年 (P= 50%)	设计年 (P= 90%)	设计年 (P= 90%)	平水年 (P= 50%)	设计年 (P= 90%)	设计年 (P= 90%)
高淳区	465	515	125	135		590	0	65	60	0	75	70	0	40	35
溧水区	465	515	125	135		590	0	65	60	0	75	70	0	40	35
江宁区	460	510	120	130		590	0	65	60	0	75	70	0	40	35
浦口区	450	500	120	130		590	0	65	60	0	75	70	0	40	35
六合区	450	500	125	135		590	0	65	60	0	75	70	0	40	35

注:数据来源《江苏省农业灌溉用水定额(2019 年)》

南京市水稻通常从 5 月底开始泡田,生育期从 6 月开始一直持续到 10 月中旬,因此农田灌溉水有效利用系数测算分析主要集中在 5—10 月份。南京市水稻灌溉模式多以浅湿节水灌溉为主,浅湿灌溉模式下水稻各生育期田间水分控制指标如表 6.1-2。

表 6.1-2 浅湿灌溉模式下水稻各生育期田间水分控制指标

项目 \ 生育期	返青	分蘖		拔节	孕穗	抽穗	乳熟	黄熟
		前中期	末期					
灌水上限(mm)	30~40	20~30	烤田	30~30	30~40	20~30	20~30	干湿
土壤水分下限(%)	100	80~90	70	70~90	100	90~100	80	75
蓄水深度(mm)	80	100	—	140	140	140	80	0
灌溉周期(天)	4~5	4~5	6~8	4~6	3~4	4~6	4~6	—

6.1.2　灌区概况

　　《江苏省"十四五"中型灌区续建配套与节水改造规划》实施后,南京市部分小型灌区合并为中型灌区。目前,南京市有大、中、小型灌区共 135 个,其中高淳区、溧水区、江宁区、浦口区、六合区等 5 个涉农区有灌区 132 个,含大型灌区 1 个,有效灌溉面积为29.97 万亩,实际耕地灌溉面积为 18.17 万亩;中型灌区 35 个,有效灌溉面积为186.10 万亩,实际灌溉面积为 118.21 万亩;小型灌区 96 个,有效灌溉面积为 18.58 万亩,实际灌溉面积为 18.58 万亩;无纯井灌区。灌溉水源类型分为提水灌溉和自流引水灌溉,其中提水灌溉灌区 59 个(大型 1 个,中型 11 个,小型 47 个),自流引水灌溉灌区73 个(中型 24 个,小型 49 个),详见表 6.1-3。

　　南京市地处宁镇扬山地的一部分,是江苏省低山、丘陵集中分布的主要区域之一。小型灌区数量最多,占南京(涉农区)灌区总数的 72.7%,但实际灌溉面积仅占南京总灌溉面积的 12%;大、中型灌区数量少,但实际灌溉面积大,且多采用长藤结瓜式灌溉系统。系统在输、配水渠系上连接有水库、池塘等调蓄水量设施。一般由三部分组成:一是渠首引水或蓄水工程;二是输水、配水渠道系统("藤");三是灌区内部的小型水库和池塘("瓜")。在非灌溉季节,利用渠道引水灌"瓜"(即小水库或山塘),补充其蓄水之不足;可以把河水和多余的渠水,以及沿渠的坡面径流等,引入水库、池塘存蓄起来,供灌水高峰期使用,弥补引入水量的不足;在灌溉季节,尤其是用水紧张时,渠道水、"瓜"水同时灌田、供水,提高了灌溉、供水保证率。长藤结瓜式灌溉系统既充分利用了各种水源、发挥了"瓜"的调蓄作用,也提高了渠道单位引水流量的灌溉、供水能力,达到扩大灌溉面积和提高抗旱能力的目的。在平水年及丰水年,长藤结瓜式灌溉系统利用"瓜"自身的蓄水能力即可满足灌溉需要,每个"瓜"以一个小型灌区的形式存在。

表 6.1-3　南京市不同规模与类型灌区灌溉面积与灌溉用水情况

灌区规模与类型			个数	有效灌溉面积(万亩)	实际灌溉(万亩)	毛灌溉用水量(万 m³)
全市涉农区总计			132	234.65	154.96	116 404.5
大型	合计		1	29.97	18.17	13 144.6
	提水		1	29.97	18.17	13 144.6
	自流引水		0	0	0	0
中型	合计	小计	35	186.1	118.21	89 112.93
		提水	11	120.72	83.11	62 102.59
		自流引水	24	65.38	35.1	27 010.34
	1~5 万亩	小计	25	62.22	31.15	24 028.26
		提水	3	7.35	5.08	3 789.07
		自流引水	22	54.87	26.07	20 239.19
	5~15 万亩	小计	7	50.73	30.89	22 868.22
		提水	5	40.22	21.86	16 097.07
		自流引水	2	10.51	9.03	6 771.15

续表

灌区规模与类型			个数	有效灌溉面积(万亩)	实际灌溉(万亩)	毛灌溉用水量(万 m³)
中型	15～30万亩	小计	3	73.15	56.17	42 216.45
		提水	3	73.15	56.17	42 216.45
		自流引水	0	0	0	0
小型	合计		96	18.58	18.58	14 146.97
	提水		47	11.21	11.21	8 350.91
	自流引水		49	7.37	7.37	5 796.06

6.1.3　工程建设

南京市经济发达,技术力量较强,近年来在节水灌溉发展上投入了大量的资金和技术,广泛推广水稻浅湿灌溉、控制灌溉等水稻节水灌溉模式和渠道防渗、管道输水灌溉、微灌、喷灌等高效节水技术。近几年农田水利建设投资力度加大,2019—2021 年共完成投资约 8 亿元,建设内容主要为重点泵站更新改造、重点塘坝综合治理、小流域治理、翻水线改造、中型灌区改造、高标准农田建设、耕地质量提升等项目。南京市及各区年度投资情况见图 6.1-2。

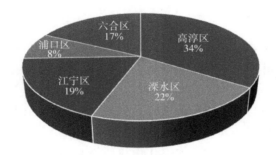

图 6.1-2　2022 年南京市各区县农田水利建设项目投资饼状图

(1)高淳区农田水利建设情况

2022 年度,高淳区进行多项农田水利工程建设,具体情况如下。

①淳东灌区续建配套与现代化改造项目:具体建设内容包括拆建淳东南站、淳东北站;干渠护砌 2.92 km,建设渠顶道路 1.2 km;拆建渡槽 4 座、节制闸 3 座、分水闸 31 座;建设灌区信息控制中心 1 处。

②小流域综合治理工程:主要为东坝街道陈家河小流域综合治理工程。陈家河小流域总面积为 11.29 km²,综合治理面积为 3.23 km²。建设内容包括小流域治理工程、生态修复工程、河道综合整治工程、人居环境综合整治工程等。

③新墙翻水线更新改造工程:主要为更新改造桠溪街道新墙翻水线。工程内容包括:治理新华泵站出水渠 1.5 km,治理新华支渠段 0.8 km,治理三家头泵站出水渠 0.17 km;改造灌溉渠分水口约 7 座;新增工程标志标牌 3 座。

④百村千塘项目:主要为东坝街道沛桥村桑树塘、青枫村松树塘,漆桥街道双游村高

速坝等 3 座塘坝的清淤整治。

⑤排涝站更新改造工程：主要为大丰圩排涝站更新改造工程。

（2）溧水区农田水利建设情况

2022 年度，溧水区进行多项农田水利工程建设，具体情况如下。

①湫湖灌区续建配套与节水改造项目：主要建设内容包括新建官塘提水站、石家边提水站、涧屋旱塘灌溉站 3 座泵站，清淤整治南岗头大塘、花山冲大塘、娘娘庙大塘、六角塘、高塘、秧塘 6 座塘坝；加固官塘隧道 1 460 m，清淤整治输配水渠道 3 条 5 420 m；清淤整治排水河沟 4 条 7 593 m；新、拆建渠（沟）系建筑物 47 座；接入已有水位、流量、工情监测、视频监控点 5 个，新建流量、水位计量设备 18 套，新建视频监控设备 15 套，开发灌区智慧应用系统 1 套等。

②重点泵站更新改造工程：主要为群英圩排涝泵站、石湫街道倒桥排涝站 2 座农村泵站的更新改造。

③重点塘坝综合治理工程：主要为东屏街道大乌塘塘坝、娘娘碑塘坝、白马镇上东塘塘坝、上塘塘坝、张家冲塘坝 5 座山丘灌溉水源重点塘坝的综合治理。

④翻水线更新改造工程：主要为更新改造石湫街道中天堡翻水线。工程内容包括：拆建泵站 1 座，配套 PE 管道 1 975 m，T100 渠道 90 m，新建分水池 1 座，闸阀井 4 座，排气阀井 2 座；河道清淤整治 1 800 m，河道护岸整治 140 m，拆建箱涵 1 座，改造倒虹吸 1 座。

⑤百村千塘项目：主要用于晶桥镇邰村南区 7 座大塘清淤整理。

（3）江宁区农田水利建设情况

2022 年度，江宁区高度重视农田水利建设。具体情况如下。

①高标准农田建设项目：项目涉及江宁街道 1 个和淳化街道 1 个，共 2 个高标准农田建设项目，计划建设面积为 0.26 万亩。

②重点泵站更新改造工程：主要为淳化街道西湖泵站、湖熟街道周古庄泵站等 2 座农村泵站更新改造工程。

③农村重点塘坝综合治理工程：主要为新民水库塘坝、山北当家塘坝和邓家塘坝等 3 座重点塘坝的综合治理。

④翻水线更新改造工程：主要为谷里街道张溪农村翻水线更新改造。主要建设内容为：拆建矩形钢筋砼渠道，总长约 2 320 m；新建放水口 11 座，配备机闸一体化闸门 11 套；新建分水闸一座，配备 1 套铸铁闸门。

⑤小流域综合治理工程：主要为龙泉小流域综合治理项目。江宁区龙泉小流域总面积为 15.64 km²，综合治理区域位于汤山街道，综合治理面积为 12.00 km²，措施面积为 4.48 km²。建设内容包括护岸工程、小型拦蓄引排水工程、林草工程、保土耕作、封育治理措施、其他工程等。

⑥百村千塘项目：项目涉及横溪街道许高社区 11 座大塘、秣陵街道吉山社区 13 座大塘、湖熟街道尚桥社区 27 座大塘的清淤整治。

⑦水库消险工程：主要为溧水河、大岘水库、战备水库、泗陇水库等消险工程。

（4）浦口区农田水利建设情况

2022年度，浦口区高度重视农田水利建设。具体情况如下。

①高标准农田建设项目：主要为星甸街道、永宁街道的高标准农田建设，星甸街道拟建设规模为2 572亩，永宁街道拟建设规模为642.26亩。

②小流域综合治理工程：主要为浦口区汤泉街道沿滁小流域（一期）综合治理工程，综合治理面积为12.56 km²，包括护岸工程、林草措施、保土耕作、其他工程等。

③重点泵站更新改造工程：包括汤泉农场邹夏泵站、星甸街道小靳泵站等2座农村泵站更新改造。

④百村千塘项目：主要为星甸街道后圩沟河道整治。

（5）六合区农田水利建设情况

2022年度，六合区高度重视农田水利建设。具体情况如下。

①龙袍圩灌区续建配套与节水改造项目：包括渠首工程改造6座，渠（沟）道工程改造7.1 km，渠系建筑物改造41座，计量设施改造6座。

②小流域综合治理工程：主要为雄州街道六城小流域综合治理，工程包括护岸工程、小型拦蓄引排水工程、林草措施、保土耕作措施、其他工程等。

③重点泵站更新改造工程：主要为龙池街道七里桥泵站、马鞍街道大营泵站、龙袍街道前东站、雄州街道增容站、雄州街道柯郑泵站和程桥街道朱圩南站等6座泵站的更新改造。

④翻水线更新改造工程：主要为竹镇镇乌石黄营、横梁街道猴甫、冶山街道尖山3条翻水线的更新改造。

⑤百村千塘项目：主要为雄州街道、龙袍街道、金牛湖街道塘坝清淤、护坡整治等。

6.2　样点选择与分析

6.2.1　样点选择

6.2.1.1　样点灌区的选择

按照以上选择原则，结合2022年南京市实际情况，样点灌区选择情况如下。

（1）大型灌区：淳东灌区是南京市唯一一个大型灌区，根据样点灌区的选择原则，将淳东灌区列为样点灌区。

（2）中型灌区：南京市共有中型灌区38个，其中涉农区有中型灌区35个，实际灌溉面积为118.21万亩。根据样点灌区的选择原则，本次测算分3个档次选择17个中型灌区作为样点灌区，其中高淳区1个样点灌区，为胜利圩灌区；溧水区4个中型灌区，为湫湖灌区、赭山头水库灌区、无想寺水库灌区和毛公铺灌区；江宁区4个中型灌区，为江宁河灌区、汤水河灌区、周岗圩灌区和下坝灌区；浦口区3个中型灌区，为三合圩灌区、沿滁灌区和浦口沿江灌区；六合区5个中型灌区，为山湖灌区、龙袍圩灌区、新禹河灌区、金牛湖灌区和新集灌区。

（3）小型灌区：南京市小型灌区有 96 个，实际灌溉面积为 18.58 万亩。根据样点灌区的选择原则，本次测算选择 5 个小型灌区作为样点灌区，其中高淳区 1 个小型灌区，为洪村联合圩灌区；溧水区 1 个小型灌区，为何林坊站灌区；江宁区 1 个小型灌区，为邵处水库灌区；浦口区 2 个小型灌区，为兰花塘灌区和西江灌区；六合区无小型灌区。

（4）纯井灌区：南京市无纯井灌区。

综合以上样点灌区选择情况，2022 年南京市农田灌溉水有效利用系数分析测算共选择样点灌区 23 个：1 个大型灌区、17 个中型灌区和 5 个小型灌区。

6.2.1.2　样点灌区调整情况说明

（1）小型灌区合并为中型灌区

根据《水利部办公厅 财政部办公厅关于开展中型灌区续建配套与节水改造方案编制工作的通知》（办农水〔2020〕87 号）相关要求，江苏省充分掌握各地"十四五"中型灌区建设需求，汇总完成《江苏省"十四五"中型灌区续建配套与节水改造规划》和《江苏省中型灌区续建配套与现代化改造规划（2021—2035）》，将部分小型灌区合并成为中型灌区，并从名录中删除。南京市原有小型灌区 437 个，合并后仅剩 96 个。为保持样点灌区的相对稳定，使获取的数据具有年际可比性，南京市对原 2021 年小型样点灌区所在的中型灌区进行系数测算，并将所涉及的 2021 年小型样点灌区作为中型样点灌区测点。其中，溧水区的茨菇塘水库灌区并入赭山头水库灌区，原占圩灌区并入无想寺水库灌区，尖山大塘灌区并入湫湖灌区；江宁区的郑家边水库灌区并入汤水河灌区，张毗灌区并入下坝灌区；浦口区的五四灌区并入三合圩灌区，汤泉农场经济洲灌区并入沿滁灌区，周营灌区并入浦口沿江灌区；六合区的孙赵灌区并入新禹河灌区。

（2）新增中型灌区

为综合考虑灌区地形、灌区规模与类型、水源类型对各区农田灌溉水有效利用系数的影响，此次系数测算工作新增中型灌区 4 个。其中，高淳区 2021 年无中型灌区，因此新增中型灌区 1 个，为胜利圩灌区；江宁区中型灌区均位于丘陵地区且为提水灌区，因此新增圩垸地区中型自流灌区 1 个，为周岗圩灌区；六合区共 5 个中型灌区，为全面分析六合区农田灌溉水有效利用系数，此次将 5 个灌区全部测算，新增的 2 个中型灌区分别为金牛湖灌区和新集灌区。

（3）新增小型灌区

为保障小型样点灌区数量要求，此次农田灌溉水有效利用系数测算工作新增小型样点灌区 5 个，分别为高淳区的洪村联合圩灌区，溧水区的何林坊站灌区，江宁区的邵处水库灌区，浦口区的兰花塘灌区、西江灌区。在灌区地形上，有平原、丘陵、圩垸等多种类型；在水源类型上，包括提水和自流引水两种形式；在种植条件上，以稻油轮作和稻麦轮作为主，均有良好的种植结构；在灌溉面积上，均超过小型样点灌区规定的最低面积（100 亩）。因此，将这些灌区纳入新增的小型样点灌区。

6.2.1.3　特殊情况说明

《江苏省"十四五"中型灌区续建配套与节水改造规划》实施后，南京市灌区规划调整幅度较大。目前，南京市小型灌区共 96 个，实际灌溉面积为 18.58 万亩，仅占南京总灌溉面积的 12%。而中型灌区（涉农区）共 35 个，实际灌溉面积为 118.21 万亩，占南京总灌溉面积的 76%。因此，此次测算工作侧重于中型灌区的测算。

由于原 2021 年小型灌区大部分并入中型灌区，为保持灌区测算的相对稳定，将原 2021 年所有小型灌区均作为对应中型灌区的测点进行测算，故此次灌溉水有效利用系数测算工作新增中型样点灌区 13 个。

此外，考虑到此次测算工作的实际情况，经南京市水务局及各区水务局研讨分析后，决定新增 5 个小型样点灌区。因此此次系数测算工作中，小型样点灌区仅 5 个，有效灌溉面积为 1.17 万亩，满足小型样点灌区数量大于全市灌区数量的 0.5%、有效灌溉面积大于全市灌区有效灌溉面积的 1% 的要求。

6.2.2 样点分布

本次所选样点灌区中，全市唯一的大型灌区（淳东灌区）作为样点灌区，在全市大型灌区数量和面积中的占比为 100%；中型灌区按照 1~5 万亩、5~15 万亩和 15~30 万亩三个档次共选取了 17 个样点灌区，数量为全市中型灌区的 48.57%，有效灌溉面积占全市中型灌区的 71.85%；小型灌区共选择了 5 个样点灌区，数量为全市小型灌区的 5.21%，有效灌溉面积占全市小型灌区的 6.30%（表 6.2-1）。

南京市涉农区共有灌区 132 个（表 6.2-2），本次根据南京市气候、土壤、作物和管理水平，从南京的不同方位选择了六合、浦口、江宁、高淳、溧水五个区作为样点区，每个样点区选择具有代表性的 3~5 个样点灌区，共计 23 个样点灌区，样点灌区分布合理。南京市灌区面积与样点灌区面积对比情况见图 6.2-1。

表6.2-1　2022年南京市农田灌溉水有效利用系数样点灌区基本信息汇总表

序号	区别	灌区名称	灌区地形	灌区规模与类型	水源类型	设计灌溉面积(亩)	有效灌溉面积(亩)	耕地灌溉面积(亩)	工程管理水平	作物种类 夏季	作物种类 冬季	备注
1	高淳区	淳东灌区	丘陵	大型	提水	308 500	299 700	181 700	好/中	水稻	小麦、油菜	保留
2		胜利圩灌区	平原	中型	自流	10 000	10 000	1 600	中	水稻	小麦、油菜	新增
3		洪村联合圩灌区	圩垸	小型	自流	1 200	1 200	1 200	中	水稻	小麦、油菜	新增
4	溧水区	涨湖湖灌区	丘陵	中型	提水	218 300	89 100	62 700	中	水稻	小麦、油菜	原"尖山大塘灌区"并入"涨湖湖灌区"
5		蒲山头水水库灌区	丘陵	中型	提水	18 000	17 700	7 200	中	水稻	小麦、油菜	原"茭菇塘水水库灌区"并入"蒲山头水水库灌区"
6		无想寺水库灌区	圩垸	中型	自流	30 400	20 100	11 600	中	水稻	小麦、油菜	原"原古圩灌区"并入"无想寺水库灌区"
7		毛公铺灌区	丘陵	中型	提水	30 300	29 100	17 200	好	水稻	小麦、油菜	保留
8		何林坊站灌区	丘陵	小型	提水	2 055	2 055	2 055	中	水稻	小麦、油菜	新增
9		江宁河灌区	丘陵	中型	提水	80 500	76 000	47 300	中	水稻	小麦、油菜	保留
10	江宁区	汤水河灌区	丘陵	中型	提水	94 500	90 200	57 800	中	水稻	小麦、油菜	原"郑家边水库灌区"并入"汤水河灌区"
11		周岗圩灌区	圩垸	中型	自流	53 400	53 100	45 100	中	水稻	小麦、油菜	新增
12		下坝灌区	丘陵	中型	提水	31 100	24 000	16 200	好	水稻	小麦、油菜	原"张咀灌区"并入"下坝灌区"
13		邵处水库灌区	丘陵	小型	自流	650	650	650	中	水稻	小麦、油菜	新增
14	浦口区	三合圩灌区	圩垸	中型	自流	18 300	18 200	9 300	中	水稻	小麦、油菜	原"五四灌区"并入"三合圩灌区"
15		沿滁灌区	平原	中型	自流	52 200	48 500	7 200	好	水稻	小麦、油菜	原"汤泉泉农场经济州灌区"并入"沿滁灌区"
16		浦口沿江灌区	圩垸	中型	自流	66 000	41 400	12 100	中	水稻	小麦、油菜	原"周营灌区"并入"浦口沿江灌区"
17		兰花塘灌区	丘陵	小型	提水	6 664	5 945	5 945	中	水稻	小麦、油菜	新增
18		西江灌区	平原	小型	提水	1 827	1 827	1 827	中	水稻	小麦、油菜	新增

续表

序号	区别	灌区名称	灌区地形	灌区规模与类型	水源类型	设计灌溉面积(亩)	有效灌溉面积(亩)	耕地灌溉面积(亩)	工程管理水平	作物种类		备注
										夏季	冬季	
19		山湖灌区	丘陵	中型	提水	280 000	220 000	220 000	中	水稻	小麦、油菜	保留
20		龙袍圩灌区	圩垸	中型	自流	52 500	52 000	45 200	好	水稻	小麦、油菜	保留
21	六合区	新禹河灌区	丘陵	中型	提水	250 200	245 500	167 200	中	水稻	小麦、油菜	原"孙赵灌区"并入"新禹河灌区"
22		金牛湖灌区	丘陵	中型	提水	271 700	266 000	174 500	中	水稻	小麦、油菜	新增
23		新集灌区	平原岗地	中型	自流	37 100	36 200	31 300	中	水稻	小麦、油菜	新增

表 6.2-2　2022 年南京市样点灌区选择情况统计表

灌区规模与类型			全市灌区数量	样点灌区数量	样点灌区数量比例（%）	全市灌区有效灌溉面积（万亩）	样点灌区有效灌溉面积（万亩）	样点灌区有效灌溉面积比例（%）
大型	合计		1	1	100	29.97	29.97	100
	提水		1	1	100	29.97	29.97	100
	自流引水		0	0	0	0	0	0
中型	合计	小计	35	17	48.57	186.1	133.71	71.85
		提水	11	8	72.73	120.72	103.99	86.14
		自流引水	24	9	37.50	65.38	29.72	45.46
	1~5 万亩	小计	25	9	36.00	62.22	24.52	39.41
		提水	3	2	66.67	7.35	5.31	72.24
		自流引水	22	7	31.82	54.87	19.21	35.01
	5~15 万亩	小计	7	5	71.43	50.73	36.04	71.04
		提水	5	3	60.00	40.22	25.53	63.48
		自流引水	2	2	100	10.51	10.51	100
	15~30 万亩	小计	3	3	100	73.15	73.15	100
		提水	3	3	100	73.15	73.15	100
		自流引水	0	0	0	0	0	0
小型	合计		96	5	5.21	18.58	1.17	6.30
	提水		47	3	6.38	11.21	0.98	8.74
	自流引水		49	2	4.08	7.37	0.19	2.58

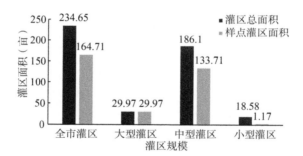

图 6.2-1　南京市灌区面积与样点灌区面积对比图

6.2.3　代表性分析

　　灌区的选择按照树状分层选择，保证树干各分支的代表性。首先是区域选择，灌区分别位于南京的南、中和北部，即六合区、浦口区、江宁区、溧水区和高淳区，在地域上具有代表性。在各区域内部，按照灌区灌溉规模，选择了大、中、小型灌区作为样点灌区；每个灌区类型中，按照取水方式，又分为提水灌区和自流灌区。

　　在样点灌区的选择上，充分考虑了区域、规模、取水方式、管理水平等因素，保证了样点灌区在总体中的均匀分布，具有较好的代表性。

（1）高淳区

高淳区位于江苏省西南端、苏皖交界处。地貌由平原和丘陵岗地组成，以平原为主。全区共有灌区30个，大型灌区1个，耕地灌溉面积为18.17万亩；中型灌区5个，耕地灌溉面积为1.04万亩；小型灌区24个，耕地灌溉面积为4.98万亩。

依据样点灌区的选择原则及高淳区的灌区情况，选择了3个灌区作为样点灌区，分别是1个大型灌区（淳东灌区）、1个中型灌区（胜利圩灌区）和1个小型灌区（洪村联合圩灌区）。

①淳东灌区

淳东灌区位于高淳区的东部，为丘陵山区典型的提水灌区，也是南京市唯一一个大型灌区。灌区辖东坝、桠溪、固城、漆桥、青山茶场、付家坛林场等四镇两场，总面积为405.5 km²，受益人口达21.91万人。灌区设计灌溉面积为30.85万亩，有效灌溉面积为29.97万亩，耕地面积为18.73万亩，耕地灌溉面积为18.17万亩。灌区内主要种植水稻、冬小麦、油菜、蔬菜等作物，复种指数为1.7。

全灌区现有干、支、斗、农渠3 185条，总长1 840.51 km，其中干渠5条，长45.57 km，支渠62条，长168.94 km，斗渠252条，长506 km，农渠2 866条，长1 120 km，现有涵、闸、桥、渡槽等各类配套建筑物9 388座，其中中沟级以上配套建筑物3 198座。灌区渠首一级装机容量为4 940 kW，设计流量为14.5 m³/s，灌区内二级提水站有162座，装机容量为8 540 kW，设计提水流量为14.65 m³/s。

胥河是本灌区可以引用的水源河，胥河上游为固城湖，正常年份来水能够满足灌溉要求。干旱年份需要通过灌区补水站（蛇山抽水站）从石臼湖向固城湖补水。由于石臼湖与长江相连，水源充沛。在 $P = 95\%$ 降雨情况下，灌区通过蛇山抽水站可以补给25 m³/s流量，可以满足灌区需水要求。

②胜利圩灌区

胜利圩灌区位于阳江镇，为平原地区典型的中型自流灌区。灌区设计灌溉面积为1万亩，有效灌溉面积为1万亩，耕地面积为0.16万亩，耕地灌溉面积为0.16万亩，管理水平中等，种植结构稳定，可作为中型灌区的典型代表。

③洪村联合圩灌区

洪村联合圩灌区位于东坝街道东坝村，属于小型自流灌区。灌区设计灌溉面积为1 200亩，有效灌溉面积为1 200亩，耕地面积为1 200亩，节水灌溉工程面积为1 200亩，管理水平中等，种植结构稳定，可作为小型灌区的典型代表。

（2）溧水区

溧水区位于江苏省南京市的南部，隶属宁、镇、扬丘陵山区。境内山丘个体低矮离散，缓丘低岗几乎分布全区，介于低山丘陵之间分布着沟谷地和河谷地，石臼湖沿岸分布着滨湖圩区。全区共有灌区21个，耕地灌溉面积为20.12万亩。中型灌区有9个，耕地灌溉面积为18.32万亩；小型灌区有12个，耕地灌溉面积为1.80万亩。

依据样点灌区的选择原则及溧水区的灌区情况，选择了5个灌区作为样点灌区，分别是4个中型灌区（毛公铺灌区、湫湖灌区、赭山头水库灌区和无想寺水库灌区）和1个小型灌区(何林坊站灌区)。

①湫湖灌区

湫湖灌区地处江苏省西南部秦淮河上游地区,位于溧水区东中部区域,始建于二十世纪七十年代,涉及白马、永阳 2 个乡镇 20 个行政村。灌区土地总面积约为 200 km^2,设计灌溉面积为 21.83 万亩,有效灌溉面积为 8.91 万亩,耕地面积为 7.02 万亩,耕地灌溉面积为 6.27 万亩。现状灌区主要作物种植有水稻、小麦以及其他经济作物,粮食作物与经济作物的种植比例约为 61.25:38.75,复种指数为 1.80。灌区由湫湖灌区管理所管理,管理水平中等,种植结构稳定,可作为中型灌区的典型代表。

湫湖灌区从二十世纪七十年代开始规划建设,经过多年的建设和改造,逐步形成了"长藤结瓜"灌溉系统——渠首站为"根"、干支渠为"藤",灌区内的水库大塘为"瓜"。新桥河为灌区的主要引水河道,干旱年灌溉期,通过湫湖泵站提水,水从石臼湖起自西向东进入新桥河东北端的湫湖泵站,而后通过湫湖灌区总干渠向灌区输水灌溉。灌区渠首湫湖提水站设计流量为 15 km^3/s;灌区内渠道总长度为 65.62 km,衬砌长度为 41.14 km,衬砌率为 62.7%;灌区内有中小型水库 20 座、大塘 77 座,总集水面积为 123.81 km^2。

②赭山头水库灌区

赭山头水库灌区位于溧水区晶桥镇,涉及杭村、孔家、芝山、枫香岭 4 个行政村,涉农人口达 1.2 万人。灌区总面积为 13 km^2,其中设计灌溉面积为 1.8 万亩,有效灌溉面积为 1.77 万亩,耕地面积为 0.74 万亩,耕地灌溉面积为 0.72 万亩。灌区由晶桥镇水务站管理,管理水平中等,种植结构稳定,可作为中型灌区的典型代表。

赭山头水库灌区地处赭山头水库上、下游周边丘陵区,灌区分自流灌区及提水灌区两部分,灌区内农业基础设施建设水平较低,未实施灌排分开体系,存在串灌串排现象。自流灌区内有南北干渠各一条,总长 7.75 km,其他分级灌排沟渠 47 条,总长 26.25 km。渠道衬砌长 2.5 km。提水灌区共有三个,分别为姑塘拐站灌区、东官塘站灌区、甘戴站灌区。

③无想寺水库灌区

无想寺水库灌区总面积为 2.0 万亩,主要涉及溧水区洪蓝街道洪蓝、三里亭、天生桥、西旺、无想寺、傅家边、蒲塘、上港共 6 个社区。灌区设计灌溉面积为 3.04 万亩,有效灌溉面积为 2.01 万亩,耕地面积为 1.18 万亩,耕地灌溉面积为 1.16 万亩。灌区主要种植作物为水稻、水果等,复种指数为 1.48。灌区由溧水区无想寺水库管理所管理,管理水平中等,种植结构稳定,可作为中型灌区的典型代表。

灌区主要水源为无想寺水库,渠首共 1 座,完好率为 100%。无想寺水库灌区现有灌溉渠道共计 121.9 km,其中衬砌渠道长 23.5 km,衬砌率为 19%,完好长 85.33 km,完好率为 70%。排水沟道总长 81.55 km,完好率为 70%。沟渠道建筑物共 84 座,其中 70 座完好,完好率为 83%。

④毛公铺灌区

毛公铺灌区涉及沙塘庵、沈家山、毛公铺、双牌石 4 个行政村,涉农人口有 1.4 万人。

灌区总面积为 23.33 km^2,其中设计灌溉面积为 3.03 万亩,有效灌溉面积为 2.91 万亩,耕地面积为 1.84 万亩,耕地灌溉面积为 1.72 万亩。灌区由溧水区和凤镇水务站管理,管理水平较好,种植结构稳定,可作为中型灌区的典型代表。

灌区农灌用水以引提石臼湖水灌溉为主,兼用区内塘坝水,生活用水以长江区域供水为主,水资源相对丰富。主要水源为灌区内泵站提水,渠首共 2 座,完好率为 100%。毛公铺灌区现有灌溉渠道共计 25.28 km,其中衬砌渠道长 2.95 km,衬砌率为 11.7%,完好长 16.66 km、完好率为 65.9%。排水沟道总长 49.7 km,完好率为 70%。沟渠道建筑物共 518 座,其中 455 座完好,完好率为 88%。

⑤何林坊站灌区

何林坊站灌区位于洪蓝街道,属于小型提水灌区。灌区设计灌溉面积为 2 055 亩,有效灌溉面积为 2 055 亩,耕地灌溉面积为 2 055 亩,节水灌溉工程面积为 2 055 亩。灌区由洪蓝街道水务站管理,管理水平中等,种植结构稳定,可作为小型灌区的典型代表。

(3) 江宁区

江宁区位于南京市中南部,地形呈马鞍状,两头高,中间低,地势开阔,山川秀丽,山体高度都在海拔 400 米以下,属典型的丘陵、平原地貌。常态地形有低山丘陵、岗地、平原等,众多河流、水库散布其间。全区共有灌区 24 个,耕地灌溉面积为 30.11 万亩。中型灌区有 8 个,灌溉面积为 29.11 万亩;小型灌区有 16 个,灌溉面积为 10.01 万亩。

依据样点灌区的选择原则及江宁区的灌区情况,选择了 5 个灌区作为样点灌区,分别是 4 个中型灌区(江宁河灌区、汤水河灌区、周岗圩灌区、下坝灌区)和 1 个小型灌区(邵处水库灌区)。

①江宁河灌区

江宁河灌区位于南京市江宁区南部,属于长藤结瓜式中型灌区,灌区东边是砚下水库、牌坊水库、朝阳水库、高庄水库等,西边是沿江线南段、建西线及 Y456,南边与安徽省马鞍山市接壤,北边是江宁河及新洲中心河一支,灌区总面积为 14.43 万亩,主要涉及江宁区谷里街道亲见社区,江宁街道盛江、司家、陆郎、朱门、河西、荷花、清修、西宁、牌坊、花塘、庙庄社区,共 12 个社区。灌区设计灌溉面积为 8.05 万亩,实际灌溉面积为 7.6 万亩,耕地面积为 5.18 万亩,耕地灌溉面积为 4.73 万亩。灌区经过多年的建设,已基本形成引、蓄、灌、排体系。灌区管理水平中等,种植结构稳定,可作为中型灌区的典型代表。

灌区主要水源为长江,江宁河为灌区总干渠。江宁河及其支流、向阳水库及其溢洪河、杨库水库及其溢洪河、红庙水库及其溢洪河、高庄水库及其溢洪河、高山水库及其溢洪河、牌坊水库及其溢洪河、砚下水库及其溢洪河、龙潭水库及其溢洪河是灌区的灌溉输水通道。此外,灌区内还多分布有小型提水泵站,分区提引江宁河水源进行补充灌溉。灌溉用水紧张季节,通过灌区提水泵站引水灌溉,同时灌区内外水库、塘坝可作为灌区的重要补充水源;非灌溉季节可由泵站通过干渠向水库、塘坝补水。

②汤水河灌区

汤水河灌区位于江宁区东北部,灌区东边是汤水河,西边是龙铜线、红村撤洪沟,南边是句容河,北边是汤泉水库溢洪河,灌区总面积为 21.21 万亩,主要涉及江宁区汤山街道孟墓、上峰、宁西、阜东、阜庄,淳化街道新兴、茶岗,湖熟街道新跃等社区。灌区设计灌溉面积为 9.45 万亩,有效灌溉面积为 9.02 万亩,耕地面积为 6.2 万亩,耕地灌溉面积为 5.78 万亩。灌区内农业种植以粮食(主要为水稻、小麦及玉米)及蔬菜为主,少量油料(花生、芝麻、油菜)及棉花为辅,复种指数为 168%。灌区经过多年的建设,初步形成了引、蓄、灌、排工程体系,灌区工程已初具规模。灌区管理水平中等,种植结构稳定,可作为中型灌区的典型代表。

灌区主要水源为句容河,汤水河为灌区总干渠。汤水河及其支流、句容河及其支流、宁西水库及其溢洪河、案子桥水库及其溢洪河、谭山水库及其溢洪河、马蹄肖水库及其溢洪河、郗坝埝水库及其溢洪河、藏龙埝水库及其溢洪河、西边桥水库及其溢洪河、郑家边水库及其溢洪河、管头水库及其溢洪河是灌区的灌溉输水通道。此外,灌区内还多分布有小型提水泵站,分区提引横溪河水源进行补充灌溉。灌溉用水紧张季节,通过灌区提水泵站引横溪河水灌溉,同时灌区内外水库、塘坝可作为灌区的重要补充水源;非灌溉季节可由泵站通过干渠向水库、塘坝补水。

③周岗圩灌区

周岗圩灌区位于江宁区东部,灌区东边与溧水接壤,西边是宁高线、哪吒河、十里长河,南边是溧水二干河,北边是句容南河,灌区总面积为 8.37 万亩,主要涉及江宁区湖熟街道尚桥、新跃、周岗、钱家、万安、绿杨、和平、徐慕,禄口街道成功村、杨树湾村、张桥村、马铺村,秣陵街道周里村、建东村、火炬村、东旺社区,共 16 个社区。灌区设计灌溉面积为 5.34 万亩,有效灌溉面积为 5.31 万亩,耕地面积为 4.55 万亩,耕地灌溉面积为 4.51 万亩。灌区内农业种植以粮食(主要为水稻、小麦及玉米)及蔬菜为主,少量油料(花生、芝麻、油菜)及棉花为辅,复种指数为 147%。灌区经过多年的建设,初步形成了引、蓄、灌、排工程体系,灌区工程已初具规模。灌区管理水平中等,种植结构稳定,可作为中型灌区的典型代表。

灌区主要水源为句容南河及其支流(北干沟、北干沟南沟)、溧水二干河及其支流(和平南沟、盛岗沟、尚桥东沟),渠首为团结涵、老涵、钱家渡涵、杨树湾涵、竹园涵、钱西涵、周古庄涵、章西圩涵、周岗涵头涵、石蜡涵,灌溉季节通过圩口低涵将水源引至灌区输水体系,最后通过配水体系输送到田间。此外,灌区内还多分布小型排涝泵站,汛期分区将圩区内涝水抽排至句容南河、溧水二干河。同时灌区内外水库、塘坝可作为灌区的重要补充水源。

④下坝灌区

下坝灌区位于江宁区西部,灌区东边是牛首大道、谷里水库,西边是砚下水库、牌坊水库、朝阳水库、高庄水库等,南边是龙塘、冬瓜塘水库,北边是皮库水库溢洪河与乌石岗水库溢洪河交汇点、国胜大塘,灌区总面积为 5.09 万亩,主要涉及江宁区谷里街道谷里、张溪、向阳、双塘、亲见共 5 个社区。灌区设计灌溉面积为 3.11 万亩,有效灌溉面积为 2.4 万亩,耕地面积为 1.78 万亩,耕地灌溉面积为 1.62 万亩。灌区内农业种植以粮食(主要为水稻、小麦及玉米)及蔬菜为主,少量油料(花生、芝麻、油菜)及棉花为辅,复种指数为234%。灌区经过多年的建设,初步形成了引、蓄、灌、排工程体系,灌区工程已初具规模。灌区管理水平较好,种植结构稳定,可作为中型灌区的典型代表。

灌区主要水源为长江,板桥河为灌区总干渠。板桥河及其支流、乌石岗水库及其溢洪河、皮库水库及其溢洪河、赵宕水库及其溢洪河、大塘金水库及其溢洪河、谷里水库及其溢洪河、冬瓜塘水库及其溢洪河、公塘水库及其溢洪河、红庙水库及其溢洪河是灌区的灌溉输水通道。此外,灌区内还多分布小型提水泵站,分区提引板桥河水源进行补充灌溉。灌溉用水紧张季节,通过灌区提水泵站引板桥河水灌溉,同时灌区内外水库、塘坝可作为灌区的重要补充水源;非灌溉季节可由泵站通过干渠向水库、塘坝补水。

⑤邵处水库灌区

邵处水库灌区位于秣陵街道盛家桥社区,属于小型自流灌区。灌区耕地面积为679亩,设计灌溉面积为650亩,实际灌溉面积为650亩,节水灌溉工程面积为650亩。灌区主要水源为邵处水库,管理水平中等,种植结构稳定,可作为小型灌区的典型代表。

(4) 浦口区

浦口区位于江苏省南京市的西北部,隶属宁、镇、扬丘陵山区。地势中部高,南北低。老山山脉横亘中部,西部丘陵起伏,江河沿岸均有冲积洲地。全区共有灌区52个,耕地灌溉面积16.72万亩。中型灌区有8个,耕地灌溉面积为5.92万亩;小型灌区有44个,耕地灌溉面积为10.80万亩。

依据样点灌区的选择原则及浦口区的灌区情况,选择了5个灌区作为样点灌区,分别为3个中型灌区(三合圩灌区、沿滁灌区、浦口沿江灌区)和2个小型灌区(兰花塘灌区、西江灌区)。

①三合圩灌区

三合圩灌区位于浦口区北部永宁街道,北边以清流河为界与安徽省接壤,东边和南边是滁河,西边为江苏与安徽的省界,灌区总面积为5.25万亩,设计灌溉面积为1.83万亩,有效灌溉面积为1.82万亩,耕地面积为0.94万亩,耕地灌溉面积为0.93万亩。灌区涉及永宁街道青山、友联、东葛、西葛、张圩共5个社区。灌区内农业种植以粮食作物(主要为水稻、小麦)及蔬菜为主(占比60%),经济作物油料(花生、芝麻、油菜)及棉花为辅(占比40%),复种指数约为148%。

三合圩灌区主要水源是滁河及其支流清流河,主要水源工程为圩内引水涵闸及提水泵站,共15座,主要包括城南圩涵、姚子圩涵、友联涵、汉河集涵、五四涵、朱家陡门涵、小马场涵、蒿子圩涵、白鹤涵、青山泵站、西葛泵站等。现有骨干灌溉渠道共计53.8 km,包括五四沟、小营沟、三合圩中心沟、珍珠池沟、刘营沟、姚子圩沟、城南圩沟等。现有骨干输水河道13条,包括五四沟、小营沟、三合圩中心沟、珍珠池沟、刘营沟、姚子圩沟、城南圩沟、陈墩沟、方庄沟、头道沟、张圩中心沟、二道沟、三道沟等。

②沿滁灌区

沿滁灌区位于浦口区西部汤泉街道,南侧及西南侧为老山的山圩分界线,北侧为滁河,东北与草场圩灌区、北城圩灌区隔河(永宁河)相望。灌区基本位于汤泉街道(含汤泉农场)范围,部分涉及永宁街道,主要涉及汤泉街道的泉西社区、高华社区、陈庄村等和永宁街道侯冲村及汤泉农场。灌区设计灌溉面积为 5.22 万亩,有效灌溉面积为 4.85 万亩,耕地面积共 0.73 万亩,耕地灌溉面积为 0.72 万亩。灌区内农业种植以粮食作物(水稻、小麦)及蔬菜为主(占比 80%),经济作物(油菜)及苗木为辅(占比 20%),复种指数约为 150%。

沿滁灌区主要水源是滁河及其支流万寿河、陈桥河、永宁河等,主要水源工程是圩内引水涵闸及提水泵站,共 18 座,主要包括熊窑涵、孟洛涵、塘马涵、毛嘴涵、张湾涵、复兴涵等。现有骨干灌溉渠道共计 42.5 km,主要灌溉河渠为孟洛圩中心沟、七联圩中心沟等,现有骨干排水河沟 21.7 km。

③浦口沿江灌区

浦口沿江灌区位于浦口区西南部的桥林街道,北边与三岔灌区、侯家坝灌区接壤,东南为长江,东北临石碛河,西侧临近石桥灌区,西南为江苏省省界。灌区基本位于桥林街道范围,主要涉及林浦社区、福音社区、西山社区、周营村、林山村、茶棚村等。灌区设计灌溉面积为 6.6 万亩,有效灌溉面积为 4.14 万亩,耕地面积为 1.3 万亩,耕地灌溉面积为 1.21 万亩。灌区内农业种植以粮食作物(水稻、小麦)及蔬菜为主(占比 70%),经济作物(花生、芝麻、油菜)及苗木为辅(占比 30%),复种指数约为 148%。

浦口沿江灌区主要水源是长江及其支流周营河,主要水源工程是圩内引水涵闸及提水泵站,共 12 座,主要包括四新涵、闸头涵、四营站、五五站等。灌区现有骨干灌溉渠道共计 35.3 km,主要灌溉河渠为林浦圩中心沟、林山圩河、林溪河等;现有骨干排水河沟 18.3 km。

④兰花塘灌区

兰花塘灌区位于浦口区桥林街道,属于小型提水灌区。灌区基本位于桥林街道范围内,主要涉及林东村。灌区耕地面积为 6 663.56 亩,有效灌溉面积为 5 945.24 亩,节水灌溉工程面积为 3 998.14 亩。灌区内农业种植结构以作物(水稻、小麦)及蔬菜为主。现有灌溉渠道 1 条,总长 4.50 km;排水沟 3 条,总长 1.52 km;配套建筑物 4 座,完好率为 80%。主要管理单位为林东村委会,管理水平中等,种植结构稳定,可作为小型灌区的典型代表。

⑤西江灌区

西江灌区位于浦口区江浦街道,属于小型提水灌区。灌区基本位于江浦街道范围内,主要涉及西江村。灌区耕地面积为 1 827.45 亩,有效灌溉面积为 1 827.45 亩,节水灌溉工程面积为 1 096.47 亩。灌区内农业种植以作物(水稻、小麦)及蔬菜为主。现有灌溉渠道 1 条,总长 1.60 km;排水沟 2 条,总长 2.5 km,配套建筑 5 座,完好率为 90%。主要管理单位为西江村委会,管理水平中等,种植结构稳定,可作为小型灌区的典型代表。

(5) 六合区

六合区位于江苏省南京市的北部,大部分属宁镇扬丘陵山区,地势北高南低,北部为丘陵山岗地区,中南部为河谷平原、岗地区域,南部为沿江平原圩区。全区共有灌区 5 个,耕地灌溉面积为 63.82 万亩,均为中型灌区。

依据样点灌区的选择原则及六合区的灌区情况,选择了 5 个灌区作为样点灌区,均为中型灌区,分别为山湖灌区、龙袍圩灌区、新禹河灌区、金牛湖灌区、新集灌区。

①山湖灌区

山湖灌区位于六合区滁河以北,西、北分别与安徽省来安县、天长市接壤,东与江苏省仪征市交界,南以滁河为界,灌区总面积为 658.91 km²,现有设计灌溉面积 28 万亩,有效灌溉面积 22 万亩,耕地面积 22 万亩,耕地灌溉面积 22 万亩。灌区涉及竹镇、马鞍、程桥 3 个街镇。灌区内农作物以水稻、小麦、棉花为主,兼种花生、玉米、黄豆,为六合区重要的商品粮生产基地。灌区地形以东、北部的丘陵山区和沿河平原圩区为主,灌区丘陵山区土层土质情况复杂,部分区域表层约覆盖 10 cm 左右的黏壤土或壤土,其下以砂壤土为主。

山湖灌区灌溉水源以灌区内的水库蓄水、河道水源为主,在干旱年份,则通过红山窑枢纽引长江之水补充灌区水源。灌区内共有 4 座中型水库,分别为大河桥水库、大泉水库、山湖水库、河王坝水库,小(1)型水库 14 座,小(2)型水库 22 座。灌区有骨干翻水线 5 条,分别为耿跳翻水线、徐庄翻水线、肖庄翻水线、西凌河翻水线、山沟李翻水线。

②龙袍圩灌区

龙袍圩灌区属于南京市六合区龙袍街道,西侧为划子口河,北侧及东侧为滁河下游段,南侧为长江。灌区四周地势略高,中间地势低洼,属于典型的圩区型灌区。灌区现状地面高程为 1.0～3.0 m。龙袍圩灌区内现有 1 个行政村、5 个社区,分别为赵坝村、楼子社区、长江社区、新城社区、新桥社区、渔樵社区。灌区总面积为 56.67 km²,设计灌溉面积为 5.25 万亩,有效灌溉面积为 5.2 万亩,耕地面积为 4.58 万亩,耕地灌溉面积为 4.52 万亩。灌区内粮食作物占比为 92%,经济作物占比为 8%,作物种植以小麦、水稻、油菜为主,复种指数为 1.8。

龙袍圩灌区生活、生产、生态用水主要由滁河和划子口河以及灌区内部河网等供水,龙袍圩灌区地形为南高北低、西高东低。灌区内河网纵横交错,兼有输水与排水功能,南北向主要引排沟渠有马里干渠、杨庄干渠、西沟干渠、渔樵干渠、新中干渠和朱庄干渠等;东西向主要引排沟渠有老四干渠、楼子干渠、邵东干渠、新桥干渠和农场中心河等。

③新禹河灌区

新禹河灌区位于南京市六合区滁河以北,西、北分别与六合区金牛山灌区接壤,东与江苏省仪征市交界,南以滁河为界,由雄州、横梁以及东沟片 3 个街道组成。灌区地形以沿河平原圩区和丘陵山区为主,灌区总面积为 192.63 km²,设计灌溉面积为 25.02 万亩,有效灌溉面积为 24.55 万亩,耕地面积为 17.09 万亩,耕地灌溉面积为 16.72 万亩。粮食作物占比达 85%以上,复种指数达到 1.80。

新禹河灌区在水源充足的年份灌溉水源以灌区内的水库蓄水、河道水源为主,在干旱年份主要通过红山窑枢纽引长江经滁河—八百河—新禹河补充灌溉水源。灌区的主要骨干河道为滁河、皂河等,其主要支流有新禹河、新篁河、峨眉河、西阳河等;灌溉干渠主要有三友倍干渠、新禹干渠、猴甫干渠等。

④金牛湖灌区

金牛湖灌区位于六合东北部,西与六合区山湖灌区接壤、北接安徽省天长市,东与江苏仪征交界、南与六合区新篁镇相接壤。灌区由冶山和金牛湖两个街道组成。灌区地形以东北部的丘陵山区和沿河平原圩区为主,灌区总面积为 298.28 km²,设计灌溉面积为27.17 万亩,有效灌溉面积为 26.6 万亩,耕地面积为 19.03 万亩,耕地灌溉面积为17.45 万亩。粮食作物占比为 85%,经济作物占比为 15%,复种指数为 1.8。

金牛湖灌区主要水源为金牛山水库,位于滁河支流——八百河上游,灌区内基本以蓄为主,形成蓄引提"长藤结瓜"式灌溉体系,目前有固定灌溉泵站 120 余座,干支斗渠100 余千米,小沟级以上建筑物 1 000 余座,主要骨干河道有八百河、陆洼河、清水河等。

⑤新集灌区

新集灌区位于滁河下游右岸,天河以北,西与安徽省来安县相邻,南与中山科技园相接,东以小庄河、黄塘和道路为界,灌区属于龙池街道,包括徐圩、三汊湾、白酒等行政村。灌区总面积为 5.0 万亩,设计灌溉面积为 3.71 万亩,有效灌溉面积为 3.62 万亩,耕地面积为 3.22 万亩,耕地灌溉面积为 3.13 万亩。灌区内粮食作物占 83%,经济作物占 17%,作物种植以小麦、水稻、油菜为主,复种指数为 1.8。

滁河沿岸圩区生活、生产、生态用水主要由滁河骨干河网等供水,依靠泵站引水灌溉,丘陵山区主要通过新集翻水线和当家塘满足灌溉需求。新集灌区主要的灌溉渠道有新集干渠、汪徐圩渠道、白酒渠道、悦来渠道、八亩渠道、高王渠道、胡庄渠道等;排水沟有黄塘河、新河、汪徐圩河、孔湾引水河、七子河等。

6.2.4　年型分析

南京市的水稻生育期从 6 月初到 10 月中旬,10 月份水稻黄熟期一般不需要灌溉,对南京市 1980—2021 年水稻生育期的 6—9 月的降水量进行频率分析(图 6.2-2)。根据南

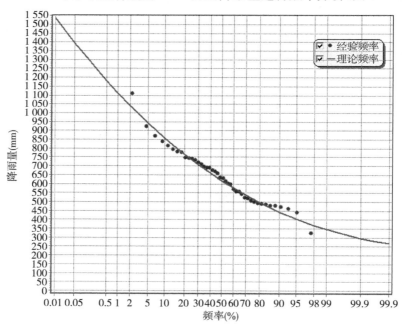

图 6.2-2　1980—2021 年南京市水稻生育期降水量频率分析曲线

京市 6—9 月份的降水量频率分析曲线来确定不同典型年份的降水分布情况,分别为丰水年($P=25\%$)、平水年($P=50\%$)、枯水年($P=75\%$)、特枯水年($P=95\%$),四个典型水文年的降水量分别为 734.35 mm、616.02 mm、516.95 mm 和 405.33 mm。各典型年份水稻生育期雨量情况详见表 6.2-3。

表 6.2-3　南京市各典型年份水稻生育期雨量情况表

典型年份	丰水年 ($P=25\%$)	平水年 ($P=50\%$)	枯水年 ($P=75\%$)	特枯水年 ($P=95\%$)
雨量(mm)	734.35	616.02	516.95	405.33

2022 年 6—9 月南京市降水量为 359.5 mm,降水日数为 25 天,全市气候特征为“月平均气温明显偏高,降水量明显偏少,日照时数偏多”,其中,7 月份累计降水量较常年同期明显偏少近 8 成,8 月份累计降水量较常年同期异常偏少 9.2 成(来自南京市 2022 年 7 月、8 月气候影响评价)。通过近几年降雨量比较(图 6.2-3)可以看出,与相对较枯的 2019 年相比,2022 年降水量减少了 34.96%,与丰水年的 2020 年和 2021 年相比,2022 年降水量分别减少了 60.98% 和 55.78%。从降水量年型来看,南京市 2022 年属于特枯水年,气象干旱等级在中旱到重旱水平。

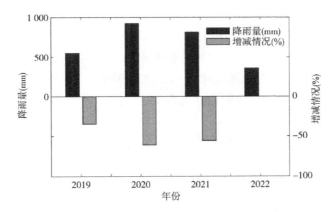

图 6.2-3　2019—2022 年南京市水稻生育期降水量对比图

2022 年南京站 6—9 月逐日降雨量如图 6.2-4 所示。

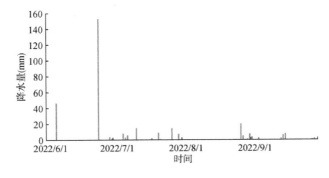

图 6.2-4　南京站逐日降水量

6.3 样点成果及分析

6.3.1 测算方法

按照《指导细则》和《灌溉水系数应用技术规范》(DB32/T 3392—2018)等文件的测算要求,2022 年南京市农田灌溉水有效利用系数测算采用首尾测算分析法进行测算。

首尾测算法是从定义出发,抓住"首""尾"两个关键点。"首"即渠首的引水总量,亦称毛灌溉用水量;"尾"即流入农田内被作物吸收利用的水量,亦称净灌溉用水量。通过计算净灌溉用水总量占毛灌溉用水总量的比值,从而得出农田灌溉水有效利用系数。计算公式如下:

$$\eta_{样} = \frac{W_{样净}}{W_{样毛}}$$

式中:$\eta_{样}$——样点灌区灌溉水有效利用系数;

$W_{样净}$——样点灌区净灌溉用水量,m^3;

$W_{样毛}$——样点灌区毛灌溉用水量,m^3。

6.3.1.1 样点灌区典型田块的选择

南京市总播种面积超过 10% 的作物分别为水稻、小麦和蔬菜。由于小麦和蔬菜需水量较小,故此次观测作物仅为水稻。按照以上选择要求,南京市 23 个样点灌区共选出 124 个典型田块,各灌区典型田块数量详见表 6.3-1。

6.3.1.2 样点灌区灌溉用水量的测定方法

本次测算分析工作中样点灌区净灌溉用水量均采用直接量测法获取,毛灌溉用水量通过实测法获得,具体情况见表 6.3-2。

表6.3-1 2022年南京市样点灌区典型用块选择结果

序号	行政区	样点灌区名称		灌区规模	水源类型	主要作物种类		观测作物种类及典型用块数量
						夏季	冬季	
1	高淳区	淳东灌区	吕家泵站测点	大型	提水	水稻	小麦、油菜	水稻3个
			青枫村测点			水稻	小麦、油菜	水稻3个
			桠溪测点			水稻	小麦、油菜	水稻3个
			桥头测点			水稻	小麦、油菜	水稻3个
2		胜利圩灌区	胜利圩1测点	中型	自流	水稻	小麦、油菜	水稻3个
			胜利圩2测点			水稻	小麦、油菜	水稻2个
3		洪村联合圩灌区	尖山大塘测点	小型	自流	水稻	小麦、油菜	水稻3个
4	溧水区	漻湖灌区	北庄头测点	中型	提水	水稻	小麦、油菜	水稻3个
5		赭山头水库灌区	茨菇塘水库测点	中型	自流	水稻	小麦、油菜	水稻3个
			官山头测点			水稻	小麦、油菜	水稻3个
6		无想寺水库灌区	原占圩测点	中型	自流	水稻	小麦、油菜	水稻3个
			后曹测点			水稻	小麦、油菜	水稻3个
7		毛公铺灌区	毛公铺测点	中型	提水	水稻	小麦、油菜	水稻3个
			吴村桥测点			水稻	小麦、油菜	水稻3个
8		何林坊站灌区		小型	提水	水稻	小麦、油菜	水稻2个
9	江宁区	江宁河灌区	上湖灌区测点	中型	提水	水稻	小麦、油菜	水稻3个
			高山水库测点			水稻	小麦、油菜	水稻3个
10		汤水河灌区	郑家边水库测点	中型	提水	水稻	小麦、油菜	水稻3个
			周子村测点			水稻	小麦、油菜	水稻3个
11		周岗圩灌区	八一桥测点	中型	自流	水稻	小麦、油菜	水稻3个
			马铺村测点			水稻	小麦、油菜	水稻3个
12		下坝灌区	张眦灌区测点	中型	提水	水稻	小麦、油菜	水稻3个
13		邵处水库灌区	亲见村测点	小型	自流	水稻	小麦、油菜	水稻2个

续表

序号	行政区	样点灌区名称		灌区规模	水源类型	主要作物种类		观测作物种类及典型田块数量
						夏季	冬季	
14	浦口区	三合圩灌区	五四灌区测点	中型	自流	水稻	小麦、油菜	水稻 3 个
			费家渡测点			水稻	小麦、油菜	水稻 3 个
15		沿滁灌区	汤泉农场测点	中型	自流	水稻	小麦、油菜	水稻 3 个
			大同村测点			水稻	小麦、油菜	水稻 3 个
16		浦口沿江灌区	周营灌区测点	中型	自流	水稻	小麦、油菜	水稻 3 个
			施闸村测点			水稻	小麦、油菜	水稻 3 个
17		兰花塘灌区		小型	提水	水稻	小麦、油菜	水稻 2 个
18		西江灌区		小型	提水	水稻	小麦、油菜	水稻 2 个
19	六合区	山湖灌区	马集灌区测点	中型	提水	水稻	小麦、油菜	水稻 3 个
			孙街测点			水稻	小麦、油菜	水稻 3 个
20		龙袍圩灌区	朱庄测点	中型	自流	水稻	小麦、油菜	水稻 3 个
			赵坝测点			水稻	小麦、油菜	水稻 3 个
21		新禹河灌区	孙赵灌区测点	中型	提水	水稻	小麦、油菜	水稻 3 个
			江庄测点			水稻	小麦、油菜	水稻 3 个
22		金牛湖灌区	金牛村测点	中型	提水	水稻	小麦、油菜	水稻 3 个
			郭庄村测点			水稻	小麦、油菜	水稻 3 个
23		新集灌区	北圩测点	中型	自流	水稻	小麦、油菜	水稻 3 个
			吴庄测点			水稻	小麦、油菜	水稻 3 个

表 6.3-2　2022 年南京市样点灌区净、毛灌溉用水量获取方法统计表

序号	区别	灌区规模	灌区类型	灌区名称	典型田块数量	净灌溉用水量获取方法			毛灌溉用水量获取方法			
						采用直接量测法的田块数量	采用观测分析法的田块数量	采用调查分析法的田块数量（仅限小型灌区）	是否为多水源	实测	油、电折算	调查分析估算
1	高淳区	大型	提水	淳东灌区	12	12			是	12		
2		中型	自流	胜利圩灌区	6	6			否	6		
3		小型	自流	洪村联合圩灌区	2	2			否	2		
4	溧水区	中型	提水	涟湖灌区	6	6			是	6		
5		中型	自流	赭山头水库灌区	6	6			是	6		
6		中型	自流	无想寺水库灌区	6	6			否	6		
7		中型	提水	毛公铺灌区	6	6			是	6		
8		小型	提水	何林坊站灌区	2	2			否	2		
9	江宁区	中型	提水	江宁河灌区	6	6			否	6		
10		中型	提水	汤水河灌区	6	6			否	6		
11		中型	提水	下坝灌区	6	6			否	6		
12		中型	自流	周岗圩灌区	6	6			是	6		
13		小型	自流	邵处水库灌区	2	2			否	2		
14		中型	自流	三合圩灌区	6	6			否	6		
15	浦口区	中型	自流	沿滁灌区	6	6			否	6		
16		中型	自流	浦口沿江灌区	6	6			否	6		
17		小型	提水	兰花塘灌区	2	2			否	2		
18		小型	提水	西江灌区	2	2			否	2		
19	六合区	中型	提水	山湖灌区	6	6			是	6		
20		中型	自流	龙袍圩灌区	6	6			否	6		
21		中型	提水	新禹河灌区	6	6			是	6		
22		中型	提水	金牛湖灌区	6	6			是	6		
23		中型	自流	新集灌区	6	6			是	6		

6.3.2　典型测算

南京市六合、浦口、江宁、高淳、溧水五个区共 23 个样点灌区,农田灌溉水有效利用系数均按照首位测算分析法进行测算。为更好地体现测算过程,分别从大、中、小型灌区各选取 1 个具有典型代表性的样点灌区进行详细分析,分析过程详见表 6.3-3～6.3-5。

（1）大型灌区

大型灌区选取淳东灌区,该灌区为南京市唯一的大型灌区,位于高淳区,地处丘陵地带,耕地灌溉面积为 18.17 万亩,为提水灌区。淳东灌区共 2 座渠首泵站,为淳东北站和淳东南站;1 个取水闸,为茅东闸。由于 2022 年气象干旱等级在中旱到重旱水平,因此通过灌区补水站——蛇山站,提引石臼湖(长江)水,向固城湖补水,为灌区补充水源。现场实测时,使用 LS300‐A 型便携式旋桨流速仪测算毛灌溉用水量,分别在吕家泵站测点、青枫村测点、桠溪测点和桥头测点各选取 3 个典型田块测算净灌溉用水量。灌区毛灌溉用水量为 13 144.60 万 m³,净灌溉用水量为 8 964.47 万 m³,农田灌溉水有效利用系数为 0.682。

（2）中型灌区

中型灌区选取周岗圩灌区,该灌区位于江宁区,地处圩垸地带,耕地灌溉面积为 4.51 万亩,为自流灌区。周岗圩灌区主要水源工程是圩内引水涵闸,共 10 座,主要包括团结涵、老涵、钱家渡涵、杨树湾涵、竹园涵、钱西涵、周古庄涵、章西圩涵、周岗涵头涵、石蜡涵。现场实测时,使用 LS300‐A 型便携式旋桨流速仪测算毛灌溉用水量,分别在八一桥测点和马铺村测点各选取 3 个典型田块测算净灌溉用水量。经测算,灌区毛灌溉用水量为 3 499.66 万 m³,净灌溉用水量为 2 397.41 万 m³,农田灌溉水有效利用系数为 0.685。

（3）小型灌区

小型灌区选取西江灌区,该灌区位于浦口区,地处平原地带,有效灌溉面积为 1 827.45 亩,为提水灌区,水源工程为西江泵站。现场实测时,使用 LS300‐A 型便携式旋桨流速仪测算毛灌溉用水量,在灌区内选取 2 个典型田块测算净灌溉用水量。灌区毛灌溉用水量为 133.74 万 m³,净灌溉用水量为 91.88 万 m³,农田灌溉水有效利用系数为 0.687。

南京市 23 个样点灌区灌溉水有效利用系数测算结果详见表 6.3-6。2022 年中型灌区测点(2021 年小型样点灌区)灌溉水有效利用系数测算结果详见表 6.3-7。

表 6.3-3　淳东灌区灌溉水有效利用系数测算分析表

灌区名称	淳东灌区		耕地灌溉面积(亩)		181 700
毛灌溉用水量(万 m³)	13 144.60		净灌溉用水量(万 m³)		8 964.47
农田灌溉水有效利用系数			0.682		
其中:					
毛灌溉用水量					
渠首名称	提水次数	实测流量(m³/s)	提水时长(h)	渠首灌溉用水量(m³)	毛灌溉用水量(m³)

淳东北站	12	45.65	257	42 235 380	
淳东南站	13	31.46	278	31 485 168	131 445 972
茅东闸	13	10.25	268	9 889 200	
蛇山抽水站	11	58.28	228	47 836 224	

净灌溉用水量				
测点名称	田块灌溉面积(亩)	田块年亩均净灌溉用水量(m³)	田块净灌溉用水量(m³)	净灌溉用水量(m³)
吕家泵站测点	9.7	497.53	4 826.01	
	5.6	494.52	2 769.31	
	8.4	489.84	4 114.69	
青枫村测点	4.4	504.21	2 218.51	
	6.7	496.19	3 324.48	
	5.4	493.72	2 666.08	89 644 742
桠溪测点	3.2	489.18	1 565.36	
	6.5	486.10	3 159.65	
	4.0	482.83	1 931.32	
桥头测点	3.2	498.33	1 594.65	
	3.2	494.12	1 581.18	
	6.8	489.98	3 331.85	

表 6.3-4　周岗圩灌区灌溉水有效利用系数测算分析表

灌区名称	周岗圩灌区	有效灌溉面积(亩)	45 100
毛灌溉用水量(万 m³)	3 499.66	净灌溉用水量(万 m³)	2 397.41
农田灌溉水有效利用系数		0.685	

其中:

毛灌溉用水量				
渠首名称	放水次数	实测流量(m³/s)	放水时长(h)	渠首灌溉用水量(m³)	毛灌溉用水量(m³)
团结涵	12	4.54	248.5	4 061 484	
老涵	12	1.95	247.17	1 735 133	
钱家渡涵	13	2.24	265.86	2 143 895	
杨树湾涵	14	3.62	271.25	3 534 930	
竹园涵	14	5.15	278.2	5 157 828	34 996 554
钱西涵	12	3.57	254.33	3 268 649	
周古庄涵	12	5.02	240	4 337 280	
章西圩涵	15	3.69	284.5	3 779 298	
周岗涵头涵	13	5.83	258.33	5 421 830	
石蜡涵	14	1.61	268.5	1 556 226	

净灌溉用水量				
测点名称	田块灌溉面积(亩)	田块年亩均净灌溉用水量(m³)	田块净灌溉用水量(m³)	净灌溉用水量(m³)

节水政策及灌溉水有效利用系数测算方法

	11.5	536.20	6 166.34	
马铺村测点	10.2	533.93	5 446.11	
	10.9	529.99	5 776.90	23 974 087
	4.3	533.13	2 292.46	
八一桥测点	8.9	527.19	4 691.95	
	5.6	526.65	2 949.25	

表 6.3-5　西江灌区灌溉水有效利用系数测算分析表

灌区名称		西江灌区	有效灌溉面积（亩）		1 827.45
毛灌溉用水量（万 m³）		133.74	净灌溉用水量（万 m³）		91.88
农田灌溉水有效利用系数			0.687		

其中：

毛灌溉用水量				
渠首名称	提水次数	实测流量（m³/s）	提水时长（h）	毛灌溉用水量（m³）
西江泵站	13	1.271	292.3	1 337 448

净灌溉用水量				
测点名称	田块灌溉面积（亩）	田块年亩均净灌溉用水量（m³）	田块净灌溉用水量（m³）	净灌溉用水量（m³）
西江灌区测点	4.6	505.28	2 324.27	918 799
	5.2	500.80	2 604.16	

表 6.3-6　2022 年南京市样点灌区灌溉水有效利用系数测算结果汇总表

序号	区县	灌区名称	灌区规模	水源类型	耕地灌溉面积（亩）	净灌溉用水量（m³）	毛灌溉用水量（m³）	农田灌溉水有效利用系数
1	高淳区	淳东灌区	大型	提水	181 700	89 644 742	131 445 972	0.682
2		胜利圩灌区	中型	自流	1 600	845 027	1 231 859	0.686
3		洪村联合圩灌区	小型	自流	1 200	642 887	935 491	0.687
4	溧水区	湫湖灌区	中型	提水	62 700	31 467 533	45 885 409	0.686
5		赭山头水库灌区	中型	自流	7 200	3 900 391	5 700 949	0.684
6		无想寺水库灌区	中型	自流	11 600	6 134 182	8 970 929	0.684
7		毛公铺灌区	中型	提水	17 200	8 801 259	12 830 102	0.686
8		何林坊站灌区	小型	提水	2 055	1 074 746	1 561 700	0.688
9	江宁区	江宁河灌区	中型	提水	47 300	23 724 441	34 561 642	0.686
10		汤水河灌区	中型	提水	57 800	30 437 873	44 409 188	0.685
11		周岗圩灌区	中型	自流	45 100	23 974 087	34 996 554	0.685
12		下坝灌区	中型	提水	16 200	8 293 339	12 073 758	0.687
13		邵处水库灌区	小型	自流	650	344 485	500 825	0.688

序号	区县	灌区名称	灌区规模	水源类型	耕地灌溉面积(亩)	净灌溉用水量(m³)	毛灌溉用水量(m³)	农田灌溉水有效利用系数
14		三合圩灌区	中型	自流	9 300	4 722 433	6 901 684	0.684
15		沿滁灌区	中型	自流	7 200	3 858 353	5 634 676	0.685
16	浦口区	浦口沿江灌区	中型	自流	12 100	6 333 173	9 259 816	0.684
17		兰花塘灌区	小型	提水	5 945.24	3 032 118	4 421 566	0.686
18		西江灌区	小型	提水	1 827.45	918 799	1 337 448	0.687
19		山湖灌区	中型	提水	220 000	113 476 488	166 045 080	0.683
20		龙袍圩灌区	中型	自流	45 200	22 488 060	32 714 870	0.687
21	六合区	新禹河灌区	中型	提水	167 200	86 722 287	126 547 504	0.685
22		金牛湖灌区	中型	提水	174 500	88 678 489	129 571 963	0.684
23		新集灌区	中型	自流	31 300	16 685 185	24 313 720	0.686

表 6.3-7 2022 年南京市中型灌区测点(2021 年小型样点灌区)灌溉水有效利用系数测算结果汇总表

序号	区县	灌区名称	并入中型灌区名称	灌区规模	水源类型	耕地灌溉面积(亩)	净灌溉用水量(m³)	毛灌溉用水量(m³)	农田灌溉水有效利用系数
1	溧水区	尖山大塘灌区	湫湖灌区	小型	自流	692	346 045	502 292	0.689
2		茨菇塘水库灌区	赭山头水库灌区	小型	自流	300	163 940	238 605	0.687
3		原占圩灌区	无想寺水库灌区	小型	提水	500	738 442	1 073 376	0.688
4	江宁区	郑家边水库灌区	汤水河灌区	小型	自流	300	160 574	233 280	0.688
5		张毗灌区	下坝灌区	小型	提水	500	254 271	368 963	0.689
6		五四灌区	三合圩灌区	小型	提水	1 100	555 782	809 718	0.686
7	浦口区	汤泉农场经济州灌区	沿滁灌区	小型	提水	5 000	2 713 177	3 953 752	0.686
8		周营灌区	浦口沿江灌区	小型	自流	150	77 913	113 272	0.688
9	六合区	马集灌区	山湖灌区	小型	自流	300	153 832	224 183	0.686
10		孙赵灌区	新禹河灌区	小型	提水	1 436	745 681	1 083 232	0.688

6.3.3 合理性分析

6.3.3.1 测算结果的合理性

南京市共有灌区 135 个,其中涉农区有灌区 132 个,根据南京市涉农区气候、土壤、作物和管理水平,选取了 23 个样点灌区。测算过程中,依据《指导细则》和《灌溉水系数应用技术规范》(DB32/T 3392—2018)等,采用首尾测算法进行测算,测算方法合理。

样点灌区在灌区地形、灌区规模、水源类型等方面具有较好的代表性。在灌区地形上,样点灌区中有 4 个灌区位于平原地区,13 个灌区位于丘陵地区,6 个灌区位于圩垸地区;在灌区规模上,样点灌区中有 1 个大型灌区、17 个中型灌区和 5 个小型灌区;在水源类型上,样点灌区中有 11 个自流灌区,12 个提水灌区。因此,测算过程中样点灌区选取较为合理。

2022 年南京市属于特枯水年,气象干旱等级在中旱到重旱水平,农作物大量缺水。

因此,该年的毛灌溉用水量与亩均净灌溉用水量远高于往年,此为合理现象。

结合 2022 年南京市自然条件与工程建设的基本情况,初步分析测算结果可知,农田灌溉水有效利用系数的变化与南京市现状基本吻合,表明本次测定结果是可靠的。

6.3.3.2　各样点灌区年际间比较分析

由于"十四五"期间灌区合并,2022 年样点灌区较 2021 年变化较大。在保留了 2021 年大、中型灌区的基础上,为保证样点灌区稳定性,此次将 2021 年的小型灌区作为其合并后所属的中型灌区的测点进行测算。2022 年样点灌区(含 2021 年小型灌区)农田灌溉水有效利用系数的年际间变化详见表 6.3-8。

2022 年各样点灌区灌溉水有效利用系数均高于往年数值,呈现逐年增长的趋势,这与南京市对节水灌溉的重视程度是相对应的。南京市近几年在节水灌溉发展上投入了大量的资金和技术力量,实施了大中型灌区续建配套与节水改造、重点泵站更新改造、重点塘坝综合治理、小流域治理、翻水线改造、高标准农田建设等多项农田水利项目,不断提升灌区管理运行水平,从而灌溉水有效利用系数逐年稳步提升。

表 6.3-8　2022 年南京市样点灌区(含 2021 年小型灌区)农田灌溉水有效利用系数年际间变化

序号	灌区名称	灌区规模	耕地灌溉面积(亩)	水源类型	2021 年系数	2022 年系数	变化值
1	淳东灌区	大型	181 700	提水	0.680	0.682	+0.002
2	毛公铺灌区	中型	17 200	提水	0.683	0.686	+0.003
3	江宁河灌区	中型	47 300	提水	0.682	0.686	+0.004
4	山湖灌区	中型	220 000	提水	0.681	0.683	+0.002
5	龙袍圩灌区	中型	45 200	自流	0.686	0.687	+0.001
6	尖山大塘灌区	小型	692	自流	0.684	0.689	+0.005
7	茨菇塘水库灌区	小型	300	自流	0.684	0.687	+0.003
8	原占圩灌区	小型	500	提水	0.684	0.688	+0.004
9	郑家边水库灌区	小型	300	自流	0.685	0.688	+0.003
10	张毗灌区	小型	500	提水	0.685	0.689	+0.004
11	五四灌区	小型	1 100	提水	0.681	0.686	+0.005
12	汤泉农场经济州灌区	小型	5 000	提水	0.683	0.686	+0.003
13	周营灌区	小型	150	自流	0.686	0.688	+0.002
13	马集灌区	小型	300	自流	0.681	0.686	+0.005
15	孙赵灌区	小型	1 436	提水	0.684	0.688	+0.004

6.3.3.3　各样点灌区不同规模与水源类型横向比较分析

为了更好地分析灌区规模与水源类型等因素对灌区农田灌溉水有效利用系数的影响,此次测算将 23 个样点灌区进行分类比较,分类结果见表 6.3-9。

表 6.3-9　2022 年南京市不同规模与类型样点灌区农田灌溉水有效利用系数汇总表

灌区规模		水源类型			
		提水灌区		自流灌区	
		灌区名称	系数	灌区名称	系数
大型灌区		淳东灌区	0.682		
中型灌区	15～30万亩	新禹河灌区	0.685		
		山湖灌区	0.683		
		金牛湖灌区	0.684		
	5～15万亩	湫湖灌区	0.686	周岗圩灌区	0.685
		江宁河灌区	0.686	龙袍圩灌区	0.687
		汤水河灌区	0.685		
	1～5万亩	毛公铺灌区	0.686	胜利圩灌区	0.686
		下坝灌区	0.687	赭山头水库灌区	0.684
				无想寺水库灌区	0.684
				三合圩灌区	0.684
				沿滁灌区	0.685
				浦口沿江灌区	0.684
				新集灌区	0.686
小型灌区		何林坊站灌区	0.688	洪村联合圩灌区	0.687
		兰花塘灌区	0.686	邵处水库灌区	0.688
		西江灌区	0.687		

（1）不同规模灌区的比较

将不同规模的灌区进行比较,结果见图 6.3-1。

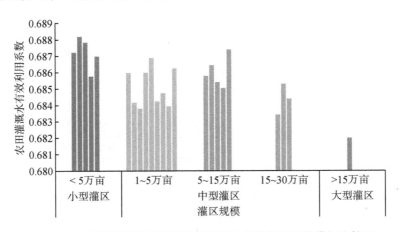

图 6.3-1　不同规模样点灌区农田灌溉水有效利用系数横向比较图

从图 6.3-1 可以看出,灌区规模越大,农田灌溉水有效利用系数越小。但部分样点灌区的农田灌溉水有效利用系数未完全与灌区规模呈负相关,这是由于灌溉水有效利用系数受多因素影响。例如,龙袍圩灌区有效灌溉面积为 5.2 万亩,为自流灌区,而农田灌溉水有效利用系数达到 0.687,高于部分小型灌区。这是由于六合区实施了龙袍圩灌区续建配套与节水改造项目,总投资达 2 824 万元,对多座渠首工程、渠系建筑物进行了改造,且灌区管理水平较高,因此农田灌溉水有效利用系数较高。

（2）不同水源类型灌区比较

将不同水源类型的灌区进行比较,结果见图 6.3-2。

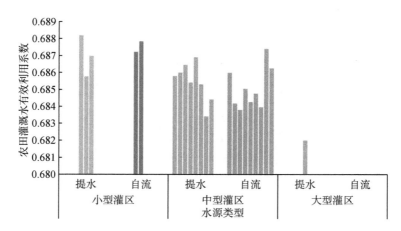

图 6.3-2　不同水源类型样点灌区农田灌溉水有效利用系数横向比较图

从图 6.3-2 可以看出,大部分提水灌区的农田灌溉水有效利用系数高于自流灌区。而部分不同水源类型之间的系数差异不明显,这主要是由于农田灌溉水有效利用系数的影响因素较多,与灌区规模、管理水平等均存在关联。例如,小型灌区中,兰花塘灌区为提水灌区,有效灌溉面积为 5 945 亩,系数为 0.686;邵处水库灌区为自流灌区,有效灌溉面积为 650 亩,系数为 0.688。由于兰花塘灌区灌溉面积高于邵处水库灌区,因此其系数略低于邵处水库灌区,此为合理现象。

综上所述,不同灌区规模与水源类型对农田灌溉水有效利用系数存在影响,测算结果基本符合一般规律,数据较为合理、可靠。

6.4　市级成果及分析

6.4.1　计算结果

6.4.1.1　区级农田灌溉水有效利用系数计算结果

（1）高淳区农田灌溉水有效利用系数

高淳区共选取样点灌区 3 个,其中,大型灌区 1 个,为淳东灌区;中型灌区 1 个,为胜利圩灌区;小型灌区 1 个,为洪村联合圩灌区。

高淳区的大型灌区的农田灌溉水有效利用系数为:

$$\eta_{高淳大型} = \frac{\eta_{淳东} \times W_{淳东}}{W_{淳东}}$$

$$\eta_{高淳大型} = 0.682$$

高淳区的中型灌区的灌溉水有效利用系数为:

$$\eta_{高淳中型} = \frac{\eta_{胜利圩} \times W_{胜利圩}}{W_{胜利圩}}$$

$$\eta_{高淳中型} = 0.686$$

高淳区的小型灌区的灌溉水有效利用系数为:

$$\eta_{高淳小型} = \frac{\eta_{洪村联合圩}}{1}$$

$$\eta_{高淳小型} = 0.687$$

高淳区农田灌溉水有效利用系数为:

$$\eta_{高淳} = \frac{\eta_{高淳大型} \times W_{高淳大型} + \eta_{高淳中型} \times W_{高淳中型} + \eta_{高淳小型} \times W_{高淳小型}}{W_{高淳大型} + W_{高淳中型} + W_{高淳小型}}$$

$$\eta_{高淳} = 0.683$$

(2) 溧水区农田灌溉水有效利用系数

溧水区共选取 5 个灌区,其中,中型灌区 4 个,分别为湫湖灌区、赭山头水库灌区、无想寺水库灌区和毛公铺灌区;小型灌区 1 个,为何林坊站灌区。

溧水区的中型灌区的农田灌溉水有效利用系数为:

$$\eta_{溧水中型} = \frac{\eta_{湫湖} \times W_{湫湖} + \eta_{赭山头} \times W_{赭山头} + \eta_{无想寺} \times W_{无想寺} + \eta_{毛公铺} \times W_{毛公铺}}{W_{湫湖} + W_{赭山头} + W_{无想寺} + W_{毛公铺}}$$

$$\eta_{溧水中型} = 0.685$$

溧水区的小型灌区的灌溉水有效利用系数为:

$$\eta_{溧水小型} = \frac{\eta_{何林坊站}}{1}$$

$$\eta_{溧水小型} = 0.688$$

溧水区农田灌溉水有效利用系数为:

$$\eta_{溧水} = \frac{\eta_{溧水中型} \times W_{溧水中型} + \eta_{溧水小型} \times W_{溧水小型}}{W_{溧水中型} + W_{溧水小型}}$$

$$\eta_{溧水} = 0.685$$

(3) 江宁区农田灌溉水有效利用系数

江宁区共选取 5 个灌区,其中,中型灌区 4 个,为江宁河灌区、汤水河灌区、下坝灌区、周岗圩灌区;小型灌区 1 个,为邵处水库灌区。

江宁区的中型灌区的农田灌溉水有效利用系数为：

$$\eta_{江宁中型} = \frac{\eta_{江宁河} \times W_{江宁河} + \eta_{汤水河} \times W_{汤水河} + \eta_{下坝} \times W_{下坝} + \eta_{周岗圩} \times W_{周岗圩}}{W_{江宁河} + W_{汤水河} + W_{下坝} + W_{周岗圩}}$$

$$\eta_{江宁中型} = 0.686$$

江宁区的小型灌区的灌溉水有效利用系数为：

$$\eta_{江宁小型} = \frac{\eta_{邵处水库}}{1}$$

$$\eta_{江宁小型} = 0.688$$

江宁区农田灌溉水有效利用系数为：

$$\eta_{江宁} = \frac{\eta_{江宁中型} \times W_{江宁中型} + \eta_{江宁小型} \times W_{江宁小型}}{W_{江宁中型} + W_{江宁小型}}$$

$$\eta_{江宁} = 0.686$$

（4）浦口区农田灌溉水有效利用系数

浦口区共选取样点灌区 5 个，其中，中型灌区 3 个，分别为三合圩灌区、沿滁灌区和浦口沿江灌区；小型灌区 2 个，分别为兰花塘灌区和西江灌区。

浦口区中型灌区的农田灌溉水有效利用系数为：

$$\eta_{浦口中型} = \frac{\eta_{三合圩} \times W_{三合圩} + \eta_{沿滁} \times W_{沿滁} + \eta_{沿江} \times W_{沿江}}{W_{三合圩} + W_{沿滁} + W_{沿江}}$$

$$\eta_{浦口中型} = 0.684$$

浦口区小型灌区的灌溉水有效利用系数为：

$$\eta_{浦口小型} = \frac{\eta_{兰花塘} + \eta_{西江}}{2}$$

$$\eta_{浦口小型} = 0.686$$

浦口区农田灌溉水有效利用系数为：

$$\eta_{浦口} = \frac{\eta_{浦口中型} \times W_{浦口中型} + \eta_{浦口小型} \times W_{浦口小型}}{W_{浦口中型} + W_{浦口小型}}$$

$$\eta_{浦口} = 0.685$$

（5）六合区农田灌溉水有效利用系数

六合区共选取样点灌区 5 个，均为中型灌区，分别为山湖灌区、龙袍圩灌区、新禹河灌区、金牛湖灌区和新集灌区。

六合区中型灌区的农田灌溉水有效利用系数为：

$$\eta_{六合中型} = \frac{\eta_{山湖} \times W_{山湖} + \eta_{龙袍圩} \times W_{龙袍圩} + \eta_{新禹河} \times W_{新禹河} + \eta_{金牛湖} \times W_{金牛湖} + \eta_{新集} \times W_{新集}}{W_{山湖} + W_{龙袍圩} + W_{新禹河} + W_{金牛湖} + W_{新集}}$$

$$\eta_{六合中型} = 0.685$$

六合区农田灌溉水有效利用系数为：

$$\eta_{六合} = \eta_{六合中型} = 0.685$$

6.4.1.2 市级农田灌溉水有效利用系数计算结果

南京市共选取样点灌区 23 个,其中,大型灌区 1 个,为淳东灌区;中型灌区 17 个,小型灌区 5 个。

南京市大型灌区的农田灌溉水有效利用系数为：

$$\eta_{大型} = \eta_{淳东} = \frac{\eta_{淳东} \times W_{淳东}}{W_{淳东}} = 0.682$$

南京市中型灌区的农田灌溉水有效利用系数为：

$$\eta_{中型} = \frac{\sum\limits_{i=1}^{n} \eta_{中i} W_{中i}}{\sum\limits_{i=1}^{n} W_{中i}} = 0.685$$

南京市小型灌区的农田灌溉水有效利用系数为：

$$\eta_{小型} = \frac{\sum\limits_{i=1}^{N_{小}} \eta_{小i}}{N_{小}} = 0.687$$

南京市农田灌溉水有效利用系数为：

$$\eta_{南京} = \frac{\eta_{大型} \times W_{大型} + \eta_{中型} \times W_{中型} + \eta_{小型} \times W_{小型}}{W_{大型} + W_{中型} + W_{小型}} = 0.685$$

南京市各规模与类型灌区灌溉水有效利用系数汇总见表 6.4-1～表 6.4-2。

表 6.4-1　2022 年南京市各规模灌区农田灌溉水有效利用系数

序号	区域	农田灌溉水有效利用系数			
		区域	大型灌区	中型灌区	小型灌区
1	南京市	0.685	0.682	0.685	0.687
2	高淳区	0.683	0.682	0.686	0.687
3	溧水区	0.685	—	0.685	0.688
4	江宁区	0.686	—	0.686	0.688
5	浦口区	0.685	—	0.684	0.686
6	六合区	0.685	—	0.685	—

表 6.4-2　2022 年全市（涉农区）灌区农田灌溉水有效利用系数统计信息表

灌区规模与类型			个数	有效灌溉面积（万亩）	实灌面积（万亩）	年毛灌溉用水量（万 m³）	灌溉水有效利用系数
全市总计			132	234.65	154.96	116 404.5	0.685 0
大型	合计		1	29.97	18.17	13 144.60	0.681 9
	提水		1	29.97	18.17	13 144.60	0.681 9
	自流引水		0	0	0	0	—
中型	合计	提水	11	120.72	83.11	62 102.59	0.684 8
		自流引水	24	65.38	35.10	27 010.34	0.685 6
		小计	35	186.10	118.21	89 112.93	0.685 1
	1~5 万亩	提水	3	7.35	5.08	3 789.07	0.686 4
		自流引水	22	54.87	26.07	20 239.19	0.685 0
		小计	25	62.22	31.15	24 028.26	0.685 4
	5~15 万亩	提水	5	40.22	21.86	16 097.07	0.685 8
		自流引水	2	10.51	9.03	6 771.15	0.686 2
		小计	7	50.73	30.89	22 868.22	0.686 0
	15~30 万亩	提水	3	73.15	56.17	42 216.45	0.684 3
		自流引水	0	0	0	0	—
		小计	3	73.15	56.17	42 216.45	0.684 3
小型	合计		96	18.58	18.58	14 146.97	0.686 6
	提水		47	11.21	11.21	8 350.91	0.686 5
	自流引水		49	7.37	7.37	5 796.06	0.686 7

6.4.2　合理性分析

6.4.2.1　灌区农田灌溉水有效利用系数年际间比较分析

2022 年南京市农田灌溉水有效利用系数较 2021 年总体呈上升趋势，增值在 0.001～0.004 之间（表 6.4-3）。南京市大、中、小型灌区农田灌溉水有效利用系数逐年稳步增长且增值相近，是大中型灌区续建配套与节水改造、重点泵站更新改造、重点塘坝综合治理、高标准农田等项目多管齐下的结果，数据是合理、有效的。

2021 年江宁区小型灌区分别为郑家边水库灌区、张毗灌区和谷里高效节水灌溉示范区。2022 年，郑家边水库灌区和张毗灌区分别并入汤水河灌区和下坝灌区，系数分别较 2021 年增长 0.003 和 0.004，数据符合南京市整体发展规律。谷里高效节水灌溉示范区是江苏省为响应水利部水利现代化的试点要求，在江宁区谷里街道结合高效节水灌溉重点县项目建设的全省乃至全国水利现代化的高效节水灌溉工程示范标本，2021 年系数达到 0.833，整体提高了 2021 年江宁区小型灌区的系数。但由于其未列入小型灌区名录，且面积未超过 100 亩，为使得系数测算更加规范，此次未将其纳入小型样点灌区，2022 年采用了邵处水库灌区作为小型样点灌区，故江宁区小型灌区的系数较去年略有下降。

2021 年高淳区农田灌溉水有效利用系数测算工作仅将大型灌区淳东灌区作为样点灌区，为综合考虑灌区规模与类型对灌溉水有效利用系数的影响，此次高淳区系数测算工作新增中型灌区、小型灌区各 1 个,中型灌区系数达到 0.686,小型灌区系数达到 0.687,且淳东灌区开展灌区标准化规范化建设,不断提高管理水平,故高淳区系数涨幅较大。

表 6.4-3　2022 年南京市各规模灌区农田灌溉水有效利用系数年际间比较

序号	区域	农田灌溉水有效利用系数											
		区域			大型灌区			中型灌区			小型灌区		
		2021 年系数	2022 年系数	增加值	2021 年系数	2022 年系数	增加值	2021 年系数	2022 年系数	增加值	2021 年系数	2022 年系数	增加值
1	南京市	0.683	0.685	+0.002	0.680	0.682	+0.002	0.682	0.685	+0.003	0.685	0.687	+0.002
2	高淳区	0.680	0.683	+0.003	0.680	0.682	+0.002	—	0.686	—	—	0.687	—
3	溧水区	0.683	0.685	+0.002	—	—	—	0.683	0.685	+0.002	0.684	0.688	+0.004
4	江宁区	0.685	0.686	+0.001	—	—	—	0.682	0.686	+0.004	0.697	0.688	−0.009
5	浦口区	0.683	0.685	+0.002	—	—	—	—	0.684	—	0.683	0.686	+0.003
6	六合区	0.683	0.685	+0.002	—	—	—	0.683	0.685	+0.002	0.684	—	—

6.4.2.2　南京市农田灌溉水有效利用系数年际间比较分析

2022 年南京市农田灌溉水有效利用系数为 0.685,比 2011 年的 0.617 提高了 11.0%(表 6.4-4),且 12 年间呈现逐年提高的趋势(图 6.4-1)。近年来,南京市重视农业节水,在泵站维修、塘坝治理与农田整治等方面投入大量资金,并引进节水灌溉模式,进行节水灌区建设。2021—2022 年期间,南京市共成功申报省级节水型灌区 8 个。因此,灌溉水有效利用系数的增长是南京市投资建设的必然结果。

表 6.4-4 显示,2011—2022 年南京市农田灌溉水有效利用系数涨幅呈现先上升后下降的趋势。2011 年中央一号文件下发以及南京市水利体制改革的实施,国家及各级政府不断加大水利基础设施建设的投资力度,工程状况和灌区整体管理运行能力得到极大改善,这是前期涨幅较大的原因。随着农田水利基础设施的不断完善、农业技术水平的不断提升,后期虽仍然上涨但涨幅减弱,这符合发展的一般规律,为合理现象。

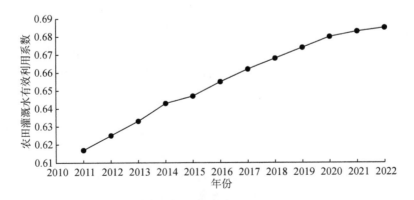

图 6.4-1　2011—2022 年南京市农田灌溉水有效利用系数变化趋势图

表 6.4-4　2011—2022 年南京市农田灌溉水有效利用系数及涨幅变化表

市/区	年份	2011	2012	2013	2014	2015	2016	2017	2018	2019	2020	2021	2022
南京市	系数	0.617	0.625	0.633	0.643	0.647	0.655	0.662	0.668	0.674	0.68	0.683	0.685
	涨幅		1.30%	1.28%	1.58%	0.62%	1.24%	1.07%	0.91%	0.90%	0.89%	0.44%	0.29%
高淳区	系数		0.617	0.620	0.631	0.639	0.655	0.660	0.666	0.672	0.677	0.680	0.683
	涨幅			0.49%	1.77%	1.27%	2.50%	0.76%	0.91%	0.90%	0.74%	0.44%	0.44%
溧水区	系数		0.616	0.621	0.635	0.643	0.653	0.661	0.667	0.674	0.680	0.683	0.685
	涨幅			0.81%	2.25%	1.26%	1.56%	1.23%	0.91%	1.05%	0.89%	0.44%	0.29%
江宁区	系数		0.644	0.648	0.650	0.655	0.660	0.665	0.670	0.677	0.682	0.685	0.686
	涨幅			0.62%	0.31%	0.77%	0.76%	0.76%	0.75%	1.04%	0.74%	0.44%	0.15%
浦口区	系数		0.637	0.641	0.645	0.649	0.655	0.663	0.669	0.675	0.680	0.683	0.685
	涨幅			0.63%	0.62%	0.62%	0.92%	1.22%	0.90%	0.90%	0.74%	0.44%	0.29%
六合区	系数		0.634	0.635	0.637	0.644	0.652	0.661	0.668	0.674	0.680	0.683	0.685
	涨幅			0.16%	0.31%	1.10%	1.24%	1.38%	1.06%	0.90%	0.89%	0.44%	0.29%

6.5　主要结论与建议

6.5.1　主要结论

2022 年,南京市农田灌溉水有效利用系数测算分析过程按照《指导细则》和《2022 年南京市灌溉水有效利用系数测算分析工作实施方案》严格进行,针对本地灌区的特点,通过对南京市各灌区测算情况的分析和现场调研,使 2022 年度农田灌溉水有效利用系数的测算工作取得了较为客观、真实的成果。测算结果反映了南京市灌区管理水平以及近年来节水灌溉实施取得的成果,毛灌溉水量、净灌溉水量的测算方法是可靠的,测算结果是合理的。

2022 年南京市农田灌溉水有效利用系数测算分析工作,选择不同规模、不同引水条件、不同工程状况和管理水平的样点灌区,并依据样点灌区已有的灌溉水管理资料、灌溉试验与观测资料和灌溉实践经验等,通过调查、现场测量、计算分析,得出样点灌区现状灌溉水有效利用系数,采用点与面相结合,调查统计与试验观测分析相结合的方法,按照加权平均,测算出本年度全市农田灌溉水有效利用系数为 0.685,较 2021 年的 0.683 提高 0.002。

6.5.2　建议

农田灌溉水有效利用系数测算是一项涉及气象、水文、农业等多学科的技术工作,对贯彻落实最严格的水资源管理制度具有重要意义,因此建议:

(1)信息化技术合理化应用。首尾法的重要步骤之一是灌区首部渠道取水量的测定,目前灌区主要采用流速仪测定。但有些灌区首部枢纽不够完整,水源工程多,类型差别较大,测试过程中容易出现漏测、误测,对结果影响很大,在测算过程中需反复核对。

另外,一些灌区尤其是小型灌区渠道断面不够规则,影响测算精度,测算结果需用多种方法相互校核,使得测算工作量增大。建议增加对渠首取水量测量方法的研究,合理利用用水计量设施及信息化技术,减少测算工作量,提高测算精度。

(2)加强经费保障。农田灌溉水有效利用系数测算工作需要消耗大量的人力、物力和财力,渠首流量的测算、水位观测井的布设、技术培训的开展,都需要稳定的经费保障。目前,各区(县)的经费均由省、市级财政拨款,受多种原因影响,资金较为紧张,难以为农田灌溉水有效利用系数测算提供稳定的资金渠道,建议加强配套资金,从而保障农田灌溉水有效利用系数测算工作的顺利开展。

(3)促进灌区配套升级与设施管护。农田灌溉水有效利用系数与水利工程设施情况、管理水平、灌溉制度等密切相关。目前,南京市已投入大量资金在灌区改造、重点泵站建设、高标准农田建设等水利工程建设方面,灌区基础设施逐步完善。建议加大农业基础设施投入的同时,进一步提高灌区管理水平,增强灌溉设施养护。

6.6 附表及附图

附表 6.1-1~附表 6.6-23 为南京市各样点灌区基本信息调查表。

附表 6.6-1 2022 年淳东灌区基本信息调查表

灌区名称:淳东灌区				
灌区所在行政区:江苏省南京市高淳区东坝、桠溪、固城、漆桥镇			灌区位置:	
灌区规模:☑大 □中 □小		灌区水源取水方式:☑提水 □自流引水		
灌区地形:□山区 ☑丘陵 □平原		灌区土壤类型:黏质土___ % 壤土___ % 砂质土___ %		
设计灌溉面积(万亩)	30.85	有效灌溉面积(万亩)		29.97
当年实际灌溉面积(万亩)	18.17	井渠结合面积(万亩)		
多年平均降水量(mm)		当年降水量(mm)		
地下水埋深范围(m)				
机井数量(眼)		配套动力(kW)		
泵站数量(座)	20	泵站装机容量(kW)		4 940
泵站提水能力(m^3/s)	14.5			
塘坝数量(座)		塘坝总蓄水能力(万 m^3)		
水窖、池数量(座)		水窖、池总蓄水能力(万 m^3)		
当年完成节水灌溉工程投资(万元)		灌区综合净灌溉定额(m^3/亩)		
样点灌区粮食亩均产量(kg/亩)		灌区人均占有耕地面积(亩/人)		
节水灌溉工程面积(万亩)				
合计	防渗渠道地面灌溉	管道输水地面灌溉	喷灌	微灌

附表 6.6-2　2022 年胜利圩灌区基本信息调查表

灌区名称:胜利圩灌区				
灌区所在行政区:江苏省南京市高淳区阳江镇		灌区位置:		
灌区规模:□大　☑中　□小		灌区水源取水方式:□提水　☑自流引水		
灌区地形:□山区　□丘陵　☑平原		灌区土壤类型:黏质土＿＿＿% 壤土＿＿＿% 砂质土＿＿＿%		
设计灌溉面积(万亩)	1	有效灌溉面积(万亩)		1
当年实际灌溉面积(万亩)	0.16	井渠结合面积(万亩)		
多年平均降水量(mm)		当年降水量(mm)		
地下水埋深范围(m)				
机井数量(眼)		配套动力(kW)		
泵站数量(座)		泵站装机容量(kW)		
泵站提水能力(m^3/s)				
塘坝数量(座)		塘坝总蓄水能力(万 m^3)		
水窖、池数量(座)		水窖、池总蓄水能力(万 m^3)		
当年完成节水灌溉工程投资(万元)		灌区综合净灌溉定额(m^3/亩)		
样点灌区粮食亩均产量(kg/亩)		灌区人均占有耕地面积(亩/人)		
节水灌溉工程面积(万亩)				
合计	防渗渠道地面灌溉	管道输水地面灌溉	喷灌	微灌

附表 6.6-3　2022 年洪村联合圩灌区基本信息调查表

灌区名称:洪村联合圩灌区				
灌区所在行政区:江苏省南京市高淳区东坝街道东坝村		灌区位置:		
灌区规模:□大　□中　☑小		灌区水源取水方式:□提水　☑自流引水		
灌区地形:□山区　□丘陵　☑圩垸		灌区土壤类型:黏质土＿＿＿% 壤土＿＿＿% 砂质土＿＿＿%		
设计灌溉面积(万亩)	0.12	有效灌溉面积(万亩)		0.12
当年实际灌溉面积(万亩)	0.12	井渠结合面积(万亩)		
多年平均降水量(mm)		当年降水量(mm)		
地下水埋深范围(m)				
机井数量(眼)		配套动力(kW)		
泵站数量(座)		泵站装机容量(kW)		
泵站提水能力(m^3/s)				
塘坝数量(座)		塘坝总蓄水能力(万 m^3)		
水窖、池数量(座)		水窖、池总蓄水能力(万 m^3)		
当年完成节水灌溉工程投资(万元)		灌区综合净灌溉定额(m^3/亩)		
样点灌区粮食亩均产量(kg/亩)		灌区人均占有耕地面积(亩/人)		
节水灌溉工程面积(万亩)				
合计	防渗渠道地面灌溉	管道输水地面灌溉	喷灌	微灌

附表 6.6-4 2022 年湫湖灌区基本信息调查表

灌区名称:湫湖灌区					
灌区所在行政区:江苏省南京市溧水区白马镇、永阳街道			灌区位置:		
灌区规模:□大 ☑中 □小			灌区水源取水方式:☑提水 □自流引水		
灌区地形:□山区 ☑丘陵 □平原			灌区土壤类型:黏质土___% 壤土___% 砂质土___%		
设计灌溉面积(万亩)		21.83	有效灌溉面积(万亩)		8.91
当年实际灌溉面积(万亩)		6.27	井渠结合面积(万亩)		
多年平均降水量(mm)			当年降水量(mm)		
地下水埋深范围(m)					
机井数量(眼)			配套动力(kW)		
泵站数量(座)		1	泵站装机容量(kW)		8 800
泵站提水能力(m³/s)		15			
塘坝数量(座)		298	塘坝总蓄水能力(万 m³)		1 357.75
水窖、池数量(座)			水窖、池总蓄水能力(万 m³)		
当年完成节水灌溉工程投资(万元)			灌区综合净灌溉定额(m³/亩)		
样点灌区粮食亩均产量(kg/亩)			灌区人均占有耕地面积(亩/人)		
节水灌溉工程面积(万亩)					
合计	防渗渠道地面灌溉		管道输水地面灌溉	喷灌	微灌

附表 6.6-5 2022 年赭山头水库灌区基本信息调查表

灌区名称:赭山头水库灌区					
灌区所在行政区:江苏省南京市溧水区晶桥镇			灌区位置:		
灌区规模:□大 ☑中 □小			灌区水源取水方式:□提水 ☑自流引水		
灌区地形:□山区 ☑丘陵 □平原			灌区土壤类型:黏质土___% 壤土___% 砂质土___%		
设计灌溉面积(万亩)		1.80	有效灌溉面积(万亩)		1.77
当年实际灌溉面积(万亩)		0.72	井渠结合面积(万亩)		
多年平均降水量(mm)			当年降水量(mm)		
地下水埋深范围(m)					
机井数量(眼)			配套动力(kW)		
泵站数量(座)		3	泵站装机容量(kW)		122
泵站提水能力(m³/s)		0.48			
塘坝数量(座)			塘坝总蓄水能力(万 m³)		
水窖、池数量(座)			水窖、池总蓄水能力(万 m³)		
当年完成节水灌溉工程投资(万元)			灌区综合净灌溉定额(m³/亩)		
样点灌区粮食亩均产量(kg/亩)			灌区人均占有耕地面积(亩/人)		
节水灌溉工程面积(万亩)					
合计	防渗渠道地面灌溉		管道输水地面灌溉	喷灌	微灌

附表 6.6-6　2022 年无想寺水库灌区基本信息调查表

灌区名称:无想寺水库灌区				
灌区所在行政区:江苏省南京市溧水区洪蓝街道		灌区位置:		
灌区规模:☐大　☑中　☐小		灌区水源取水方式:☐提水　☑自流引水		
灌区地形:☐山区　☐丘陵　☑圩垸		灌区土壤类型:黏质土___%　壤土___%　砂质土___%		
设计灌溉面积(万亩)	3.04	有效灌溉面积(万亩)		2.01
当年实际灌溉面积(万亩)	1.16	井渠结合面积(万亩)		
多年平均降水量(mm)		当年降水量(mm)		
地下水埋深范围(m)				
机井数量(眼)		配套动力(kW)		
泵站数量(座)	20	泵站装机容量(kW)		566
泵站提水能力(m³/s)	3.85			
塘坝数量(座)		塘坝总蓄水能力(万 m³)		
水窖、池数量(座)		水窖、池总蓄水能力(万 m³)		
当年完成节水灌溉工程投资(万元)		灌区综合净灌溉定额(m³/亩)		
样点灌区粮食亩均产量(kg/亩)		灌区人均占有耕地面积(亩/人)		
节水灌溉工程面积(万亩)				
合计	防渗渠道地面灌溉	管道输水地面灌溉	喷灌	微灌

附表 6.6-7　2022 年毛公铺灌区基本信息调查表

灌区名称:毛公铺灌区				
灌区所在行政区:江苏省南京市溧水区和凤镇		灌区位置:		
灌区规模:☐大　☑中　☐小		灌区水源取水方式:☑提水　☐自流引水		
灌区地形:☐山区　☑丘陵　☐平原		灌区土壤类型:黏质土___%　壤土___%　砂质土___%		
设计灌溉面积(万亩)	3.03	有效灌溉面积(万亩)		2.91
当年实际灌溉面积(万亩)	1.72	井渠结合面积(万亩)		
多年平均降水量(mm)		当年降水量(mm)		
地下水埋深范围(m)				
机井数量(眼)		配套动力(kW)		
泵站数量(座)	23	泵站装机容量(kW)		1 303
泵站提水能力(m³/s)				
塘坝数量(座)		塘坝总蓄水能力(万 m³)		
水窖、池数量(座)		水窖、池总蓄水能力(万 m³)		
当年完成节水灌溉工程投资(万元)		灌区综合净灌溉定额(m³/亩)		
样点灌区粮食亩均产量(kg/亩)		灌区人均占有耕地面积(亩/人)		
节水灌溉工程面积(万亩)				
合计	防渗渠道地面灌溉	管道输水地面灌溉	喷灌	微灌

附表 6.6-8 2022 年何林坊站灌区基本信息调查表

灌区名称:何林坊站灌区			
灌区所在行政区:江苏省南京市溧水区洪蓝街道		灌区位置:	
灌区规模:☐大 ☐中 ☑小		灌区水源取水方式:☑提水 ☐自流引水	
灌区地形:☐山区 ☑丘陵 ☐平原		灌区土壤类型:黏质土___% 壤土___% 砂质土___%	
设计灌溉面积(万亩)	0.205 5	有效灌溉面积(万亩)	0.205 5
当年实际灌溉面积(万亩)	0.205 5	井渠结合面积(万亩)	
多年平均降水量(mm)		当年降水量(mm)	
地下水埋深范围(m)			
机井数量(眼)		配套动力(kW)	
泵站数量(座)		泵站装机容量(kW)	
泵站提水能力(m^3/s)			
塘坝数量(座)		塘坝总蓄水能力(万 m^3)	
水窖、池数量(座)		水窖、池总蓄水能力(万 m^3)	
当年完成节水灌溉工程投资(万元)		灌区综合净灌溉定额(m^3/亩)	
样点灌区粮食亩均产量(kg/亩)		灌区人均占有耕地面积(亩/人)	

节水灌溉工程面积(万亩)				
合计	防渗渠道地面灌溉	管道输水地面灌溉	喷灌	微灌

附表 6.6-9 2022 年江宁河灌区基本信息调查表

灌区名称:江宁河灌区			
灌区所在行政区:江苏省南京市江宁区谷里街道		灌区位置:	
灌区规模:☐大 ☑中 ☐小		灌区水源取水方式:☑提水 ☐自流引水	
灌区地形:☐山区 ☑丘陵 ☐平原		灌区土壤类型:黏质土___% 壤土___% 砂质土___%	
设计灌溉面积(万亩)	8.05	有效灌溉面积(万亩)	7.6
当年实际灌溉面积(万亩)	4.73	井渠结合面积(万亩)	
多年平均降水量(mm)		当年降水量(mm)	
地下水埋深范围(m)			
机井数量(眼)		配套动力(kW)	
泵站数量(座)	30	泵站装机容量(kW)	9 280
泵站提水能力(m^3/s)	79.89		
塘坝数量(座)		塘坝总蓄水能力(万 m^3)	
水窖、池数量(座)		水窖、池总蓄水能力(万 m^3)	
当年完成节水灌溉工程投资(万元)		灌区综合净灌溉定额(m^3/亩)	
样点灌区粮食亩均产量(kg/亩)		灌区人均占有耕地面积(亩/人)	

节水灌溉工程面积(万亩)				
合计	防渗渠道地面灌溉	管道输水地面灌溉	喷灌	微灌

附表 6.6-10　2022 年汤水河灌区基本信息调查表

灌区名称:汤水河灌区				
灌区所在行政区:江苏省南京市江宁区汤山、湖熟、淳化街道		灌区位置:		
灌区规模:□大　☑中　□小		灌区水源取水方式:☑提水　□自流引水		
灌区地形:□山区　☑丘陵　□平原		灌区土壤类型:黏质土＿＿％　壤土＿＿％　砂质土＿＿％		
设计灌溉面积(万亩)	9.45	有效灌溉面积(万亩)		9.02
当年实际灌溉面积(万亩)	5.78	井渠结合面积(万亩)		
多年平均降水量(mm)		当年降水量(mm)		
地下水埋深范围(m)				
机井数量(眼)		配套动力(kW)		
泵站数量(座)	35	泵站装机容量(kW)		8 658
泵站提水能力(m^3/s)	70.03			
塘坝数量(座)		塘坝总蓄水能力(万 m^3)		
水窖、池数量(座)		水窖、池总蓄水能力(万 m^3)		
当年完成节水灌溉工程投资(万元)		灌区综合净灌溉定额(m^3/亩)		
样点灌区粮食亩均产量(kg/亩)		灌区人均占有耕地面积(亩/人)		
节水灌溉工程面积(万亩)				
合计	防渗渠道地面灌溉	管道输水地面灌溉	喷灌	微灌

附表 6.6-11　2022 年周岗圩灌区基本信息调查表

灌区名称:周岗圩灌区				
灌区所在行政区:江苏省南京市江宁区湖熟、秣陵街道		灌区位置:		
灌区规模:□大　☑中　□小		灌区水源取水方式:□提水　☑自流引水		
灌区地形:☑圩垸　□丘陵　□平原		灌区土壤类型:黏质土＿＿％　壤土＿＿％　砂质土＿＿％		
设计灌溉面积(万亩)	5.34	有效灌溉面积(万亩)		5.31
当年实际灌溉面积(万亩)	4.51	井渠结合面积(万亩)		
多年平均降水量(mm)		当年降水量(mm)		
地下水埋深范围(m)				
机井数量(眼)		配套动力(kW)		
泵站数量(座)		泵站装机容量(kW)		
泵站提水能力(m^3/s)				
塘坝数量(座)	10	塘坝总蓄水能力(万 m^3)		
水窖、池数量(座)		水窖、池总蓄水能力(万 m^3)		
当年完成节水灌溉工程投资(万元)		灌区综合净灌溉定额(m^3/亩)		
样点灌区粮食亩均产量(kg/亩)		灌区人均占有耕地面积(亩/人)		
节水灌溉工程面积(万亩)				
合计	防渗渠道地面灌溉	管道输水地面灌溉	喷灌	微灌

附表 6.6-12   2022 年下坝灌区基本信息调查表

灌区名称:下坝灌区				
灌区所在行政区:江苏省南京市江宁区谷里街道		灌区位置:		
灌区规模:□大　　☑中　　□小		灌区水源取水方式:☑提水　　□自流引水		
灌区地形:□山区　☑丘陵　□平原		灌区土壤类型:黏质土＿＿% 壤土＿＿% 砂质土＿＿%		
设计灌溉面积(万亩)	3.11	有效灌溉面积(万亩)		2.4
当年实际灌溉面积(万亩)	1.62	井渠结合面积(万亩)		
多年平均降水量(mm)		当年降水量(mm)		
地下水埋深范围(m)				
机井数量(眼)		配套动力(kW)		
泵站数量(座)	5	泵站装机容量(kW)		795
泵站提水能力(m^3/s)	7.29			
塘坝数量(座)		塘坝总蓄水能力(万 m^3)		
水窖、池数量(座)		水窖、池总蓄水能力(万 m^3)		
当年完成节水灌溉工程投资(万元)		灌区综合净灌溉定额($m^3/$亩)		
样点灌区粮食亩均产量(kg/亩)		灌区人均占有耕地面积(亩/人)		
节水灌溉工程面积(万亩)				
合计	防渗渠道地面灌溉	管道输水地面灌溉	喷灌	微灌

附表 6.6-13   2022 年邵处水库灌区基本信息调查表

灌区名称:邵处水库灌区				
灌区所在行政区:江苏省南京市江宁区秣陵街道胜家桥社区		灌区位置:		
灌区规模:□大　　□中　　☑小		灌区水源取水方式:□提水　　☑自流引水		
灌区地形:□山区　☑丘陵　□平原		灌区土壤类型:黏质土＿＿% 壤土＿＿% 砂质土＿＿%		
设计灌溉面积(万亩)	0.065	有效灌溉面积(万亩)		0.065
当年实际灌溉面积(万亩)	0.065	井渠结合面积(万亩)		
多年平均降水量(mm)		当年降水量(mm)		
地下水埋深范围(m)				
机井数量(眼)		配套动力(kW)		
泵站数量(座)		泵站装机容量(kW)		
泵站提水能力(m^3/s)				
塘坝数量(座)		塘坝总蓄水能力(万 m^3)		
水窖、池数量(座)		水窖、池总蓄水能力(万 m^3)		
当年完成节水灌溉工程投资(万元)		灌区综合净灌溉定额($m^3/$亩)		
样点灌区粮食亩均产量(kg/亩)		灌区人均占有耕地面积(亩/人)		
节水灌溉工程面积(万亩)				
合计	防渗渠道地面灌溉	管道输水地面灌溉	喷灌	微灌

附表 6.6-14 2022 年三合圩灌区（样点）基本信息调查表

灌区名称：三合圩灌区

灌区所在行政区：江苏省南京市浦口区永宁街道		灌区位置：	
灌区规模：☐大 ☑中 ☐小		灌区水源取水方式：☐提水 ☑自流引水	
灌区地形：☑圩垸 ☐丘陵 ☐平原		灌区土壤类型：黏质土＿＿＿% 壤土＿＿＿% 砂质土＿＿＿%	
设计灌溉面积（万亩）	1.83	有效灌溉面积（万亩）	1.82
当年实际灌溉面积（万亩）	0.93	井渠结合面积（万亩）	
多年平均降水量（mm）		当年降水量（mm）	
地下水埋深范围（m）	0.8		
机井数量（眼）		配套动力（kW）	
泵站数量（座）		泵站装机容量（kW）	
泵站提水能力（m³/s）			
塘坝数量（座）		塘坝总蓄水能力（万 m³）	
水窖、池数量（座）		水窖、池总蓄水能力（万 m³）	
当年完成节水灌溉工程投资（万元）		灌区综合净灌溉定额（m³/亩）	
样点灌区粮食亩均产量（kg/亩）	650	灌区人均占有耕地面积（亩/人）	

节水灌溉工程面积（万亩）				
合计	防渗渠道地面灌溉	管道输水地面灌溉	喷灌	微灌
1.50	1.0			

附表 6.6-15 2022 年沿滁灌区（样点）基本信息调查表

灌区名称：沿滁灌区

灌区所在行政区：江苏省南京市浦口区汤泉街道		灌区位置：	
灌区规模：☐大 ☑中 ☐小		灌区水源取水方式：☐提水 ☑自流引水	
灌区地形：☐圩垸 ☐丘陵 ☑平原		灌区土壤类型：黏质土＿＿＿% 壤土＿＿＿% 砂质土＿＿＿%	
设计灌溉面积（万亩）	5.22	有效灌溉面积（万亩）	4.85
当年实际灌溉面积（万亩）	0.72	井渠结合面积（万亩）	
多年平均降水量（mm）		当年降水量（mm）	
地下水埋深范围（m）	2.0～7.5		
机井数量（眼）		配套动力（kW）	
泵站数量（座）		泵站装机容量（kW）	
泵站提水能力（m³/s）			
塘坝数量（座）		塘坝总蓄水能力（万 m³）	
水窖、池数量（座）		水窖、池总蓄水能力（万 m³）	
当年完成节水灌溉工程投资（万元）		灌区综合净灌溉定额（m³/亩）	
样点灌区粮食亩均产量（kg/亩）	580	灌区人均占有耕地面积（亩/人）	

节水灌溉工程面积（万亩）				
合计	防渗渠道地面灌溉	管道输水地面灌溉	喷灌	微灌
2.50	2.50			

附表 6.6-16　2022 年浦口沿江灌区(样点)基本信息调查表

灌区名称:浦口沿江灌区				
灌区所在行政区:江苏省南京市浦口区桥林街道		灌区位置:		
灌区规模:□大　☑中　□小		灌区水源取水方式:□提水　☑自流引水		
灌区地形:☑圩垸　□丘陵　□平原		灌区土壤类型:黏质土___% 壤土___% 砂质土___%		
设计灌溉面积(万亩)	6.6	有效灌溉面积(万亩)		4.14
当年实际灌溉面积(万亩)	1.21	井渠结合面积(万亩)		
多年平均降水量(mm)		当年降水量(mm)		
地下水埋深范围(m)	5			
机井数量(眼)		配套动力(kW)		
泵站数量(座)		泵站装机容量(kW)		
泵站提水能力(m^3/s)				
塘坝数量(座)		塘坝总蓄水能力(万 m^3)		
水窖、池数量(座)		水窖、池总蓄水能力(万 m^3)		
当年完成节水灌溉工程投资(万元)		灌区综合净灌溉定额(m^3/亩)		
样点灌区粮食亩均产量(kg/亩)	525	灌区人均占有耕地面积(亩/人)		
节水灌溉工程面积(万亩)				
合计	防渗渠道地面灌溉	管道输水地面灌溉	喷灌	微灌
2.00	2.00			

附表 6.6-17　2022 年兰花塘灌区(样点)基本信息调查表

灌区名称:兰花塘灌区				
灌区所在行政区:江苏省南京市浦口区桥林街道		灌区位置:		
灌区规模:□大　□中　☑小		灌区水源取水方式:☑提水　□自流引水		
灌区地形:□圩垸　☑丘陵　□平原		灌区土壤类型:黏质土___% 壤土___% 砂质土___%		
设计灌溉面积(万亩)	0.666 4	有效灌溉面积(万亩)		0.594 5
当年实际灌溉面积(万亩)	0.594 5	井渠结合面积(万亩)		
多年平均降水量(mm)		当年降水量(mm)		
地下水埋深范围(m)				
机井数量(眼)		配套动力(kW)		
泵站数量(座)		泵站装机容量(kW)		
泵站提水能力(m^3/s)				
塘坝数量(座)		塘坝总蓄水能力(万 m^3)		
水窖、池数量(座)		水窖、池总蓄水能力(万 m^3)		
当年完成节水灌溉工程投资(万元)		灌区综合净灌溉定额(m^3/亩)		
样点灌区粮食亩均产量(kg/亩)	525	灌区人均占有耕地面积(亩/人)		
节水灌溉工程面积(万亩)				
合计	防渗渠道地面灌溉	管道输水地面灌溉	喷灌	微灌
0.399 8				

附表 6.6-18 2022 年西江灌区(样点)基本信息调查表

灌区名称:西江灌区				
灌区所在行政区:江苏省南京市浦口区江浦街道		灌区位置:		
灌区规模:☐大　☐中　☑小		灌区水源取水方式:☑提水　☐自流引水		
灌区地形:☐圩垸　☐丘陵　☑平原		灌区土壤类型:黏质土＿＿＿%　壤土＿＿＿%　砂质土＿＿＿%		
设计灌溉面积(万亩)	0.182 7	有效灌溉面积(万亩)		0.182 7
当年实际灌溉面积(万亩)	0.182 7	井渠结合面积(万亩)		
多年平均降水量(mm)		当年降水量(mm)		
地下水埋深范围(m)				
机井数量(眼)		配套动力(kW)		
泵站数量(座)		泵站装机容量(kW)		
泵站提水能力(m^3/s)				
塘坝数量(座)		塘坝总蓄水能力(万 m^3)		
水窖、池数量(座)		水窖、池总蓄水能力(万 m^3)		
当年完成节水灌溉工程投资(万元)		灌区综合净灌溉定额(m^3/亩)		
样点灌区粮食亩均产量(kg/亩)		灌区人均占有耕地面积(亩/人)		
节水灌溉工程面积(万亩)				
合计	防渗渠道地面灌溉	管道输水地面灌溉	喷灌	微灌
0.109 6				

附表 6.6-19 2022 年山湖灌区(样点)基本信息调查表

灌区名称:山湖灌区				
灌区所在行政区:江苏省南京市六合区马鞍街道		灌区位置:		
灌区规模:☐大　☑中　☐小		灌区水源取水方式:☑提水　☐自流引水		
灌区地形:☐山区　☑丘陵　☐平原		灌区土壤类型:黏质土＿＿＿%　壤土＿＿＿%　砂质土＿＿＿%		
设计灌溉面积(万亩)	28	有效灌溉面积(万亩)		22
当年实际灌溉面积(万亩)	22	井渠结合面积(万亩)		
多年平均降水量(mm)		当年降水量(mm)		
地下水埋深范围(m)				
机井数量(眼)		配套动力(kW)		
泵站数量(座)	1	泵站装机容量(kW)		3 150
泵站提水能力(m^3/s)	50			
塘坝数量(座)	96	塘坝总蓄水能力(万 m^3)		
水窖、池数量(座)		水窖、池总蓄水能力(万 m^3)		
当年完成节水灌溉工程投资(万元)		灌区综合净灌溉定额(m^3/亩)		
样点灌区粮食亩均产量(kg/亩)		灌区人均占有耕地面积(亩/人)		
节水灌溉工程面积(万亩)				
合计	防渗渠道地面灌溉	管道输水地面灌溉	喷灌	微灌

附表 6.6-20　2022 年龙袍圩灌区(样点)基本信息调查表

灌区名称:龙袍圩灌区					
灌区所在行政区:江苏省南京市六合区龙袍街道			灌区位置:		
灌区规模:□大　☑中　□小			灌区水源取水方式:□提水　☑自流引水		
灌区地形:☑圩垸　□丘陵　□平原			灌区土壤类型:黏质土___%　壤土___%　砂质土___%		
设计灌溉面积(万亩)	5.25		有效灌溉面积(万亩)		5.2
当年实际灌溉面积(万亩)	4.52		井渠结合面积(万亩)		
多年平均降水量(mm)	986		当年降水量(mm)		
地下水埋深范围(m)	2.0~7.5				
机井数量(眼)			配套动力(kW)		
泵站数量(座)			泵站装机容量(kW)		
泵站提水能力(m^3/s)					
塘坝数量(座)			塘坝总蓄水能力(万 m^3)		
水窖、池数量(座)			水窖、池总蓄水能力(万 m^3)		
当年完成节水灌溉工程投资(万元)			灌区综合净灌溉定额(m^3/亩)		400
样点灌区粮食亩均产量(kg/亩)	600		灌区人均占有耕地面积(亩/人)		1.4
节水灌溉工程面积(万亩)					
合计	防渗渠道地面灌溉		管道输水地面灌溉	喷灌	微灌

附表 6.6-21　2022 年新禹河灌区(样点)基本信息调查表

灌区名称:新禹河灌区					
灌区所在行政区:江苏省南京市六合区雄州、横梁街道			灌区位置:		
灌区规模:□大　☑中　□小			灌区水源取水方式:☑提水　□自流引水		
灌区地形:□圩垸　☑丘陵　□平原			灌区土壤类型:黏质土___%　壤土___%　砂质土___%		
设计灌溉面积(万亩)	25.02		有效灌溉面积(万亩)		24.55
当年实际灌溉面积(万亩)	16.72		井渠结合面积(万亩)		
多年平均降水量(mm)	1 000		当年降水量(mm)		796.8
地下水埋深范围(m)	2.0~7.5				
机井数量(眼)	2		配套动力(kW)		40
泵站数量(座)	105		泵站装机容量(kW)		2 200
泵站提水能力(m^3/s)	150				
塘坝数量(座)	975		塘坝总蓄水能力(万 m^3)		1 300
水窖、池数量(座)	4		水窖、池总蓄水能力(万 m^3)		1 400
当年完成节水灌溉工程投资(万元)	400		灌区综合净灌溉定额(m^3/亩)		500
样点灌区粮食亩均产量(kg/亩)	550		灌区人均占有耕地面积(亩/人)		0.9
节水灌溉工程面积(万亩)					
合计	防渗渠道地面灌溉		管道输水地面灌溉	喷灌	微灌
4.8	4.5		0.3		

附表 6.6-22　2022 年金牛湖灌区(样点)基本信息调查表

灌区名称:金牛湖灌区				
灌区所在行政区:江苏省南京市六合区冶山、金牛湖街道			灌区位置:	
灌区规模:☐大　☑中　☐小			灌区水源取水方式:☑提水　☐自流引水	
灌区地形:☐圩垸　☑丘陵　☐平原			灌区土壤类型:黏质土___%　壤土___%　砂质土___%	
设计灌溉面积(万亩)	27.17		有效灌溉面积(万亩)	26.6
当年实际灌溉面积(万亩)	17.45		井渠结合面积(万亩)	
多年平均降水量(mm)			当年降水量(mm)	
地下水埋深范围(m)				
机井数量(眼)			配套动力(kW)	
泵站数量(座)	2		泵站装机容量(kW)	
泵站提水能力(m³/s)				
塘坝数量(座)	31		塘坝总蓄水能力(万 m³)	498.2
水窖、池数量(座)			水窖、池总蓄水能力(万 m³)	
当年完成节水灌溉工程投资(万元)			灌区综合净灌溉定额(m³/亩)	
样点灌区粮食亩均产量(kg/亩)			灌区人均占有耕地面积(亩/人)	
节水灌溉工程面积(万亩)				
合计	防渗渠道地面灌溉	管道输水地面灌溉	喷灌	微灌

附表 6.6-23　2022 年新集灌区(样点)基本信息调查表

灌区名称:新集灌区				
灌区所在行政区:江苏省南京市六合区龙池街道			灌区位置:	
灌区规模:☐大　☑中　☐小			灌区水源取水方式:☐提水　☑自流引水	
灌区地形:☐圩垸　☐丘陵　☑平原			灌区土壤类型:黏质土___%　壤土___%　砂质土___%	
设计灌溉面积(万亩)	3.71		有效灌溉面积(万亩)	3.62
当年实际灌溉面积(万亩)	3.13		井渠结合面积(万亩)	
多年平均降水量(mm)			当年降水量(mm)	
地下水埋深范围(m)				
机井数量(眼)			配套动力(kW)	
泵站数量(座)	11		泵站装机容量(kW)	
泵站提水能力(m³/s)	1.84			
塘坝数量(座)			塘坝总蓄水能力(万 m³)	
水窖、池数量(座)			水窖、池总蓄水能力(万 m³)	
当年完成节水灌溉工程投资(万元)			灌区综合净灌溉定额(m³/亩)	
样点灌区粮食亩均产量(kg/亩)			灌区人均占有耕地面积(亩/人)	
节水灌溉工程面积(万亩)				
合计	防渗渠道地面灌溉	管道输水地面灌溉	喷灌	微灌

附表 6.6-24～附表 6.6-46 为南京市各样点灌区渠首和渠系信息调查表。

附表 6.6-24　2022 年淳东灌区渠首和渠系信息调查表

渠首设计取水能力（m³/s）：

	渠道长度与防渗情况						
	渠道级别	条数	总长度（km）	渠道衬砌防渗长度（km）			衬砌防渗率（%）
				混凝土	浆砌石	其他	
渠系信息	干渠	5	45.57				
	支渠	62	168.94				
	斗渠						
	农渠						
	其中骨干渠系（≥1 m³/s）						
毛灌溉用水情况	渠首引水量（万 m³/年）	13 144.60		地下水取水量（万 m³/年）			
	塘堰坝供水量（万 m³/年）			其他水源引水量（万 m³/年）			
	塘堰坝取水：□有 □无			塘堰坝供水量计算方式：□径流系数法 □复蓄次数法			
	径流系数法参数	年径流系数		蓄水系数		集水面积（km²）	
	重复蓄满次数	重复蓄满次数			有效容积（万 m³）		
其他	末级计量渠道（____渠）灌溉供水总量（万 m³）						
	洗碱状况	灌区洗碱：□有 □无					
		洗碱面积（万亩）			洗碱净定额（m³/亩）		

附表 6.6-25　2022 年胜利圩灌区渠首和渠系信息调查表

渠首设计取水能力（m³/s）：

	渠道长度与防渗情况						
	渠道级别	条数	总长度（km）	渠道衬砌防渗长度（km）			衬砌防渗率（%）
				混凝土	浆砌石	其他	
渠系信息	干渠	48	23.2				48
	支渠						
	斗渠						
	农渠						
	其中骨干渠系（≥1 m³/s）						
毛灌溉用水情况	渠首引水量（万 m³/年）	123.19		地下水取水量（万 m³/年）			
	塘堰坝供水量（万 m³/年）			其他水源引水量（万 m³/年）			
	塘堰坝取水：□有 □无			塘堰坝供水量计算方式：□径流系数法 □复蓄次数法			
	径流系数法参数	年径流系数		蓄水系数		集水面积（km²）	
	重复蓄满次数	重复蓄满次数			有效容积（万 m³）		

其他	末级计量渠道(____ 渠)灌溉供水总量(万 m³)			
	洗碱状况	灌区洗碱：□ 有 □ 无		
		洗碱面积(万亩)	洗碱净定额(m³/亩)	

附表 6.6-26　2022 年洪村联合圩灌区渠首和渠系信息调查表

渠首设计取水能力(m³/s)：

	渠道长度与防渗情况					
渠系信息	渠道级别	条数	总长度(km)	渠道衬砌防渗长度(km)		衬砌防渗率(%)
				混凝土	浆砌石	其他	
	干 渠						
	支 渠						
	斗 渠	2	5	3			60
	农 渠						
	其中骨干渠系(≥1 m³/s)						
毛灌溉用水情况	渠首引水量(万 m³/年)	93.55		地下水取水量(万 m³/年)		
	塘堰坝供水量(万 m³/年)			其他水源引水量(万 m³/年)		
	塘堰坝取水：□ 有 □ 无		塘堰坝供水量计算方式：□ 径流系数法 □ 复蓄次数法			
	径流系数法参数	年径流系数		蓄水系数		集水面积(km²)
	重复蓄满次数	重复蓄满次数		有效容积(万 m³)		
其他	末级计量渠道(____ 渠)灌溉供水总量(万 m³)					
	洗碱状况	灌区洗碱：□ 有 □ 无				
		洗碱面积(万亩)	洗碱净定额(m³/亩)			

附表 6.6-27　2022 年湫湖灌区渠首和渠系信息调查表

渠首设计取水能力(m³/s)：

	渠道长度与防渗情况					
渠系信息	渠道级别	条数	总长度(km)	渠道衬砌防渗长度(km)		衬砌防渗率(%)
				混凝土	浆砌石	其他	
	干 渠	14	24.47	19.16			78.3
	支 渠	34	41.15	21.98			53.4
	斗 渠						
	农 渠						
	其中骨干渠系(≥1 m³/s)						

续表

毛灌溉用水情况	渠首引水量(万 m³/年)	4 588.54			地下水取水量(万 m³/年)			
	塘堰坝供水量(万 m³/年)				其他水源引水量(万 m³/年)			
	塘堰坝取水:☐有 ☐无			塘堰坝供水量计算方式:☐径流系数法 ☐复蓄次数法				
	径流系数法参数	年径流系数			蓄水系数		集水面积(km²)	
	重复蓄满次数	重复蓄满次数				有效容积(万 m³)		
其他	末级计量渠道(___渠)灌溉供水总量(万 m³)							
	洗碱状况		灌区洗碱:☐有 ☐无					
		洗碱面积(万亩)			洗碱净定额(m³/亩)			

附表 6.6-28 2022 年赭山头水库灌区渠首和渠系信息调查表

渠首设计取水能力(m³/s):

				渠道长度与防渗情况				
渠系信息	渠道级别	条数	总长度(km)	渠道衬砌防渗长度(km)			衬砌防渗率(%)	
				混凝土	浆砌石	其他		
	干 渠	2	7.75					
	支 渠	47	26.25					
	斗 渠							
	农 渠							
	其中骨干渠系(≥1 m³/s)							
毛灌溉用水情况	渠首引水量(万 m³/年)	570.09			地下水取水量(万 m³/年)			
	塘堰坝供水量(万 m³/年)				其他水源引水量(万 m³/年)			
	塘堰坝取水:☐有 ☐无			塘堰坝供水量计算方式:☐径流系数法 ☐复蓄次数法				
	径流系数法参数	年径流系数			蓄水系数		集水面积(km²)	
	重复蓄满次数	重复蓄满次数				有效容积(万 m³)		
其他	末级计量渠道(___渠)灌溉供水总量(万 m³)							
	洗碱状况		灌区洗碱:☐有 ☐无					
		洗碱面积(万亩)			洗碱净定额(m³/亩)			

附表 6.6-29　2022 年无想寺水库灌区渠首和渠系信息调查表

渠首设计取水能力(m³/s):5

<table>
<tr><td rowspan="5">渠系信息</td><td colspan="8">渠道长度与防渗情况</td></tr>
<tr><td rowspan="2">渠道级别</td><td rowspan="2">条数</td><td rowspan="2">总长度(km)</td><td colspan="3">渠道衬砌防渗长度(km)</td><td rowspan="2">衬砌防渗率(%)</td></tr>
<tr><td>混凝土</td><td>浆砌石</td><td>其他</td></tr>
<tr><td>干　渠</td><td>10</td><td>11.03</td><td></td><td></td><td></td><td></td></tr>
<tr><td>支　渠</td><td>8</td><td>25.07</td><td></td><td></td><td></td><td></td></tr>
</table>

<table>
<tr><td>斗　渠</td><td>51</td><td>85.8</td><td></td><td></td><td></td><td></td></tr>
<tr><td>农　渠</td><td></td><td></td><td></td><td></td><td></td><td></td></tr>
<tr><td colspan="3">其中骨干渠系(≥1 m³/s)</td><td></td><td></td><td></td><td></td></tr>
</table>

毛灌溉用水情况	渠首引水量(万 m³/年)	897.09		地下水取水量(万 m³/年)	
	塘堰坝供水量(万 m³/年)			其他水源引水量(万 m³/年)	
	塘堰坝取水:□有　□无		塘堰坝供水量计算方式:□径流系数法　□复蓄次数法		
	径流系数法参数	年径流系数	蓄水系数		集水面积(km²)
	重复蓄满次数	重复蓄满次数		有效容积(万 m³)	

其他	末级计量渠道(____渠)灌溉供水总量(万 m³)				
	洗碱状况		灌区洗碱:□有　□无		
		洗碱面积(万亩)		洗碱净定额(m³/亩)	

附表 6.6-30　2022 年毛公铺灌区渠首和渠系信息调查表

渠首设计取水能力(m³/s):

<table>
<tr><td rowspan="7">渠系信息</td><td colspan="7">渠道长度与防渗情况</td></tr>
<tr><td rowspan="2">渠道级别</td><td rowspan="2">条数</td><td rowspan="2">总长度(km)</td><td colspan="3">渠道衬砌防渗长度(km)</td><td rowspan="2">衬砌防渗率(%)</td></tr>
<tr><td>混凝土</td><td>浆砌石</td><td>其他</td></tr>
<tr><td>干　渠</td><td>12</td><td>16.4</td><td>2.95</td><td></td><td></td><td>18</td></tr>
<tr><td>支　渠</td><td>4</td><td>8.88</td><td></td><td></td><td></td><td></td></tr>
<tr><td>斗　渠</td><td></td><td></td><td></td><td></td><td></td><td></td></tr>
<tr><td>农　渠</td><td></td><td></td><td></td><td></td><td></td><td></td></tr>
</table>

<table>
<tr><td colspan="3">其中骨干渠系(≥1 m³/s)</td><td></td><td></td><td></td><td></td></tr>
</table>

毛灌溉用水情况	渠首引水量(万 m³/年)	1 283.01		地下水取水量(万 m³/年)	
	塘堰坝供水量(万 m³/年)			其他水源引水量(万 m³/年)	
	塘堰坝取水:□有　□无		塘堰坝供水量计算方式:□径流系数法　□复蓄次数法		
	径流系数法参数	年径流系数	蓄水系数		集水面积(km²)
	重复蓄满次数	重复蓄满次数		有效容积(万 m³)	

续表

<table>
<tr><td rowspan="3">其他</td><td colspan="2">末级计量渠道(____渠)灌溉供水总量(万 m³)</td><td colspan="2"></td></tr>
<tr><td rowspan="2">洗碱状况</td><td colspan="3">灌区洗碱：□有　□无</td></tr>
<tr><td>洗碱面积(万亩)</td><td colspan="2">洗碱净定额(m³/亩)</td></tr>
</table>

附表 6.6-31　2022 年何林坊站灌区渠首和渠系信息调查表

渠首设计取水能力(m³/s)：

<table>
<tr><td rowspan="9">渠系信息</td><td colspan="7">渠道长度与防渗情况</td></tr>
<tr><td rowspan="2">渠道级别</td><td rowspan="2">条数</td><td rowspan="2">总长度(km)</td><td colspan="3">渠道衬砌防渗长度(km)</td><td rowspan="2">衬砌防渗率(%)</td></tr>
<tr><td>混凝土</td><td>浆砌石</td><td>其他</td></tr>
<tr><td>干　渠</td><td></td><td></td><td></td><td></td><td></td><td></td></tr>
<tr><td>支　渠</td><td></td><td></td><td></td><td></td><td></td><td></td></tr>
<tr><td>斗　渠</td><td></td><td></td><td></td><td></td><td></td><td></td></tr>
<tr><td>农　渠</td><td>1</td><td>3</td><td>1</td><td></td><td></td><td>33.3</td></tr>
<tr><td colspan="7">其中骨干渠系(≥1 m³/s)</td></tr>
</table>

<table>
<tr><td rowspan="7">毛灌溉用水情况</td><td>渠首引水量(万 m³/年)</td><td>156.17</td><td>地下水取水量(万 m³/年)</td><td></td></tr>
<tr><td>塘堰坝供水量(万 m³/年)</td><td></td><td>其他水源引水量(万 m³/年)</td><td></td></tr>
<tr><td>塘堰坝取水：□有　□无</td><td colspan="3">塘堰坝供水量计算方式：□径流系数法　□复蓄次数法</td></tr>
<tr><td rowspan="2">径流系数法参数</td><td>年径流系数</td><td>蓄水系数</td><td>集水面积(km²)</td></tr>
<tr><td></td><td></td><td></td></tr>
<tr><td rowspan="2">重复蓄满次数</td><td>重复蓄满次数</td><td colspan="2">有效容积(万 m³)</td></tr>
<tr><td></td><td colspan="2"></td></tr>
</table>

<table>
<tr><td rowspan="3">其他</td><td colspan="2">末级计量渠道(____渠)灌溉供水总量(万 m³)</td><td colspan="2"></td></tr>
<tr><td rowspan="2">洗碱状况</td><td colspan="3">灌区洗碱：□有　□无</td></tr>
<tr><td>洗碱面积(万亩)</td><td colspan="2">洗碱净定额(m³/亩)</td></tr>
</table>

附表 6.6-32　2022 年江宁河灌区渠首和渠系信息调查表

渠首设计取水能力(m³/s)：

<table>
<tr><td rowspan="9">渠系信息</td><td colspan="7">渠道长度与防渗情况</td></tr>
<tr><td rowspan="2">渠道级别</td><td rowspan="2">条数</td><td rowspan="2">总长度(km)</td><td colspan="3">渠道衬砌防渗长度(km)</td><td rowspan="2">衬砌防渗率(%)</td></tr>
<tr><td>混凝土</td><td>浆砌石</td><td>其他</td></tr>
<tr><td>干　渠</td><td>9</td><td>30.9</td><td></td><td></td><td></td><td></td></tr>
<tr><td>支　渠</td><td>11</td><td>25.1</td><td></td><td></td><td></td><td></td></tr>
<tr><td>斗　渠</td><td>47</td><td>104.1</td><td></td><td></td><td></td><td></td></tr>
<tr><td>农　渠</td><td>2</td><td>4.3</td><td></td><td></td><td></td><td></td></tr>
<tr><td colspan="7">其中骨干渠系(≥1 m³/s)</td></tr>
</table>

续表

<table>
<tr><td rowspan="7">毛灌溉用水情况</td><td>渠首引水量(万 m³/年)</td><td colspan="2">3 456.16</td><td colspan="2">地下水取水量(万 m³/年)</td><td></td></tr>
<tr><td>塘堰坝供水量(万 m³/年)</td><td colspan="2"></td><td colspan="2">其他水源引水量(万 m³/年)</td><td></td></tr>
<tr><td>塘堰坝取水:☐有 ☐无</td><td colspan="2"></td><td colspan="2">塘堰坝供水量计算方式:☐径流系数法 ☐复蓄次数法</td><td></td></tr>
<tr><td rowspan="2">径流系数法参数</td><td colspan="2">年径流系数</td><td colspan="2">蓄水系数</td><td>集水面积(km²)</td></tr>
<tr><td colspan="2"></td><td colspan="2"></td><td></td></tr>
<tr><td rowspan="2">重复蓄满次数</td><td colspan="2">重复蓄满次数</td><td colspan="3">有效容积(万 m³)</td></tr>
<tr><td colspan="2"></td><td colspan="3"></td></tr>
<tr><td rowspan="4">其他</td><td>末级计量渠道(____渠)灌溉供水总量(万 m³)</td><td colspan="2"></td><td colspan="3"></td></tr>
<tr><td rowspan="3">洗碱状况</td><td colspan="2"></td><td colspan="3">灌区洗碱:☐有 ☐无</td></tr>
<tr><td colspan="2">洗碱面积(万亩)</td><td colspan="3">洗碱净定额(m³/亩)</td></tr>
<tr><td colspan="2"></td><td colspan="3"></td></tr>
</table>

附表 6.6-33 2022 年汤水河灌区渠首和渠系信息调查表

渠首设计取水能力(m³/s):

<table>
<tr><td rowspan="11">渠系信息</td><td colspan="7">渠道长度与防渗情况</td></tr>
<tr><td rowspan="2">渠道级别</td><td rowspan="2">条数</td><td rowspan="2">总长度(km)</td><td colspan="3">渠道衬砌防渗长度(km)</td><td rowspan="2">衬砌防渗率(%)</td></tr>
<tr><td>混凝土</td><td>浆砌石</td><td>其他</td></tr>
<tr><td>干 渠</td><td>26</td><td>68.3</td><td></td><td></td><td></td><td></td></tr>
<tr><td>支 渠</td><td>43</td><td>101.8</td><td></td><td></td><td></td><td></td></tr>
<tr><td>斗 渠</td><td></td><td></td><td></td><td></td><td></td><td></td></tr>
<tr><td>农 渠</td><td></td><td></td><td></td><td></td><td></td><td></td></tr>
<tr><td>其中骨干渠系(≥1 m³/s)</td><td></td><td></td><td></td><td></td><td></td><td></td></tr>
</table>

<table>
<tr><td rowspan="7">毛灌溉用水情况</td><td>渠首引水量(万 m³/年)</td><td colspan="2">4 440.92</td><td colspan="2">地下水取水量(万 m³/年)</td><td></td></tr>
<tr><td>塘堰坝供水量(万 m³/年)</td><td colspan="2"></td><td colspan="2">其他水源引水量(万 m³/年)</td><td></td></tr>
<tr><td>塘堰坝取水:☐有 ☐无</td><td colspan="2"></td><td colspan="2">塘堰坝供水量计算方式:☐径流系数法 ☐复蓄次数法</td><td></td></tr>
<tr><td rowspan="2">径流系数法参数</td><td colspan="2">年径流系数</td><td colspan="2">蓄水系数</td><td>集水面积(km²)</td></tr>
<tr><td colspan="2"></td><td colspan="2"></td><td></td></tr>
<tr><td rowspan="2">重复蓄满次数</td><td colspan="2">重复蓄满次数</td><td colspan="3">有效容积(万 m³)</td></tr>
<tr><td colspan="2"></td><td colspan="3"></td></tr>
<tr><td rowspan="4">其他</td><td>末级计量渠道(____渠)灌溉供水总量(万 m³)</td><td colspan="2"></td><td colspan="3"></td></tr>
<tr><td rowspan="3">洗碱状况</td><td colspan="2"></td><td colspan="3">灌区洗碱:☐有 ☐无</td></tr>
<tr><td colspan="2">洗碱面积(万亩)</td><td colspan="3">洗碱净定额(m³/亩)</td></tr>
<tr><td colspan="2"></td><td colspan="3"></td></tr>
</table>

附表 6.6-34　2022 年周岗圩灌区渠首和渠系信息调查表

渠首设计取水能力(m³/s)：

<table>
<tr><td rowspan="7">渠系信息</td><td colspan="9">渠道长度与防渗情况</td></tr>
<tr><td rowspan="2">渠道级别</td><td rowspan="2">条数</td><td rowspan="2">总长度(km)</td><td colspan="3">渠道衬砌防渗长度(km)</td><td rowspan="2">衬砌防渗率(%)</td></tr>
<tr><td>混凝土</td><td>浆砌石</td><td>其他</td></tr>
<tr><td>干　渠</td><td>10</td><td>35.4</td><td></td><td></td><td></td><td></td></tr>
<tr><td>支　渠</td><td>13</td><td>27.3</td><td></td><td></td><td></td><td></td></tr>
<tr><td>斗　渠</td><td>3</td><td>6.8</td><td></td><td></td><td></td><td></td></tr>
<tr><td>农　渠</td><td></td><td></td><td></td><td></td><td></td><td></td></tr>
<tr><td colspan="9">其中骨干渠系(≥1 m³/s)</td></tr>
</table>

<table>
<tr><td rowspan="7">毛灌溉用水情况</td><td>渠首引水量(万 m³/年)</td><td colspan="2">3 499.66</td><td>地下水取水量(万 m³/年)</td><td></td></tr>
<tr><td>塘堰坝供水量(万 m³/年)</td><td colspan="2"></td><td>其他水源引水量(万 m³/年)</td><td></td></tr>
<tr><td>塘堰坝取水：□有　□无</td><td colspan="4">塘堰坝供水量计算方式：□径流系数法　□复蓄次数法</td></tr>
<tr><td rowspan="2">径流系数法参数</td><td>年径流系数</td><td colspan="2">蓄水系数</td><td>集水面积(km²)</td></tr>
<tr><td></td><td colspan="2"></td><td></td></tr>
<tr><td rowspan="2">重复蓄满次数</td><td colspan="2">重复蓄满次数</td><td colspan="2">有效容积(万 m³)</td></tr>
<tr><td colspan="2"></td><td colspan="2"></td></tr>
</table>

<table>
<tr><td rowspan="3">其他</td><td colspan="3">末级计量渠道(＿＿渠)灌溉供水总量(万 m³)</td><td></td></tr>
<tr><td rowspan="2">洗碱状况</td><td colspan="3">灌区洗碱：□有　□无</td></tr>
<tr><td>洗碱面积(万亩)</td><td colspan="2">洗碱净定额(m³/亩)</td></tr>
</table>

附表 6.6-35　2022 年下坝灌区渠首和渠系信息调查表

渠首设计取水能力(m³/s)：

<table>
<tr><td rowspan="7">渠系信息</td><td colspan="9">渠道长度与防渗情况</td></tr>
<tr><td rowspan="2">渠道级别</td><td rowspan="2">条数</td><td rowspan="2">总长度(km)</td><td colspan="3">渠道衬砌防渗长度(km)</td><td rowspan="2">衬砌防渗率(%)</td></tr>
<tr><td>混凝土</td><td>浆砌石</td><td>其他</td></tr>
<tr><td>干　渠</td><td>2</td><td>8.3</td><td></td><td></td><td></td><td></td></tr>
<tr><td>支　渠</td><td>2</td><td>2.8</td><td></td><td></td><td></td><td></td></tr>
<tr><td>斗　渠</td><td></td><td></td><td></td><td></td><td></td><td></td></tr>
<tr><td>农　渠</td><td></td><td></td><td></td><td></td><td></td><td></td></tr>
<tr><td colspan="9">其中骨干渠系(≥1 m³/s)</td></tr>
</table>

<table>
<tr><td rowspan="6">毛灌溉用水情况</td><td>渠首引水量(万 m³/年)</td><td colspan="2">1 207.38</td><td>地下水取水量(万 m³/年)</td><td></td></tr>
<tr><td>塘堰坝供水量(万 m³/年)</td><td colspan="2"></td><td>其他水源引水量(万 m³/年)</td><td></td></tr>
<tr><td>塘堰坝取水：□有　□无</td><td colspan="4">塘堰坝供水量计算方式：□径流系数法　□复蓄次数法</td></tr>
<tr><td rowspan="2">径流系数法参数</td><td>年径流系数</td><td colspan="2">蓄水系数</td><td>集水面积(km²)</td></tr>
<tr><td></td><td colspan="2"></td><td></td></tr>
<tr><td>重复蓄满次数</td><td colspan="2">重复蓄满次数</td><td colspan="2">有效容积(万 m³)</td></tr>
</table>

其他	末级计量渠道(____渠)灌溉供水总量(万 m³)		
	洗碱状况	灌区洗碱：□有 □无	
		洗碱面积(万亩)	洗碱净定额(m³/亩)

附表 6.6-36 2022 年邵处水库灌区渠首和渠系信息调查表

渠首设计取水能力(m³/s)：

	渠道长度与防渗情况						
渠系信息	渠道级别	条数	总长度(km)	渠道衬砌防渗长度(km)			衬砌防渗率(%)
				混凝土	浆砌石	其他	
	干渠						
	支渠						
	斗渠	8	2.8				
	农渠						
	其中骨干渠系(≥1 m³/s)						
毛灌溉用水情况	渠首引水量(万 m³/年)	50.08		地下水取水量(万 m³/年)			
	塘堰坝供水量(万 m³/年)			其他水源引水量(万 m³/年)			
	塘堰坝取水：□有 □无		塘堰坝供水量计算方式：□径流系数法 □复蓄次数法				
	径流系数法参数	年径流系数		蓄水系数		集水面积(km²)	
	重复蓄满次数	重复蓄满次数		有效容积(万 m³)			
其他	末级计量渠道(____渠)灌溉供水总量(万 m³)						
	洗碱状况	灌区洗碱：□有 □无					
		洗碱面积(万亩)		洗碱净定额(m³/亩)			

附表 6.6-37 2022 年三合圩灌区(样点)渠首和渠系信息调查表

渠首设计取水能力(m³/s)：

	渠道长度与防渗情况						
渠系信息	渠道级别	条数	总长度(km)	渠道衬砌防渗长度(km)			衬砌防渗率(%)
				混凝土	浆砌石	其他	
	干渠	6	25.4	11.6			
	支渠	7	28.4				
	斗渠						
	农渠						
	其中骨干渠系(≥1 m³/s)						

续表

	渠首引水量(万 m³/年)		690.17			地下水取水量(万 m³/年)		
毛灌溉用水情况	塘堰坝供水量(万 m³/年)					其他水源引水量(万 m³/年)		
	塘堰坝取水:☐有 ☐无				塘堰坝供水量计算方式:☐径流系数法 ☐复蓄次数法			
	径流系数法参数		年径流系数		蓄水系数		集水面积(km²)	
	重复蓄满次数		重复蓄满次数			有效容积(万 m³)		
其他	末级计量渠道(＿＿渠)灌溉供水总量(万 m³)							
	洗碱状况				灌区洗碱:☐有 ☐无			
			洗碱面积(万亩)			洗碱净定额(m³/亩)		

附表 6.6-38　2022 年沿滁灌区(样点)渠首和渠系信息调查表

渠首设计取水能力(m³/s):

	渠道长度与防渗情况						
渠系信息	渠道级别	条数	总长度(km)	渠道衬砌防渗长度(km)			衬砌防渗率(%)
				混凝土	浆砌石	其他	
	干　渠	11	42.5	7.4			
	支　渠						
	斗　渠						
	农　渠						
	其中骨干渠系(≥1 m³/s)						
毛灌溉用水情况	渠首引水量(万 m³/年)		563.48		地下水取水量(万 m³/年)		
	塘堰坝供水量(万 m³/年)				其他水源引水量(万 m³/年)		
	塘堰坝取水:☐有 ☐无			塘堰坝供水量计算方式:☐径流系数法 ☐复蓄次数法			
	径流系数法参数		年径流系数	蓄水系数		集水面积(km²)	
	重复蓄满次数		重复蓄满次数		有效容积(万 m³)		
其他	末级计量渠道(＿＿渠)灌溉供水总量(万 m³)						
	洗碱状况			灌区洗碱:☐有 ☐无			
			洗碱面积(万亩)		洗碱净定额(m³/亩)		

附表 6.6-39　2022 年浦口沿江灌区（样点）渠首和渠系信息调查表

渠首设计取水能力（m³/s）：

<table>
<tr><td rowspan="8">渠系信息</td><td colspan="8">渠道长度与防渗情况</td></tr>
<tr><td rowspan="2">渠道级别</td><td rowspan="2">条数</td><td rowspan="2">总长度
（km）</td><td colspan="3">渠道衬砌防渗长度（km）</td><td rowspan="2">衬砌防渗率（%）</td></tr>
<tr><td>混凝土</td><td>浆砌石</td><td>其他</td></tr>
<tr><td>干　渠</td><td>8</td><td>35.3</td><td>3.2</td><td></td><td></td><td></td></tr>
<tr><td>支　渠</td><td></td><td></td><td></td><td></td><td></td><td></td></tr>
<tr><td>斗　渠</td><td></td><td></td><td></td><td></td><td></td><td></td></tr>
<tr><td>农　渠</td><td></td><td></td><td></td><td></td><td></td><td></td></tr>
<tr><td>其中骨干渠系（≥1 m³/s）</td><td></td><td></td><td></td><td></td><td></td><td></td></tr>
<tr><td rowspan="6">毛灌溉用水情况</td><td>渠首引水量（万 m³/年）</td><td colspan="3">925.98</td><td colspan="2">地下水取水量（万 m³/年）</td><td></td></tr>
<tr><td>塘堰坝供水量（万 m³/年）</td><td colspan="3"></td><td colspan="2">其他水源引水量（万 m³/年）</td><td></td></tr>
<tr><td>塘堰坝取水：□有 □无</td><td colspan="3"></td><td colspan="3">塘堰坝供水量计算方式：□径流系数法 □复蓄次数法</td></tr>
<tr><td>径流系数法参数</td><td colspan="2">年径流系数</td><td colspan="2">蓄水系数</td><td colspan="2">集水面积（km²）</td></tr>
<tr><td>重复蓄满次数</td><td colspan="3">重复蓄满次数</td><td colspan="3">有效容积（万 m³）</td></tr>
<tr><td></td><td colspan="3"></td><td colspan="3"></td></tr>
<tr><td rowspan="3">其他</td><td colspan="7">末级计量渠道（____渠）灌溉供水总量（万 m³）</td></tr>
<tr><td rowspan="2">洗碱状况</td><td colspan="6">灌区洗碱：□有 □无</td></tr>
<tr><td colspan="3">洗碱面积（万亩）</td><td colspan="3">洗碱净定额（m³/亩）</td></tr>
</table>

附表 6.6-40　2022 年兰花塘灌区（样点）渠首和渠系信息调查表

渠首设计取水能力（m³/s）：

<table>
<tr><td rowspan="8">渠系信息</td><td colspan="8">渠道长度与防渗情况</td></tr>
<tr><td rowspan="2">渠道级别</td><td rowspan="2">条数</td><td rowspan="2">总长度
（km）</td><td colspan="3">渠道衬砌防渗长度（km）</td><td rowspan="2">衬砌防渗率（%）</td></tr>
<tr><td>混凝土</td><td>浆砌石</td><td>其他</td></tr>
<tr><td>干　渠</td><td></td><td></td><td></td><td></td><td></td><td></td></tr>
<tr><td>支　渠</td><td></td><td></td><td></td><td></td><td></td><td></td></tr>
<tr><td>斗　渠</td><td>1</td><td>4.5</td><td></td><td></td><td></td><td></td></tr>
<tr><td>农　渠</td><td></td><td></td><td></td><td></td><td></td><td></td></tr>
<tr><td>其中骨干渠系（≥1 m³/s）</td><td></td><td></td><td></td><td></td><td></td><td></td></tr>
<tr><td rowspan="6">毛灌溉用水情况</td><td>渠首引水量（万 m³/年）</td><td colspan="3">442.16</td><td colspan="2">地下水取水量（万 m³/年）</td><td></td></tr>
<tr><td>塘堰坝供水量（万 m³/年）</td><td colspan="3"></td><td colspan="2">其他水源引水量（万 m³/年）</td><td></td></tr>
<tr><td>塘堰坝取水：□有 □无</td><td colspan="3"></td><td colspan="3">塘堰坝供水量计算方式：□径流系数法 □复蓄次数法</td></tr>
<tr><td>径流系数法参数</td><td colspan="2">年径流系数</td><td colspan="2">蓄水系数</td><td colspan="2">集水面积（km²）</td></tr>
<tr><td>重复蓄满次数</td><td colspan="3">重复蓄满次数</td><td colspan="3">有效容积（万 m³）</td></tr>
<tr><td></td><td colspan="3"></td><td colspan="3"></td></tr>
</table>

其他	末级计量渠道(____渠)灌溉供水总量(万 m³)		
	洗碱状况	灌区洗碱:☐有 ☐无	
		洗碱面积(万亩)	洗碱净定额(m³/亩)

附表 6.6-41　2022 年西江灌区(样点)渠首和渠系信息调查表

渠首设计取水能力(m³/s):

		渠道长度与防渗情况					
渠系信息	渠道级别	条数	总长度(km)	渠道衬砌防渗长度(km)			衬砌防渗率(%)
				混凝土	浆砌石	其他	
	干　渠						
	支　渠						
	斗　渠	1	1.6				
	农　渠						
	其中骨干渠系(≥1 m³/s)						
毛灌溉用水情况	渠首引水量(万 m³/年)	133.74		地下水取水量(万 m³/年)			
	塘堰坝供水量(万 m³/年)			其他水源引水量(万 m³/年)			
	塘堰坝取水:☐有 ☐无			塘堰坝供水量计算方式:☐径流系数法 ☐复蓄次数法			
	径流系数法参数	年径流系数		蓄水系数		集水面积(km²)	
	重复蓄满次数	重复蓄满次数		有效容积(万 m³)			
其他	末级计量渠道(____渠)灌溉供水总量(万 m³)						
	洗碱状况	灌区洗碱:☐有 ☐无					
		洗碱面积(万亩)		洗碱净定额(m³/亩)			

附表 6.6-42　2022 年山湖灌区(样点)渠首和渠系信息调查表

渠首设计取水能力(m³/s):

		渠道长度与防渗情况					
渠系信息	渠道级别	条数	总长度(km)	渠道衬砌防渗长度(km)			衬砌防渗率(%)
				混凝土	浆砌石	其他	
	干　渠	3	116.54				
	支　渠						
	斗　渠						
	农　渠						
	其中骨干渠系(≥1 m³/s)						

续表

<table>
<tr><td rowspan="8">毛灌溉用水情况</td><td>渠首引水量(万 m³/年)</td><td colspan="2">16 604.51</td><td colspan="2">地下水取水量(万 m³/年)</td><td></td></tr>
<tr><td>塘堰坝供水量(万 m³/年)</td><td colspan="2"></td><td colspan="2">其他水源引水量(万 m³/年)</td><td></td></tr>
<tr><td>塘堰坝取水:□有 □无</td><td colspan="2"></td><td colspan="2">塘堰坝供水量计算方式:□径流系数法 □复蓄次数法</td><td></td></tr>
<tr><td rowspan="2">径流系数法参数</td><td colspan="2">年径流系数</td><td>蓄水系数</td><td colspan="2">集水面积(km²)</td></tr>
<tr><td colspan="2"></td><td></td><td colspan="2"></td></tr>
<tr><td rowspan="2">重复蓄满次数</td><td colspan="2">重复蓄满次数</td><td colspan="3">有效容积(万 m³)</td></tr>
<tr><td colspan="2"></td><td colspan="3"></td></tr>
<tr><td colspan="6"></td></tr>
<tr><td rowspan="5">其他</td><td>末级计量渠道(____渠)灌溉供水总量(万 m³)</td><td colspan="5"></td></tr>
<tr><td rowspan="4">洗碱状况</td><td colspan="5">灌区洗碱:□有 □无</td></tr>
<tr><td colspan="2">洗碱面积(万亩)</td><td colspan="3">洗碱净定额(m³/亩)</td></tr>
<tr><td colspan="2"></td><td colspan="3"></td></tr>
</table>

附表 6.6-43　2022 年龙袍圩灌区(样点)渠首和渠系信息调查表

渠首设计取水能力(m³/s):10

<table>
<tr><td rowspan="2">渠系信息</td><td colspan="7">渠道长度与防渗情况</td></tr>
<tr><td rowspan="2">渠道级别</td><td rowspan="2">条数</td><td rowspan="2">总长度(km)</td><td colspan="3">渠道衬砌防渗长度(km)</td><td rowspan="2">衬砌防渗率(%)</td></tr>
<tr><td></td><td>混凝土</td><td>浆砌石</td><td>其他</td></tr>
<tr><td></td><td>干　渠</td><td>16</td><td>107.59</td><td>22</td><td></td><td>10</td><td>29.74</td></tr>
<tr><td></td><td>支　渠</td><td></td><td></td><td></td><td></td><td></td><td></td></tr>
<tr><td></td><td>斗　渠</td><td></td><td></td><td></td><td></td><td></td><td></td></tr>
<tr><td></td><td>农　渠</td><td></td><td></td><td></td><td></td><td></td><td></td></tr>
<tr><td></td><td>其中骨干渠系(≥1 m³/s)</td><td></td><td></td><td></td><td></td><td></td><td></td></tr>
<tr><td rowspan="8">毛灌溉用水情况</td><td>渠首引水量(万 m³/年)</td><td colspan="2">3 271.49</td><td colspan="2">地下水取水量(万 m³/年)</td><td></td></tr>
<tr><td>塘堰坝供水量(万 m³/年)</td><td colspan="2"></td><td colspan="2">其他水源引水量(万 m³/年)</td><td></td></tr>
<tr><td>塘堰坝取水:□有 □无</td><td colspan="2"></td><td colspan="2">塘堰坝供水量计算方式:□径流系数法 □复蓄次数法</td><td></td></tr>
<tr><td rowspan="2">径流系数法参数</td><td colspan="2">年径流系数</td><td>蓄水系数</td><td colspan="2">集水面积(km²)</td></tr>
<tr><td colspan="2"></td><td></td><td colspan="2"></td></tr>
<tr><td rowspan="2">重复蓄满次数</td><td colspan="2">重复蓄满次数</td><td colspan="3">有效容积(万 m³)</td></tr>
<tr><td colspan="2"></td><td colspan="3"></td></tr>
<tr><td colspan="6"></td></tr>
<tr><td rowspan="5">其他</td><td>末级计量渠道(____渠)灌溉供水总量(万 m³)</td><td colspan="5"></td></tr>
<tr><td rowspan="4">洗碱状况</td><td colspan="5">灌区洗碱:□有 □无</td></tr>
<tr><td colspan="2">洗碱面积(万亩)</td><td colspan="3">洗碱净定额(m³/亩)</td></tr>
<tr><td colspan="2"></td><td colspan="3"></td></tr>
</table>

附表 6.6-44　2022 年新禹河灌区(样点)渠首和渠系信息调查表

渠首设计取水能力(m³/s):18.91

<table>
<tr><td rowspan="6">渠系信息</td><td colspan="8">渠道长度与防渗情况</td></tr>
<tr><td rowspan="2">渠道级别</td><td rowspan="2">条数</td><td rowspan="2">总长度
(km)</td><td colspan="3">渠道衬砌防渗长度(km)</td><td rowspan="2">衬砌防渗率(%)</td></tr>
<tr><td>混凝土</td><td>浆砌石</td><td>其他</td></tr>
<tr><td>干　渠</td><td>20</td><td>28</td><td>1.1</td><td>9</td><td>17.9</td><td>99</td></tr>
<tr><td>支　渠</td><td>1 295</td><td>519.2</td><td></td><td></td><td>519.2</td><td>100</td></tr>
<tr><td>斗　渠</td><td></td><td></td><td></td><td></td><td></td><td></td></tr>
<tr><td>农　渠</td><td></td><td></td><td></td><td></td><td></td><td></td></tr>
<tr><td colspan="8">其中骨干渠系(≥1 m³/s)</td></tr>
</table>

<table>
<tr><td rowspan="6">毛灌溉用水情况</td><td>渠首引水量(万 m³/年)</td><td colspan="2">12 654.75</td><td>地下水取水量(万 m³/年)</td><td></td></tr>
<tr><td>塘堰坝供水量(万 m³/年)</td><td colspan="2"></td><td>其他水源引水量(万 m³/年)</td><td></td></tr>
<tr><td>塘堰坝取水:□有　□无</td><td colspan="4">塘堰坝供水量计算方式:□径流系数法　□复蓄次数法</td></tr>
<tr><td rowspan="2">径流系数法参数</td><td colspan="2">年径流系数</td><td>蓄水系数</td><td>集水面积(km²)</td></tr>
<tr><td colspan="2"></td><td></td><td></td></tr>
<tr><td rowspan="2">重复蓄满次数</td><td colspan="2">重复蓄满次数</td><td colspan="2">有效容积(万 m³)</td></tr>
</table>

<table>
<tr><td rowspan="3">其他</td><td colspan="4">末级计量渠道(____渠)灌溉供水总量(万 m³)</td></tr>
<tr><td rowspan="2">洗碱状况</td><td colspan="3">灌区洗碱:□有　□无</td></tr>
<tr><td>洗碱面积(万亩)</td><td colspan="2">洗碱净定额(m³/亩)</td></tr>
</table>

附表 6.6-45　2022 年金牛湖灌区(样点)渠首和渠系信息调查表

渠首设计取水能力(m³/s):

<table>
<tr><td rowspan="6">渠系信息</td><td colspan="8">渠道长度与防渗情况</td></tr>
<tr><td rowspan="2">渠道级别</td><td rowspan="2">条数</td><td rowspan="2">总长度
(km)</td><td colspan="3">渠道衬砌防渗长度(km)</td><td rowspan="2">衬砌防渗率(%)</td></tr>
<tr><td>混凝土</td><td>浆砌石</td><td>其他</td></tr>
<tr><td>干　渠</td><td>14</td><td>61.31</td><td>21.3</td><td></td><td></td><td>34.7</td></tr>
<tr><td>支　渠</td><td></td><td></td><td></td><td></td><td></td><td></td></tr>
<tr><td>斗　渠</td><td></td><td></td><td></td><td></td><td></td><td></td></tr>
<tr><td>农　渠</td><td></td><td></td><td></td><td></td><td></td><td></td></tr>
<tr><td colspan="8">其中骨干渠系(≥1 m³/s)</td></tr>
</table>

<table>
<tr><td rowspan="6">毛灌溉用水情况</td><td>渠首引水量(万 m³/年)</td><td colspan="2">12 957.20</td><td>地下水取水量(万 m³/年)</td><td></td></tr>
<tr><td>塘堰坝供水量(万 m³/年)</td><td colspan="2"></td><td>其他水源引水量(万 m³/年)</td><td></td></tr>
<tr><td>塘堰坝取水:□有　□无</td><td colspan="4">塘堰坝供水量计算方式:□径流系数法　□复蓄次数法</td></tr>
<tr><td rowspan="2">径流系数法参数</td><td colspan="2">年径流系数</td><td>蓄水系数</td><td>集水面积(km²)</td></tr>
<tr><td colspan="2"></td><td></td><td></td></tr>
<tr><td rowspan="2">重复蓄满次数</td><td colspan="2">重复蓄满次数</td><td colspan="2">有效容积(万 m³)</td></tr>
</table>

续表

其他	末级计量渠道(____渠)灌溉供水总量(万 m³)			
	洗碱状况	灌区洗碱：□有　□无		
		洗碱面积(万亩)	洗碱净定额(m³/亩)	

附表 6.6-46　2022 年新集灌区(样点)渠首和渠系信息调查表

渠首设计取水能力(m³/s)：

	渠道长度与防渗情况						
渠系信息	渠道级别	条数	总长度(km)	渠道衬砌防渗长度(km)			衬砌防渗率(%)
				混凝土	浆砌石	其他	
	干渠	8	13.15	7			53.2
	支渠						
	斗渠						
	农渠						
	其中骨干渠系(≥1 m³/s)						

毛灌溉用水情况	渠首引水量(万 m³/年)	2 431.37	地下水取水量(万 m³/年)	
	塘堰坝供水量(万 m³/年)		其他水源引水量(万 m³/年)	
	塘堰坝取水：□有　□无	塘堰坝供水量计算方式：□径流系数法　□复蓄次数法		
	径流系数法参数	年径流系数	蓄水系数	集水面积(km²)
	重复蓄满次数	重复蓄满次数	有效容积(万 m³)	

其他	末级计量渠道(____渠)灌溉供水总量(万 m³)			
	洗碱状况	灌区洗碱：□有　□无		
		洗碱面积(万亩)	洗碱净定额(m³/亩)	

附表 6.6-47～附表 6.6-69 为南京市各样点灌区作物与田间灌溉情况调查表。

附表 6.6-47　2022 年淳东灌区作物与田间灌溉情况调查表

<table>
<tr><td rowspan="8">基础信息</td><td colspan="7">作物种类：□一般作物　☑水稻　□套种　□跨年作物</td></tr>
<tr><td colspan="7">灌溉模式：□旱作充分灌溉　□旱作非充分灌溉　□水稻淹灌　☑水稻节水灌溉</td></tr>
<tr><td colspan="2">土壤类型</td><td>壤土</td><td colspan="4">试验站净灌溉定额（m³/亩）</td></tr>
<tr><td colspan="2">观测田间毛灌溉定额（m³/亩）</td><td>723.42</td><td colspan="4">水稻育秧净用水量（万 m³）</td></tr>
<tr><td colspan="2">水稻泡田定额（m³/亩）</td><td>110.51</td><td colspan="4">水稻生育期内渗漏量（m³/亩）</td></tr>
<tr><td colspan="2">水稻生育期内有效降水量（m³/亩）</td><td>398</td><td colspan="4">水稻生育期内稻田排水量（m³/亩）</td></tr>
</table>

<table>
<tr><td rowspan="18">分月法</td><td colspan="13">作物系数：□分月法　☑分段法</td></tr>
<tr><td rowspan="8">作物1</td><td colspan="5">作物名称</td><td colspan="7">平均亩产（kg/亩）</td></tr>
<tr><td colspan="5">播种面积（万亩）</td><td colspan="7">实灌面积（万亩）</td></tr>
<tr><td colspan="5">播种日期</td><td>年</td><td>月</td><td>日</td><td colspan="4">收获日期　年　月　日</td></tr>
<tr><td colspan="12">分月作物系数</td></tr>
<tr><td>1月</td><td>2月</td><td>3月</td><td>4月</td><td>5月</td><td>6月</td><td>7月</td><td>8月</td><td>9月</td><td>10月</td><td>11月</td><td>12月</td></tr>
<tr><td></td><td></td><td></td><td></td><td></td><td></td><td></td><td></td><td></td><td></td><td></td><td></td></tr>
<tr><td rowspan="7">作物2</td><td colspan="5">作物名称</td><td colspan="7">平均亩产（kg/亩）</td></tr>
<tr><td colspan="5">播种面积（万亩）</td><td colspan="7">实灌面积（万亩）</td></tr>
<tr><td colspan="5">播种日期</td><td>年</td><td>月</td><td>日</td><td colspan="4">收获日期　年　月　日</td></tr>
<tr><td colspan="12">分月作物系数</td></tr>
<tr><td>1月</td><td>2月</td><td>3月</td><td>4月</td><td>5月</td><td>6月</td><td>7月</td><td>8月</td><td>9月</td><td>10月</td><td>11月</td><td>12月</td></tr>
<tr><td></td><td></td><td></td><td></td><td></td><td></td><td></td><td></td><td></td><td></td><td></td><td></td></tr>
</table>

<table>
<tr><td rowspan="5">分段法</td><td colspan="2">作物名称</td><td colspan="2">水稻</td><td colspan="2">平均亩产（kg/亩）</td><td>600</td></tr>
<tr><td colspan="2">播种面积（万亩）</td><td colspan="2">18.73</td><td colspan="2">实灌面积（万亩）</td><td>18.17</td></tr>
<tr><td colspan="3">Kc_{ini}</td><td colspan="2">Kc_{mid}</td><td colspan="2">Kc_{end}</td></tr>
<tr><td colspan="3">1.17</td><td colspan="2">1.31</td><td colspan="2">1.29</td></tr>
</table>

<table>
<tr><td>播种/返青</td><td>快速发育开始</td><td>生育中期开始</td><td>成熟期开始</td><td>成熟期结束</td></tr>
<tr><td>5月26日</td><td>6月22日</td><td>7月24日</td><td>8月26日</td><td>9月30日</td></tr>
</table>

<table>
<tr><td rowspan="3">地下水利用</td><td colspan="2">种植期内地下水利用量（mm）</td><td></td></tr>
<tr><td colspan="2">种植期内平均地下水埋深（m）</td><td>极限埋深（m）</td></tr>
<tr><td colspan="2">经验指数 P</td><td>作物修正系数 k</td></tr>
</table>

<table>
<tr><td rowspan="8">有效降水利用</td><td colspan="2">种植期内有效降水利用量（mm）</td><td></td></tr>
<tr><td>降水量 p（mm）</td><td></td><td>有效利用系数</td></tr>
<tr><td>$p<5$</td><td></td><td></td></tr>
<tr><td>$5\leqslant p<30$</td><td></td><td></td></tr>
<tr><td>$30\leqslant p<50$</td><td></td><td></td></tr>
<tr><td>$50\leqslant p<100$</td><td></td><td></td></tr>
<tr><td>$100\leqslant p<150$</td><td></td><td></td></tr>
<tr><td>$p\geqslant150$</td><td></td><td></td></tr>
</table>

附表 6.6-48　2022 年胜利圩灌区作物与田间灌溉情况调查表

<table>
<tr><td rowspan="8">基础信息</td><td colspan="6">作物种类：☐一般作物 ☑水稻 ☐套种 ☐跨年作物</td></tr>
<tr><td colspan="6">灌溉模式：☐旱作充分灌溉 ☐旱作非充分灌溉 ☐水稻淹灌 ☑水稻节水灌溉</td></tr>
<tr><td colspan="2">土壤类型</td><td>壤土</td><td colspan="2">试验站净灌溉定额(m³/亩)</td><td></td></tr>
<tr><td colspan="2">观测田间毛灌溉定额(m³/亩)</td><td>769.91</td><td colspan="2">水稻育秧净用水量(万 m³)</td><td></td></tr>
<tr><td colspan="2">水稻泡田定额(m³/亩)</td><td>115.18</td><td colspan="2">水稻生育期内渗漏量(m³/亩)</td><td></td></tr>
<tr><td colspan="2">水稻生育期内有效降水量(m³/亩)</td><td>353</td><td colspan="2">水稻生育期内稻田排水量(m³/亩)</td><td></td></tr>
</table>

<table>
<tr><td rowspan="14">分月法</td><td colspan="13">作物系数：☐分月法 ☑分段法</td></tr>
<tr><td rowspan="6" colspan="1">作物1</td><td colspan="6">作物名称</td><td colspan="6">平均亩产(kg/亩)</td></tr>
<tr><td colspan="6">播种面积(万亩)</td><td colspan="6">实灌面积(万亩)</td></tr>
<tr><td colspan="6">播种日期</td><td colspan="3">年　月　日</td><td colspan="3">收获日期</td></tr>
<tr><td colspan="12">分月作物系数</td></tr>
<tr><td>1月</td><td>2月</td><td>3月</td><td>4月</td><td>5月</td><td>6月</td><td>7月</td><td>8月</td><td>9月</td><td>10月</td><td>11月</td><td>12月</td></tr>
<tr><td></td><td></td><td></td><td></td><td></td><td></td><td></td><td></td><td></td><td></td><td></td><td></td></tr>
<tr><td rowspan="6" colspan="1">作物2</td><td colspan="6">作物名称</td><td colspan="6">平均亩产(kg/亩)</td></tr>
<tr><td colspan="6">播种面积(万亩)</td><td colspan="6">实灌面积(万亩)</td></tr>
<tr><td colspan="6">播种日期</td><td colspan="3">年　月　日</td><td colspan="3">收获日期</td></tr>
<tr><td colspan="12">分月作物系数</td></tr>
<tr><td>1月</td><td>2月</td><td>3月</td><td>4月</td><td>5月</td><td>6月</td><td>7月</td><td>8月</td><td>9月</td><td>10月</td><td>11月</td><td>12月</td></tr>
<tr><td></td><td></td><td></td><td></td><td></td><td></td><td></td><td></td><td></td><td></td><td></td><td></td></tr>
</table>

<table>
<tr><td rowspan="4">分段法</td><td colspan="2">作物名称</td><td colspan="2">水稻</td><td colspan="2">平均亩产(kg/亩)</td><td></td></tr>
<tr><td colspan="2">播种面积(万亩)</td><td colspan="2">0.16</td><td colspan="2">实灌面积(万亩)</td><td>0.16</td></tr>
<tr><td colspan="3">Kc_{ini}</td><td colspan="2">Kc_{mid}</td><td colspan="2">Kc_{end}</td></tr>
<tr><td colspan="3">1.17</td><td colspan="2">1.31</td><td colspan="2">1.29</td></tr>
</table>

<table>
<tr><td>播种/返青</td><td>快速发育开始</td><td>生育中期开始</td><td>成熟期开始</td><td>成熟期结束</td></tr>
<tr><td>5月26日</td><td>6月22日</td><td>7月24日</td><td>8月26日</td><td>9月30日</td></tr>
</table>

<table>
<tr><td rowspan="3">地下水利用</td><td colspan="2">种植期内地下水利用量(mm)</td><td></td></tr>
<tr><td colspan="2">种植期内平均地下水埋深(m)</td><td>极限埋深(m)</td></tr>
<tr><td colspan="2">经验指数 P</td><td>作物修正系数 k</td></tr>
</table>

<table>
<tr><td rowspan="8">有效降水利用</td><td colspan="2">种植期内有效降水利用量(mm)</td></tr>
<tr><td>降水量 p(mm)</td><td>有效利用系数</td></tr>
<tr><td>$p<5$</td><td></td></tr>
<tr><td>$5 \leqslant p<30$</td><td></td></tr>
<tr><td>$30 \leqslant p<50$</td><td></td></tr>
<tr><td>$50 \leqslant p<100$</td><td></td></tr>
<tr><td>$100 \leqslant p<150$</td><td></td></tr>
<tr><td>$p \geqslant 150$</td><td></td></tr>
</table>

附表 6.6-49　2022 年洪村联合圩灌区作物与田间灌溉情况调查表

<table>
<tr><td rowspan="5">基础信息</td><td colspan="6">作物种类：□一般作物　☑水稻　□套种　□跨年作物</td></tr>
<tr><td colspan="6">灌溉模式：□旱作充分灌溉　□旱作非充分灌溉　□水稻淹灌　☑水稻节水灌溉</td></tr>
<tr><td colspan="2">土壤类型</td><td>壤土</td><td colspan="2">试验站净灌溉定额（m³/亩）</td><td></td></tr>
<tr><td colspan="2">观测田间毛灌溉定额（m³/亩）</td><td>779.58</td><td colspan="2">水稻育秧净用水量（万 m³）</td><td></td></tr>
<tr><td colspan="2">水稻泡田定额（m³/亩）</td><td>117.85</td><td colspan="2">水稻生育期内渗漏量（m³/亩）</td><td></td></tr>
</table>

注： 基础信息上方还含：水稻生育期内有效降水量（m³/亩）353；水稻生育期内稻田排水量（m³/亩）

<table>
<tr><td rowspan="14">分月法</td><td colspan="13">作物系数：□分月法　☑分段法</td></tr>
<tr><td rowspan="6">作物1</td><td colspan="4">作物名称</td><td colspan="4">平均亩产（kg/亩）</td><td colspan="4"></td></tr>
<tr><td colspan="4">播种面积（万亩）</td><td colspan="4">实灌面积（万亩）</td><td colspan="4"></td></tr>
<tr><td colspan="4">播种日期</td><td>年</td><td>月</td><td colspan="2">日</td><td colspan="2">收获日期</td><td>年</td><td>月　日</td></tr>
<tr><td colspan="13">分月作物系数</td></tr>
<tr><td>1月</td><td>2月</td><td>3月</td><td>4月</td><td>5月</td><td>6月</td><td>7月</td><td>8月</td><td>9月</td><td>10月</td><td>11月</td><td colspan="2">12月</td></tr>
<tr><td></td><td></td><td></td><td></td><td></td><td></td><td></td><td></td><td></td><td></td><td></td><td colspan="2"></td></tr>
<tr><td rowspan="6">作物2</td><td colspan="4">作物名称</td><td colspan="4">平均亩产（kg/亩）</td><td colspan="4"></td></tr>
<tr><td colspan="4">播种面积（万亩）</td><td colspan="4">实灌面积（万亩）</td><td colspan="4"></td></tr>
<tr><td colspan="4">播种日期</td><td>年</td><td>月</td><td colspan="2">日</td><td colspan="2">收获日期</td><td>年</td><td>月　日</td></tr>
<tr><td colspan="13">分月作物系数</td></tr>
<tr><td>1月</td><td>2月</td><td>3月</td><td>4月</td><td>5月</td><td>6月</td><td>7月</td><td>8月</td><td>9月</td><td>10月</td><td>11月</td><td colspan="2">12月</td></tr>
<tr><td></td><td></td><td></td><td></td><td></td><td></td><td></td><td></td><td></td><td></td><td></td><td colspan="2"></td></tr>
</table>

<table>
<tr><td rowspan="4">分段法</td><td colspan="2">作物名称</td><td colspan="2">水稻</td><td colspan="2">平均亩产（kg/亩）</td><td></td></tr>
<tr><td colspan="2">播种面积（万亩）</td><td colspan="2">0.12</td><td colspan="2">实灌面积（万亩）</td><td>0.12</td></tr>
<tr><td colspan="2">Kc_{ini}</td><td colspan="3">Kc_{mid}</td><td colspan="2">Kc_{end}</td></tr>
<tr><td colspan="2">1.17</td><td colspan="3">1.31</td><td colspan="2">1.29</td></tr>
</table>

播种/返青	快速发育开始	生育中期开始	成熟期开始	成熟期结束
5 月 26 日	6 月 22 日	7 月 24 日	9 月 20 日	9 月 30 日

<table>
<tr><td rowspan="3">地下水利用</td><td colspan="2">种植期内地下水利用量（mm）</td><td></td></tr>
<tr><td colspan="2">种植期内平均地下水埋深（m）</td><td>极限埋深（m）</td></tr>
<tr><td colspan="2">经验指数 P</td><td>作物修正系数 k</td></tr>
</table>

<table>
<tr><td rowspan="8">有效降水利用</td><td colspan="2">种植期内有效降水利用量（mm）</td><td></td></tr>
<tr><td colspan="2">降水量 p（mm）</td><td>有效利用系数</td></tr>
<tr><td colspan="2">$p<5$</td><td></td></tr>
<tr><td colspan="2">$5 \leqslant p<30$</td><td></td></tr>
<tr><td colspan="2">$30 \leqslant p<50$</td><td></td></tr>
<tr><td colspan="2">$50 \leqslant p<100$</td><td></td></tr>
<tr><td colspan="2">$100 \leqslant p<150$</td><td></td></tr>
<tr><td colspan="2">$p \geqslant 150$</td><td></td></tr>
</table>

附表 6.6-50　2022 年漖湖灌区作物与田间灌溉情况调查表

<table>
<tr><td rowspan="6">基础信息</td><td colspan="6">作物种类：□一般作物　☑水稻　□套种　□跨年作物</td></tr>
<tr><td colspan="6">灌溉模式：□旱作充分灌溉　□旱作非充分灌溉　□水稻淹灌　☑水稻节水灌溉</td></tr>
<tr><td colspan="2">土壤类型</td><td>壤土</td><td>试验站净灌溉定额(m³/亩)</td><td colspan="2">410.66</td></tr>
<tr><td colspan="2">观测田间毛灌溉定额(m³/亩)</td><td>731.82</td><td>水稻育秧净用水量(万 m³)</td><td colspan="2"></td></tr>
<tr><td colspan="2">水稻泡田定额(m³/亩)</td><td>107.53</td><td>水稻生育期内渗漏量(m³/亩)</td><td colspan="2"></td></tr>
<tr><td colspan="2">水稻生育期内有效降水量(m³/亩)</td><td></td><td>水稻生育期内稻田排水量(m³/亩)</td><td colspan="2"></td></tr>
<tr><td rowspan="15">分月法</td><td colspan="6" align="center">作物系数：□分月法　☑分段法</td></tr>
<tr><td rowspan="7">作物1</td><td colspan="2">作物名称</td><td></td><td>平均亩产(kg/亩)</td><td></td></tr>
<tr><td colspan="2">播种面积(万亩)</td><td></td><td>实灌面积(万亩)</td><td></td></tr>
<tr><td colspan="2">播种日期</td><td>年　月　日</td><td>收获日期</td><td>年　月　日</td></tr>
<tr><td colspan="5" align="center">分月作物系数</td></tr>
<tr><td>1月</td><td>2月</td><td>3月</td><td>4月</td><td colspan="2">5月　6月　7月　8月　9月　10月　11月　12月</td></tr>
<tr><td></td><td></td><td></td><td></td><td colspan="2"></td></tr>
<tr><td colspan="5"></td></tr>
<tr><td rowspan="7">作物2</td><td colspan="2">作物名称</td><td></td><td>平均亩产(kg/亩)</td><td></td></tr>
<tr><td colspan="2">播种面积(万亩)</td><td></td><td>实灌面积(万亩)</td><td></td></tr>
<tr><td colspan="2">播种日期</td><td>年　月　日</td><td>收获日期</td><td>年　月　日</td></tr>
<tr><td colspan="5" align="center">分月作物系数</td></tr>
<tr><td>1月</td><td>2月</td><td>3月</td><td>4月</td><td colspan="2">5月　6月　7月　8月　9月　10月　11月　12月</td></tr>
<tr><td></td><td></td><td></td><td></td><td colspan="2"></td></tr>
<tr><td colspan="5"></td></tr>
</table>

分段法

作物名称		水稻	平均亩产(kg/亩)		650
播种面积(万亩)		7.02	实灌面积(万亩)		6.27
Kc_{ini}		Kc_{mid}		Kc_{end}	
1.17		1.31		1.29	
播种/返青	快速发育开始	生育中期开始		成熟期开始	成熟期结束
5 月 18 日	5 月 26 日	6 月 27 日		10 月 18 日	10 月 26 日

地下水利用	种植期内地下水利用量(mm)		
	种植期内平均地下水埋深(m)	极限埋深(m)	
	经验指数 P	作物修正系数 k	

有效降水利用	种植期内有效降水利用量(mm)	
	降水量 p(mm)	有效利用系数
	$p<5$	
	$5 \leqslant p<30$	
	$30 \leqslant p<50$	
	$50 \leqslant p<100$	
	$100 \leqslant p<150$	
	$p \geqslant 150$	

附表 6.6-51 2022 年赭山头水库灌区作物与田间灌溉情况调查表

<table>
<tr><td rowspan="7">基础信息</td><td colspan="6">作物种类：□一般作物 ☑水稻 □套种 □跨年作物</td></tr>
<tr><td colspan="6">灌溉模式：□旱作充分灌溉 □旱作非充分灌溉 □水稻淹灌 ☑水稻节水灌溉</td></tr>
<tr><td colspan="2">土壤类型</td><td>壤土</td><td colspan="2">试验站净灌溉定额(m³/亩)</td><td>367.82</td></tr>
<tr><td colspan="2">观测田间毛灌溉定额(m³/亩)</td><td>791.80</td><td colspan="2">水稻育秧净用水量(万 m³)</td><td></td></tr>
<tr><td colspan="2">水稻泡田定额(m³/亩)</td><td>117.05</td><td colspan="2">水稻生育期内渗漏量(m³/亩)</td><td></td></tr>
<tr><td colspan="2">水稻生育期内有效降水量(m³/亩)</td><td></td><td colspan="2">水稻生育期内稻田排水量(m³/亩)</td><td></td></tr>
</table>

<table>
<tr><td rowspan="13">分月法</td><td colspan="13">作物系数：□分月法 ☑分段法</td></tr>
<tr><td rowspan="6">作物1</td><td colspan="6">作物名称</td><td colspan="5">平均亩产(kg/亩)</td><td></td></tr>
<tr><td colspan="6">播种面积(万亩)</td><td colspan="5">实灌面积(万亩)</td><td></td></tr>
<tr><td colspan="6">播种日期</td><td>年</td><td>月</td><td>日</td><td>收获日期</td><td>年</td><td>月</td><td>日</td></tr>
<tr><td colspan="13">分月作物系数</td></tr>
<tr><td>1月</td><td>2月</td><td>3月</td><td>4月</td><td>5月</td><td>6月</td><td>7月</td><td>8月</td><td>9月</td><td>10月</td><td>11月</td><td>12月</td><td></td></tr>
<tr><td></td><td></td><td></td><td></td><td></td><td></td><td></td><td></td><td></td><td></td><td></td><td></td><td></td></tr>
<tr><td rowspan="6">作物2</td><td colspan="6">作物名称</td><td colspan="5">平均亩产(kg/亩)</td><td></td></tr>
<tr><td colspan="6">播种面积(万亩)</td><td colspan="5">实灌面积(万亩)</td><td></td></tr>
<tr><td colspan="6">播种日期</td><td>年</td><td>月</td><td>日</td><td>收获日期</td><td>年</td><td>月</td><td>日</td></tr>
<tr><td colspan="13">分月作物系数</td></tr>
<tr><td>1月</td><td>2月</td><td>3月</td><td>4月</td><td>5月</td><td>6月</td><td>7月</td><td>8月</td><td>9月</td><td>10月</td><td>11月</td><td>12月</td><td></td></tr>
<tr><td></td><td></td><td></td><td></td><td></td><td></td><td></td><td></td><td></td><td></td><td></td><td></td><td></td></tr>
</table>

<table>
<tr><td rowspan="6">分段法</td><td colspan="2">作物名称</td><td colspan="2">水稻</td><td colspan="2">平均亩产(kg/亩)</td><td colspan="2">650</td></tr>
<tr><td colspan="2">播种面积(万亩)</td><td colspan="2">0.74</td><td colspan="2">实灌面积(万亩)</td><td colspan="2">0.72</td></tr>
<tr><td colspan="3">Kc_{ini}</td><td colspan="3">Kc_{mid}</td><td colspan="3">Kc_{end}</td></tr>
<tr><td colspan="3">1.17</td><td colspan="3">1.31</td><td colspan="3">1.29</td></tr>
<tr><td colspan="2">播种/返青</td><td colspan="2">快速发育开始</td><td colspan="2">生育中期开始</td><td>成熟期开始</td><td colspan="2">成熟期结束</td></tr>
<tr><td colspan="2">5月21日</td><td colspan="2">6月16日</td><td colspan="2">7月4日</td><td>10月12日</td><td colspan="2">10月26日</td></tr>
</table>

<table>
<tr><td rowspan="4">地下水利用</td><td colspan="2">种植期内地下水利用量(mm)</td><td colspan="2"></td></tr>
<tr><td colspan="2">种植期内平均地下水埋深(m)</td><td>极限埋深(m)</td><td></td></tr>
<tr><td colspan="2">经验指数 P</td><td>作物修正系数 k</td><td></td></tr>
<tr><td colspan="2">种植期内有效降水利用量(mm)</td><td colspan="2"></td></tr>
<tr><td rowspan="7">有效降水利用</td><td>降水量 p(mm)</td><td colspan="3">有效利用系数</td></tr>
<tr><td>p<5</td><td colspan="3"></td></tr>
<tr><td>5≤p<30</td><td colspan="3"></td></tr>
<tr><td>30≤p<50</td><td colspan="3"></td></tr>
<tr><td>50≤p<100</td><td colspan="3"></td></tr>
<tr><td>100≤p<150</td><td colspan="3"></td></tr>
<tr><td>p≥150</td><td colspan="3"></td></tr>
</table>

附表 6.6-52 2022 年无想寺水库灌区作物与田间灌溉情况调查表

<table>
<tr><td rowspan="6">基础信息</td><td colspan="6">作物种类：□一般作物 ☑水稻 □套种 □跨年作物</td></tr>
<tr><td colspan="6">灌溉模式：□旱作充分灌溉 □旱作非充分灌溉 □水稻淹灌 ☑水稻节水灌溉</td></tr>
<tr><td colspan="2">土壤类型</td><td>壤土</td><td colspan="2">试验站净灌溉定额（m³/亩）</td><td>378.45</td></tr>
<tr><td colspan="2">观测田间毛灌溉定额（m³/亩）</td><td>773.36</td><td colspan="2">水稻育秧净用水量（万 m³）</td><td></td></tr>
<tr><td colspan="2">水稻泡田定额（m³/亩）</td><td>114.25</td><td colspan="2">水稻生育期内渗漏量（m³/亩）</td><td></td></tr>
<tr><td colspan="2">水稻生育期内有效降水量（m³/亩）</td><td></td><td colspan="2">水稻生育期内稻田排水量（m³/亩）</td><td></td></tr>
</table>

<table>
<tr><td colspan="13" align="center">作物系数：□分月法 ☑分段法</td></tr>
<tr><td rowspan="12">分月法</td><td rowspan="6">作物1</td><td colspan="4">作物名称</td><td></td><td colspan="3">平均亩产（kg/亩）</td><td colspan="3"></td></tr>
<tr><td colspan="4">播种面积（万亩）</td><td></td><td colspan="3">实灌面积（万亩）</td><td colspan="3"></td></tr>
<tr><td colspan="4">播种日期</td><td>年 月 日</td><td colspan="3">收获日期</td><td colspan="3">年 月 日</td></tr>
<tr><td colspan="12" align="center">分月作物系数</td></tr>
<tr><td>1月</td><td>2月</td><td>3月</td><td>4月</td><td>5月</td><td>6月</td><td>7月</td><td>8月</td><td>9月</td><td>10月</td><td>11月</td><td>12月</td></tr>
<tr><td></td><td></td><td></td><td></td><td></td><td></td><td></td><td></td><td></td><td></td><td></td><td></td></tr>
<tr><td rowspan="6">作物2</td><td colspan="4">作物名称</td><td></td><td colspan="3">平均亩产（kg/亩）</td><td colspan="3"></td></tr>
<tr><td colspan="4">播种面积（万亩）</td><td></td><td colspan="3">实灌面积（万亩）</td><td colspan="3"></td></tr>
<tr><td colspan="4">播种日期</td><td>年 月 日</td><td colspan="3">收获日期</td><td colspan="3">年 月 日</td></tr>
<tr><td colspan="12" align="center">分月作物系数</td></tr>
<tr><td>1月</td><td>2月</td><td>3月</td><td>4月</td><td>5月</td><td>6月</td><td>7月</td><td>8月</td><td>9月</td><td>10月</td><td>11月</td><td>12月</td></tr>
<tr><td></td><td></td><td></td><td></td><td></td><td></td><td></td><td></td><td></td><td></td><td></td><td></td></tr>
</table>

<table>
<tr><td rowspan="4">分段法</td><td colspan="2">作物名称</td><td colspan="2">水稻</td><td colspan="2">平均亩产（kg/亩）</td><td colspan="2">650</td></tr>
<tr><td colspan="2">播种面积（万亩）</td><td colspan="2">1.18</td><td colspan="2">实灌面积（万亩）</td><td colspan="2">1.16</td></tr>
<tr><td colspan="2">Kc_{ini}</td><td colspan="3">Kc_{mid}</td><td colspan="3">Kc_{end}</td></tr>
<tr><td colspan="2">1.17</td><td colspan="3">1.31</td><td colspan="3">1.29</td></tr>
<tr><td></td><td>播种/返青</td><td colspan="2">快速发育开始</td><td colspan="2">生育中期开始</td><td>成熟期开始</td><td>成熟期结束</td></tr>
<tr><td></td><td>5月5日</td><td colspan="2">7月6日</td><td colspan="2">8月1日</td><td>9月5日</td><td>10月15日</td></tr>
</table>

<table>
<tr><td rowspan="4">地下水利用</td><td colspan="2">种植期内地下水利用量（mm）</td><td colspan="2"></td></tr>
<tr><td colspan="2">种植期内平均地下水埋深（m）</td><td>极限埋深（m）</td><td></td></tr>
<tr><td colspan="2">经验指数 P</td><td>作物修正系数 k</td><td></td></tr>
</table>

<table>
<tr><td rowspan="8">有效降水利用</td><td colspan="2">种植期内有效降水利用量（mm）</td><td></td></tr>
<tr><td colspan="2">降水量 p（mm）</td><td>有效利用系数</td></tr>
<tr><td colspan="2">p＜5</td><td></td></tr>
<tr><td colspan="2">5≤p＜30</td><td></td></tr>
<tr><td colspan="2">30≤p＜50</td><td></td></tr>
<tr><td colspan="2">50≤p＜100</td><td></td></tr>
<tr><td colspan="2">100≤p＜150</td><td></td></tr>
<tr><td colspan="2">p≥150</td><td></td></tr>
</table>

附表 6.6-53　2022 年毛公铺灌区作物与田间灌溉情况调查表

<table>
<tr><td rowspan="6">基础信息</td><td colspan="5">作物种类：□一般作物　☑水稻　□套种　□跨年作物</td></tr>
<tr><td colspan="5">灌溉模式：□旱作充分灌溉　□旱作非充分灌溉　□水稻淹灌　☑水稻节水灌溉</td></tr>
<tr><td colspan="2">土壤类型</td><td>壤土</td><td>试验站净灌溉定额（m³/亩）</td><td>387.97</td></tr>
<tr><td colspan="2">观测田间毛灌溉定额（m³/亩）</td><td>745.94</td><td>水稻育秧净用水量（万 m³）</td><td></td></tr>
<tr><td colspan="2">水稻泡田定额（m³/亩）</td><td>112.94</td><td>水稻生育期内渗漏量（m³/亩）</td><td></td></tr>
<tr><td colspan="2">水稻生育期内有效降水量（m³/亩）</td><td></td><td>水稻生育期内稻田排水量（m³/亩）</td><td></td></tr>
</table>

作物系数：□分月法　☑分段法

<table>
<tr><td rowspan="14">分月法</td><td rowspan="7">作物1</td><td colspan="3">作物名称</td><td colspan="5">平均亩产（kg/亩）</td></tr>
<tr><td colspan="3">播种面积（万亩）</td><td colspan="5">实灌面积（万亩）</td></tr>
<tr><td colspan="3">播种日期</td><td>年　月　日</td><td colspan="4">收获日期</td><td>年　月　日</td></tr>
<tr><td colspan="9">分月作物系数</td></tr>
<tr><td>1月</td><td>2月</td><td>3月</td><td>4月</td><td>5月</td><td>6月</td><td>7月</td><td>8月</td><td>9月</td><td>10月</td><td>11月</td><td>12月</td></tr>
<tr><td></td><td></td><td></td><td></td><td></td><td></td><td></td><td></td><td></td><td></td><td></td><td></td></tr>
<tr><td></td><td></td><td></td><td></td><td></td><td></td><td></td><td></td><td></td><td></td><td></td><td></td></tr>
<tr><td rowspan="7">作物2</td><td colspan="3">作物名称</td><td colspan="5">平均亩产（kg/亩）</td></tr>
<tr><td colspan="3">播种面积（万亩）</td><td colspan="5">实灌面积（万亩）</td></tr>
<tr><td colspan="3">播种日期</td><td>年　月　日</td><td colspan="4">收获日期</td><td>年　月　日</td></tr>
<tr><td colspan="9">分月作物系数</td></tr>
<tr><td>1月</td><td>2月</td><td>3月</td><td>4月</td><td>5月</td><td>6月</td><td>7月</td><td>8月</td><td>9月</td><td>10月</td><td>11月</td><td>12月</td></tr>
<tr><td></td><td></td><td></td><td></td><td></td><td></td><td></td><td></td><td></td><td></td><td></td><td></td></tr>
<tr><td></td><td></td><td></td><td></td><td></td><td></td><td></td><td></td><td></td><td></td><td></td><td></td></tr>
</table>

<table>
<tr><td rowspan="6">分段法</td><td colspan="2">作物名称</td><td colspan="2">水稻</td><td colspan="2">平均亩产（kg/亩）</td><td colspan="2">575</td></tr>
<tr><td colspan="2">播种面积（万亩）</td><td colspan="2">1.84</td><td colspan="2">实灌面积（万亩）</td><td colspan="2">1.72</td></tr>
<tr><td colspan="3">Kc_{ini}</td><td colspan="3">Kc_{mid}</td><td colspan="2">Kc_{end}</td></tr>
<tr><td colspan="3">1.17</td><td colspan="3">1.31</td><td colspan="2">1.29</td></tr>
<tr><td>播种/返青</td><td colspan="2">快速发育开始</td><td colspan="2">生育中期开始</td><td colspan="2">成熟期开始</td><td>成熟期结束</td></tr>
<tr><td>5月5日</td><td colspan="2">7月6日</td><td colspan="2">8月1日</td><td colspan="2">9月5日</td><td>10月15日</td></tr>
</table>

<table>
<tr><td rowspan="3">地下水利用</td><td colspan="2">种植期内地下水利用量（mm）</td><td></td></tr>
<tr><td colspan="2">种植期内平均地下水埋深（m）</td><td>极限埋深（m）</td></tr>
<tr><td colspan="2">经验指数 P</td><td>作物修正系数 k</td></tr>
</table>

<table>
<tr><td rowspan="8">有效降水利用</td><td colspan="2">种植期内有效降水利用量（mm）</td></tr>
<tr><td>降水量 p（mm）</td><td>有效利用系数</td></tr>
<tr><td>p＜5</td><td></td></tr>
<tr><td>5≤p＜30</td><td></td></tr>
<tr><td>30≤p＜50</td><td></td></tr>
<tr><td>50≤p＜100</td><td></td></tr>
<tr><td>100≤p＜150</td><td></td></tr>
<tr><td>p≥150</td><td></td></tr>
</table>

附表 6.6-54 2022 年何林坊站灌区作物与田间灌溉情况调查表

<table>
<tr><td rowspan="7">基础信息</td><td colspan="5">作物种类：☐一般作物 ☑水稻 ☐套种 ☐跨年作物</td></tr>
<tr><td colspan="5">灌溉模式：☐旱作充分灌溉 ☐旱作非充分灌溉 ☐水稻淹灌 ☑水稻节水灌溉</td></tr>
<tr><td colspan="2">土壤类型</td><td>壤土</td><td>试验站净灌溉定额(m³/亩)</td><td>390.08</td></tr>
<tr><td colspan="2">观测田间毛灌溉定额(m³/亩)</td><td>759.95</td><td>水稻育秧净用水量(万 m³)</td><td></td></tr>
<tr><td colspan="2">水稻泡田定额(m³/亩)</td><td>107.25</td><td>水稻生育期内渗漏量(m³/亩)</td><td></td></tr>
<tr><td colspan="2">水稻生育期内有效降水量(m³/亩)</td><td></td><td>水稻生育期内稻田排水量(m³/亩)</td><td></td></tr>
</table>

作物系数：☐分月法 ☑分段法

<table>
<tr><td rowspan="16">分月法</td><td rowspan="7">作物1</td><td colspan="4">作物名称</td><td colspan="8">平均亩产(kg/亩)</td></tr>
<tr><td colspan="4">播种面积(万亩)</td><td colspan="8">实灌面积(万亩)</td></tr>
<tr><td colspan="4">播种日期</td><td colspan="4">年 月 日</td><td colspan="4">收获日期 年 月 日</td></tr>
<tr><td colspan="12">分月作物系数</td></tr>
<tr><td>1月</td><td>2月</td><td>3月</td><td>4月</td><td>5月</td><td>6月</td><td>7月</td><td>8月</td><td>9月</td><td>10月</td><td>11月</td><td>12月</td></tr>
<tr><td></td><td></td><td></td><td></td><td></td><td></td><td></td><td></td><td></td><td></td><td></td><td></td></tr>
<tr><td colspan="12"></td></tr>
<tr><td rowspan="7">作物2</td><td colspan="4">作物名称</td><td colspan="8">平均亩产(kg/亩)</td></tr>
<tr><td colspan="4">播种面积(万亩)</td><td colspan="8">实灌面积(万亩)</td></tr>
<tr><td colspan="4">播种日期</td><td colspan="4">年 月 日</td><td colspan="4">收获日期 年 月 日</td></tr>
<tr><td colspan="12">分月作物系数</td></tr>
<tr><td>1月</td><td>2月</td><td>3月</td><td>4月</td><td>5月</td><td>6月</td><td>7月</td><td>8月</td><td>9月</td><td>10月</td><td>11月</td><td>12月</td></tr>
<tr><td></td><td></td><td></td><td></td><td></td><td></td><td></td><td></td><td></td><td></td><td></td><td></td></tr>
</table>

<table>
<tr><td rowspan="6">分段法</td><td colspan="2">作物名称</td><td>水稻</td><td colspan="2">平均亩产(kg/亩)</td><td>575</td></tr>
<tr><td colspan="2">播种面积(万亩)</td><td>0.205 5</td><td colspan="2">实灌面积(万亩)</td><td>0.205 5</td></tr>
<tr><td colspan="2">Kc_{ini}</td><td colspan="2">Kc_{mid}</td><td colspan="2">Kc_{end}</td></tr>
<tr><td colspan="2">1.17</td><td colspan="2">1.31</td><td colspan="2">1.29</td></tr>
<tr><td>播种/返青</td><td>快速发育开始</td><td>生育中期开始</td><td colspan="2">成熟期开始</td><td>成熟期结束</td></tr>
<tr><td>5月21日</td><td>6月16日</td><td>7月4日</td><td colspan="2">10月12日</td><td>10月26日</td></tr>
</table>

<table>
<tr><td rowspan="4">地下水利用</td><td colspan="2">种植期内地下水利用量(mm)</td><td></td></tr>
<tr><td colspan="2">种植期内平均地下水埋深(m)</td><td>极限埋深(m)</td></tr>
<tr><td colspan="2">经验指数 P</td><td>作物修正系数 k</td></tr>
<tr><td colspan="3"></td></tr>
<tr><td rowspan="8">有效降水利用</td><td colspan="2">种植期内有效降水利用量(mm)</td><td></td></tr>
<tr><td colspan="2">降水量 p(mm)</td><td>有效利用系数</td></tr>
<tr><td colspan="2">$p<5$</td><td></td></tr>
<tr><td colspan="2">$5 \leqslant p < 30$</td><td></td></tr>
<tr><td colspan="2">$30 \leqslant p < 50$</td><td></td></tr>
<tr><td colspan="2">$50 \leqslant p < 100$</td><td></td></tr>
<tr><td colspan="2">$100 \leqslant p < 150$</td><td></td></tr>
<tr><td colspan="2">$p \geqslant 150$</td><td></td></tr>
</table>

附表 6.6-55　2022 年江宁河灌区作物与田间灌溉情况调查表

<table>
<tr><td rowspan="5">基础信息</td><td colspan="6">作物种类：☐一般作物　☑水稻　☐套种　☐跨年作物</td></tr>
<tr><td colspan="6">灌溉模式：☐旱作充分灌溉　☐旱作非充分灌溉　☐水稻淹灌　☑水稻节水灌溉</td></tr>
<tr><td colspan="2">土壤类型</td><td>壤土</td><td colspan="2">试验站净灌溉定额（m³/亩）</td><td></td></tr>
<tr><td colspan="2">观测田间毛灌溉定额（m³/亩）</td><td>730.69</td><td colspan="2">水稻育秧净用水量（万 m³）</td><td></td></tr>
<tr><td colspan="2">水稻泡田定额（m³/亩）</td><td>99.13</td><td colspan="2">水稻生育期内渗漏量（m³/亩）</td><td></td></tr>
</table>

<table>
<tr><td colspan="4">水稻生育期内有效降水量（m³/亩）</td><td>268</td><td colspan="4">水稻生育期内稻田排水量（m³/亩）</td><td colspan="3"></td></tr>
</table>

<table>
<tr><td rowspan="14">分月法</td><td colspan="13">作物系数：☐分月法　☑分段法</td></tr>
<tr><td rowspan="6">作物1</td><td colspan="3">作物名称</td><td colspan="3"></td><td colspan="3">平均亩产（kg/亩）</td><td colspan="3"></td></tr>
<tr><td colspan="3">播种面积（万亩）</td><td colspan="3"></td><td colspan="3">实灌面积（万亩）</td><td colspan="3"></td></tr>
<tr><td colspan="3">播种日期</td><td>年</td><td>月</td><td>日</td><td colspan="3">收获日期</td><td>年</td><td>月</td><td>日</td></tr>
<tr><td colspan="12">分月作物系数</td></tr>
<tr><td>1月</td><td>2月</td><td>3月</td><td>4月</td><td>5月</td><td>6月</td><td>7月</td><td>8月</td><td>9月</td><td>10月</td><td>11月</td><td>12月</td></tr>
<tr><td></td><td></td><td></td><td></td><td></td><td></td><td></td><td></td><td></td><td></td><td></td><td></td></tr>
<tr><td rowspan="6">作物2</td><td colspan="3">作物名称</td><td colspan="3"></td><td colspan="3">平均亩产（kg/亩）</td><td colspan="3"></td></tr>
<tr><td colspan="3">播种面积（万亩）</td><td colspan="3"></td><td colspan="3">实灌面积（万亩）</td><td colspan="3"></td></tr>
<tr><td colspan="3">播种日期</td><td>年</td><td>月</td><td>日</td><td colspan="3">收获日期</td><td>年</td><td>月</td><td>日</td></tr>
<tr><td colspan="12">分月作物系数</td></tr>
<tr><td>1月</td><td>2月</td><td>3月</td><td>4月</td><td>5月</td><td>6月</td><td>7月</td><td>8月</td><td>9月</td><td>10月</td><td>11月</td><td>12月</td></tr>
<tr><td></td><td></td><td></td><td></td><td></td><td></td><td></td><td></td><td></td><td></td><td></td><td></td></tr>
</table>

<table>
<tr><td rowspan="4">分段法</td><td colspan="2">作物名称</td><td colspan="2">水稻</td><td colspan="2">平均亩产（kg/亩）</td><td colspan="2">600</td></tr>
<tr><td colspan="2">播种面积（万亩）</td><td colspan="2">5.18</td><td colspan="2">实灌面积（万亩）</td><td colspan="2">4.73</td></tr>
<tr><td colspan="3">Kc_{ini}</td><td colspan="3">Kc_{mid}</td><td colspan="2">Kc_{end}</td></tr>
<tr><td colspan="3">1.17</td><td colspan="3">1.31</td><td colspan="2">1.29</td></tr>
</table>

<table>
<tr><td>播种/返青</td><td>快速发育开始</td><td>生育中期开始</td><td>成熟期开始</td><td>成熟期结束</td></tr>
<tr><td>5月20日</td><td>6月30日</td><td>8月6日</td><td>10月6日</td><td>10月20日</td></tr>
</table>

<table>
<tr><td rowspan="3">地下水利用</td><td colspan="2">种植期内地下水利用量（mm）</td><td></td><td></td></tr>
<tr><td colspan="2">种植期内平均地下水埋深（m）</td><td>极限埋深（m）</td><td></td></tr>
<tr><td colspan="2">经验指数 P</td><td>作物修正系数 k</td><td></td></tr>
<tr><td rowspan="8">有效降水利用</td><td colspan="2">种植期内有效降水利用量（mm）</td><td></td><td></td></tr>
<tr><td colspan="2">降水量 p（mm）</td><td colspan="2">有效利用系数</td></tr>
<tr><td colspan="2">p＜5</td><td colspan="2"></td></tr>
<tr><td colspan="2">5≤p＜30</td><td colspan="2"></td></tr>
<tr><td colspan="2">30≤p＜50</td><td colspan="2"></td></tr>
<tr><td colspan="2">50≤p＜100</td><td colspan="2"></td></tr>
<tr><td colspan="2">100≤p＜150</td><td colspan="2"></td></tr>
<tr><td colspan="2">p≥150</td><td colspan="2"></td></tr>
</table>

附表 6.6-56　2022 年汤水河灌区作物与田间灌溉情况调查表

<table>
<tr><td rowspan="7">基础信息</td><td colspan="6">作物种类：☐一般作物　☑水稻　☐套种　☐跨年作物</td></tr>
<tr><td colspan="6">灌溉模式：☐旱作充分灌溉　☐旱作非充分灌溉　☐水稻淹灌　☑水稻节水灌溉</td></tr>
<tr><td colspan="2">土壤类型</td><td colspan="2">黄壤土</td><td>试验站净灌溉定额（m³/亩）</td><td></td></tr>
<tr><td colspan="2">观测田间毛灌溉定额（m³/亩）</td><td colspan="2">768.33</td><td>水稻育秧净用水量（万 m³）</td><td></td></tr>
<tr><td colspan="2">水稻泡田定额（m³/亩）</td><td colspan="2">113.86</td><td>水稻生育期内渗漏量（m³/亩）</td><td></td></tr>
<tr><td colspan="2">水稻生育期内有效降水量（m³/亩）</td><td colspan="2">250</td><td>水稻生育期内稻田排水量（m³/亩）</td><td></td></tr>
</table>

<table>
<tr><td colspan="13" align="center">作物系数：☐分月法　☑分段法</td></tr>
</table>

分月法	作物1	作物名称				平均亩产（kg/亩）							

<table>
<tr><td rowspan="10">分月法</td><td rowspan="5">作物1</td><td colspan="4">作物名称</td><td colspan="5">平均亩产（kg/亩）</td><td colspan="3"></td></tr>
<tr><td colspan="4">播种面积（万亩）</td><td colspan="5">实灌面积（万亩）</td><td colspan="3"></td></tr>
<tr><td colspan="4">播种日期</td><td colspan="2">年　月　日</td><td colspan="2">收获日期</td><td colspan="4">年　月　日</td></tr>
<tr><td colspan="12" align="center">分月作物系数</td></tr>
<tr><td>1月</td><td>2月</td><td>3月</td><td>4月</td><td>5月</td><td>6月</td><td>7月</td><td>8月</td><td>9月</td><td>10月</td><td>11月</td><td>12月</td></tr>
<tr><td rowspan="5">作物2</td><td colspan="4">作物名称</td><td colspan="5">平均亩产（kg/亩）</td><td colspan="3"></td></tr>
<tr><td colspan="4">播种面积（万亩）</td><td colspan="5">实灌面积（万亩）</td><td colspan="3"></td></tr>
<tr><td colspan="4">播种日期</td><td colspan="2">年　月　日</td><td colspan="2">收获日期</td><td colspan="4">年　月　日</td></tr>
<tr><td colspan="12" align="center">分月作物系数</td></tr>
<tr><td>1月</td><td>2月</td><td>3月</td><td>4月</td><td>5月</td><td>6月</td><td>7月</td><td>8月</td><td>9月</td><td>10月</td><td>11月</td><td>12月</td></tr>
</table>

<table>
<tr><td rowspan="6">分段法</td><td colspan="2">作物名称</td><td colspan="2">水稻</td><td>平均亩产（kg/亩）</td><td>630</td></tr>
<tr><td colspan="2">播种面积（万亩）</td><td colspan="2">6.2</td><td>实灌面积（万亩）</td><td>5.78</td></tr>
<tr><td colspan="2">Kc_{ini}</td><td colspan="2">Kc_{mid}</td><td colspan="2">Kc_{end}</td></tr>
<tr><td colspan="2">1.17</td><td colspan="2">1.31</td><td colspan="2">1.29</td></tr>
<tr><td>播种/返青</td><td colspan="2">快速发育开始</td><td>生育中期开始</td><td>成熟期开始</td><td>成熟期结束</td></tr>
<tr><td>5月18日</td><td colspan="2">6月26日</td><td>8月27日</td><td>10月18日</td><td>10月26日</td></tr>
</table>

<table>
<tr><td rowspan="4">地下水利用</td><td colspan="2">种植期内地下水利用量（mm）</td><td></td><td></td><td></td></tr>
<tr><td colspan="2">种植期内平均地下水埋深（m）</td><td></td><td>极限埋深（m）</td><td></td></tr>
<tr><td colspan="2">经验指数 P</td><td></td><td>作物修正系数 k</td><td></td></tr>
</table>

<table>
<tr><td rowspan="9">有效降水利用</td><td colspan="2" align="center">种植期内有效降水利用量（mm）</td><td></td></tr>
<tr><td colspan="2" align="center">降水量 p（mm）</td><td>有效利用系数</td></tr>
<tr><td colspan="2" align="center">p＜5</td><td></td></tr>
<tr><td colspan="2" align="center">5≤p＜30</td><td></td></tr>
<tr><td colspan="2" align="center">30≤p＜50</td><td></td></tr>
<tr><td colspan="2" align="center">50≤p＜100</td><td></td></tr>
<tr><td colspan="2" align="center">100≤p＜150</td><td></td></tr>
<tr><td colspan="2" align="center">p≥150</td><td></td></tr>
</table>

附表 6.6-57　2022 年周岗圩灌区作物与田间灌溉情况调查表

<table>
<tr><td rowspan="6">基础信息</td><td colspan="2">作物种类：□一般作物　☑水稻　□套种　□跨年作物</td><td colspan="3"></td></tr>
<tr><td colspan="2">灌溉模式：□旱作充分灌溉　□旱作非充分灌溉　□水稻淹灌　☑水稻节水灌溉</td><td colspan="3"></td></tr>
<tr><td>土壤类型</td><td>壤土</td><td>试验站净灌溉定额（m³/亩）</td><td colspan="2"></td></tr>
<tr><td>观测田间毛灌溉定额（m³/亩）</td><td>775.98</td><td>水稻育秧净用水量（万 m³）</td><td colspan="2"></td></tr>
<tr><td>水稻泡田定额（m³/亩）</td><td>114.38</td><td>水稻生育期内渗漏量（m³/亩）</td><td colspan="2"></td></tr>
<tr><td>水稻生育期内有效降水量（m³/亩）</td><td>309.5</td><td>水稻生育期内稻田排水量（m³/亩）</td><td colspan="2"></td></tr>
</table>

<table>
<tr><td colspan="15" align="center">作物系数：□分月法　☑分段法</td></tr>
<tr><td rowspan="16">分月法</td><td rowspan="6">作物1</td><td colspan="3">作物名称</td><td colspan="4"></td><td colspan="3">平均亩产（kg/亩）</td><td colspan="4"></td></tr>
<tr><td colspan="3">播种面积（万亩）</td><td colspan="4"></td><td colspan="3">实灌面积（万亩）</td><td colspan="4"></td></tr>
<tr><td colspan="3">播种日期</td><td>年</td><td>月</td><td colspan="2">日</td><td colspan="3">收获日期</td><td>年</td><td>月</td><td colspan="2">日</td></tr>
<tr><td colspan="14" align="center">分月作物系数</td></tr>
<tr><td>1月</td><td>2月</td><td>3月</td><td>4月</td><td>5月</td><td>6月</td><td>7月</td><td>8月</td><td>9月</td><td>10月</td><td>11月</td><td colspan="2">12月</td></tr>
<tr><td></td><td></td><td></td><td></td><td></td><td></td><td></td><td></td><td></td><td></td><td></td><td colspan="2"></td></tr>
<tr><td rowspan="6">作物2</td><td colspan="3">作物名称</td><td colspan="4"></td><td colspan="3">平均亩产（kg/亩）</td><td colspan="4"></td></tr>
<tr><td colspan="3">播种面积（万亩）</td><td colspan="4"></td><td colspan="3">实灌面积（万亩）</td><td colspan="4"></td></tr>
<tr><td colspan="3">播种日期</td><td>年</td><td>月</td><td colspan="2">日</td><td colspan="3">收获日期</td><td>年</td><td>月</td><td colspan="2">日</td></tr>
<tr><td colspan="14" align="center">分月作物系数</td></tr>
<tr><td>1月</td><td>2月</td><td>3月</td><td>4月</td><td>5月</td><td>6月</td><td>7月</td><td>8月</td><td>9月</td><td>10月</td><td>11月</td><td colspan="2">12月</td></tr>
<tr><td></td><td></td><td></td><td></td><td></td><td></td><td></td><td></td><td></td><td></td><td></td><td colspan="2"></td></tr>
</table>

<table>
<tr><td rowspan="6">分段法</td><td colspan="2">作物名称</td><td colspan="2">水稻</td><td colspan="2">平均亩产（kg/亩）</td><td colspan="2"></td></tr>
<tr><td colspan="2">播种面积（万亩）</td><td colspan="2">4.55</td><td colspan="2">实灌面积（万亩）</td><td colspan="2">4.51</td></tr>
<tr><td colspan="3">Kc_{ini}</td><td colspan="3">Kc_{mid}</td><td colspan="2">Kc_{end}</td></tr>
<tr><td colspan="3">1.17</td><td colspan="3">1.31</td><td colspan="2">1.29</td></tr>
<tr><td>播种/返青</td><td colspan="2">快速发育开始</td><td colspan="2">生育中期开始</td><td>成熟期开始</td><td colspan="2">成熟期结束</td></tr>
<tr><td>5月21日</td><td colspan="2">6月24日</td><td colspan="2">8月9日</td><td>10月6日</td><td colspan="2">10月20日</td></tr>
</table>

<table>
<tr><td rowspan="4">地下水利用</td><td colspan="2">种植期内地下水利用量（mm）</td><td colspan="2"></td></tr>
<tr><td colspan="2">种植期内平均地下水埋深（m）</td><td>极限埋深（m）</td><td></td></tr>
<tr><td colspan="2" align="center">经验指数 P</td><td>作物修正系数 k</td><td></td></tr>
<tr><td colspan="8" style="border:none"></td></tr>
<tr><td rowspan="8">有效降水利用</td><td colspan="2">种植期内有效降水利用量（mm）</td><td colspan="2"></td></tr>
<tr><td colspan="2" align="center">降水量 p（mm）</td><td colspan="2" align="center">有效利用系数</td></tr>
<tr><td colspan="2" align="center">p＜5</td><td colspan="2"></td></tr>
<tr><td colspan="2" align="center">5≤p＜30</td><td colspan="2"></td></tr>
<tr><td colspan="2" align="center">30≤p＜50</td><td colspan="2"></td></tr>
<tr><td colspan="2" align="center">50≤p＜100</td><td colspan="2"></td></tr>
<tr><td colspan="2" align="center">100≤p＜150</td><td colspan="2"></td></tr>
<tr><td colspan="2" align="center">p≥150</td><td colspan="2"></td></tr>
</table>

附表 6.6-58　2022 年下坝灌区作物与田间灌溉情况调查表

<table>
<tr><td rowspan="7">基础信息</td><td colspan="5">作物种类：□一般作物　☑水稻　□套种　□跨年作物</td></tr>
<tr><td colspan="5">灌溉模式：□旱作充分灌溉　□旱作非充分灌溉　□水稻淹灌　☑水稻节水灌溉</td></tr>
<tr><td colspan="2" align="center">土壤类型</td><td align="center">壤土</td><td align="center">试验站净灌溉定额（m³/亩）</td><td></td></tr>
<tr><td colspan="2">观测田间毛灌溉定额（m³/亩）</td><td align="center">745.29</td><td>水稻育秧净用水量（万 m³）</td><td></td></tr>
<tr><td colspan="2">水稻泡田定额（m³/亩）</td><td align="center">103.75</td><td>水稻生育期内渗漏量（m³/亩）</td><td></td></tr>
<tr><td colspan="2">水稻生育期内有效降水量（m³/亩）</td><td align="center">268</td><td>水稻生育期内稻田排水量（m³/亩）</td><td></td></tr>
</table>

作物系数：□分月法　☑分段法

分月法

作物1	作物名称		平均亩产（kg/亩）	
	播种面积（万亩）		实灌面积（万亩）	
	播种日期	年　月　日	收获日期	年　月　日

分月作物系数

1月	2月	3月	4月	5月	6月	7月	8月	9月	10月	11月	12月

作物2	作物名称		平均亩产（kg/亩）	
	播种面积（万亩）		实灌面积（万亩）	
	播种日期	年　月　日	收获日期	年　月　日

分月作物系数

1月	2月	3月	4月	5月	6月	7月	8月	9月	10月	11月	12月

分段法

作物名称	水稻	平均亩产（kg/亩）	
播种面积（万亩）	1.78	实灌面积（万亩）	1.62

Kc_{ini}	Kc_{mid}	Kc_{end}
1.17	1.31	1.29

播种/返青	快速发育开始	生育中期开始	成熟期开始	成熟期结束
5月20日	6月28日	8月7日	10月6日	10月20日

地下水利用	种植期内地下水利用量（mm）		
	种植期内平均地下水埋深（m）	极限埋深（m）	
	经验指数 P	作物修正系数 k	

有效降水利用	种植期内有效降水利用量（mm）	
	降水量 p（mm）	有效利用系数
	$p<5$	
	$5 \leqslant p<30$	
	$30 \leqslant p<50$	
	$50 \leqslant p<100$	
	$100 \leqslant p<150$	
	$p \geqslant 150$	

附表 6.6-59　2022 年邵处水库灌区作物与田间灌溉情况调查表

<table>
<tr><td rowspan="5">基础信息</td><td colspan="6">作物种类：☐一般作物　☑水稻　☐套种　☐跨年作物</td></tr>
<tr><td colspan="6">灌溉模式：☐旱作充分灌溉　☐旱作非充分灌溉　☐水稻淹灌　☑水稻节水灌溉</td></tr>
<tr><td colspan="2">土壤类型</td><td>壤土</td><td colspan="3">试验站净灌溉定额（m³/亩）</td></tr>
<tr><td colspan="2">观测田间毛灌溉定额（m³/亩）</td><td>770.50</td><td colspan="3">水稻育秧净用水量（万 m³）</td></tr>
<tr><td colspan="2">水稻泡田定额（m³/亩）</td><td>114.64</td><td colspan="3">水稻生育期内渗漏量（m³/亩）</td></tr>
</table>

<table>
<tr><td></td><td colspan="2">水稻生育期内有效降水量（m³/亩）</td><td>352</td><td colspan="3">水稻生育期内稻田排水量（m³/亩）</td></tr>
</table>

<table>
<tr><td rowspan="17">分月法</td><td colspan="12">作物系数：☐分月法　☑分段法</td></tr>
<tr><td rowspan="8">作物1</td><td colspan="5">作物名称</td><td colspan="6">平均亩产（kg/亩）</td></tr>
<tr><td colspan="5">播种面积（万亩）</td><td colspan="6">实灌面积（万亩）</td></tr>
<tr><td colspan="5">播种日期</td><td colspan="3">年　　月　　日</td><td colspan="3">收获日期</td></tr>
<tr><td colspan="11" align="right">年　　月　　日</td></tr>
<tr><td colspan="11">分月作物系数</td></tr>
<tr><td>1月</td><td>2月</td><td>3月</td><td>4月</td><td>5月</td><td>6月</td><td>7月</td><td>8月</td><td>9月</td><td>10月</td><td>11月</td><td>12月</td></tr>
<tr><td></td><td></td><td></td><td></td><td></td><td></td><td></td><td></td><td></td><td></td><td></td><td></td></tr>
<tr><td colspan="11"></td></tr>
<tr><td rowspan="8">作物2</td><td colspan="5">作物名称</td><td colspan="6">平均亩产（kg/亩）</td></tr>
<tr><td colspan="5">播种面积（万亩）</td><td colspan="6">实灌面积（万亩）</td></tr>
<tr><td colspan="5">播种日期</td><td colspan="3">年　　月　　日</td><td colspan="3">收获日期</td></tr>
<tr><td colspan="11" align="right">年　　月　　日</td></tr>
<tr><td colspan="11">分月作物系数</td></tr>
<tr><td>1月</td><td>2月</td><td>3月</td><td>4月</td><td>5月</td><td>6月</td><td>7月</td><td>8月</td><td>9月</td><td>10月</td><td>11月</td><td>12月</td></tr>
<tr><td></td><td></td><td></td><td></td><td></td><td></td><td></td><td></td><td></td><td></td><td></td><td></td></tr>
</table>

<table>
<tr><td rowspan="6">分段法</td><td colspan="3">作物名称</td><td colspan="2">水稻</td><td colspan="3">平均亩产（kg/亩）</td><td colspan="2"></td></tr>
<tr><td colspan="3">播种面积（万亩）</td><td colspan="2">0.065</td><td colspan="3">实灌面积（万亩）</td><td colspan="2">0.065</td></tr>
<tr><td colspan="3">Kc_{ini}</td><td colspan="4">Kc_{mid}</td><td colspan="3">Kc_{end}</td></tr>
<tr><td colspan="3">1.17</td><td colspan="4">1.31</td><td colspan="3">1.29</td></tr>
<tr><td colspan="2">播种/返青</td><td colspan="2">快速发育开始</td><td colspan="2">生育中期开始</td><td colspan="2">成熟期开始</td><td colspan="2">成熟期结束</td></tr>
<tr><td colspan="2">5月21日</td><td colspan="2">6月28日</td><td colspan="2">8月6日</td><td colspan="2">10月5日</td><td colspan="2">10月18日</td></tr>
</table>

<table>
<tr><td rowspan="3">地下水利用</td><td colspan="2">种植期内地下水利用量（mm）</td><td></td></tr>
<tr><td colspan="2">种植期内平均地下水埋深（m）</td><td>极限埋深（m）</td></tr>
<tr><td colspan="2">经验指数 P</td><td>作物修正系数 k</td></tr>
</table>

<table>
<tr><td rowspan="8">有效降水利用</td><td colspan="2">种植期内有效降水利用量（mm）</td><td></td></tr>
<tr><td colspan="2">降水量 p（mm）</td><td>有效利用系数</td></tr>
<tr><td colspan="2">$p<5$</td><td></td></tr>
<tr><td colspan="2">$5 \leqslant p<30$</td><td></td></tr>
<tr><td colspan="2">$30 \leqslant p<50$</td><td></td></tr>
<tr><td colspan="2">$50 \leqslant p<100$</td><td></td></tr>
<tr><td colspan="2">$100 \leqslant p<150$</td><td></td></tr>
<tr><td colspan="2">$p \geqslant 150$</td><td></td></tr>
</table>

附表 6.6-60　2022 年三合圩灌区(样点)作物与田间灌溉情况调查表

<table>
<tr><td rowspan="5">基础信息</td><td colspan="6">作物种类:☐一般作物　☑水稻　☐套种　☐跨年作物</td></tr>
<tr><td colspan="6">灌溉模式:☐旱作充分灌溉　☐旱作非充分灌溉　☐水稻淹灌　☑水稻节水灌溉</td></tr>
<tr><td colspan="2">土壤类型</td><td>中壤土</td><td>试验站净灌溉定额(m³/亩)</td><td colspan="2">381.97</td></tr>
<tr><td colspan="2">观测田间毛灌溉定额(m³/亩)</td><td>742.12</td><td>水稻育秧净用水量(万 m³)</td><td colspan="2"></td></tr>
<tr><td colspan="2">水稻泡田定额(m³/亩)</td><td>101.72</td><td>水稻生育期内渗漏量(m³/亩)</td><td colspan="2"></td></tr>
</table>

水稻生育期内有效降水量(m³/亩)　　　水稻生育期内稻田排水量(m³/亩)

作物系数:☐分月法　☑分段法

<table>
<tr><td rowspan="15">分月法</td><td rowspan="7">作物1</td><td colspan="2">作物名称</td><td colspan="5"></td><td colspan="2">平均亩产(kg/亩)</td><td colspan="3"></td></tr>
<tr><td colspan="2">播种面积(万亩)</td><td colspan="5"></td><td colspan="2">实灌面积(万亩)</td><td colspan="3"></td></tr>
<tr><td colspan="2">播种日期</td><td colspan="5">年　　月　　日</td><td colspan="2">收获日期</td><td colspan="3">年　　月　　日</td></tr>
<tr><td colspan="12">分月作物系数</td></tr>
<tr><td>1月</td><td>2月</td><td>3月</td><td>4月</td><td>5月</td><td>6月</td><td>7月</td><td>8月</td><td>9月</td><td>10月</td><td>11月</td><td>12月</td></tr>
<tr><td></td><td></td><td></td><td></td><td></td><td></td><td></td><td></td><td></td><td></td><td></td><td></td></tr>
<tr><td colspan="12"></td></tr>
<tr><td rowspan="7">作物2</td><td colspan="2">作物名称</td><td colspan="5"></td><td colspan="2">平均亩产(kg/亩)</td><td colspan="3"></td></tr>
<tr><td colspan="2">播种面积(万亩)</td><td colspan="5"></td><td colspan="2">实灌面积(万亩)</td><td colspan="3"></td></tr>
<tr><td colspan="2">播种日期</td><td colspan="5">年　　月　　日</td><td colspan="2">收获日期</td><td colspan="3">年　　月　　日</td></tr>
<tr><td colspan="12">分月作物系数</td></tr>
<tr><td>1月</td><td>2月</td><td>3月</td><td>4月</td><td>5月</td><td>6月</td><td>7月</td><td>8月</td><td>9月</td><td>10月</td><td>11月</td><td>12月</td></tr>
<tr><td></td><td></td><td></td><td></td><td></td><td></td><td></td><td></td><td></td><td></td><td></td><td></td></tr>
</table>

<table>
<tr><td rowspan="6">分段法</td><td colspan="2">作物名称</td><td colspan="2">水稻</td><td>平均亩产(kg/亩)</td><td>650</td></tr>
<tr><td colspan="2">播种面积(万亩)</td><td colspan="2">0.94</td><td>实灌面积(万亩)</td><td>0.93</td></tr>
<tr><td colspan="2">Kc_{ini}</td><td colspan="2">Kc_{mid}</td><td colspan="2">Kc_{end}</td></tr>
<tr><td colspan="2">1.17</td><td colspan="2">1.31</td><td colspan="2">1.29</td></tr>
<tr><td>播种/返青</td><td>快速发育开始</td><td colspan="2">生育中期开始</td><td>成熟期开始</td><td>成熟期结束</td></tr>
<tr><td>6月8日</td><td>6月20日</td><td colspan="2">8月14日</td><td>9月8日</td><td>10月11日</td></tr>
</table>

<table>
<tr><td rowspan="4">地下水利用</td><td colspan="2">种植期内地下水利用量(mm)</td><td></td></tr>
<tr><td colspan="2">种植期内平均地下水埋深(m)</td><td>极限埋深(m)</td></tr>
<tr><td colspan="2">经验指数 P</td><td>作物修正系数 k</td></tr>
</table>

<table>
<tr><td rowspan="8">有效降水利用</td><td colspan="2">种植期内有效降水利用量(mm)</td><td></td></tr>
<tr><td colspan="2">降水量 p(mm)</td><td>有效利用系数</td></tr>
<tr><td colspan="2">$p<5$</td><td></td></tr>
<tr><td colspan="2">$5 \leqslant p<30$</td><td></td></tr>
<tr><td colspan="2">$30 \leqslant p<50$</td><td></td></tr>
<tr><td colspan="2">$50 \leqslant p<100$</td><td></td></tr>
<tr><td colspan="2">$100 \leqslant p<150$</td><td></td></tr>
<tr><td colspan="2">$p \geqslant 150$</td><td></td></tr>
</table>

附表 6.6-61　2022 年沿滁灌区(样点)作物与田间灌溉情况调查表

<table>
<tr><td rowspan="7">基础信息</td><td colspan="6">作物种类:□一般作物　☑水稻　□套种　□跨年作物</td></tr>
<tr><td colspan="6">灌溉模式:□旱作充分灌溉　□旱作非充分灌溉　□水稻淹灌　☑水稻节水灌溉</td></tr>
<tr><td colspan="2">土壤类型</td><td>壤土</td><td colspan="2">试验站净灌溉定额(m^3/亩)</td><td>371.03</td></tr>
<tr><td colspan="2">观测田间毛灌溉定额(m^3/亩)</td><td>782.59</td><td colspan="2">水稻育秧净用水量(万 m^3)</td><td></td></tr>
<tr><td colspan="2">水稻泡田定额(m^3/亩)</td><td>108.02</td><td colspan="2">水稻生育期内渗漏量(m^3/亩)</td><td></td></tr>
<tr><td colspan="2">水稻生育期内有效降水量(m^3/亩)</td><td></td><td colspan="2">水稻生育期内稻田排水量(m^3/亩)</td><td></td></tr>
</table>

<table>
<tr><td rowspan="16">分月法</td><td colspan="13" align="center">作物系数:□分月法　☑分段法</td></tr>
<tr><td rowspan="6">作物1</td><td colspan="6">作物名称</td><td colspan="3">平均亩产(kg/亩)</td><td colspan="3"></td></tr>
<tr><td colspan="6">播种面积(万亩)</td><td colspan="3">实灌面积(万亩)</td><td colspan="3"></td></tr>
<tr><td colspan="3">播种日期</td><td align="center">年</td><td align="center">月</td><td align="center">日</td><td colspan="3">收获日期</td><td align="center">年</td><td align="center">月</td><td align="center">日</td></tr>
<tr><td colspan="12" align="center">分月作物系数</td></tr>
<tr><td>1 月</td><td>2 月</td><td>3 月</td><td>4 月</td><td>5 月</td><td>6 月</td><td>7 月</td><td>8 月</td><td>9 月</td><td>10 月</td><td>11 月</td><td>12 月</td></tr>
<tr><td></td><td></td><td></td><td></td><td></td><td></td><td></td><td></td><td></td><td></td><td></td><td></td></tr>
<tr><td rowspan="6">作物2</td><td colspan="6">作物名称</td><td colspan="3">平均亩产(kg/亩)</td><td colspan="3"></td></tr>
<tr><td colspan="6">播种面积(万亩)</td><td colspan="3">实灌面积(万亩)</td><td colspan="3"></td></tr>
<tr><td colspan="3">播种日期</td><td align="center">年</td><td align="center">月</td><td align="center">日</td><td colspan="3">收获日期</td><td align="center">年</td><td align="center">月</td><td align="center">日</td></tr>
<tr><td colspan="12" align="center">分月作物系数</td></tr>
<tr><td>1 月</td><td>2 月</td><td>3 月</td><td>4 月</td><td>5 月</td><td>6 月</td><td>7 月</td><td>8 月</td><td>9 月</td><td>10 月</td><td>11 月</td><td>12 月</td></tr>
<tr><td></td><td></td><td></td><td></td><td></td><td></td><td></td><td></td><td></td><td></td><td></td><td></td></tr>
</table>

<table>
<tr><td rowspan="6">分段法</td><td colspan="2">作物名称</td><td colspan="2">水稻</td><td colspan="2">平均亩产(kg/亩)</td><td colspan="2">580</td></tr>
<tr><td colspan="2">播种面积(万亩)</td><td colspan="2">0.73</td><td colspan="2">实灌面积(万亩)</td><td colspan="2">0.72</td></tr>
<tr><td colspan="3">Kc_{ini}</td><td colspan="3">Kc_{mid}</td><td colspan="2">Kc_{end}</td></tr>
<tr><td colspan="3">1.17</td><td colspan="3">1.31</td><td colspan="2">1.29</td></tr>
<tr><td>播种/返青</td><td colspan="2">快速发育开始</td><td colspan="2">生育中期开始</td><td colspan="2">成熟期开始</td><td>成熟期结束</td></tr>
<tr><td>6 月 19 日</td><td colspan="2">7 月 21 日</td><td colspan="2">8 月 14 日</td><td colspan="2">9 月 27 日</td><td>10 月 26 日</td></tr>
</table>

<table>
<tr><td rowspan="4">地下水利用</td><td colspan="2">种植期内地下水利用量(mm)</td><td></td><td></td><td></td></tr>
<tr><td colspan="2">种植期内平均地下水埋深(m)</td><td></td><td>极限埋深(m)</td><td></td></tr>
<tr><td colspan="2">经验指数 P</td><td></td><td>作物修正系数 k</td><td></td></tr>
</table>

<table>
<tr><td rowspan="9">有效降水利用</td><td colspan="2">种植期内有效降水利用量(mm)</td><td></td></tr>
<tr><td>降水量 p(mm)</td><td colspan="2">有效利用系数</td></tr>
<tr><td>$p<5$</td><td colspan="2"></td></tr>
<tr><td>$5 \leqslant p<30$</td><td colspan="2"></td></tr>
<tr><td>$30 \leqslant p<50$</td><td colspan="2"></td></tr>
<tr><td>$50 \leqslant p<100$</td><td colspan="2"></td></tr>
<tr><td>$100 \leqslant p<150$</td><td colspan="2"></td></tr>
<tr><td>$p \geqslant 150$</td><td colspan="2"></td></tr>
</table>

附表 6.6-62　2022 年浦口沿江灌区(样点)作物与田间灌溉情况调查表

<table>
<tr><td rowspan="7">基础信息</td><td colspan="7">作物种类:□一般作物　☑水稻　□套种　□跨年作物</td></tr>
<tr><td colspan="7">灌溉模式:□旱作充分灌溉　□旱作非充分灌溉　□水稻淹灌　☑水稻节水灌溉</td></tr>
<tr><td colspan="2">土壤类型</td><td>壤土</td><td colspan="2">试验站净灌溉定额(m³/亩)</td><td colspan="2">375.61</td></tr>
<tr><td colspan="2">观测田间毛灌溉定额(m³/亩)</td><td>765.27</td><td colspan="2">水稻育秧净用水量(万 m³)</td><td colspan="2"></td></tr>
<tr><td colspan="2">水稻泡田定额(m³/亩)</td><td>111.86</td><td colspan="2">水稻生育期内渗漏量(m³/亩)</td><td colspan="2"></td></tr>
<tr><td colspan="2">水稻生育期内有效降水量(m³/亩)</td><td></td><td colspan="2">水稻生育期内稻田排水量(m³/亩)</td><td colspan="2"></td></tr>
</table>

<table>
<tr><td rowspan="14">分月法</td><td colspan="13">作物系数:□分月法　☑分段法</td></tr>
<tr><td rowspan="6">作物 1</td><td colspan="6">作物名称</td><td colspan="3">平均亩产(kg/亩)</td><td colspan="3"></td></tr>
<tr><td colspan="6">播种面积(万亩)</td><td colspan="3">实灌面积(万亩)</td><td colspan="3"></td></tr>
<tr><td colspan="6">播种日期</td><td colspan="3">年　月　日</td><td colspan="3">收获日期</td></tr>
<tr><td colspan="12" align="center">年　月　日</td></tr>
<tr><td colspan="12" align="center">分月作物系数</td></tr>
<tr><td>1 月</td><td>2 月</td><td>3 月</td><td>4 月</td><td>5 月</td><td>6 月</td><td>7 月</td><td>8 月</td><td>9 月</td><td>10 月</td><td>11 月</td><td>12 月</td></tr>
<tr><td></td><td></td><td></td><td></td><td></td><td></td><td></td><td></td><td></td><td></td><td></td><td></td></tr>
<tr><td rowspan="6">作物 2</td><td colspan="6">作物名称</td><td colspan="3">平均亩产(kg/亩)</td><td colspan="3"></td></tr>
<tr><td colspan="6">播种面积(万亩)</td><td colspan="3">实灌面积(万亩)</td><td colspan="3"></td></tr>
<tr><td colspan="6">播种日期</td><td colspan="3">年　月　日</td><td colspan="3">收获日期</td></tr>
<tr><td colspan="12" align="center">年　月　日</td></tr>
<tr><td colspan="12" align="center">分月作物系数</td></tr>
<tr><td>1 月</td><td>2 月</td><td>3 月</td><td>4 月</td><td>5 月</td><td>6 月</td><td>7 月</td><td>8 月</td><td>9 月</td><td>10 月</td><td>11 月</td><td>12 月</td></tr>
</table>

<table>
<tr><td rowspan="6">分段法</td><td colspan="2">作物名称</td><td colspan="2">水稻</td><td colspan="2">平均亩产(kg/亩)</td><td colspan="2">525</td></tr>
<tr><td colspan="2">播种面积(万亩)</td><td colspan="2">1.3</td><td colspan="2">实灌面积(万亩)</td><td colspan="2">1.21</td></tr>
<tr><td colspan="3">Kc_{ini}</td><td colspan="3">Kc_{mid}</td><td colspan="2">Kc_{end}</td></tr>
<tr><td colspan="3">1.17</td><td colspan="3">1.31</td><td colspan="2">1.29</td></tr>
<tr><td colspan="2">播种/返青</td><td colspan="2">快速发育开始</td><td colspan="2">生育中期开始</td><td>成熟期开始</td><td>成熟期结束</td></tr>
<tr><td colspan="2">6 月 29 日</td><td colspan="2">7 月 30 日</td><td colspan="2">8 月 28 日</td><td>9 月 10 日</td><td>10 月 25 日</td></tr>
</table>

<table>
<tr><td rowspan="4">地下水利用</td><td colspan="2">种植期内地下水利用量(mm)</td><td></td></tr>
<tr><td colspan="2">种植期内平均地下水埋深(m)</td><td>极限埋深(m)</td></tr>
<tr><td colspan="2" align="center">经验指数 P</td><td>作物修正系数 k</td></tr>
<tr><td></td><td></td><td></td></tr>
</table>

<table>
<tr><td rowspan="8">有效降水利用</td><td colspan="2">种植期内有效降水利用量(mm)</td><td></td></tr>
<tr><td colspan="2" align="center">降水量 p(mm)</td><td>有效利用系数</td></tr>
<tr><td colspan="2" align="center">$p<5$</td><td></td></tr>
<tr><td colspan="2" align="center">$5\leqslant p<30$</td><td></td></tr>
<tr><td colspan="2" align="center">$30\leqslant p<50$</td><td></td></tr>
<tr><td colspan="2" align="center">$50\leqslant p<100$</td><td></td></tr>
<tr><td colspan="2" align="center">$100\leqslant p<150$</td><td></td></tr>
<tr><td colspan="2" align="center">$p\geqslant150$</td><td></td></tr>
</table>

附表 6.6-63　2022 年兰花塘灌区(样点)作物与田间灌溉情况调查表

<table>
<tr><td rowspan="5">基础信息</td><td colspan="5">作物种类：□一般作物　☑水稻　□套种　□跨年作物</td></tr>
<tr><td colspan="5">灌溉模式：□旱作充分灌溉　□旱作非充分灌溉　□水稻淹灌　☑水稻节水灌溉</td></tr>
<tr><td colspan="2">土壤类型</td><td>壤土</td><td>试验站净灌溉定额(m³/亩)</td><td>391.65</td></tr>
<tr><td colspan="2">观测田间毛灌溉定额(m³/亩)</td><td>743.72</td><td>水稻育秧净用水量(万 m³)</td><td></td></tr>
<tr><td colspan="2">水稻泡田定额(m³/亩)</td><td>107.41</td><td>水稻生育期内渗漏量(m³/亩)</td><td></td></tr>
</table>

<table>
<tr><td colspan="2">水稻生育期内有效降水量(m³/亩)</td><td></td><td>水稻生育期内稻田排水量(m³/亩)</td><td></td></tr>
</table>

<table>
<tr><td colspan="14">作物系数：□分月法　☑分段法</td></tr>
<tr><td rowspan="8">分月法</td><td rowspan="4">作物1</td><td colspan="3">作物名称</td><td colspan="3"></td><td colspan="3">平均亩产(kg/亩)</td><td colspan="4"></td></tr>
<tr><td colspan="3">播种面积(万亩)</td><td colspan="3"></td><td colspan="3">实灌面积(万亩)</td><td colspan="4"></td></tr>
<tr><td colspan="3">播种日期</td><td>年</td><td>月</td><td>日</td><td colspan="3">收获日期</td><td></td><td>年</td><td>月</td><td>日</td></tr>
<tr><td colspan="12">分月作物系数</td></tr>
<tr><td>1月</td><td>2月</td><td>3月</td><td>4月</td><td>5月</td><td>6月</td><td>7月</td><td>8月</td><td>9月</td><td>10月</td><td>11月</td><td>12月</td></tr>
<tr><td></td><td></td><td></td><td></td><td></td><td></td><td></td><td></td><td></td><td></td><td></td><td></td></tr>
</table>

<table>
<tr><td rowspan="4">作物2</td><td colspan="3">作物名称</td><td colspan="3"></td><td colspan="3">平均亩产(kg/亩)</td><td colspan="4"></td></tr>
<tr><td colspan="3">播种面积(万亩)</td><td colspan="3"></td><td colspan="3">实灌面积(万亩)</td><td colspan="4"></td></tr>
<tr><td colspan="3">播种日期</td><td>年</td><td>月</td><td>日</td><td colspan="3">收获日期</td><td></td><td>年</td><td>月</td><td>日</td></tr>
<tr><td colspan="12">分月作物系数</td></tr>
<tr><td>1月</td><td>2月</td><td>3月</td><td>4月</td><td>5月</td><td>6月</td><td>7月</td><td>8月</td><td>9月</td><td>10月</td><td>11月</td><td>12月</td></tr>
<tr><td></td><td></td><td></td><td></td><td></td><td></td><td></td><td></td><td></td><td></td><td></td><td></td></tr>
</table>

<table>
<tr><td rowspan="6">分段法</td><td colspan="2">作物名称</td><td colspan="2">水稻</td><td colspan="2">平均亩产(kg/亩)</td><td colspan="2">525</td></tr>
<tr><td colspan="2">播种面积(万亩)</td><td colspan="2">0.67</td><td colspan="2">实灌面积(万亩)</td><td colspan="2">0.59</td></tr>
<tr><td colspan="3">Kc_{ini}</td><td colspan="2">Kc_{mid}</td><td colspan="3">Kc_{end}</td></tr>
<tr><td colspan="3">1.17</td><td colspan="2">1.31</td><td colspan="3">1.29</td></tr>
<tr><td>播种/返青</td><td colspan="2">快速发育开始</td><td colspan="2">生育中期开始</td><td colspan="2">成熟期开始</td><td>成熟期结束</td></tr>
<tr><td>6 月 29 日</td><td colspan="2">7 月 30 日</td><td colspan="2">8 月 28 日</td><td colspan="2">9 月 10 日</td><td>10 月 25 日</td></tr>
</table>

<table>
<tr><td rowspan="3">地下水利用</td><td colspan="2">种植期内地下水利用量(mm)</td><td></td></tr>
<tr><td colspan="2">种植期内平均地下水埋深(m)</td><td>极限埋深(m)</td></tr>
<tr><td colspan="2">经验指数 P</td><td>作物修正系数 k</td></tr>
</table>

<table>
<tr><td rowspan="8">有效降水利用</td><td colspan="2">种植期内有效降水利用量(mm)</td><td></td></tr>
<tr><td colspan="2">降水量 p(mm)</td><td rowspan="1">有效利用系数</td></tr>
<tr><td colspan="2">$p<5$</td><td></td></tr>
<tr><td colspan="2">$5 \leqslant p<30$</td><td></td></tr>
<tr><td colspan="2">$30 \leqslant p<50$</td><td></td></tr>
<tr><td colspan="2">$50 \leqslant p<100$</td><td></td></tr>
<tr><td colspan="2">$100 \leqslant p<150$</td><td></td></tr>
<tr><td colspan="2">$p \geqslant 150$</td><td></td></tr>
</table>

附表 6.6-64　2022 年西江灌区(样点)作物与田间灌溉情况调查表

<table>
<tr><td rowspan="6">基础信息</td><td colspan="5">作物种类:☐一般作物　☑水稻　☐套种　☐跨年作物</td></tr>
<tr><td colspan="5">灌溉模式:☐旱作充分灌溉　☐旱作非充分灌溉　☐水稻淹灌　☑水稻节水灌溉</td></tr>
<tr><td colspan="2">土壤类型</td><td>壤土</td><td>试验站净灌溉定额(m³/亩)</td><td>357.95</td></tr>
<tr><td colspan="2">观测田间毛灌溉定额(m³/亩)</td><td>731.87</td><td>水稻育秧净用水量(万 m³)</td><td></td></tr>
<tr><td colspan="2">水稻泡田定额(m³/亩)</td><td>111.19</td><td>水稻生育期内渗漏量(m³/亩)</td><td></td></tr>
<tr><td colspan="2">水稻生育期内有效降水量(m³/亩)</td><td></td><td>水稻生育期内稻田排水量(m³/亩)</td><td></td></tr>
</table>

作物系数:☐分月法　☑分段法

<table>
<tr><td rowspan="16">分月法</td><td rowspan="4">作物1</td><td colspan="4">作物名称</td><td colspan="4"></td><td colspan="3">平均亩产(kg/亩)</td><td colspan="3"></td></tr>
<tr><td colspan="4">播种面积(万亩)</td><td colspan="4"></td><td colspan="3">实灌面积(万亩)</td><td colspan="3"></td></tr>
<tr><td colspan="4">播种日期</td><td>年</td><td>月</td><td colspan="2">日</td><td colspan="3">收获日期</td><td>年</td><td>月</td><td>日</td></tr>
<tr><td colspan="14">分月作物系数</td></tr>
<tr><td>1月</td><td>2月</td><td>3月</td><td>4月</td><td>5月</td><td>6月</td><td>7月</td><td>8月</td><td>9月</td><td colspan="2">10月</td><td>11月</td><td colspan="2">12月</td></tr>
<tr><td></td><td></td><td></td><td></td><td></td><td></td><td></td><td></td><td></td><td colspan="2"></td><td></td><td colspan="2"></td></tr>
<tr><td rowspan="4">作物2</td><td colspan="4">作物名称</td><td colspan="4"></td><td colspan="3">平均亩产(kg/亩)</td><td colspan="3"></td></tr>
<tr><td colspan="4">播种面积(万亩)</td><td colspan="4"></td><td colspan="3">实灌面积(万亩)</td><td colspan="3"></td></tr>
<tr><td colspan="4">播种日期</td><td>年</td><td>月</td><td colspan="2">日</td><td colspan="3">收获日期</td><td>年</td><td>月</td><td>日</td></tr>
<tr><td colspan="14">分月作物系数</td></tr>
<tr><td>1月</td><td>2月</td><td>3月</td><td>4月</td><td>5月</td><td>6月</td><td>7月</td><td>8月</td><td>9月</td><td colspan="2">10月</td><td>11月</td><td colspan="2">12月</td></tr>
<tr><td></td><td></td><td></td><td></td><td></td><td></td><td></td><td></td><td></td><td colspan="2"></td><td></td><td colspan="2"></td></tr>
</table>

<table>
<tr><td rowspan="4">分段法</td><td colspan="3">作物名称</td><td colspan="3">水稻</td><td colspan="2">平均亩产(kg/亩)</td><td colspan="3"></td></tr>
<tr><td colspan="3">播种面积(万亩)</td><td colspan="3">0.18</td><td colspan="2">实灌面积(万亩)</td><td colspan="3">0.18</td></tr>
<tr><td colspan="3">Kc_{ini}</td><td colspan="4">Kc_{mid}</td><td colspan="4">Kc_{end}</td></tr>
<tr><td colspan="3">1.17</td><td colspan="4">1.31</td><td colspan="4">1.29</td></tr>
</table>

<table>
<tr><td>播种/返青</td><td>快速发育开始</td><td>生育中期开始</td><td>成熟期开始</td><td>成熟期结束</td></tr>
<tr><td>6 月 20 日</td><td>7 月 20 日</td><td>8 月 20 日</td><td>9 月 10 日</td><td>10 月 20 日</td></tr>
</table>

<table>
<tr><td rowspan="3">地下水利用</td><td colspan="2">种植期内地下水利用量(mm)</td><td colspan="2"></td></tr>
<tr><td colspan="2">种植期内平均地下水埋深(m)</td><td>极限埋深(m)</td><td></td></tr>
<tr><td colspan="2">经验指数 P</td><td>作物修正系数 k</td><td></td></tr>
<tr><td rowspan="8">有效降水利用</td><td colspan="4">种植期内有效降水利用量(mm)</td></tr>
<tr><td colspan="2">降水量 p(mm)</td><td colspan="2">有效利用系数</td></tr>
<tr><td colspan="2">p<5</td><td colspan="2"></td></tr>
<tr><td colspan="2">5≤p<30</td><td colspan="2"></td></tr>
<tr><td colspan="2">30≤p<50</td><td colspan="2"></td></tr>
<tr><td colspan="2">50≤p<100</td><td colspan="2"></td></tr>
<tr><td colspan="2">100≤p<150</td><td colspan="2"></td></tr>
<tr><td colspan="2">p≥150</td><td colspan="2"></td></tr>
</table>

附表 6.6-65　2022 年山湖灌区(样点)作物与田间灌溉情况调查表

<table>
<tr><td rowspan="6">基础信息</td><td colspan="6">作物种类:☐一般作物　☑水稻　☐套种　☐跨年作物</td></tr>
<tr><td colspan="6">灌溉模式:☐旱作充分灌溉　☐旱作非充分灌溉　☐水稻淹灌　☑水稻节水灌溉</td></tr>
<tr><td colspan="2">土壤类型</td><td>壤土</td><td colspan="2">试验站净灌溉定额(m³/亩)</td><td></td></tr>
<tr><td colspan="2">观测田间毛灌溉定额(m³/亩)</td><td>754.75</td><td colspan="2">水稻育秧净用水量(万 m³)</td><td></td></tr>
<tr><td colspan="2">水稻泡田定额(m³/亩)</td><td>115</td><td colspan="2">水稻生育期内渗漏量(m³/亩)</td><td></td></tr>
<tr><td colspan="2">水稻生育期内有效降水量(m³/亩)</td><td></td><td colspan="2">水稻生育期内稻田排水量(m³/亩)</td><td></td></tr>
</table>

作物系数:☐分月法　☑分段法

分月法

作物 1

作物名称		平均亩产(kg/亩)	
播种面积(万亩)		实灌面积(万亩)	
播种日期	年　月　日	收获日期	年　月　日

分月作物系数

1 月	2 月	3 月	4 月	5 月	6 月	7 月	8 月	9 月	10 月	11 月	12 月

作物 2

作物名称		平均亩产(kg/亩)	
播种面积(万亩)		实灌面积(万亩)	
播种日期	年　月　日	收获日期	年　月　日

分月作物系数

1 月	2 月	3 月	4 月	5 月	6 月	7 月	8 月	9 月	10 月	11 月	12 月

分段法

作物名称	水稻	平均亩产(kg/亩)	
播种面积(万亩)		实灌面积(万亩)	

Kc_{ini}	Kc_{mid}	Kc_{end}
1.17	1.31	1.29

播种/返青	快速发育开始	生育中期开始	成熟期开始	成熟期结束
5 月 14 日	5 月 20 日	8 月 4 日	8 月 18 日	9 月 15 日

地下水利用	种植期内地下水利用量(mm)		
	种植期内平均地下水埋深(m)	极限埋深(m)	
	经验指数 P	作物修正系数 k	

有效降水利用	种植期内有效降水利用量(mm)	
	降水量 p(mm)	有效利用系数
	$p<5$	
	$5 \leqslant p<30$	
	$30 \leqslant p<50$	
	$50 \leqslant p<100$	
	$100 \leqslant p<150$	
	$p \geqslant 150$	

附表 6.6-66　2022 年龙袍圩灌区（样点）作物与田间灌溉情况调查表

<table>
<tr><td rowspan="8">基础信息</td><td colspan="6">作物种类：☐一般作物　☑水稻　☐套种　☐跨年作物</td></tr>
<tr><td colspan="6">灌溉模式：☐旱作充分灌溉　☐旱作非充分灌溉　☐水稻淹灌　☑水稻节水灌溉</td></tr>
<tr><td colspan="2">土壤类型</td><td>黏土</td><td colspan="2">试验站净灌溉定额（m³/亩）</td><td></td></tr>
<tr><td colspan="2">观测田间毛灌溉定额（m³/亩）</td><td>723.78</td><td colspan="2">水稻育秧净用水量（万 m³）</td><td>0.032</td></tr>
<tr><td colspan="2">水稻泡田定额（m³/亩）</td><td>104.78</td><td colspan="2">水稻生育期内渗漏量（m³/亩）</td><td>290</td></tr>
<tr><td colspan="2">水稻生育期内有效降水量（m³/亩）</td><td>471.9</td><td colspan="2">水稻生育期内稻田排水量（m³/亩）</td><td></td></tr>
</table>

<table>
<tr><td rowspan="15">分月法</td><td colspan="12">作物系数：☐分月法　☑分段法</td></tr>
<tr><td rowspan="7">作物1</td><td colspan="5">作物名称</td><td colspan="3">平均亩产（kg/亩）</td><td colspan="3"></td></tr>
<tr><td colspan="5">播种面积（万亩）</td><td colspan="3">实灌面积（万亩）</td><td colspan="3"></td></tr>
<tr><td colspan="5">播种日期</td><td>年　月　日</td><td colspan="2">收获日期</td><td colspan="3">年　月　日</td></tr>
<tr><td colspan="11">分月作物系数</td></tr>
<tr><td>1月</td><td>2月</td><td>3月</td><td>4月</td><td>5月</td><td>6月</td><td>7月</td><td>8月</td><td>9月</td><td>10月</td><td>11月</td><td>12月</td></tr>
<tr><td></td><td></td><td></td><td></td><td></td><td></td><td></td><td></td><td></td><td></td><td></td><td></td></tr>
<tr><td rowspan="7">作物2</td><td colspan="5">作物名称</td><td colspan="3">平均亩产（kg/亩）</td><td colspan="3"></td></tr>
<tr><td colspan="5">播种面积（万亩）</td><td colspan="3">实灌面积（万亩）</td><td colspan="3"></td></tr>
<tr><td colspan="5">播种日期</td><td>年　月　日</td><td colspan="2">收获日期</td><td colspan="3">年　月　日</td></tr>
<tr><td colspan="11">分月作物系数</td></tr>
<tr><td>1月</td><td>2月</td><td>3月</td><td>4月</td><td>5月</td><td>6月</td><td>7月</td><td>8月</td><td>9月</td><td>10月</td><td>11月</td><td>12月</td></tr>
<tr><td></td><td></td><td></td><td></td><td></td><td></td><td></td><td></td><td></td><td></td><td></td><td></td></tr>
</table>

<table>
<tr><td rowspan="4">分段法</td><td colspan="2">作物名称</td><td colspan="2">水稻</td><td>平均亩产（kg/亩）</td><td>550</td></tr>
<tr><td colspan="2">播种面积（万亩）</td><td colspan="2">0.03</td><td>实灌面积（万亩）</td><td>0.03</td></tr>
<tr><td colspan="2">Kc_{ini}</td><td colspan="2">Kc_{mid}</td><td colspan="2">Kc_{end}</td></tr>
<tr><td colspan="2">1.17</td><td colspan="2">1.31</td><td colspan="2">1.29</td></tr>
</table>

播种/返青	快速发育开始	生育中期开始	成熟期开始	成熟期结束
5月15日/6月	7月15日	8月20日	10月9日	11月10日

<table>
<tr><td rowspan="4">地下水利用</td><td colspan="2">种植期内地下水利用量（mm）</td><td></td><td></td></tr>
<tr><td colspan="2">种植期内平均地下水埋深（m）</td><td>极限埋深（m）</td><td></td></tr>
<tr><td colspan="2">经验指数 P</td><td>作物修正系数 k</td><td></td></tr>
</table>

<table>
<tr><td rowspan="8">有效降水利用</td><td colspan="2">种植期内有效降水利用量（mm）</td><td></td></tr>
<tr><td>降水量 p（mm）</td><td colspan="2">有效利用系数</td></tr>
<tr><td>$p<5$</td><td colspan="2"></td></tr>
<tr><td>$5\leqslant p<30$</td><td colspan="2"></td></tr>
<tr><td>$30\leqslant p<50$</td><td colspan="2"></td></tr>
<tr><td>$50\leqslant p<100$</td><td colspan="2"></td></tr>
<tr><td>$100\leqslant p<150$</td><td colspan="2"></td></tr>
<tr><td>$p\geqslant150$</td><td colspan="2"></td></tr>
</table>

附表 6.6-67　2022 年新禹河灌区(样点)作物与田间灌溉情况调查表

<table>
<tr>
<td rowspan="6">基础信息</td>
<td colspan="4">作物种类:□一般作物　☑水稻　□套种　□跨年作物</td>
</tr>
<tr>
<td colspan="4">灌溉模式:□旱作充分灌溉　□旱作非充分灌溉　☑水稻淹灌　□水稻节水灌溉</td>
</tr>
<tr>
<td>土壤类型</td>
<td>沙壤土</td>
<td>试验站净灌溉定额(m³/亩)</td>
<td></td>
</tr>
<tr>
<td>观测田间毛灌溉定额(m³/亩)</td>
<td>756.86</td>
<td>水稻育秧净用水量(万 m³)</td>
<td>2.14</td>
</tr>
<tr>
<td>水稻泡田定额(m³/亩)</td>
<td>113.38</td>
<td>水稻生育期内渗漏量(m³/亩)</td>
<td>240</td>
</tr>
<tr>
<td>水稻生育期内有效降水量(m³/亩)</td>
<td>451.9</td>
<td>水稻生育期内稻田排水量(m³/亩)</td>
<td></td>
</tr>
</table>

分月法		

作物系数:□分月法　☑分段法

<table>
<tr>
<td rowspan="14">分月法</td>
<td rowspan="7">作物1</td>
<td colspan="3">作物名称</td>
<td></td>
<td colspan="2">平均亩产(kg/亩)</td>
<td colspan="6"></td>
</tr>
<tr>
<td colspan="3">播种面积(万亩)</td>
<td></td>
<td colspan="2">实灌面积(万亩)</td>
<td colspan="6"></td>
</tr>
<tr>
<td colspan="3">播种日期</td>
<td colspan="1">年　月　日</td>
<td colspan="2">收获日期</td>
<td colspan="6">年　月　日</td>
</tr>
<tr>
<td colspan="12">分月作物系数</td>
</tr>
<tr>
<td>1月</td><td>2月</td><td>3月</td><td>4月</td><td>5月</td><td>6月</td><td>7月</td><td>8月</td><td>9月</td><td>10月</td><td>11月</td><td>12月</td>
</tr>
<tr>
<td></td><td></td><td></td><td></td><td></td><td></td><td></td><td></td><td></td><td></td><td></td><td></td>
</tr>
<tr><td colspan="12"></td></tr>
<tr>
<td rowspan="6">作物2</td>
<td colspan="3">作物名称</td>
<td></td>
<td colspan="2">平均亩产(kg/亩)</td>
<td colspan="6"></td>
</tr>
<tr>
<td colspan="3">播种面积(万亩)</td>
<td></td>
<td colspan="2">实灌面积(万亩)</td>
<td colspan="6"></td>
</tr>
<tr>
<td colspan="3">播种日期</td>
<td colspan="1">年　月　日</td>
<td colspan="2">收获日期</td>
<td colspan="6">年　月　日</td>
</tr>
<tr>
<td colspan="12">分月作物系数</td>
</tr>
<tr>
<td>1月</td><td>2月</td><td>3月</td><td>4月</td><td>5月</td><td>6月</td><td>7月</td><td>8月</td><td>9月</td><td>10月</td><td>11月</td><td>12月</td>
</tr>
<tr>
<td></td><td></td><td></td><td></td><td></td><td></td><td></td><td></td><td></td><td></td><td></td><td></td>
</tr>
</table>

<table>
<tr>
<td rowspan="12">分段法</td>
<td colspan="2">作物名称</td>
<td colspan="2">水稻</td>
<td colspan="2">平均亩产(kg/亩)</td>
<td colspan="2"></td>
</tr>
<tr>
<td colspan="2">播种面积(万亩)</td>
<td colspan="2">3.5</td>
<td colspan="2">实灌面积(万亩)</td>
<td colspan="2">3.5</td>
</tr>
<tr>
<td colspan="3">Kc_{ini}</td>
<td colspan="3">Kc_{mid}</td>
<td colspan="2">Kc_{end}</td>
</tr>
<tr>
<td colspan="3">1.17</td>
<td colspan="3">1.31</td>
<td colspan="2">1.29</td>
</tr>
<tr>
<td>播种/返青</td>
<td colspan="2">快速发育开始</td>
<td colspan="2">生育中期开始</td>
<td colspan="2">成熟期开始</td>
<td>成熟期结束</td>
</tr>
<tr>
<td>5月15日/6月</td>
<td colspan="2">7月15日</td>
<td colspan="2">8月20日</td>
<td colspan="2">10月9日</td>
<td>11月10日</td>
</tr>
</table>

<table>
<tr>
<td rowspan="4">地下水利用</td>
<td colspan="2">种植期内地下水利用量(mm)</td>
<td></td>
<td></td>
<td></td>
</tr>
<tr>
<td colspan="2">种植期内平均地下水埋深(m)</td>
<td></td>
<td>极限埋深(m)</td>
<td></td>
</tr>
<tr>
<td colspan="2">经验指数 P</td>
<td></td>
<td>作物修正系数 k</td>
<td></td>
</tr>
</table>

<table>
<tr>
<td rowspan="8">有效降水利用</td>
<td colspan="2">种植期内有效降水利用量(mm)</td>
<td></td>
</tr>
<tr>
<td colspan="2">降水量 p(mm)</td>
<td>有效利用系数</td>
</tr>
<tr>
<td colspan="2">p<5</td>
<td></td>
</tr>
<tr>
<td colspan="2">5≤p<30</td>
<td></td>
</tr>
<tr>
<td colspan="2">30≤p<50</td>
<td></td>
</tr>
<tr>
<td colspan="2">50≤p<100</td>
<td></td>
</tr>
<tr>
<td colspan="2">100≤p<150</td>
<td></td>
</tr>
<tr>
<td colspan="2">p≥150</td>
<td></td>
</tr>
</table>

附表 6.6-68　2022 年金牛湖灌区（样点）作物与田间灌溉情况调查表

<table>
<tr><td rowspan="6">基础信息</td><td colspan="6">作物种类：□一般作物　☑水稻　□套种　□跨年作物</td></tr>
<tr><td colspan="6">灌溉模式：□旱作充分灌溉　□旱作非充分灌溉　□水稻淹灌　☑水稻节水灌溉</td></tr>
<tr><td>土壤类型</td><td colspan="2">壤土</td><td colspan="2">试验站净灌溉定额（m³/亩）</td><td></td></tr>
<tr><td>观测田间毛灌溉定额（m³/亩）</td><td colspan="2">742.53</td><td colspan="2">水稻育秧净用水量（万 m³）</td><td></td></tr>
<tr><td>水稻泡田定额（m³/亩）</td><td colspan="2">117.33</td><td colspan="2">水稻生育期内渗漏量（m³/亩）</td><td></td></tr>
<tr><td>水稻生育期内有效降水量（m³/亩）</td><td colspan="2"></td><td colspan="2">水稻生育期内稻田排水量（m³/亩）</td><td></td></tr>
</table>

作物系数：□分月法　☑分段法

<table>
<tr><td rowspan="16">分月法</td><td rowspan="8">作物1</td><td colspan="3">作物名称</td><td colspan="4"></td><td colspan="3">平均亩产（kg/亩）</td><td colspan="2"></td></tr>
<tr><td colspan="3">播种面积（万亩）</td><td colspan="4"></td><td colspan="3">实灌面积（万亩）</td><td colspan="2"></td></tr>
<tr><td colspan="3">播种日期</td><td>年</td><td>月</td><td colspan="2">日</td><td colspan="3">收获日期</td><td>年　月　日</td></tr>
<tr><td colspan="12">分月作物系数</td></tr>
<tr><td>1月</td><td>2月</td><td>3月</td><td>4月</td><td>5月</td><td>6月</td><td>7月</td><td>8月</td><td>9月</td><td>10月</td><td>11月</td><td>12月</td></tr>
<tr><td></td><td></td><td></td><td></td><td></td><td></td><td></td><td></td><td></td><td></td><td></td><td></td></tr>
<tr><td colspan="12"></td></tr>
<tr><td colspan="12"></td></tr>
<tr><td rowspan="8">作物2</td><td colspan="3">作物名称</td><td colspan="4"></td><td colspan="3">平均亩产（kg/亩）</td><td colspan="2"></td></tr>
<tr><td colspan="3">播种面积（万亩）</td><td colspan="4"></td><td colspan="3">实灌面积（万亩）</td><td colspan="2"></td></tr>
<tr><td colspan="3">播种日期</td><td>年</td><td>月</td><td colspan="2">日</td><td colspan="3">收获日期</td><td>年　月　日</td></tr>
<tr><td colspan="12">分月作物系数</td></tr>
<tr><td>1月</td><td>2月</td><td>3月</td><td>4月</td><td>5月</td><td>6月</td><td>7月</td><td>8月</td><td>9月</td><td>10月</td><td>11月</td><td>12月</td></tr>
<tr><td></td><td></td><td></td><td></td><td></td><td></td><td></td><td></td><td></td><td></td><td></td><td></td></tr>
<tr><td colspan="12"></td></tr>
<tr><td colspan="12"></td></tr>
</table>

<table>
<tr><td rowspan="5">分段法</td><td colspan="2">作物名称</td><td>水稻</td><td colspan="2">平均亩产（kg/亩）</td><td></td></tr>
<tr><td colspan="2">播种面积（万亩）</td><td></td><td colspan="2">实灌面积（万亩）</td><td></td></tr>
<tr><td colspan="2">Kc_{ini}</td><td></td><td colspan="2">Kc_{mid}</td><td>Kc_{end}</td></tr>
<tr><td colspan="2">1.17</td><td></td><td colspan="2">1.31</td><td>1.29</td></tr>
<tr><td>播种/返青</td><td>快速发育开始</td><td colspan="2">生育中期开始</td><td>成熟期开始</td><td>成熟期结束</td></tr>
</table>

播种/返青	快速发育开始	生育中期开始	成熟期开始	成熟期结束
5 月 20 日	6 月 16 日	9 月 18 日	10 月 10 日	10 月 21 日

<table>
<tr><td rowspan="4">地下水利用</td><td colspan="2">种植期内地下水利用量（mm）</td><td></td></tr>
<tr><td colspan="2">种植期内平均地下水埋深（m）</td><td>极限埋深（m）</td></tr>
<tr><td colspan="2">经验指数 P</td><td>作物修正系数 k</td></tr>
<tr><td colspan="3"></td></tr>
</table>

<table>
<tr><td rowspan="8">有效降水利用</td><td colspan="2">种植期内有效降水利用量（mm）</td></tr>
<tr><td>降水量 p（mm）</td><td>有效利用系数</td></tr>
<tr><td>$p<5$</td><td></td></tr>
<tr><td>$5 \leqslant p<30$</td><td></td></tr>
<tr><td>$30 \leqslant p<50$</td><td></td></tr>
<tr><td>$50 \leqslant p<100$</td><td></td></tr>
<tr><td>$100 \leqslant p<150$</td><td></td></tr>
<tr><td>$p \geqslant 150$</td><td></td></tr>
</table>

附表 6.6-69　2022 年新集灌区(样点)作物与田间灌溉情况调查表

基础信息	作物种类: ☐ 一般作物　☑ 水稻　☐ 套种　☐ 跨年作物											
	灌溉模式: ☐ 旱作充分灌溉　☐ 旱作非充分灌溉　☐ 水稻淹灌　☑ 水稻节水灌溉											
	土壤类型			黏土		试验站净灌溉定额(m^3/亩)						
	观测田间毛灌溉定额(m^3/亩)			776.80		水稻育秧净用水量(万 m^3)						
	水稻泡田定额(m^3/亩)			119.56		水稻生育期内渗漏量(m^3/亩)					240	
	水稻生育期内有效降水量(m^3/亩)			452.9		水稻生育期内稻田排水量(m^3/亩)						

	作物系数: ☐ 分月法　☑ 分段法											
分月法	作物1	作物名称				平均亩产(kg/亩)						
		播种面积(万亩)				实灌面积(万亩)						
		播种日期	年	月	日	收获日期			年	月	日	
		分月作物系数										
		1月	2月	3月	4月	5月	6月	7月	8月	9月	10月	11月	12月
	作物2	作物名称				平均亩产(kg/亩)						
		播种面积(万亩)				实灌面积(万亩)						
		播种日期	年	月	日	收获日期			年	月	日	
		分月作物系数										
		1月	2月	3月	4月	5月	6月	7月	8月	9月	10月	11月	12月

分段法	作物名称		水稻	平均亩产(kg/亩)		600
	播种面积(万亩)		1.3	实灌面积(万亩)		1.3
	Kc_{ini}		Kc_{mid}		Kc_{end}	
	1.17		1.31		1.29	
	播种/返青	快速发育开始	生育中期开始	成熟期开始		成熟期结束
	5月	6月15日	9月20日	10月8日		10月31日

地下水利用	种植期内地下水利用量(mm)		
	种植期内平均地下水埋深(m)	极限埋深(m)	
	经验指数 P	作物修正系数 k	

有效降水利用	种植期内有效降水利用量(mm)	
	降水量 p(mm)	有效利用系数
	$p<5$	
	$5 \leqslant p<30$	
	$30 \leqslant p<50$	
	$50 \leqslant p<100$	
	$100 \leqslant p<150$	
	$p \geqslant 150$	

附表 6.6-70～附表 6.6-92 为南京市各样点灌区净灌溉用水量计算表。

附表 6.6-70　2022 年淳东灌区(样点)年净灌溉用水总量分析汇总表

样点灌区片区	作物名称	典型田块编号	灌溉方式	直接量测法 年亩均净灌溉用水量 (m³/亩)	观测分析法 年亩均灌溉用水量 (m³/亩)	净灌溉定额 (m³/亩)	年亩均净灌溉用水量采用值 (m³/亩)	年亩均净灌溉用水量选用值 (m³/亩)	典型田块实灌面积 (亩)	某片区(灌溉类型)某种作物 年亩均净灌溉用水量 (m³/亩)	实灌面积 (亩)	年净灌溉用水量 (m³)	年净灌溉用水量 (m³)
吕家泵站测点	水稻	1		497.53				497.53	9.7	493.96	700	345 865	89 644 742
	水稻	2		494.52				494.52	5.6				
	水稻	3		489.84				489.84	8.4				
青枫村测点	水稻	1	提水	504.21				504.21	4.4	498.04	273	135 823	
	水稻	2		496.19				496.19	6.7				
	水稻	3		493.72				493.72	5.4				
桠溪测点	水稻	1		489.18				489.18	3.2	486.04	120	58 296	
	水稻	2		486.10				486.10	3.5				
	水稻	3		482.83				482.83	4.0				
桥头测点	水稻	1		498.33				498.33	3.2	494.14	83	40 920	
	水稻	2		494.12				494.12	3.2				
	水稻	3		489.98				489.98	6.8				

附表 6.6-71 2022 年胜利圩灌区（样点）年净灌溉用水总量分析汇总表

样点灌区片区	作物名称	典型田块编号	灌溉方式	直接量测法	观测分析法					某片区（灌溉类型）某种作物			
				年亩均净灌溉用水量(m³/亩)	年亩均灌溉用水量(m³/亩)	净灌溉定额(m³/亩)	年亩均净灌溉用水量采用值(m³/亩)	年亩均净灌溉用水量选用值(m³/亩)	典型田块实灌面积(亩)	年亩均净灌溉用水量(m³/亩)	实灌面积(亩)	年净灌溉用水量(m³)	年净灌溉用水量(m³)
胜利圩1测点	水稻	1	自流	536.54				536.54	5.6	534.69	500	267 192	845 027
		2		536.20				536.20	4.8				
		3		531.33				531.33	6.8				
胜利圩2测点	水稻	1		530.93				530.93	7.5	525.25	338	177 273	
		2		524.85				524.85	10.4				
		3		520.04				520.04	11.6				

附表 6.6-72 2022 年洪村联合圩灌区（样点）年净灌溉用水总量分析汇总表

样点灌区片区	作物名称	典型田块编号	灌溉方式	直接量测法	观测分析法					某片区（灌溉类型）某种作物			
				年亩均净灌溉用水量(m³/亩)	年亩均灌溉用水量(m³/亩)	净灌溉定额(m³/亩)	年亩均净灌溉用水量采用值(m³/亩)	年亩均净灌溉用水量选用值(m³/亩)	典型田块实灌面积(亩)	年亩均净灌溉用水量(m³/亩)	实灌面积(亩)	年净灌溉用水量(m³)	年净灌溉用水量(m³)
洪村联合圩灌区	水稻	1	自流	538.41				538.41	5.1	535.84	1 200	642 887	642 887
		2		533.26				533.26	5.5				

附表 6.6-73　2022年洮湖灌区(样点)年净灌溉用水总量分析汇总表

样点灌区片区	作物名称	典型田块编号	灌溉方式	直接量测法 年亩均净灌溉用水量 (m³/亩)	观测分析法 净灌溉定额 (m³/亩)	观测分析法 年亩均净灌溉用水量采用值 (m³/亩)	观测分析法 年亩均净灌溉用水量选用值 (m³/亩)	观测分析法 典型田块实灌面积 (亩)	某片区(灌溉类型)某种作物 年亩均净灌溉用水量 (m³/亩)	某片区(灌溉类型)某种作物 实灌面积 (亩)	某片区(灌溉类型)某种作物 年灌溉用水量 (m³)	年净灌溉用水量 (m³)
尖山大塘测点	水稻	1	提水	504.34		500.40	504.34	3.8	500.40	692	346 032	31 467 533
		2		500.80			500.80	4.3				
		3		496.06			496.06	4.9				
北庄头测点	水稻	1	提水	506.08		503.87	506.08	4.6	503.87	100	50 403	
		2		504.94			504.94	2.9				
		3		500.60			500.60	3.5				

附表 6.6-74　2022年蒯山头水库灌区(样点)年净灌溉用水总量分析汇总表

样点灌区片区	作物名称	典型田块编号	灌溉方式	直接量测法 年亩均净灌溉用水量 (m³/亩)	观测分析法 净灌溉定额 (m³/亩)	观测分析法 年亩均净灌溉用水量采用值 (m³/亩)	观测分析法 年亩均净灌溉用水量选用值 (m³/亩)	观测分析法 典型田块实灌面积 (亩)	某片区(灌溉类型)某种作物 年亩均净灌溉用水量 (m³/亩)	某片区(灌溉类型)某种作物 实灌面积 (亩)	某片区(灌溉类型)某种作物 年灌溉用水量 (m³)	年净灌溉用水量 (m³)
茭菇塘水库测点	水稻	1	自流	549.10		545.85	549.10	6.8	545.85	300	163 899	3 900 391
		2		546.02			546.02	5.2				
		3		542.42			542.42	4.4				
官山头测点	水稻	1	自流	537.21		534.40	537.21	3.9	534.40	163	87 138	
		2		534.60			534.60	3.5				
		3		531.39			531.39	3.2				

附表 6.6-75　2022 年无想寺水库灌区（样点）年净灌溉用水总量分析汇总表

样点灌区片区	作物名称	典型田块编号	灌溉方式	直接量测法	观测分析法			典型田块实灌面积（亩）	某片区（灌溉类型）某种作物			年净灌溉用水量（m³）
				年亩均净灌溉用水量（m³/亩）	净灌溉定额（m³/亩）	年亩均净灌溉用水量采用值（m³/亩）	年亩均净灌溉用水量选用值（m³/亩）		年亩均净灌溉用水量（m³/亩）	实灌面积（亩）	年净灌溉用水量（m³）	
原点圩灌区测点	水稻	1	自流	529.79			529.79	4.2	527.36	1 400	738 524	6 134 182
		2		525.98			525.98	3.8				
		3		526.32			526.32	3.1				
后曹测点	水稻	1		533.13			533.13	4.3	530.24	315	166 933	
		2		531.93			531.93	3.5				
		3		525.65			525.65	4.8				

附表 6.6-76　2022 年毛公铺灌区（样点）年净灌溉用水总量分析汇总表

样点灌区片区	作物名称	典型田块编号	灌溉方式	直接量测法	观测分析法			典型田块实灌面积（亩）	某片区（灌溉类型）某种作物			年净灌溉用水量（m³）
				年亩均净灌溉用水量（m³/亩）	净灌溉定额（m³/亩）	年亩均净灌溉用水量采用值（m³/亩）	年亩均净灌溉用水量选用值（m³/亩）		年亩均净灌溉用水量（m³/亩）	实灌面积（亩）	年净灌溉用水量（m³）	
毛公铺测点	水稻	1	提水	511.49			511.49	2.8	508.35	1 500	762 284	8 801 259
		2		507.81			507.81	3.1				
		3		505.74			505.74	3.3				
吴村桥测点	水稻	1		518.70			518.70	3.2	515.34	3 500	1 804 916	
		2		514.29			514.29	2.7				
		3		513.02			513.02	2.2				

附表 6.6-77　2022 年何林坊站灌区（样点）年净灌溉用水总量分析汇总表

样点灌区片区	作物名称	典型田块编号	灌溉方式	直接量测法 年亩均净灌溉用水量 (m³/亩)	观测分析法 年亩均灌溉用水量 (m³/亩)	净灌溉定额 (m³/亩)	年亩均净灌溉用水量采用值 (m³/亩)	年亩均净灌溉用水量选用值 (m³/亩)	典型田块实灌面积 (亩)	某片区(灌溉类型)某种作物 年亩均净灌溉用水量 (m³/亩)	实灌面积 (亩)	年净灌溉用水量 (m³)	年净灌溉用水量 (m³)
何林坊灌区	水稻	1	提水	523.44				523.44	5.6	522.84	2 055	1 074 746	1 074 746
		2		522.24				522.24	3.4				

附表 6.6-78　2022 年江宁河灌区（样点）年净灌溉用水总量分析汇总表

样点灌区片区	作物名称	典型田块编号	灌溉方式	直接量测法 年亩均净灌溉用水量 (m³/亩)	观测分析法 年亩均灌溉用水量 (m³/亩)	净灌溉定额 (m³/亩)	年亩均净灌溉用水量采用值 (m³/亩)	年亩均净灌溉用水量选用值 (m³/亩)	典型田块实灌面积 (亩)	某片区(灌溉类型)某种作物 年亩均净灌溉用水量 (m³/亩)	实灌面积 (亩)	年净灌溉用水量 (m³)	年净灌溉用水量 (m³)
上湖灌区测点	水稻	1	提水	507.28				507.28	12.4	502.16	175	88 135	23 724 441
		2		500.47				500.47	7.3				
		3		498.73				498.73	4.6				
高山水库测点	水稻	1	提水	499.46				499.46	5.6	498.06	92	45 839	
		2		495.46				495.46	4.3				
		3		499.26				499.26	5.2				

附表 6.6-79 2022 年汤水河灌区（样点）年净灌溉用水总量分析汇总表

样点灌区片区	作物名称	典型田块编号	灌溉方式	直接量测法 年亩均净灌溉用水量(m³/亩)	观测分析法 净灌溉定额(m³/亩)	年亩均净灌溉用水量采用值(m³/亩)	年亩均净灌溉用水量选用值(m³/亩)	典型田块实灌面积(亩)	某片区(灌溉类型)某种作物 年亩均净灌溉用水量(m³/亩)	实灌面积(亩)	年净灌溉用水量(m³)	年净灌溉用水量(m³)
郑家边水库测点	水稻	1	提水	538.68			538.68	10.6	534.69	300	160 542	30 437 873
		2		534.07			534.07	11.8				
		3		531.33			531.33	6.5				
周子村测点	水稻	1		525.98			525.98	13.2	520.62	105	54 674	
		2		520.77			520.77	16.0				
		3		515.09			515.09	12.6				

附表 6.6-80 2022 年周岗圩灌区（样点）年净灌溉用水总量分析汇总表

样点灌区片区	作物名称	典型田块编号	灌溉方式	直接量测法 年亩均净灌溉用水量(m³/亩)	观测分析法 净灌溉定额(m³/亩)	年亩均净灌溉用水量采用值(m³/亩)	年亩均净灌溉用水量选用值(m³/亩)	典型田块实灌面积(亩)	某片区(灌溉类型)某种作物 年亩均净灌溉用水量(m³/亩)	实灌面积(亩)	年净灌溉用水量(m³)	年净灌溉用水量(m³)
八一析测点	水稻	1	自流	536.20			536.20	11.5	533.38	394	210 166	23 974 087
		2		533.93			533.93	10.2				
		3		529.99			529.99	10.9				
马铺村测点	水稻	1		533.13			533.13	4.3	528.99	135	71 332	
		2		527.19			527.19	8.9				
		3		526.65			526.65	5.6				

附表 6.6-81　2022 年下坝灌区（样点）年净灌用水总量分析汇总表

样点灌区片区	作物名称	灌溉方式	典型田块编号	直接量测法 年亩均净灌溉用水量 (m³/亩)	观测分析法 年亩均灌溉用水量 (m³/亩)	净灌溉定额 (m³/亩)	年亩均净灌溉用水量采用值 (m³/亩)	年亩均净灌溉用水量选用值 (m³/亩)	典型田块实灌面积 (亩)	某片区（灌溉类型）某种作物 年亩均净灌溉用水量 (m³/亩)	实灌面积 (亩)	年灌溉用水量 (m³)	年净灌溉用水量 (m³)
亲见村测点	水稻	提水	1	523.51				523.51	7.1				
			2	516.36				516.36	11.8	517.46	160	82 628	8 293 339
			3	512.49				512.49	12.6				
张圩灌区测点			1	511.96				511.96	18.5				
			2	508.15				508.15	14.4	509.02	500	254 564	
			3	506.95				506.95	17.5				

附表 6.6-82　2022 年邵处水库灌区（样点）年净灌溉用水总量分析汇总表

样点灌区片区	作物名称	灌溉方式	典型田块编号	直接量测法 年亩均净灌溉用水量 (m³/亩)	观测分析法 年亩均灌溉用水量 (m³/亩)	净灌溉定额 (m³/亩)	年亩均净灌溉用水量采用值 (m³/亩)	年亩均净灌溉用水量选用值 (m³/亩)	典型田块实灌面积 (亩)	某片区（灌溉类型）某种作物 年亩均净灌溉用水量 (m³/亩)	实灌面积 (亩)	年灌溉用水量 (m³)	年净灌溉用水量 (m³)
邵处水库灌区	水稻	自流	1	533.13				533.13	6.8	529.82	650	344 485	344 485
			2	526.52				526.52	6.2				

附表 6.6-83　2022 年三合圩灌区(样点)年净灌溉用水总量分析汇总表

样点灌区片区	作物名称	典型田块编号	灌溉方式	直接量测法 年亩均净灌溉用水量(m³/亩)	观测分析法 净灌溉定额(m³/亩)	年亩均净灌溉用水量采用值(m³/亩)	年亩均净灌溉用水量选用值(m³/亩)	典型田块实灌面积(亩)	某片区(灌溉类型)某种作物 年亩均净灌溉用水量(m³/亩)	实灌面积(亩)	年净灌溉用水量(m³)	样点灌区年净灌溉用水总量(m³)
五圩灌区测点	水稻	1	自流	510.22			510.22	12.2	505.59	1 100	555 773	4 722 433
		2		504.81			504.81	14.8				
		3		501.73			501.73	15.4				
费家渡测点	水稻	1	自流	512.89			512.89	7.8	511.33	140	71 572	
		2		508.82			508.82	10.9				
		3		512.29			512.29	12.6				

附表 6.6-84　2022 年沿滁灌区(样点)年净灌溉用水总量分析汇总表

样点灌区片区	作物名称	典型田块编号	灌溉方式	直接量测法 年亩均净灌溉用水量(m³/亩)	观测分析法 净灌溉定额(m³/亩)	年亩均净灌溉用水量采用值(m³/亩)	年亩均净灌溉用水量选用值(m³/亩)	典型田块实灌面积(亩)	某片区(灌溉类型)某种作物 年亩均净灌溉用水量(m³/亩)	实灌面积(亩)	年净灌溉用水量(m³)	样点灌区年净灌溉用水总量(m³)
汤泉农场测点	水稻	1	自流	546.02			546.02	4.4	542.86	5 000	2 713 180	3 858 353
		2		542.62			542.62	5.1				
		3		539.94			539.94	5.5				
大同村测点	水稻	1	自流	534.93			534.93	6.9	532.11	795	422 831	
		2		530.99			530.99	9.5				
		3		530.39			530.39	8.8				

附表 6.6-85　2022 年浦口沿江灌区（样点）年净灌溉用水总量分析汇总表

样点灌区片区	作物名称	灌溉方式	典型田块编号	直接量测法 年亩均净灌溉用水量 (m³/亩)	观测分析法 年亩均灌溉用水量 (m³/亩)	净灌溉定额 (m³/亩)	年亩均净灌溉用水量采用值 (m³/亩)	年亩均净灌溉用水量选用值 (m³/亩)	典型田块实灌面积 (亩)	某片区（灌溉类型）某种作物 年亩均净灌溉用水量 (m³/亩)	实灌面积 (亩)	年净灌溉用水量 (m³)	样点灌区年净灌溉用水总量 (m³)
周营灌区测点	水稻	自流	1	521.04	521.04			521.04	3.1	519.79	250	129 894	6 333 173
			2	517.50	517.50			517.50	3.9				
			3	520.84	520.84			520.84	2.8				
施局村测点	水稻		1	528.66	528.66			528.66	4.8	526.56	130	68 398	
			2	527.92	527.92			527.92	3.1				
			3	523.11	523.11			523.11	5.8				

附表 6.6-86　2022 年兰花塘灌区（样点）年净灌溉用水总量分析汇总表

样点灌区片区	作物名称	灌溉方式	典型田块编号	直接量测法 年亩均净灌溉用水量 (m³/亩)	观测分析法 年亩均灌溉用水量 (m³/亩)	净灌溉定额 (m³/亩)	年亩均净灌溉用水量采用值 (m³/亩)	年亩均净灌溉用水量选用值 (m³/亩)	典型田块实灌面积 (亩)	某片区（灌溉类型）某种作物 年亩均净灌溉用水量 (m³/亩)	实灌面积 (亩)	年净灌溉用水量 (m³)	样点灌区年净灌溉用水总量 (m³)
兰花塘灌区	水稻	提水	1	511.42	511.42			511.42	5.8	510.05	5 945	3 032 118	3 032 118
			2	508.68	508.68			508.68	6				

附表6.6-87　2022年西江灌区(样点)年净灌溉用水总量分析汇总表

样点灌区片区	作物名称	典型田块编号	灌溉方式	直接量测法 年亩均净灌溉用水量(m³/亩)	观测分析法 净灌溉定额(m³/亩)	年亩均净灌溉用水量采用值(m³/亩)	年亩均净灌溉用水量选用值(m³/亩)	典型田块实灌面积(亩)	某片区(灌溉类型)某种作物 年亩均净灌溉用水量(m³/亩)	实灌面积(亩)	年净灌溉用水量(m³)	样点灌区年净灌溉用水总量(m³)
西江灌区	水稻	1	提水	505.28			505.28	4.6	503.04	1 827	918 799	918 799
		2		500.80			500.80	5.2				

附表6.6-88　2022年山湖灌区(样点)年净灌溉用水总量分析汇总表

样点灌区片区	作物名称	典型田块编号	灌溉方式	直接量测法 年亩均净灌溉用水量(m³/亩)	观测分析法 净灌溉定额(m³/亩)	年亩均净灌溉用水量采用值(m³/亩)	年亩均净灌溉用水量选用值(m³/亩)	典型田块实灌面积(亩)	某片区(灌溉类型)某种作物 年亩均净灌溉用水量(m³/亩)	实灌面积(亩)	年净灌溉用水量(m³)	样点灌区年净灌溉用水总量(m³)
马集灌区测点	水稻	1	提水	515.59			515.59	4.3	512.63	115	58 969	113 476 488
		2		511.86			511.86	4.1				
		3		510.46			510.46	3.6				
孙街测点	水稻	1		521.73			521.73	3.8	519.28	244	126 595	
		2		520.66			520.66	3.2				
		3		515.46			515.46	5.0				

附表6.6-89　2022年龙袍圩灌区（样点）年净灌溉用水总量分析汇总表

样点灌区片区	作物名称	典型田块编号	灌溉方式	直接量测法 年亩均净灌溉用水量(m³/亩)	观测分析法 净灌溉定额(m³/亩)	年亩均净灌溉用水量采用值(m³/亩)	年亩均净灌溉用水量选用值(m³/亩)	典型田块实灌面积(亩)	某片区(灌溉类型)某种作物 年亩均净灌溉用水量(m³/亩)	实灌面积(亩)	年净灌溉用水量(m³)	年净灌溉用水量(m³)
赵坝测点	水稻	1	自流	501.85			501.85	7.4	498.56	490	244 049	
		2		498.52			498.52	9.5				
		3		495.31			495.31	11.8				
朱庄测点	水稻	1	自流	499.45			499.45	5.9	496.56	672	333 731	22 488 060
		2		495.71			495.71	5.8				
		3		494.51			494.51	5.4				

附表6.6-90　2022年新禹河灌区（样点）年净灌溉用水总量分析汇总表

样点灌区片区	作物名称	典型田块编号	灌溉方式	直接量测法 年亩均净灌溉用水量(m³/亩)	观测分析法 净灌溉定额(m³/亩)	年亩均净灌溉用水量采用值(m³/亩)	年亩均净灌溉用水量选用值(m³/亩)	典型田块实灌面积(亩)	某片区(灌溉类型)某种作物 年亩均净灌溉用水量(m³/亩)	实灌面积(亩)	年净灌溉用水量(m³)	年净灌溉用水量(m³)
孙赵灌区测点	水稻	1	提水	525.86			525.86	3.8	520.17	1 436	745 313	
		2		513.66			513.66	6.7				
		3		520.86			520.86	5.4				
江庄测点	水稻	1		526.53			526.53	3.3	517.84	252	130 558	86 722 287
		2		515.39			515.39	3.1				
		3		511.59			511.59	3.0				

附表 6.6-91　2022 年金牛湖灌区（样点）年净灌溉用水总量分析汇总表

样点灌区片区	作物名称	典型田块编号	灌溉方式	直接量测法 年亩均净灌溉用水量（m³/亩）	观测分析法 净灌溉定额（m³/亩）	年亩均净灌溉用水量采用值（m³/亩）	年亩均净灌溉用水量选用值（m³/亩）	典型田块实灌面积（亩）	某片区（灌溉类型）某种作物 年亩均净灌溉用水量（m³/亩）	实灌面积（亩）	年净灌溉用水量（m³）	年净灌溉用水量（m³）
金牛村测点	水稻	1	提水	519.33			519.33	3.2	515.86	196	100 973	88 678 489
		2		516.93			516.93	2.5				
		3		511.32			511.32	4.6				
郭庄村测点	水稻	1		507.12			507.12	7.0	504.12	240	121 080	
		2		504.85			504.85	6.4				
		3		501.12			501.12	6.1				

附表 6.6-92　2022 年新集灌区（样点）年净灌溉用水总量分析汇总表

样点灌区片区	作物名称	典型田块编号	灌溉方式	直接量测法 年亩均净灌溉用水量（m³/亩）	观测分析法 净灌溉定额（m³/亩）	年亩均净灌溉用水量采用值（m³/亩）	年亩均净灌溉用水量选用值（m³/亩）	典型田块实灌面积（亩）	某片区（灌溉类型）某种作物 年亩均净灌溉用水量（m³/亩）	实灌面积（亩）	年净灌溉用水量（m³）	年净灌溉用水量（m³）
北圩测点	水稻	1	自流	534.73			534.73	5.8	531.11	304	161 615	16 685 185
		2		530.27			530.27	5.0				
		3		528.33			528.33	3.4				
吴庄测点	水稻	1		538.94			538.94	3.5	535.06	380	203 240	
		2		534.53			534.53	3.9				
		3		531.72			531.72	4.2				

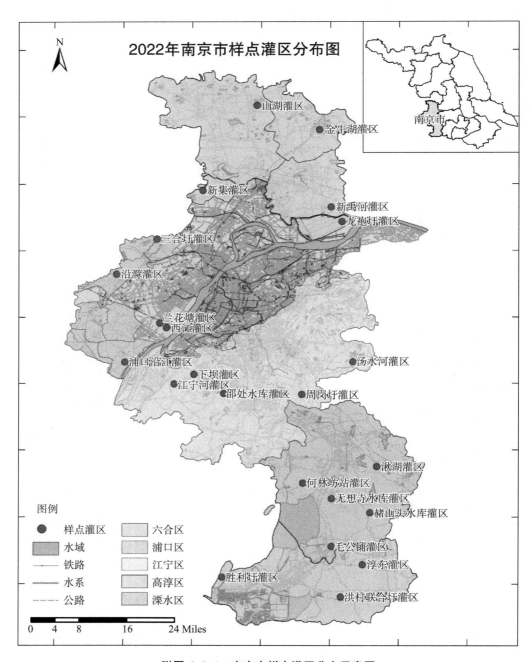

附图 6.6-1　南京市样点灌区分布示意图